# 粉末冶金的兴起和发展

李祖德　著

北　京
冶 金 工 业 出 版 社
2016

## 内 容 提 要

本书以粉末冶金的兴起和发展及其对科学技术进步的贡献为主线，汇集作者已发表的论文并按内容构成相应章节，重点介绍了我国粉末冶金机械零件工业的发展史，可供粉末冶金专业及相关专业的科技工作者及在校师生参阅。所收入的粉末冶金科技论文写作有关知识，可供论文作者和书刊编辑参考。

**图书在版编目(CIP)数据**

粉末冶金的兴起和发展/李祖德著．—北京：冶金工业出版社，2016.9

ISBN 978-7-5024-7261-0

Ⅰ.①粉…　Ⅱ.①李…　Ⅲ.①粉末冶金—研究　Ⅳ.①TF12

中国版本图书馆CIP数据核字(2016)第214708号

出版人　谭学余
地　　址　北京市东城区嵩祝院北巷39号　邮编　100009　电话　(010)64027926
网　　址　www.cnmip.com.cn　电子信箱　yjcbs@cnmip.com.cn
责任编辑　李培禄　美术编辑　吕欣童　版式设计　彭子赫
责任校对　禹　蕊　责任印制　李玉山
ISBN 978-7-5024-7261-0
冶金工业出版社出版发行；各地新华书店经销；三河市双峰印刷装订有限公司印刷
2016年9月第1版，2016年9月第1次印刷
169mm×239mm；23.5印张；457千字；361页
**80.00元**

**冶金工业出版社　投稿电话　(010)64027932　投稿信箱　tougao@cnmip.com.cn**
**冶金工业出版社营销中心　电话　(010)64044283　传真　(010)64027893**
**冶金书店　地址　北京市东四西大街46号(100010)　电话　(010)65289081(兼传真)**
**冶金工业出版社天猫旗舰店　yjgycbs.tmall.com**
（本书如有印装质量问题，本社营销中心负责退换）

粉末冶金的興起和發展記載了中國粉末冶金机械零件行業的發展歷程 反映了業內同仁的情懷 衷心祝賀粉末冶金的興起和發展出版發行

中國机械通用零部件工业协会
粉末冶金专业协会
會長 芦德宝

中国机械通用零部件工业协会粉末冶金专业协会会长芦德宝题词

剑桥学者 A. N. Whitehead 在其著作《Science and The Modern World》中精辟论述了“发明的方法”的重要意义，强调“发明的方法”的价值远远超过所发明的新事物，诸如铁路、电报、无线电、纺织机器和合成染料，等等。他指出，19 世纪最伟大的发明就是找到了发明的方法，并且我们的注意力应该集中到方法本身，这才是震撼古老文明基础的真正新生事物。将 A. N. Whitehead 的论点用于粉末冶金，可以说，诸如钨丝使电灯进入寻常百姓家，硬质合金成为工具材料的王者，核燃料元件支撑核能工业等，这些粉末冶金材料和制品在工业生产和人类生活中发挥了重要作用，然而，最具有强大生命力的“真正新生事物”，则应是发明这些材料和制品所凭借的方法——粉末冶金。

——摘自《粉末冶金内涵百年嬗变》

我国粉末冶金机械零件工业发端于微末，坚持于逆难，成业于众志。六十年来，三代同仁为了祖国的繁荣昌盛，为了行业的兴旺发达，筚路蓝缕，殚精竭虑，付出了艰苦卓绝的努力，取得令人瞩目的成就。新世纪伊始，我国已跻身于粉末冶金机械零件生产和应用大国之列。

——摘自《我国粉末冶金机械零件工业六十年》

# 序 言 一

李祖德同志是我国粉末冶金界知名专家，1958 年参加工作，从事粉末冶金科研和生产。1982 年我国第一份公开发行的粉末冶金刊物《粉末冶金技术》创刊，李祖德任编辑部主任。此后，他主要致力于科研技术管理、期刊编辑、学会活动及行业技术管理等方面的工作，1996 年退休后还为粉末冶金协会操劳。李祖德同志工作任劳任怨，无私奉献一生，取得了多项成果，发表了不少著作。本文集所收集的文章主要是 1982 年以后撰写的。

中华人民共和国成立前我国没有粉末冶金工业，六十多年来，我国粉末冶金工业从无到有，从小到大，已跻身于世界粉末冶金大国之列。记载和总结其兴起渊源和发展过程，给全国粉末冶金学界和业界提出了一项重要任务。本文集所收集和总结的材料，反映了我国粉末冶金工业的兴起和发展的艰难历程，记录了我国业内三代同仁的奋战业绩，其中所包含的历史经验将给我国粉末冶金界各方面互相推动和借鉴，注入更多动力，同时也为后代留下一笔珍贵的财富。本文集所涉及的门类较宽，除重点介绍粉末冶金机械零件以外，还涉及电工材料、硬质合金、烧结高速钢、金属陶瓷、金刚石-金属组合材料及纳米材料等材料，以及机械合金化、快速凝固、喷射成形、粉末注射成形等新工艺的沿革和现状。同时，系统总结了从古代到近代世界粉末冶金历史。本文集首篇《粉末冶金内涵百年嬗变》分析了粉末冶金与科学技术并协发展关系，阐明粉末冶金在促进科学技术发展中的积极作用并诠释其内涵的演变，有助于读者加深对粉末冶金的理解和认识，明悉其在现代科学技术发展中的定位。

这是一部为我国粉末冶金事业树丰碑、集大成之文集，鲜见同类专著问世。《典论》云："夫文章者经国之大业，不朽之盛事，年寿有期而尽，文章传之无穷"。我们作为粉末冶金界的同仁，以共圆中国梦、同贺新篇章之情，祝贺本书的出版发行。

中南大学粉末冶金研究院教授　**徐润泽**

中南大学粉末冶金研究院教授　**赵慕岳**

2015年春

# 序言二

中国的粉末冶金产业特别是粉末冶金机械零件产业，在过去的六十年中，历尽艰难坎坷。改革开放后三十多年的探索与快速发展尤其令人振奋，世界在见证中国经济飞速发展奇迹的同时，也见证了中国粉末冶金机械零件产业的腾飞。

我始终认为，对于一个国家来说，科研能力强大最终将体现在其相关产业的强大，而某个产业中有国际上耳熟能详的知名企业或品牌，则直接表明这个产业的强大，对于粉末冶金产业也是如此。

鉴于历史与体制的原因，在中国，许多科研工作与相关产业技术发展之间总存在着一定的差距，粉末冶金的科研工作与产业技术发展之间也是如此。李祖德先生本人和他工作过的《粉末冶金技术》编辑部，以及他主持过的机械系统粉末冶金行业组和学会秘书处，为中国的粉末冶金科研与粉末冶金产业之间架起了“桥梁”。在过去的六十年中，中国的粉末冶金事业从无到有，由小变大，由弱变强，李祖德先生就是见证者之一。

我很早就耳闻李祖德先生，但直到1987年我就任宁波粉末冶金厂厂长后，才在后来的行业会议上与李祖德先生见面。虽然都同为中国的粉末冶金发展而工作，但平素见面并不多，这次有幸拜读了李祖德先生选编的《粉末冶金的兴起和发展》，感触颇深。

《粉末冶金的兴起和发展》为我们梳理了粉末冶金技术包括中国粉末冶金技术和产业的发展历程，为我们提供了一部了解粉末冶金技术和了解中国粉末冶金技术与产业发展历史的手册，也是有志献身粉末冶金的青年学生了解粉末冶金知识的一本很好的课外读本。同时，《粉末冶金的兴起和发展》对于研究产业经济，特别是研究中国产业经济的学者，提供了有价值的案例。

李祖德先生严谨治学的态度在本文集第六章“书评”和附录一“粉末冶金论文写作知识”中可见一斑。

过去六十年这个历史阶段，正是中国粉末冶金产业界为寻求企业发展不断探索的过程，充满着挑战。其中，有成功的喜悦，更有不幸失败的惋惜。作为致力于中国粉末冶金机械零件产业发展的一名“中国粉末冶金人”和中国粉末冶金机械零件行业快速发展的参与者和见证者，作为中国机械通用零部件工业协会粉末冶金专业协会会长，我对此感慨万千。《粉末冶金的兴起和发展》重点记载了中国粉末冶金机械零件行业的发展历程，反映了业内同仁的情怀。作为中国粉末冶金产业界的代表，我非常赞赏并衷心感谢李祖德先生对中国粉末冶金发展所表现出的激情和所付出的努力，衷心祝贺《粉末冶金的兴起和发展》出版发行。

中国机械通用零部件工业协会粉末冶金专业协会会长　芦德宝

2016年春节

# 前 言

2010年，协会交给我一项重要任务：主编《中国机械粉末冶金工业总览（2012年版）》。我在起草其中主题文章《我国粉末冶金机械零件工业六十年》过程中，情绪始终处于激动状态。六十年，我国粉末冶金机械零件工业从无到有，从小到大，从简陋的工棚作坊到现代化车间，取得飞跃的发展，现在我国已跻身于世界粉末冶金机械零件生产和应用大国之列。三代同仁为此付出艰苦卓绝的努力，体现了我们民族自强不息的奋斗精神，我深感“愚公移山”寓言产生在我们的国度不无道理。这部奋斗史是一笔弥足珍贵的财富，于是我萌生出选编一本文集，来记录我国粉末冶金工业历史主要是我国粉末冶金机械零件工业历史的念头。回览我过去发表的文章，按所拟主题择出并归入相应各章，结果，竟可衍成内容尚有系统的书册，这就是本书的由来。

本书第三章选入3篇有关我国粉末冶金工业兴起和发展的文章；第四章以《我国粉末冶金机械零件工业六十年》和随后编写的《我国粉末冶金机械零件制造技术的进步》为主体，收入5篇文章，并附上4篇反映生产和应用的文献资料；第五章载入几位可敬的前贤对建立和发展我国粉末冶金事业的功绩。集合这些材料，基本上可概括我国粉末冶金工业和粉末冶金机械零件工业发展历史和现状。我感到欠缺的是，书中罗列的材料不少，但逊于分析和归纳。进一步梳理和思考会有助于文章的深度，但我已感到力不从心，只得作罢。留给后来人吧，就算为他们提供了可用的素材。

本书第一、二章阐述粉末冶金的发展历史，及其对科学技术进步和经济发展的贡献，意在帮助读者增添粉末冶金领域的宏观知识，明确其沿革和发展趋势，廓清粉末冶金技术在科学技术领域中的定位。第六章书评也是出于帮助粉末冶金工程技术工作者扩展基础知识的用意。我在书刊编审过程中，发现有些作者在遣词用句和数据处理上不够严谨。因此，留意收集了这方面一些例子，就其中瑕疵提出了修正意见，列为附录，供有关人员参考。

我于1996年退休，此前已工作39年。1982年前的25年从事科研和生产工作；后14年从事科研技术管理、期刊编辑、学会活动及行业技术管理等工作；退休后为协会做了一些辅助工作。本书收入的文章大都是1982年以后写的。1982年前写了一些技术论文，只收入其中1篇与本书主题相符的文章。还要申明的是，本书搜集的资料有限，肯定会遗漏某些重要事件和重大成果而留为憾事。

承蒙中南大学徐润泽教授、赵慕岳教授和中国机械通用零部件工业协会粉末冶金专业协会芦德宝会长分别为本书撰写序言。徐教授已是87岁高龄，论辈分当为吾师。我虽然未有机缘聆听徐老师授课，但从他的著作和与他的学术交往中受益匪浅。赵教授审阅了全稿，作了认真的修改和加工，并为本书拟名。芦德宝会长对本书作出准确的定位，并对我本人给予过高的褒奖。在此，我衷心感谢两位教授和芦德宝会长的大力支持和热情鼓励。

中国机械通用零部件工业协会粉末冶金专业协会老秘书长陈越、副秘书长曹阳为本书的编写和出版，多方面进行了积极运作。我的老领导李策、老同事王振常、吴荣伟和老同仁程文耿、周鸿宾，以及老会长倪冠曹六位老先生认真审阅了第四章，他们对粉末冶金机械零件比我在行。株洲硬质合金集团公司张荆门教授和北京有色金属研究总院甘长炎教授、夏志华教授、黄文梅教授审阅了第二章和第三章。钢铁研究总院王鸿海教授、张志恒高级工程师审阅了第三章和第四章。大学同班同学、钢铁研究总院张晋远教授审阅了全部书稿。谨对以上诸位的大力支持表示衷心感谢。

李祖德

2016年3月于北京潘家园

# 目　录

**第一章　粉末冶金在科学技术中的作用和贡献** …… 1

粉末冶金内涵百年嬗变 …… 3
粉末冶金在机械工业中的作用 …… 11

**第二章　粉末冶金发展史** …… 21

粉末冶金发展中的重大成果 …… 23
古代块炼铁技术——粉末冶金的雏形 …… 26
近代粉末冶金的兴起和发展 …… 34
20 世纪中、后期开发的粉末冶金新技术 …… 43
硬质合金发展史 …… 73

**第三章　我国粉末冶金工业的兴起和发展** …… 97

我国粉末冶金工业的兴起和发展 …… 99
1940 ~ 2000 年我国粉末冶金记事 …… 115
从《粉末冶金技术》十年看我国粉末冶金技术的进展 …… 133

**第四章　我国粉末冶金机械零件工业的兴起和发展** …… 141

我国粉末冶金机械零件工业六十年 …… 143
我国粉末冶金机械零件制造技术的进步 …… 166
气门导管历次行业质量检查结果分析 …… 195
我国粉末冶金零件在汽车和农机上应用概况 …… 203
把握契机促进我国粉末冶金机械零件生产的发展 …… 210
附录 1　我国粉末冶金机械零件行业简况 …… 217
附录 2　粉末冶金制品在农业机械上的应用与发展 …… 230
附录 3　1984 ~ 1990 年机械系统粉末冶金行业工作 …… 247
附录 4　粉末冶金机械零件及粉末冶金专用设备部分优秀新产品简介 …… 257

**第五章　缅怀前贤** …… 269

刘鼎同志的高尚品德和卓越贡献永远留在我们心中 …… 271

缅怀章简家同志对我国粉末冶金事业的贡献 …… 274
悼念积极支持我国粉末冶金事业的老干部安性存同志 …… 276
悼念我国粉末冶金事业先驱仇同高级工程师 …… 278
怀念积极倡导发展我国粉末冶金工业的蔡叔厚同志 …… 280
缅怀孙立同志对我国硬质合金事业的贡献 …… 282
纪念我国粉末冶金界的老前辈刘国钰先生 …… 284
悼念我国粉末冶金学科奠基人黄培云院士 …… 285
缅怀申城三老 …… 287
悼念我国粉末冶金教学事业开创者徐润泽教授 …… 290

**第六章　书评** …… 293

一本内容丰富而又实用的专著——介绍《钢结硬质合金》 …… 295
良工博采，意在开发——《粉末冶金机械零件》简介 …… 297
中国机械工程学会粉末冶金专业学会推荐《粉末冶金工艺学》为粉末冶金工艺培训教材 …… 299
相图分析在研发粉末冶金材料中的重要作用——《相图理论及其应用》有关章节学习笔记 …… 301

**附录** …… 309

附录一　粉末冶金论文写作知识 …… 311
附录二　1955～2013年我国(大陆)出版的部分粉末冶金专业书籍 …… 357

# 第一章 粉末冶金在科学技术中的作用和贡献

FENMO YEJIN ZAI KEXUE JISHUZHONG DE ZUOYONG HE GONGXIAN

# 粉末冶金内涵百年嬗变❶

**摘　要**　近代粉末冶金诞生已届百年，其间，粉末冶金技术取得令人瞩目的成就。粉末冶金技术不断提供各种关键性材料和制品，在人类经历的四次技术革命所形成的产业中广泛应用，甚至促使某些工业分支产生重大变革，引发相关技术的更新换代。粉末冶金技术属于先进的材料制备和成形加工技术。现代粉末冶金技术凭借发展高性能金属材料和复合材料的成果，将金属材料科学与工程提高到新的高度。随着粉末冶金技术的发展，其内涵随之拓展和延伸。笔者试图根据粉末冶金百年来的重大成就，分析对其内涵认识的演变。

材料和材料制备加工技术对人类发展起到重大作用。粉末冶金技术属于先进的材料制备和成形加工技术。公元前2500年以前出现的块炼铁技术，作为粉末冶金雏形，是人类最早制取铁器的唯一手段，对开创人类社会的铁器时代做出贡献。18世纪中叶欧洲将粉末体烧结致密化的概念引入制铂，标志古老粉末冶金技术的复兴，至1909年延性钨问世，历时一个半世纪。1910年，美国人W. D. Coolidge发表论文《The Production of Ductile Tungsten》，标志近代粉末冶金诞生，至今又历时百年。其间，粉末冶金技术取得令人瞩目的发展。粉末冶金技术不断提供各种关键性材料和制品，服务于国民经济各个领域，促进社会生产发展和科学技术进步，成为当今各门类产业和科学技术不可或缺的重要工程技术。随着粉末冶金技术的发展，其内涵随之扩展和延伸。笔者试图根据粉末冶金百年来的重大成就，分析对其内涵认识的演变。

## 1　粉末冶金对技术革命的贡献[1~4]

技术革命或称产业革命或称工业革命，于18世纪60年代发端于英国，以蒸汽机的发明为标志，人类社会从此进入“蒸汽时代”。第二次技术革命的高峰处于19世纪70年代至20世纪初，电、内燃机和无线电成为主要角色，促使人类社会进入“电气时代”。经过两次技术革命，先进动力得到普遍应用，资本主义生产完成由工场手工业向规模宏大的机器工业的过渡，兴起了纺织、冶金、动

❶　本文原载于《粉末冶金材料科学与工程》，2012，17(3)：275～280。原题为“粉末冶金内涵百年演变”。署名：李祖德。此次重载作了修改，改正了个别错误。

力、机械、电力、交通运输、采矿、石油和通信等产业。两次技术革命对近代粉末冶金技术起到催生作用，延性钨、硬质合金，随后还有电触头、磁性元件、金刚石-金属工具，以及符合机器制造大规模生产要求的尺寸精度一致性好的粉末冶金机械零件，这些具有代表性的粉末冶金产品，适应当时工业发展的需求而相继出现。伴随两次技术革命而产生和成长的近代粉末冶金技术，又对技术革命中兴起的各类产业做出贡献。20 世纪前期开始的第三次技术革命，以核能、电子计算机、化学合成和空间技术等技术的发明和应用为标志。20 世纪后期出现以信息科学、材料科学和生物科学为前沿的第四次技术革命。通过后两次技术革命，产生了核能、航空、航天、化工、电子计算机及网络通信等一批新兴产业。采用粉末冶金技术开发出一系列具有独特组织结构和优异性能的新型结构材料和功能材料，继续满足新兴产业发展的需求。粉末冶金技术广泛应用于四次技术革命所形成的各个产业，甚至促使某些工业分支产生革命性变化，引发相关技术的更新换代。粉末冶金作为材料制备和成形加工先进技术所具有的特征和优越性，通过应用的扩展而不断得以彰显，为社会所广泛认知。

粉末冶金技术对经济发展和科学技术进步的贡献，主要归纳为以下三个方面：

（1）作为开发新型材料的有效手段，为工业生产和社会生活提供关键材料和制品。

1909 年用延性钨制造出照明钨丝，爱迪生发明的电灯才得以造福人类。粉末冶金电触头和磁性元件在 20 世纪 30～40 年代形成产业；50 年代末，粉末冶金磁性材料成为磁性材料的主角。难熔金属、电触头材料和磁性材料，为电灯、电器、电力输送和通信设备提供不可缺少的器材和元件，成为电气化的关键。1923 年按 Schröter 专利制造出硬质合金。硬质合金是一种先进的工具材料，可将金属切削效率提高几十倍甚至上百倍，并能加工原有工具材料难以加工甚至无法加工的材料，使金属切削、钻探采掘以及其他某些加工业发生革命性变化。粉末冶金技术于 20 世纪 30 年代进入金刚石工具制造业，逐步取代机械卡固法和青铜浇铸嵌镶法而占据主导地位，是金刚石工具制造技术的一次革命。20 世纪中后期，以粉末冶金法用人造金刚石成功制造出金刚石-金属工具，是粉末冶金技术对金刚石工具的再一次推动。20 世纪 80 年代出现的钕铁硼永磁合金号称“永磁之王”，促使一系列以电磁感应原理为依据的产品更新换代。

（2）为生产金属机械零件提供先进成形工艺。

粉末冶金机械零件是 20 世纪初与延性钨、硬质合金并驾齐驱的粉末冶金重大成就。20 世纪 30 年代，粉末冶金机械零件成套生产技术逐步形成，工业生产初具规模。20 世纪中叶，美国和欧洲的粉末冶金机械零件生产确立了作为现代制造业组成的地位，已能生产多种粉末冶金结构零件。粉末冶金机械零件生产发展迅速，如日本1983年与1973年相比，10年内产量增长150%，明显快于压铸件（40%）、锻件（10%）、可锻铸铁件（约40%）与灰铸铁件（约30%）。粉末冶金作为近终形和终形成形技术，具有能耗低、效率高、材料利用率高（达95%，居所有金属成形工艺之首）和环境友好的优势，属于先进成形工艺。现代粉末冶金机械零件工业提供形状复杂、高精度和高性能的高端产品，有利于主机性能水平的提高和升级换代。

（3）现代粉末冶金技术为新的技术革命做出贡献。

现代粉末冶金属于新材料技术。粉末冶金新材料包括一系列优秀的结构材料和功能材料，在新的技术革命中发挥了重要作用。金属微孔过滤元件、核燃料元件、反应堆结构材料、中子减速和控制材料以及屏蔽材料之于核能工业，难熔金属、发汗材料、粉末冶金高温合金、粉末冶金铝合金和钛基复合材料之于航空和航天工业，钕铁硼永磁合金之于核磁共振成像仪、磁悬浮机车、电子计算机、波束控制器、机器人和磁力机械，超导材料之于超导电机、超导储能、费米高能加速器、超导动力推进船和超导磁体选矿设备，记忆元件之于电子计算机和航天器，钨铜合金之于微电子技术大规模集成电路和大功率微波器件，等等，都是不可或缺的。采用注射成形制造火箭发动机铌合金推力室和喷嘴，超塑性In-100粉末高温合金用于制造F-100发动机压气机盘和蜗轮盘，氧化钍弥散强化TDNiCr合金用于制作航天飞机防热瓦，机械合金化MA754合金供军用飞机制造发动机零件，超细铝粉用作火箭燃料，金属微粉隐身材料用于军事装备，钢结硬质合金用于制造导弹制导装置的陀螺马达，多孔钛材料用于人工关节和废水处理，不锈钢纤维多孔材料用于海洋温差发电，等等，均有突出的社会技术经济效益。纳米微粒材料在催化、滤光、吸波、储氢、传感、磁介质、医疗保健以及制备结构材料、工具材料等方面，均有着喜人的应用前景。

## 2 20世纪中、后期粉末冶金在新材料技术中的突破[5~7]

20世纪50年代以来，为适应科学技术飞速发展对材料性能和成形技术提出的更高要求，开发了多种粉末冶金新技术和新材料。这些新技术包括：粉末注射成形、温压成形、热等静压、粉末锻造、热挤压、快速全向压制、爆炸固结、大气压力烧结、放电等离子烧结、微波烧结、燃烧合成、快速凝固、喷射成形、机械合金化，等等。新材料包括：粉末高速钢、稀土永磁材料、金刚石-金属工具材料、金属陶瓷、超导材料、多孔金属、复合材料、储氢材料、形状记忆合金、粉末高温合金、弥散强化镍基合金、粉末高性能铝合金、粉末钛合金、纳米微粒和纳米材料、非晶态合金粉末材料，等等。

研发粉末冶金新材料的途径基本上可归纳为四种：

（1）通过采取新的技术措施，充分发挥粉末冶金技术的本质特点——粉末体烧结致密化，改善材料组织，提高材料性能，如高合金钢和高温合金。

（2）根据物理和化学原理创造出新的方法，如燃烧合成、放电等离子烧结。

（3）利用极限条件使组织远离平衡态，制造具有特殊性能的非平衡态粉末材料，如机械合金化突破固溶度极限，快速凝固制备非晶态合金粉末。

（4）几种方法互相渗透结合，如快速凝固与热等静压、快速凝固与机械合金化、热等静压与燃烧合成。对机械合金化纳米粉末进行热等静压，所获材料可保持纳米晶粒，具有超塑性；将热等静压与燃烧合成相结合，可制取致密梯度材料；快速凝固与喷射成形、低压等离子沉积相结合，可制取非晶态块体材料。

粉末冶金新技术和新材料在材料科学与工程方面取得的突破，可归纳为以下四个方面：

（1）成功消除高合金钢组织中的宏观偏析，细化晶粒，提高性能。

传统熔炼铸造法制造的高速钢，钢锭内不可避免合金成分不均和产生粗大莱氏体偏析。正是粉末冶金工艺，将快速凝固雾化制粉与热等静压、热挤压致密化工艺结合，成功消除了传统冶金工艺长期困扰冶金学家的这一痼疾。粉末冶金高速钢无宏观偏析，晶粒细化，可大幅度提高合金元素含量（其合金元素总量高达30%乃至44%仍具有均匀的组织），使性能显著提高且各向同性。粉末冶金法制备的高温合金或超合金，其组织和性能优于熔炼铸造合金，加工性能好，可实现近终形成形，节约材料，成本低，是制造高推比新型航空发动机零部件（主要为高温承力转动零件）的最佳材料。

（2）颠覆传统材料固溶度极限的概念，大幅度提高合金元素含量。

20世纪70年代出现的机械合金化技术，能够制取常规方法难以合成的偏离平衡态的“不可能的合金（impossible alloys）”：超出相图的约束，偏离平衡态，扩展固溶度，制取多元素过饱和合金；使在液态和固态均不互溶的金属形成合金即厌溶合金；使熔点相差悬殊的金属形成合金。快速凝固和机械合金化用于制备铝合金使其产生质的飞跃：其组织明显细化，偏析基本消除；扩展合金成分设计范围；综合性能好，抗拉强度、弹性模量、耐腐蚀性和抗疲劳性能全面提高。机械合金化还可在低温下引发化学反应。

（3）突破金属晶体结构规则，制取非晶合金材料。

20世纪60年代以后发展起来的非晶态合金，突破金属晶体结构规则，使有序结构无序化。非晶态合金材料的价值在于其独特的性能，包括磁性能、电性能、力学性能和耐腐蚀性能。机械合金化和快速凝固是获取非晶态合金的重要途径之一。快速凝固亚稳相非晶态合金粉末中含有析出的细小弥散相，而铸锭冶金技术无法实现。

（4）延伸颗粒尺寸下限，使之具有根本不同于宏观物体的某些独特性质。

纳米材料包括纳米粉末材料、纳米多孔材料和纳米致密材料。纳米微粒尺寸一般在1~100nm范围。纳米微粒的尺度处于原子、分子、原子团簇等微观粒子与宏观物体之间的过渡段，其性态既不同于微观粒子，又与宏观物体差别很大。纳米微粒具有量子尺寸效应、小尺寸效应、表面效应和宏观量子隧道效应，因而具有某些独特的性质。对纳米微粒材料的开发，拓展了粉末冶金材料的领域。为解释纳米微粒的电子状态及相关效应引入了量子力学概念，这不仅对粉末冶金，而且对材料科学与工程，均具有重大意义。

粉末冶金新技术和新材料的出现和应用，丰富了粉末冶金的内涵，标志粉末冶金进入崭新的发展阶段。

## 3　粉末冶金定义的演变

“粉末冶金”这一术语源自英文“powder metallurgy”。近代粉末冶金发展初期，德国技术文献曾提出术语“Metallokeramik”，意为“金属陶制术”。20世纪60年代以前俄文文献曾沿用为“металлокерамика”，并派生出形容词“металлокерамический”。1943年版R. Kieffer和W. Hotop的专著《Pulvermetallurgie und Sinterwerkstoffe》（粉末冶金和烧结材料）[8]中提到：F. Skaupy根据用金属粉末压制和烧结制成金属零件的方法与陶瓷生产相似而造出“Metallokeramik”这个词，作为定义这种方法的术语。而英语国家使用的“powder metallurgy”其概念更为广泛，已逐渐取代“Metallokeramik”。R. Kieffer和W. Hotop这本专著的书名，说明那时德语国家也已接纳“powder metallurgy”即“Pulvermetallurgie”这一术语。20世纪60年代以后，各国基本上均采用“powder metallurgy”。

从古代块炼铁到18~19世纪欧洲采用粉末冶金法制铂，粉末冶金的主要贡献是避开熔炼高温的困难。因而通过粉末体烧结致密化的途径制造金属材料和制品，而不沿用工业上一直使用并为人们所熟知的熔炼-铸造方法，顺理成章成为粉末冶金的基本特征。正因为如此，从20世纪40年代的R. Kieffer和W. Hotop到80年代的F. V. Lenel[9]，权威粉末冶金文献大都以熔炼-铸造法作为对比来定义粉末冶金法。例如，1955年第一本引入中国的鲍洛克和奥尔霍夫著的《粉末冶金学普通教程》(1948年版)[10]，开篇首句就是：“不用熔炼和铸造，而用金属粉末制造零件的方法，叫做粉末冶金。”熔炼-铸造法一直是工业生产金属材料和制品的主要手段，与其对比来定义粉末冶金，有助于廓清粉末冶金技术在金属材料制备和成形加工业中的角色；同时，国内外粉末冶金工作者在推广粉末冶金产品的不懈努力中，拿熔炼-铸造法作对比有助于具体论证粉末冶金技术的优越性和先进性。这种定义长时期反映了人们对粉末冶金本质或内涵的认识，其诠释方式也是出于发展粉末冶金事业的需要。

如第1节所述，粉末冶金技术对四次技术革命所形成的产业均做出贡献，近代粉末冶金更重要的特点，即作为开发新型材料的有效手段早已崭露头角，延性钨、硬质合金、多孔金属、烧结金属摩擦材料、电触头材料，等等，都只能用粉末冶金工艺制备。遗憾的是，粉末冶金学术界却一直未将粉末冶金当时就是一种先进技术的重要属性提到足够的高度。

如上节所述，自20世纪中叶开始，粉末冶金技术在材料科学与工程领域不断取得突破，现代粉末冶金技术先进性方面的属性进一步彰显；同时，熔炼高温已逐渐不再是制备金属材料的障碍，而某些粉末冶金方法也接纳熔炼技术，如雾化制粉和喷射成形。面对粉末冶金技术的新发展，科学技术界对其内涵的认识逐渐深化。同时，20世纪60年代，科学技术界提出了“材料科学”的术语；1986年提出了“材料科学与工程”学科；20世纪下叶，出现了“高技术”和“高新技术”的提法，其中包括新材料技术。在这样的背景下，粉末冶金学术界界定“粉末冶金”，才有意或无意淡化与熔炼-铸造法的对比，而突出“高新技术”的属性。例如，1997年出版的黄培云主编的《粉末冶金原理》(第2版)[2]绪论第一句对“粉末冶金”的定义是：“粉末冶金是用金属粉末（或金属粉末与非金属粉末的混合物）作为原料，经过成形和烧结制造金属材料、复合材料以及各种类型制品的工艺过程”；并指出：“粉末冶金法既是一种能生产具有特殊性能材料的技术，又是一种制造廉价优质机械零件的工艺”，全面介绍了粉末冶金材料和制品在工业包括高新技术产业中的应用；只是在论述粉末冶金材料的优点时，才以熔炼-铸造法作为比较对象，且所占篇幅不多。又如1997年出版的王盘鑫主编的《粉末冶金学》[3]，绪论中对粉末冶金定义、特点及应用的论述，也强调了粉末冶金的先进性。笔者赞同这种作法。

## 4 对粉末冶金内涵的再认识

从18世纪中叶到20世纪初，采取粉末体烧结致密化避开熔炼高温而成功制取铂和难熔金属，导致近代粉末冶金兴起。20世纪以来，粉末冶金技术通过自身的发展，以及与其他学科的交融，其内涵得以逐渐延伸和拓展；采用粉末冶金技术不再只是避开熔炼高温困难的权宜之计。粉末冶金技术属于材料制备和成形加工的先进技术：现代粉末冶金技术凭借发展高性能金属材料和复合材料的卓越成果，将金属材料科学与工程提高到新的高度，加强了作为新材料技术重要组成的地位；粉末冶金技术符合现代材料加工技术（包含过程综合、技术综合和学科综合）的总体发展趋势，已跻身于先进金属成形技术之列。粉末冶金技术的特点可归纳为以下三个方面：

（1）粉末冶金技术的内禀特征是粉末体烧结致密化（粉末体烧结过程中其

组元或主要组元呈固态)，明显改善材料组织和性能，或制造熔炼法不能制造的具有独特组织结构的高性能材料，皆源于这一特征。

(2) 粉末冶金技术将材料制备和成形加工结合，在同一过程中完成金属材料制备与制品成形加工。

(3) 粉末冶金技术可采用极限条件，或与其他科学技术互相渗透，开发性能优异的新型材料，提升新材料技术。

## 5 结束语

剑桥学者 A. N. Whitehead 在其著作《Science and the Modern World》[11] 中精辟论述了"发明的方法"的重要意义，强调"发明的方法"的价值远远超过所发明的新事物，诸如铁路、电报、无线电、纺织机器和合成染料等。他指出："The greatest invention of nineteenth century was the invention of the method of invention(19 世纪最伟大的发明就是找到了发明的方法)"，并且"We must concentrate on the method in itself; that is the real novelty, which has broken up the foundations of the old civilization.(我们的注意力应该集中到方法本身，这才是震撼古老文明基础的真正新生事物)"。将 A. N. Whitehead 的论点用于粉末冶金，可以说：诸如钨丝使电灯进入寻常百姓家，硬质合金成为工具材料的王者，核燃料元件支撑核能工业，等等，这些粉末冶金材料和制品在工业生产和人类生活中发挥了重要作用，然而，最具有强大生命力的"真正新生事物"，则应是发明这些材料和制品所凭借的方法——粉末冶金。

列宁在《哲学笔记》中指出："人对事物、现象、过程的认识，是从现象到本质，从不甚深刻的本质深化到更深刻的本质的无限过程"。我们对粉末冶金内涵的认识也是如此。

## 致　　谢

中南大学徐润泽教授、赵慕岳教授，株洲硬质合金集团公司张荆门教授，上海材料研究所吴菊清教授，中国科学院金属研究所王崇琳教授，北京有色金属研究总院甘长炎教授，钢铁研究总院王鸿海教授，哈尔滨工业大学王尔德教授，北京科技大学殷声教授，同济大学严彪教授，作者就读于大学物理系的同班同学钢铁研究总院张晋远教授、中国科学院金属研究所吴维叏教授和徐乐英教授，对本文进行了认真审阅，谨表谢忱。

### 参 考 文 献

[1] 杨瑞成，丁旭，陈奎．材料科学与材料世界[M]．北京：化学工业出版社，2005：2 ~ 8.

[2] 黄培云．粉末冶金原理[M].2 版．北京：冶金工业出版社，1997：1 ~6.
[3] 王盘鑫．粉末冶金学[M]. 北京：冶金工业出版社，1997：1 ~5.
[4] 李祖德．粉末冶金技术的发展与贡献[J]. 机械工程学报，1993，29(5)：52 ~59.
[5] 李祖德，李松林，赵慕岳.20 世纪中、后期的粉末冶金新技术和新材料(1)—新工艺开发的回顾[J]. 粉末冶金材料科学与工程，2006，11(5)：253 ~261.
[6] 李祖德，李松林，赵慕岳.20 世纪中、后期的粉末冶金新技术和新材料(2)—新材料开发的沿革[J]. 粉末冶金材料科学与工程，2006，11(6)：315 ~322.
[7] 陈振华．现代粉末冶金技术[M]. 北京：化学工业出版社，2007：2 ~6.
[8] Kieffer R，Hotop W. Pulvermetallurgie und Sinterwerkstoffe[M]. Berlin：Springer-Verlag，1943：1 ~7.
[9] 莱内尔 F V. 粉末冶金原理和应用[M]. 殷声，赖和怡译．北京：冶金工业出版社，1989：1 ~10.
[10] 鲍洛克，奥尔霍夫．粉末冶金学普通教程[M]. 韩凤麟译．北京：机械工业出版社，1955：7 ~8.
[11] 怀特海 A N. 科学与近代世界[M]. 何钦译．北京：中国商务出版社，1989：94.

# 粉末冶金在机械工业中的作用[1]

**摘　要**　粉末冶金是一种制造机械零件的先进技术，适宜大批量生产精密机械零件，产品性能优良，有利于主机水平的提高；粉末冶金工具材料适应切削加工朝高效、精密方向发展的需要；粉末冶金工艺节材、节能、成本低、效率高；粉末冶金技术对机械工业提高产品质量、发展品种、增加效益做出贡献，将在振兴机械工业中发挥重要作用。本文在分析国内外粉末冶金工业现状和趋势的基础上，提出了今后重点发展的关键技术。

粉末冶金是将金属材料制造与零件加工结合在同一工艺流程中的先进成形技术。粉末冶金机械零件是粉末冶金工业的主导产品之一，不少是重要的机械基础件。许多粉末冶金零件在主机上采用，提高了主机性能水平。机械制造工业的发展，要求以最高的经济效益和生产效率，提供高性能和高精度的机械零件。作为一种高效、优质、精密、低耗、节能和环境友好制造机械零件的先进技术，粉末冶金具有强大的竞争力，适于大批量生产各种机械零件，特别是用常规方法难以加工成形的复杂形状的零件。用粉末冶金工艺制造机械零件容易转向，能够结合市场需求及时开发适销对路的产品品种，调整产品结构。粉末冶金工具材料性能优异，适应机械加工朝高效、精密方向发展的需要。采用粉末冶金工艺还可以提供机械工业亟需的新的结构材料和功能材料，促进机械产品更新换代和机电一体化。必须大力发展粉末冶金，为振兴我国机械工业做出贡献。

随着生产技术水平的提高，我国粉末冶金机械零件产品，由低级逐步发展到高级。通过粉末冶金“六五”规划的实施和引进项目的消化吸收，我国粉末冶金生产技术和装备水平在原有基础上有明显提高。20 世纪 80 年代以来，开发出许多高水平的机械零件，满足了主机更新换代对粉末冶金零件提出的更高要求，并为引进主机国产化做出贡献。例如：内径 56mm × 高 300mm 的异型铁基含油轴承、高精度低噪声铜基含油轴承、轧钢机用 $\phi$350mm × 280mm 铁铜双金属轴套、轴承保持架、高压泵双金属七孔缸、高温自润滑轴承、固体润滑轴承、轿车前桥转向传动球头、同步器齿环（粉末热锻）、齿形皮带轮、伞齿轮、拨叉、空气压缩机阀板、汽车电机真空泵转子、汽车减震器活塞、大发汽车平衡块、切诺基汽

[1] 本文原载于《中国机械工程学会成立 55 周年学术研讨会论文集》，北京，1991，6：255 ~ 262。署名：李祖德。此次重载作了修改。

车摇臂枢轴、康明斯汽车气门凸轮从动杆、电气机车受电弓滑板、电冰箱压缩机缸体和缸盖、全自动大功率洗衣机太阳轮、纺织机平挡三角和齿轮、坦克和重型工程机械重负荷铜基摩擦片，以及许多不锈钢和高速钢零件，等等。

## 1 粉末冶金工艺适于大批量生产精密机械零件

通过粉末冶金生产过程的精确控制可以使零件达到很高的精度，并且在大批量生产条件下保证精度一致性。

据国外生产实践统计，经精整的零件精度可达到IT7～IT6，经复压、复烧后精整的零件，可以达到IT6～IT5[1]。粉末冶金齿轮可以达到滚齿加工齿轮的精度等级[2]。粉末热锻零件尺寸精度为±0.2mm，重量波动±0.5%，均优于普通锻造（分别为±1.5mm和±3.5%）[3]。粉末冶金零件的表面粗糙度$R_a$=1.0～6.3μm，优于切削加工（$R_a$=1.0～250μm）、冲压（$R_a$=4.0～400μm）和高精度锻造（$R_a$=10～40μm），只稍逊于磨削加工（$R_a$=0.1～25μm）。国内生产的低噪声铜基含油轴承，尺寸精度为内孔H6，内外径振摆为0.005～0.010mm[4]。特别有价值的是，对于许多形状复杂、用切削加工难以成形的机械零件，采用粉末冶金工艺制造，可以达到很高的精度。

粉末冶金零件的尺寸一致性好。粉末冶金机油泵转子生产批量上万只甚至几十万只，其制造精度可控制在0.02mm左右，保证零件互换性。为了提高粉末冶金零件的尺寸稳定性，瑞典Höganäs公司开发了一种商标为STA-R-MIX的混合粉，用这种粉末生产2万个长度30mm的零件，尺寸分散度在45μm之内[5]。

有大量形状复杂的零件，用切削加工方法难以成形或无法成形，或者能够成形但经济性差，而用粉末冶金工艺则容易实现。常规粉末冶金工艺通过增加压机功能、改进模具结构和模架结构等措施，可以使一般的复杂形状零件成形。为了制造某些形状特殊的和形状特别复杂的零件，发明了多种相应的成形方法。可以采用组合技术，如机械组合、扩散组合、液相烧结、钎焊、渗铜组合等，把复杂形状零件分解成两个或多个部分，然后组合成一体。国内用组合法制造了高压柱塞泵气缸套、空气压缩机阀板（阀板内有横向暗孔，用切削加工无法成形）。日本丰田汽车公司用组合烧结法制成中空凸轮轴并投入生产。凸轮轴由8个凸轮片、5个轴颈、1个齿轮、2个燃料泵凸轮、1个前轴颈及1根钢管总计18个零件组合而成，其中10个零件由粉末冶金法制造[6]。近十几年迅速发展起来的粉末注射成形技术，将传统粉末冶金技术与塑料注射成形结合起来，可以制造形状特别复杂的机械零件，如喷气发动机标准透平叶片、生物相容性合金人体骨骼和人造器官、氮化硅涡轮叶片和定子、增压器转子、合成纤维喷丝头等，零件精度高，容差0.1%～0.3%[7]。北京市粉末冶金研究所用注射成形法制造出气流纺织机滑梭、纬线喷嘴和辅助喷嘴，纬线喷嘴内孔 $\phi$1.2mm，锥度100：1，长40mm，辅助喷嘴壁厚仅1.5mm。

## 2　粉末冶金工艺节材、节能、成本低、效率高

粉末冶金工艺属于少、无切削加工工艺，粉末压制成形可接近零件最终形状，材料利用率高，能耗少；粉末冶金工艺与切削加工相比，工序少、成本低、生产效率高，形状越复杂、用切削加工工序越多的零件，用粉末冶金工艺制造经济效益越显著。

在所有金属加工工艺中，粉末冶金工艺材料利用率最高，能耗最少。其材料利用率达95%，明显高于切削加工（40%～45%）。粉末冶金工艺能耗低，与切削加工相比一般可减少能耗50%左右。

粉末冶金工艺与切削加工相比，投资省、效率高。一个粉末冶金厂的生产能力相当于四个同等规模的切削加工厂；一个年产1000万件齿轮、油泵转子、导管等产品的粉末冶金厂，仅需98台设备和50万个台时；而一个生产量相同的切削加工厂，则需要480台机床和220万个台时。日本住友电气公司岗山厂390人，月产零件1100t，平均每人年产零件34t。美国福特汽车公司从事粉末冶金生产的人员共80人，年产粉末冶金零件8000t，平均每人年产零件100t。

据德国资料，用粉末冶金法制造5种机械零件，每年比切削加工节约钢材64%，节约能量50%。据美国Sintered公司的生产统计，粉末锻造与常规模锻相比，能耗节约50%，材料利用率提高30%～40%，制造成本节省50%。美国采用注射成形技术制造打字机元件导管，成本可降低50%；对几何形状复杂、原料昂贵、铸造时产生偏析或污染的硬脆难加工材料零件，采用注射成形技术制造，其成本可降低90%[6]。瑞典Höganäs公司采用等静压法制造汽车发动机气缸套，材料利用率由离心铸造加切削加工的25%提高到85%。

据上海粉末冶金厂统计，每年生产JZ-1025型机油泵转子1000万套，可节约钢材1000t，节电 $120\times10^4$kW·h。一汽和二汽采用1000t(1500万件）粉末冶金零件，可节约钢材2500t。沈阳粉末冶金厂生产120万件热锻行星齿轮，节约CrMnTi钢770t。年产15万台东风12型拖拉机，每台采用2.2kg粉末冶金零件，每年可节约钢材520t，铜材310t。据对我国20种粉末冶金零件（包括汽车、农机、机车、机床、纺机、家用电器等）的统计，按每种生产1万件计算，总共可节约钢材和有色金属400t，节约工时 $12\times10^4$h以上[8]。

表1列出我国生产的部分粉末冶金汽车零件和农机零件的节材效益[8]。

表1 粉末冶金机械零件的节材效益（以生产1万件计）

| 零件名称 | 主机类型 | 节材/t | 节约工时/h | 降低成本/万元 |
|---|---|---|---|---|
| 后桥主动齿轮隔套 | 汽 车 | 无缝钢管 9.1 | 4666 | 1.2 |
| 转向节衬套 | 汽 车 | 钢材 30 | 8833 | 1.9 |
| 行星齿轮 | 汽 车 | 钢材 6.2 | 6666 | 1.2 |
| 低速动力输出齿轮 | 拖拉机 | 钢材 20 | 3833 | 2.4 |
| 22-55-105 衬套 | 拖拉机 | 钢材 4.2 | 5160 | 3.4 |
| 机油泵齿轮 | 拖拉机 | 钢材 15 | 6283 | 4 |
| 起动齿轮 | 柴油机 | 钢材 23 | 5333 | 1 |
| 调速齿轮 | 柴油机 | 钢材 34 | 5166 | 0.8 |
| 衬 套 | 榨油机 | 铜材 35 | 1160 | 26 |
| 轴 瓦 | 立缫机复摇机 | 铜材 9.4 | 9606 | 51 |

## 3 采用粉末冶金制品有利于提高主机性能水平

粉末冶金工艺的材料设计自由度高，能够根据零件的使用条件设计材料成分，赋予制品用常规工艺无法得到的或难于得到的组织结构，使制品具有优异的使用性能，而有利于主机性能水平的提高，这已为大量应用实践所证明。下面所举大多是国内的例子。

（1）汽车零件[9,10]。粉末冶金气门导管比合金铸铁导管耐磨性提高2倍以上，而且对偶件磨损也少。粉末冶金机油泵齿轮使用寿命比钢制齿轮高，啮合性好，泵油量提高12%～24%。粉末冶金排气门阀座耐磨性比高铬合金铸铁阀座提高2倍以上，可使汽油燃烧完全，减少废气排放，降低耗油量，并为汽车使用无铅汽油提供先决条件。粉末冶金凸轮轴耐磨性比铸造加工钢件提高7倍。赛车用粉末热锻连杆疲劳强度$10^6$周最大应力为34kN，优于模锻钢的29kN。粉末锻造齿轮承受的传递扭矩（$10^6$周）为540N·m，高于熔炼16MnCr5钢的430N·m。

（2）机床零件[11,12]。金属塑料复合材料用作机床导轨板，其摩擦系数比铸铁板低1个数量级，耐磨性高，寿命长，重复定位精度由原用滚动导轨的1.2μm提高到0.6μm，减少随动系统失调现象，降低低速不产生爬行的临界速度和拖动力矩。石墨青铜材料用作CM1104高精度自动车床主轴前轴承（转速12000r/min），磨损率仅为铸造青铜的1/7，对偶件轴的磨蚀很少，温升很低。

（3）纺机零件[13～18]。高速经编机粉末冶金提花链块，使用寿命比锻钢件高1倍。精纺机关键零件钢领，用粉末冶金工艺制造，纺纱断头率降低23%，钢丝圈飞圈损坏率降低95%。纺织机大批使用的皮辊轴承外圈，以粉末冶金工艺制造，使用寿命比轴承钢提高2倍以上。高石墨青铜含油轴承在织布机上用作牵手布司电机轴承，比原用磷青铜磨损减少50%～70%，不需每天加油，且棉布不受油污。金属塑料复合材料用作自拈纺机搓辊轴承，耐磨性比滚动轴承提高5倍。粉末冶金铜-石墨-氟化锂（氟化钙）气、液密封材料，在维纶厂长丝干燥机上应用，寿命比原用金属浸渍石墨密封材料提高4～6倍。

（4）家用电器零件[4,19]。白兰牌洗衣机电机采用粉末冶金铁基含油轴承，整机噪声（包括磁噪声）由原先滚动轴承的55dB降低到49dB。天力牌洗衣机电机采用改进的粉末冶金铁基含油轴承，整机噪声由采用滚动轴承的58～62dB降低到40～44dB。录音机和录像机电机采用粉末冶金铜基含油轴承，运转噪声低于30dB，使用寿命2000h以上。

（5）冶金设备零件。据武汉粉末冶金厂资料，固体润滑轴承在上海宝钢430/80t起重机上使用，延长寿命，减少维修次数，每年节约维修费65万元，增产钢材3.8万吨。

（6）轴承零件[3,20]。角接触轴承粉末冶金铁基保持架与原用黄铜保持架比较，将主机噪声降低2.5～6.3dB，在-10～150℃范围内尺寸稳定，变化不超过1μm/12mm。双列对称球面滚子轴承是一种新结构轴承，采用粉末冶金铁基中隔圈耐磨性比原用软氮化30号钢高4倍，40～100℃范围内尺寸稳定性高，改善中隔圈引导性，提高轴承精度和寿命。粉末锻造轴承外环的疲劳寿命是优质锻钢轴承环的3.5～4倍。

（7）摩擦片[21～24]。粉末冶金摩擦片热稳定性高，耐磨性好，摩擦系数稳定，能承受较高的比压。船用齿轮箱用粉末冶金离合器片已形成系列。铁基材料FM-20ZG在ZF-30齿轮箱使用，经247680次离合，磨损1.635mm，计算寿命60万次以上。红旗160推土机主、转离合器粉末冶金片使用寿命在5000h以上，而原用石棉树脂片仅300～500h。搪瓷拉伸机离合器粉末冶金片寿命为3.5～4年，而原用石棉树脂片仅3～6月。三叉戟飞机粉末冶金刹车片，耐磨性好，不黏结，不龟裂，不掉边，刹车效能高，500个起落后表面仍保持光洁。直8型多用直升飞机旋翼粉末冶金刹车片，可承受单位面积吸收功能900J/cm$^2$、刹车比压1.84MPa（高于大型客机机轮刹车1倍）、制动速度高达30m/s的负荷，摩擦系数稳定，制动灵活，耐磨性高，单面单次磨损在0.03mm以下。重型装甲履带车辆粉末冶金铁基制动片，制动距离比铸铁瓦缩短1/3～1/2，使用寿命提高0.5～1倍。

（8）电触头和磁性元件[25,26]。电触头是高、低压开关中执行机构的关键元件。粉末冶金钨基和碳化钨基触头，具有高导电性和高导热性，能够抗高温电弧熔蚀和抗高温熔焊。粉末冶金W-Cu触头在断路中应用，比紫铜触头开断容量提高2.6倍，寿命提高5～17倍。大型电站和高压、超高压输电线路高压开关中的触头和高真空开关触头，只有粉末冶金钨基触头能够胜任。Ag-CdO触头在交流接触器和强力起动器中应用，电寿命比纯银触头提高5～12倍，节银效果显著。

20 世纪 80 年代出现的 Nd-Fe-B 永磁材料，是永磁材料的重大突破，其磁能积达到 50MGOe，已在电机、发电机、计算机、仪表、电声器材、传感器、磁力机械、磁力传动、家用电器、医疗器械等方面应用。

## 4 粉末冶金工具材料为提高切削加工的质量和效率创造条件

先进金属切削技术要求配备先进的切削工具材料。粉末冶金工艺可以制造多种性能优异的工具材料，适应现代化机械制造向高效率、高精密方向发展的趋势。我国粉末冶金工业供应的工具材料有：烧结高速钢、硬质合金、金属陶瓷、陶瓷、金刚石-金属复合材料等。采用这些材料制造的工具，可明显提高切削加工的质量和效率，增加效益；并且取代进口工具，为国家节省大量外汇。

烧结高速钢组织细小均匀，基本消除偏析，性能比熔炼高速钢明显提高。烧结高速钢车刀的寿命比熔炼 W18Cr4V 高 3 ~ 5 倍[27]。

硬质合金促使金属切削加工业飞跃发展，硬质合金优秀新牌号进一步提高了金属切削的效率和质量，并为精密切削加工创造条件。采用 YG10H 牌号合金可转位刀片加工汽轮机淬火衬套（Cr11MoV，HRC60），表面粗糙度可达 $R_a$1. 25μm[28]。采用 YM051 合金加工淬火高速钢（HRC62 ~ 65），表面粗糙度可达 $R_a$0. 44 ~ 0. 46μm[29]。采用钢铁研究总院研制的硬质合金高速滚齿刀加工北京吉普汽车和北京 130 汽车变速箱齿轮，切齿效益比高速钢分别提高 3 倍和 6 倍[30]。上海材料研究所研制的硬质合金 M20 刮削刀加工大模数硬齿面齿轮，周节积累误差和齿向误差均高于 6 级，齿形精度达 7 ~ 8 级，表面粗糙度达 $R_a$0. 63μm[31]；硬质合金锯片铣刀（厚 0. 25 ~ 0. 68mm）加工针织机和外文打字机槽板，耐用度比碳氮共渗高速钢高 30 倍以上[32]。20 世纪 80 年代发展起来的涂层硬质合金，比普通硬质合金切削速度高 20% ~30%，切削寿命高 2 ~3 倍。可转位涂层刀片特别符合切削加工自动化和精密化要求[33]，北京内燃机总厂可转位铣刀采用率 90%，生产效率提高 20 ~30 倍，刀具寿命延长 1 ~4 倍；常州柴油机厂可转位铣刀采用率达 95%，产量提高 30%。大连重型机器厂 26 台铣床使用可转位铣刀，生产效率提高 3 ~6 倍。国内已提供硬质合金精密刀具，以适应电子工业产品向小型化、集成化、精密化发展的要求，如 $\phi$0. 08 ~0. 1mm 麻花钻用于加工印刷电路，$\phi$0. 2 ~0. 35mm 棒材用作电子计算机点阵打印针，以及为适应电子工业和数控机床发展而提供的微型硬质合金麻花钻、铣刀、键槽铣刀、$\phi$1mm 镗孔刀等。此外，硬质合金还用于制造各种耐磨、耐腐蚀零件，使用效果比原用钢件明显改善。

钢结硬质合金可以进行切削加工和热处理，适于制作模具和耐磨、耐腐蚀机械零件。用作模具其寿命比工具钢提高几倍、几十倍乃至上百倍，明显降低成本和提高效率[34]。

陶瓷刀具和金属陶瓷刀具的切削效率比硬质合金有进一步提高。北京科技大学研制的氮化硼-硬质合金复合材料刀具加工硬度为 HRC50 ~ 68 的淬火钢，表面粗糙度达 $R_a$1. 25 ~ 0. 32μm，寿命比硬质合金高几倍到几十倍；精车铸铁表面粗糙度达 $R_a$1. 25μm；精车有色金属表面粗糙度达 $R_a$0. 16μm[35]。济南冶金科学研究所以热压法制成 $Al_2O_3$-TiC 陶瓷刀片，其硬度在 1200℃仍能保持 HRA80，可以有效加工淬火钢、高强度钢、难加工铸铁、高锰钢等难加工钢铁材料，改善工件表面质量，以车、铣代替磨削，并明显提高生产率[36]。国外 Sialon 陶瓷刀具能以 310r/min 的转速加工 Incoloy-901 耐热合金，寿命为硬质合金的 15 倍。

粉末冶金金刚石工具在切削加工中用于磨削和修磨砂轮。金刚石磨钻头耐用度高，在自动化加工机床中用作精密加工工具，钻 $\phi$6mm 孔的精度达 IT7 ~ IT8，表面粗糙度达 $R_a$3. 24 ~ 3. 248μm，相当于铰孔精度[37]。北京市粉末冶金研究所研制的金刚石珩磨条用于汽车、拖拉机发动机缸体和连杆内孔、齿轮及液压件内孔的珩磨，寿命可达 1 万 ~ 2. 5 万件；工件内孔椭圆度达 0. 005mm，锥度达 0. 005mm，而碳化硅和刚玉珩磨条分别为 0. 02mm 和 0. 015mm。金刚石修整滚轮属于复杂形面的修整工具，用于成形磨削加工砂轮的修整，加工精度可达 ±0. 002mm，使用寿命在 10 万次甚至 100 万次以上，在各种精密成形磨床上使用，明显提高工件合格率。以国产滚轮取代进口，按 1000 只计算，可节省外汇 120 万美元。

## 5 发展趋势

粉末冶金技术在先进工业国家得到高度重视。1956 年，日本政府为了整顿机械工业，颁布《机械工业振兴临时措施法》，共选定 19 个“特定机械项目”加以扶持，从而带动整个机械工业发展，其中第 3 项是粉末冶金，第 9 项包括硬质合金工具。苏联共产党第 11 次党代表大会文件中，明确指出要积极发展粉末冶金。美国的许多粉末冶金项目得到政府支持；美国公布的对苏联和东欧禁止出口的高级技术，第一项就是粉末冶金。

粉末冶金工业发展速度明显超过传统的机械工业和冶金工业。北美 1988 年铁粉产量创新的历史纪录，达到 235000t 以上，比 1987 年增加 10%。日本粉末冶金制品产量自 20 世纪 60 年代以来一直保持增长趋势，1989 年粉末冶金机械结构零件产量为 75818t，比上年度增长 12. 8%；粉末冶金轴承产量为 7887t，比上年度增长 2. 8%。英国 1988 年粉末冶金零件耗用铁粉和有色金属粉末分别为 9542t 和 795t，比 1985 年分别增加 30% 和 40%。

我国粉末冶金工业兴起于 20 世纪 50 年代。60 年代以来，我国粉末冶金科研和生产均取得重要进展，新技术、新工艺和新材料不断涌现，应用领域迅速扩大。自80年代实行改革开放以来，粉末冶金工业发展迅猛，已具有一定规模，达到一定水平。产品门类基本齐全，包括机械零件、电工磁性元件、过滤元件、难熔金属制品、硬质合金工具、金刚石-金属工具，等等。现有生产厂三四百家；有四所高等院校设有粉末冶金专业；专业和兼业研究单位有十五所以上。1989年我国铁粉产量突破3万吨大关，达30426t，结束长期在2万吨徘徊的局面。粉末冶金机械零件生产目前正致力于提高产品密度，提高材料性能，发展和改进成形技术以制取精密、形状复杂零件等方面，并已取得令人瞩目的成果。对机电工业将产生重大影响的粉末冶金新材料如精细陶瓷、超导材料、钕铁硼磁性材料的研究工作已居世界先进水平。

但是，我国粉末冶金行业与国外先进水平相比，整体上仍存在较大差距，不能适应国民经济发展的需要。我国粉末冶金机械零件产品中，性能和精度不高的简单形状零件占绝大多数，高性能、高精度、复杂形状结构零件很少；生产效率低；零件品种少，应用不够广泛。必须提高我国粉末冶金的生产水平和生产效率，才能适应机械工业和国民经济的发展形势。为此，归纳出三项有重大作用的技术群，建议进行重点扶持，优先发展。

（1）粉末冶金零件先进制造技术。制造技术的方向是高效、优质、精密和自动化，重点是高强度、高精度、复杂形状零件的成形，可控气氛烧结和后续热处理，并发展特殊制造技术，如组合成形、注射成形、等静压成形、快速多向成形等。

（2）粉末冶金材料开发及应用技术。重点研究提高现有产品的材质性能，包括铁基材料、铜基材料、摩擦材料和复合材料；同时开发各种先进材料，如精细陶瓷、非晶微晶材料、超导材料、记忆合金、贮氢材料、超微粒材料等。发展新的材料制造技术，如快速冷凝、机械合金化、STAMP法、CERACON法等。应用技术是发挥粉末冶金材料潜力和扩大应用领域的关键，应结合产品开发，与用户密切结合，开展使用性能、使用条件和应用范围的研究。

（3）专用设备。我国发展高水平粉末冶金制品和提高生产效率的一个主要制约因素，是粉末冶金工艺专用设备落后。必须大力发展工艺专用设备，重点是压机和烧结设备，途径是在消化吸收引进先进压机和烧结炉的基础上自主创新。

## 致　谢

黄勇庆高级工程师、倪明一高级工程师、李策高级工程师、赖和怡教授、韩凤麟高级工程师对本文撰写提出了宝贵意见，特此致谢。

## 参考文献

[1] Beisel W Z. Zeitschrift für Metallbearbeitung，1986，7：80.

[2] 韩凤麟．粉末冶金机械零件．北京：机械工业出版社，1987：243.
[3] 刘彦如．国外粉末冶金制品在汽车工业中的应用．见：中国机械工程学会粉末冶金专业学会第五届学术会议论文集，北京：1987：82 ~ 95.
[4] 刘承烈．粉末冶金技术，1983，1(4):28 ~ 31.
[5] Ulf Engstrom. Horizons of Powder Metallurgy. Dusseldorf：1986：416 ~ 424.
[6] 韩凤麟．机械工程材料，1985，9(3):1 ~ 5.
[7] 余根新．粉末冶金技术，1988，6(4):231 ~ 239.
[8] 李祖德，刘彦如．机械工程材料，1995，19(4):7 ~ 9.
[9] 李祖德，常镕桥．机械工程材料，1986，10(1):1 ~ 4.
[10] 李祖德．国外粉末冶金机械零件制造和应用的进展．见：中国机械工程学会粉末冶金专业学会第五届学学术会议论文集，北京：1987：33 ~ 34.
[11] 管伟．粉末冶金技术，1989，7(4):241 ~ 246.
[12] 张金生，等．机械工程材料，1985，9(2):31 ~ 34.
[13] 王西玲．粉末冶金技术，1986，4(1):31 ~ 33.
[14] 范保江，朱巧根．粉末冶金技术，1982，1(2):25 ~ 26.
[15] 朱巧根，等．粉末冶金技术，1984，2(1):28 ~ 32.
[16] 尹循亮．粉末冶金技术，1983，1(4),32 ~ 33.
[17] 蒋仲炎．粉末冶金技术，1982，1(1):35 ~ 36.
[18] 李义陵，等．粉末冶金技术，1988，6(2):94 ~ 97.
[19] 金建伟．粉末冶金技术，1985，3(4):50 ~ 51.
[20] 易家明，等．粉末冶金技术，1987，5(1):22 ~ 29.
[21] 洪子华．粉末冶金技术，1982，1(2):31 ~ 32.
[22] 廖鹏飞，等．粉末冶金技术，1984，2(3):26 ~ 30.
[23] 谭明福，等．粉末冶金技术，1989，7(3):149 ~ 155.
[24] 孙学广．装甲履带车辆粉末冶金制动瓦的研制和应用．见：中国机械工程学会粉末冶金专业学会第五届学术会议论文集，北京：1987：395 ~ 400.
[25] 林景兴．粉末冶金技术，1983，1(3):40 ~ 43.
[26] 潘树明，张先声，甘长炎．电工合金文集（内），1990(1):7 ~ 10.
[27] 戴行仪．粉末冶金技术，1988，6(1):52 ~ 57.
[28] 顾祖里，曲文刚．硬质合金，1986(1):30 ~ 31.
[29] 陈友志．硬质合金，1988(2):35 ~ 36.
[30] 纪英良，肖邦智．硬质合金，1983(试刊号):31 ~ 34.
[31] 吴文华．硬质合金，1986(2):18 ~ 20.
[32] 蔡怡勳，沈树亭．硬质合金，1983(试刊号):27 ~ 30.
[33] 唐普林．硬质合金，1988(1):7 ~ 12.
[34] 闻立铨，李祖德．中国钨业，1990(3):14 ~ 22.
[35] 殷声，等．硬质合金，1985(3):13 ~ 16.
[36] 仇启源．机械工艺师，1991(11):11 ~ 13.
[37] 王化德．机械工艺师，1990(12):5 ~ 6.

# 第二章　粉末冶金发展史

FENMO YEJIN FAZHANSHI

# 粉末冶金发展中的重大成果❶

18世纪中叶开始复兴并在20世纪得到蓬勃发展的粉末冶金技术，是一门制备金属材料和复合材料及其制品的技术。作为粉末冶金雏形的块炼铁技术，对人类社会从铜器时代进入先进的铁器时代做出了贡献。而在近代两个世纪中，粉末冶金作为一种先进技术，为满足社会生产和科学技术发展的需要，不断提供各种关键性材料和制品，为促进工业、农业、国防和科学技术发展起到重要作用。表1按年代先后简略列出了粉末冶金发展中的重大技术成果。

**表1　粉末冶金发展中的重大成果**[1~7]

| 首次出现的年代 | 重大技术成果 | 起源地或发明者 |
|---|---|---|
| 公元前2500年前 | 块炼铁 | 小亚细亚人 |
| 公元前4世纪至公元4世纪 | 以块炼铁为原料采用锻焊法制造兵器、农具、柱 | 阿拉伯、中国、印度 |
| 公元13世纪 | 烧结铂粒 | 南美洲印加人 |
| 1809年 | 烧结铂 | Knight、Cock、Wollaston |
| 1826年 | 粉末冶金法工业规模制造铂币 | 俄国　Соболевский |
| 1829年 | Wollaston法由海绵铂制造致密铂 | 英国　Wollaston |
| 1855年 | 补牙用汞齐 | Townsend |
| 1870年 | 金属粉末模压法制造轴承 | 美国　S. Gwynn |
| 1897年 | 糊膏法制造锇 | 奥地利　Auer von Welsbach |
| 约1890年 | 金属-炭电刷 | 德国　炭刷工业 |
| 1908年 | 多孔性零件（轴承） | 德国　Löwendahl |
| 1909年 | 不同金属粉末固态合金化研究 | G. Masing、G. Tammann |
| 1909年 | 延性钨 | 美国　W. D. Coolidge |
| 1917~1921年 | 复合金属W-Pt、W-Cu、W-Ag | Gebauer |
| 1923年 | WC基硬质合金 | 德国　Schröter、Skaupy |
| 1923年 | 金属过滤器 | Claus |

❶ 本文原载于《粉末冶金手册》，北京：冶金工业出版社，2012：1~2。署名：李祖德。此次重载作了修改和补充。

续表 1

| 首次出现的年代 | 重大技术成果 | 起源地或发明者 |
| --- | --- | --- |
| 1922～1929 年 | 金刚石-金属复合材料 | Diener、Gauthier、Never 等 |
| 1929～1935 年 | WC-TiC-TaC 基硬质合金 | 奥地利　P. Schwarzkopf、R. Kieffer、Becker、Comstock 等 |
| 1933 年 | 铁氧体磁性材料 | 日本　武井 |
| 1934～1941 年 | 烧结磁铁 | Howe、Kieffer、Hotop、Ritzau、Kalischer |
| 1935 年以后 | 高质量铁粉生产 | BASF 公司、Hametag 公司、DPG 公司、Höganäs 公司、Mannesmann 公司 |
| 1935 年以后 | 烧结铁和烧结钢机械零件 | Kieffer、Hotop、Benesovsky、Zapf、Schwarzkopf 等 |
| 1938 年 | W-Ni-Cu 重合金 | G. H. Price |
| 1950 年 | Fe、Ni、Cu 和特殊合金的粉末轧制 | Naeser |
| 1952 年 | 烧结铝 SAP | 美国　Alcoa 公司 Irmann |
| 1953 年 | 非晶态合金粉末材料 | H. Schlesinger、H. C. Brown |
| 1955 年 | 热等静压 | 美国　Battele 研究所 |
| 1957 年 | 烧结耐热钼基合金 TZM | Climax、Sylvania、Metallwerk Plansee |
| 1958 年 | 快速凝固 | 苏联　И. В. Салль |
| 1959 年 | TiC 基硬质合金 | 美国　Ford 公司 Hunenik |
| 1960 年 | U(Th)-碳化物基烧结核燃料 | General Atomic 公司、Metallwerk Plansee 公司、Dragon 公司、Nukem 公司 |
| 1961 年 | 钢结硬质合金 | 美国　Chromalloy 公司 |
| 1962 年 | T. D. Ni | 美国　Dupont 公司 |
| 1965 年 | 粉末冶金高速工具钢 | 美国　Crucible Steels 公司 |
| 1965 年 | 磁性液体 | 美国　S. S. Pappel |
| 1967 年 | 燃烧合成 | 苏联　А. Г. Мерзанов、Боровинская 等 |
| 1969 年 | 硬质合金 TiC、TiN 涂层 | Metallgesellschaft 公司、Krupp 公司、Sandvik 公司、Metallwerk Plansee 公司 |
| 1970 年 | 超塑性高温合金 | 美国　S. H. Reichman |
| 1970 年 | 机械合金化 | 美国　J. S. Benjamin |
| 1970 年 | 喷射成形 | 英国　A. R. E. Singer |
| 1980 年 | 注射成形 | 美国　R. Wiech、D. Revers |
| 1983 年 | 钕铁硼永磁材料 | 日本　住友公司 |
| 1984 年 | 纳米粉末材料 | 德国　R. Birringer 等 |

## 参 考 文 献


[1] Kieffer R，Hotop W. Pulvermetallurgie und Sinterwerkstoffe[M]. Berlin：Springe-Verlag，1943：1 ~ 7.

[2] Kieffer R，Hotop W. Sintereisen und Sinterstahl[M]. Wien：Springe-Verlag，1948：1 ~ 12.

[3] ASM Handbook. Vol 7. Powder Metal Technologies and Applications [J]. ASM International, 1998：3 ~ 7.

[4] 松山芳治，等．粉末冶金学概论[M]．赖耿阳译．台南：复汉出版社，1979：47 ~ 63.

[5] 李祖德，李飚．古代块炼铁技术[J]．粉末冶金技术，1990，8（2）：114 ~ 119.

[6] 李祖德，李松林，赵慕岳．20 世纪中、后期的粉末冶金新技术和新材料(1)[J],粉末冶金材料科学与工程，2006，11(5)：253 ~ 261.

[7] 李祖德，李松林，赵慕岳．20 世纪中、后期的粉末冶金新技术和新材料(2)[J],粉末冶金材料科学与工程，2006，11(6)：315 ~ 322.

# 古代块炼铁技术——粉末冶金的雏形❶

## 1 块炼铁技术的历史价值[1~8]

生产工具是社会生产力发展的重要标志，生产工具及其进化对人类物质文明进步起到重要推动作用，因此，历史学家和考古学家以工具的进化特征作为划分人类古代历史时期的标志，即：石器时代、铜器时代和铁器时代。在人类社会进化过程中，铁器是一项伟大的技术成就。块炼铁技术的历史功绩在于，继人类认识天外飞来的自然铁之后，人工用这种唯一的手段制得了铁，从而开创了辉煌的铁器时代。

人类使用铁至少已有5000年历史，首先从陨铁开始。最初以人工铁制造铁器，可以追溯到大约公元前2300年以前；而铁器时代一般认为始于公元前19世纪以前，对不同地区和民族有很大差别。金属工具特别是铁器的使用，促使生产力发展到新的阶段。率先进入铁器时代的赫梯王国（今土耳其境内），在公元前14世纪国势日盛，频频对外扩张，成为西亚强国。

铁器的使用与我国春秋战国时期奴隶制的崩溃和封建制的形成有着密切的联系，先进的铁质工具在农业上的应用，显著提高劳动生产率，为奴隶制经济基础的崩溃和封建生产关系的产生奠定了物质基础，成为春秋战国时期社会大变革的重要因素。战国中期，在生产上已占据主导地位的铁制生产工具，作为一种新的生产力因素，为开发山林、扩大耕地、发展水利灌溉和交通等方面，创造了条件；在铁器用于农业生产的同时，使用了牛耕。随着铁制农具和牛耕的使用和推广，以及水利事业的发展，农业劳动生产率提高，促使建于“耦耕俱耘”井田制之上的奴隶制经济基础瓦解。

青铜冶铸业是从石器加工业和制陶业中产生和发展起来的。如果说制陶业的高温技术为青铜器的冶铸提供了重要的技术条件，那么，铁器的产生并不具备类似的先期条件，陶窑和炼铜炉达不到熔炼铁所需要的高温。国内外考古资料表明，远古人工制得铁，是从块炼铁技术开始的，对于所有产铁的国家和地区均是如此。块炼铁技术就是用富铁矿砂为原料，以木炭为还原剂，通过低温固体碳还

❶ 本文据以下两篇文章合并、压缩、改写而成：1. 古代块炼铁技术，原载于《粉末冶金技术》，1990，8(2):114~119。署名：李祖德、李飏。2. 中国古代块炼铁技术，原载于《粉末冶金材料科学与工程》，1999，4(1):1~9。署名：李飏、李祖德。

原而制得海绵铁的制铁技术。用这种方法炼铁，只需要稍高于1000℃的温度，人类借此才得以绕过当时无法克服的熔炼铁的高温障碍。从原始的人工制铁，可以看到粉末冶金的历史渊源。虽然人类很早就已使用金属粉末和金属氧化物粉末，将金粉用于装饰，氧化物粉用于化妆、涂饰和陶器着色，但这些粉末的制取和应用对社会生产力并无重大影响。

## 2　块炼铁法制铁原理[5~7]

在烧陶和冶铜的生产实践以及生活实践中，古人类完全有可能偶然发现：在炉窑内铁矿石与木炭接触经加热可得到铁；再经过长期的摸索，创造出块炼铁制铁技术。块炼铁就是用固体碳还原法制出的比较纯净的铁，呈疏松海绵状。将其称为块炼铁，是为了区别于炒钢所得到的熟铁和现代海绵铁。这种方法以富铁矿砂为原料，以木炭为还原剂。矿石经过烘干、焙烧、磨碎、洗选和筛选等工序进行选矿。炼铁炉有图1和图2所示几种形式。图1为最原始的炉型：在土坑上或石坑上筑构黏土拱顶为炉身，断面大多呈圆形，炉身下侧有一通风嘴可鼓入空气。罗马帝国时代（公元前476年~公元前30年）的炼炉，已由无出渣口的碗式炉进化到带出渣口的改进型竖式炉，如图2所示。

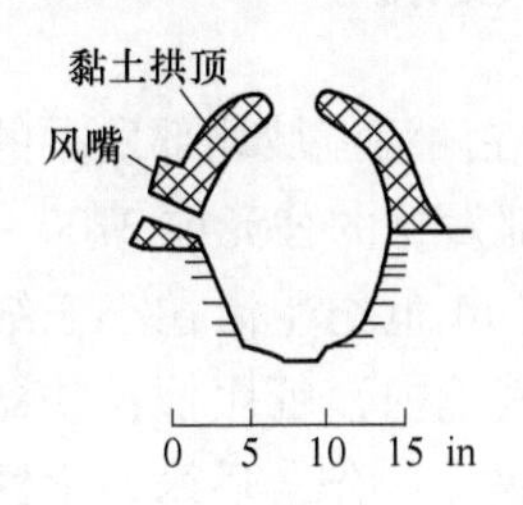


图1　铁器时期早期的碗式炉
（1in = 25.4mm）

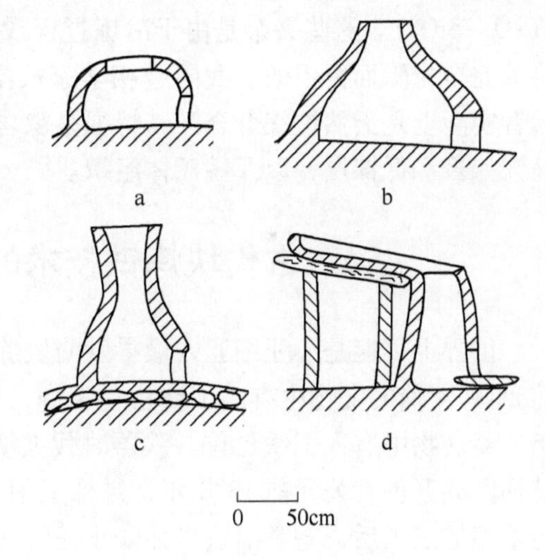


图2　罗马帝国时代的竖式炉
a—保加利亚；b—日耳曼；c—苏丹；d—孟加拉

原始的炼铁过程是：将碎铁矿石与木炭末混合或以夹层方式置入炉中，点燃木炭，施以通风，炉中碎铁矿石与木炭经加热发生还原反应而形成海绵状铁块。还原过程是在还原剂大量过剩的情况下进行的；炉内温度保持在1100℃以上，为此要进行均匀鼓风。过程结束后，打开拱顶，取出海绵铁块。早期的块炼铁的纯度比现代铸铁低，除了硫、碳含量高以外，硅含量和其他杂质比现代铸铁高好几倍。采用锻焊的方法将块炼铁进一步加工制成所要求的器物，包括各种农具、工具和兵器。其过程是：将块炼铁烧红加热到焊接温度，进行锻打或模锻，使其致密并排出部分或大部分杂质。块炼铁虽然碳含量高，但由于还原过程温度较低，其可锻性仍然较好。

公元前1200年，赫梯人将块炼铁锻打成薄板，包裹起来，在炭炉内进行焊接，如此重复多次而制得钢件；公元前1000年左右，阿拉伯人将块炼铁坯充分锻透，锉碎并使其生锈，再锻焊，如此重复多次后制得器具。古代利用锻焊法制造多层结构的工具和武器，其内部为铁，以保证整体韧性和耐冲击性，而外部则全部或部分由热处理碳钢构成，具有高硬度和高耐磨性。对不同金属锻焊结合则采用焊剂。焊剂以金属粉末为主，铁与铁或钢与钢的焊接采用的一种焊剂混合物为：100份铁屑或钢屑，500份硼砂，50份松节油或其他树脂。锻焊时将粉末撒在焊接面上，加热使粉末熔化，经2～4次锤锻而制成制品。

我国金相学家对块炼铁经锻打制成的铁器进行了金相分析，发现：块炼铁的海绵状致使铁器成品中含有大量孔洞；基体组织有一定取向，呈层状排列，层间有原矿石带入的大量夹杂，主要为不同尺寸的氧化亚铁（FeO）或铁橄榄石（$FeO \cdot SiO_2$）。这些夹杂是由于冶炼过程没有经过液态熔炼排渣，而锻打又不能将其完全排除而留下的。我国金相学家根据这种组织特征来鉴别块炼铁和陨铁，后者实际上是天然铁镍合金，其特征是镍含量高，并含有钴、锗、镓，组织中有高镍偏聚和低镍层，以及魏氏体组织。

## 3 古代块炼铁技术的产生和发展[5～7]

世界上可能是小亚细亚人最早发明块炼铁技术。在两河流域北部发掘的公元前2500年前的文物中有人工铁匕首手柄；土耳其东部发掘的公元前2700～2500年王墓文物中有人工铁匕首。铁器时代文明由公元前14世纪生活在小亚细亚的赫梯民族开创，公元前1370年，赫梯王国（今土耳其境内）征服擅长铁器生产的米坦尼王国后，垄断冶铁术并禁止任何铁器出口近两个世纪。后来，冶铁术才传入两河流域（巴比伦）和埃及。

古印度块炼铁技术水平相当高，铁器时代始于公元前13世纪以前。公元4世纪，印度人用块炼铁锻焊出举世闻名的德里铁柱和达尔铁柱。德里铁柱高7.2m，重6t，含0.08%C、0.11%P、0.006%S；达尔铁柱高12.5m，直径40cm，重7t，含0.02%C、0.28%P。13世纪用同样技术制造的科纳拉克两根铁桁条，分别长10.7m、直径20cm和长7.8m、厚28cm，含0.11%C、0.02%P、0.02%S。

波斯萨珊王朝（公元224～651年）的“镔铁”，是用当时一种先进的固体渗碳炼钢法炼制的，即将块炼铁与渗碳剂和催化剂混合，密封加热进行渗碳。镔铁制品表面经植物酸腐蚀而呈现各种各样的图案花样，当时视为珍品。镔铁制品经当时欧亚交通枢纽叙利亚的大马士革向西传到欧洲，被称为“大马士革钢”。镔铁制品传入我国是在南北朝时期（公元5~6世纪）。直到宋、元时期（公元10~14世纪），我国西北边疆地区仍有镔铁生产。

欧洲生产块炼铁开始于公元前1000年前后哈尔施塔特文化时期。公元前后，东斯拉夫人的块炼铁生产已达到相当大的规模。在Свентокшиский山地区发现了1600座炼铁炉，炉子直径45cm，一次炼出块炼铁30kg，消耗矿石200kg。基辅罗斯是公元9世纪~11世纪强盛的东斯拉夫人国家。基辅罗斯的工匠用块炼铁制造出各式各样的农具、渔具、加工工具、小五金和兵器。

块炼铁技术在欧洲延续了2500年以上的漫长时期。15世纪前铁制兵器和工具均采用块炼铁锻焊技术制造。15世纪出现了先进的高炉身型块炼铁炉，每天能生产块炼铁400kg。直到18世纪，炼钢仍以块炼铁渗碳炼钢法为主，后来才被生铁冶炼制钢法逐渐取代。17世纪，块炼铁技术是东斯拉夫人唯一的冶铁术，19世纪Кирелич仍保持着块炼铁制钢的生产方法。

## 4　我国古代块炼铁技术的产生和发展[3,8~17]

史学家一般认为，我国最先经冶炼制得并应用的金属是铜，始于新石器时代晚期。石器加工和制陶业为青铜冶铸业产生和发展提供了先期条件：龙山文化（公元前2000~1700年）的黑陶，烧成温度为950~1050℃，已接近纯铜的熔点；冶铸用的熔炉、水包、型范等均为陶质或类陶质。有粉末冶金工作者认为，人工最初制取铜或青铜也是采用原始的粉末冶金法，这种说法缺乏根据。

我国商代（公元前14世纪）开始使用陨铁。商代的先民对铁的性质已有认识，并掌握了锻打嵌铸技术。但是，陨铁制成的铁器仅有少量使用，对发展社会生产尚无实际意义。当时尚不知如何用矿石炼铁。

我国目前出土的用块炼铁制得的铁器中，年代最前的是河南省三门峡市西周晚期古虢国墓葬出土的玉柄铁剑和铜柄铁剑。据此推测，我国块炼铁器出现的年代为公元前800~700年。史学家大都认为，我国块炼铁先于铸铁，但两者出现时间相隔不长，均在西周晚期，后者为公元前700年。

春秋晚期铁器制造技术已达到一定水平，吴、楚等国当时已能够用块炼铁锻造兵器。江苏六合程桥镇吴国墓葬出土的春秋晚期块炼铁锻制铁条，其金相组织基体为铁素体，碳含量很低，夹有大量氧化铁-硅酸盐共晶组成的杂质，各部分氧化铁分布不均。长沙杨家山春秋晚期墓葬出土的钢剑，剑身断面用放大镜可看出反复锻打的层次，有7~9层之多。钢剑经金相鉴定是由碳含量为0.5%~0.6%的中碳钢制成，含有球状碳化物，可能进行过热处理。春秋墓葬出土文物中铁器不多，说明当时冶铁业尚处于开始阶段，铁器尚未普及。从现有的出土文物和史料考证，铁器成为一种新的生产力发展阶段的标志，应始于春秋之末战国之初。

战国中期，铁器已经比较普遍。虽然当时已使用铸铁，但块炼铁仍是用于锻件的主要原料。河南辉县固围村战国中期魏国墓葬出土文物中有块炼铁制铁器。湖北大冶铜绿山战国中期古矿井出土了大量的铁器，其中块炼铁工具经锻打制成，质地比较纯净，化学成分（质量分数）为：0.06% C、0.05% Mn、0.06% Si、0.12% P、0.009% S、0.01% Cr、0.01% Ni、0.17% Cu。西安半坡战国中晚期墓葬出土的铁凿和铁锄，也是以块炼铁制成。

战国晚期即公元前4世纪末，炼铁术有明显进步，块炼铁技术已达到相当高的水平，用块炼铁锻制的兵器增多，铁兵器已取代大部分铜兵器。河北易县战国晚期燕下都墓葬出土的铁器件中，钢剑、残剑、镞铤、钢矛、钢戟经过渗碳锻打，剑和戟经过淬火，钢矛的骹部和镞铤具有正火组织。剑和戟是至今为止发现的我国铁器中最早的淬火件。易县出土铁器说明：当时已创造出块炼铁固体渗碳制造高碳钢的技术；在渗碳工艺的基础上，增加锻打折叠次数，使钢中碳的分布均匀性提高，夹杂物含量下降和尺寸减小，以进一步改善钢的质量，而不仅是为了加工成形；热处理技术已经采用并达到一定水平，能根据器件所要求的性能，对钢材进行不同的热处理。

西汉时期铁器应用更加广泛，进入我国块炼铁技术的顶峰时期。西汉时期块炼铁技术的重要成就，就是在战国晚期用块炼铁渗碳制成钢件的基础上，增加反复加热锻打的次数，进一步提高了钢件的性能。同时，西汉时期的热处理技术也有明显进步，能够根据要求来选用不同的工艺，包括对钢件进行局部淬火。炼铁术的发展和制铁规模的扩大，促使铁器应用更加广泛和普及。铁制兵器取代青铜兵器的过程在这一时期加速，这种变革的关键时期是汉武帝时期即公元前2世纪末，而完成于东汉时期。

西汉时期我国块炼铁技术水平可以从河北满城刘胜墓葬出土的铁器看出（刘胜葬于公元前113年）。出土铁器共499件，其中武器占很大比例。金相检验了14种，有6种系块炼铁制成，即佩剑、钢剑、错金书刀、钢戟、暖炉及恺甲。

暖炉是将炉身、承灰盘和三条炉足分别锻制后，用铆钉结合而成。其中一座通高31.5cm，口径26.4cm（图3）。足部金相组织为铁素体，晶粒粗大，分散有较多非金属夹杂物。

满城汉墓出土的错金书刀（图4）通长42.4cm。金相分析表明，书刀是由低碳钢渗碳叠打而成。经表面渗碳和淬火，刃部表面为马氏体组织，维氏硬度HV570；往内是马氏体加屈氏体；刀背没有淬火，表面为经过渗碳的珠光体组织（硬度HV260）；心部为铁素体加珠光体组织（硬度HV140）。书刀制作的工艺较复杂：由块炼铁锻打和渗碳后叠打成形，经过磨制，再表面渗碳，最后刃部局部淬火；刀背和刀身韧性好，硬度低，便于刻槽和嵌镶金丝。金丝直径仅

图3 西汉刘胜墓葬暖炉

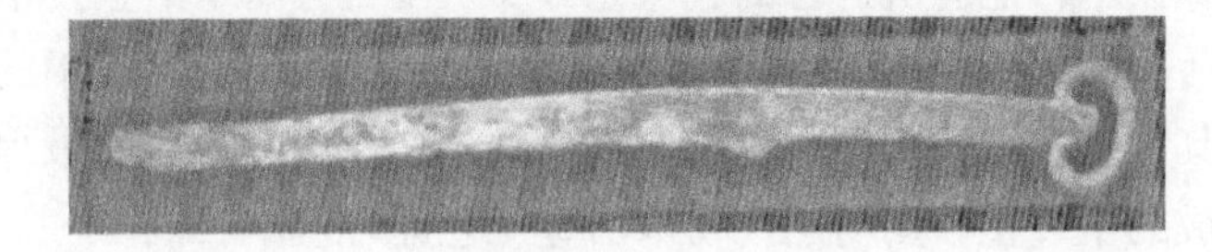

图4 错金书刀

0.08～0.12mm，有的线条作平行双线，线间距离为0.1～0.5mm，显示出工匠精妙绝伦的技能。

满城汉墓出土兵器由渗碳钢多次反复锻打和加热，最后淬火而制成。佩剑经表面渗碳和局部淬火，刃部得到高硬度（HV900～1170）的淬火马氏体组织（局部有上贝氏体），而脊部为韧性较好的珠光体加少量铁素体组织，使得整体具有刚柔结合的优良性能。满城汉墓出土的铁器与战国晚期块炼铁渗碳钢相比，在材质上并无区别，但内部组织有了突出的改进：（1）组织中夹杂物尺寸普遍减小，数量减少；（2）高碳层与低碳层之间碳含量差别减小，组织比较均匀；（3）断面上高碳与低碳层的层次增多，厚度薄（燕下都钢剑的低碳层厚约0.2mm，而满城汉墓刘胜佩剑最厚为0.05～0.1mm）。

公元2世纪末，还掌握了脱碳退火技术以提高钢的延性。刘胜墓铠甲共由2859片甲片连缀而成。甲片表面为铁素体退火组织，由细小的等轴铁素体晶粒组成，晶界上有少量游离渗碳体，碳含量不超过0.08%；而中心部分含碳量较高。退火处理是耗时很长的过程，必须防止铁的氧化，由此推断当时已能控制退火气氛。

燕下都钢剑和刘胜墓兵器，都是百炼钢技术发展初期的产物。块炼铁多次反复加热锻打（有的甚至经过十几次折叠锻打），是提高所制器物性能的根本措施。这种工艺尤其在兵器制造方面，取得了辉煌的成就，成为东汉时期先进的

“百炼钢”锻冶技术的发端。

与西亚率先进入铁器时代的赫梯王国相比，我国铁器大量使用大约晚1000年，这可能是因为我国青铜冶铸技术发达，推延了冶铁业的出现；另一个特点是，我国古代块炼铁技术的寿命较短，从产生至公元1世纪前后消亡，约存在1000年便被生铁冶炼技术取代，而欧洲块炼铁技术延续了2500年以上。这仍然可能是由于我国青铜冶铸技术发达，其成熟的经验和技术，为生铁冶铸提前出现创造了条件。

## 5 古代块炼铁技术与近代粉末冶金[4,7,18,19]

著名学者R. Kieffer和W. Hotop在其专著《Sinereisen und Sinterstahl》中指出：“die Frühgeschichte der Metallurgie in vielen Fallen die Frühgeschichte der Pulvermetallurgie schlechtweg ist.（在许多情况下，冶金古代史简直就是粉末冶金古代史）”。作者所指主要是炼铁术，他们所首肯的观点充分反映出古代粉末冶金技术在人类生产活动和社会生活中的重要地位。古代块炼铁技术是近代粉末冶金技术的雏形，古代块炼铁技术就其制造海绵铁而言，是制造原料的方法，而与随后的锻焊法结合起来制造铁器所组成的全过程，则与近代粉末冶金工艺原理基本相同。

随着冶金技术的发展和装备水平的提高（例如鼓风技术），出现了熔炼制铁法，使生产效率和经济效益显著提高，而逐渐取代了原始的块炼铁技术。然而，块炼铁技术不通过熔炼而制造金属材料，并与锻焊法相结合制造器具的基本技术思想，对以后金属材料和制品的制造技术，却有着深远的影响。正如两位冶金学家所指出的：最古老的块炼铁技术已被人遗忘，但粉末冶金仍取其固态还原的技术思想，过去的技术思想在新的条件下得到继承和发展。笔者认为，现代粉末冶金技术对古代块炼铁技术的继承和发展，可以从两个方面来理解：

（1）对冶金技术进步具有重大意义的现代直接还原铁（DRI）技术，是古代块炼铁技术在新水平上的复兴和发展。

随着近代钢铁工业迅速发展，高炉冶金焦供应日趋紧张，促使人们转而试验由矿石直接还原的制铁方法。直接还原得到的铁也称海绵铁，作为优质废钢的代用品，是电炉冶炼优质钢和特殊钢的理想原料，对冶金技术进步具有重大意义。瑞典Höganäs厂根据S. Esienrin的发明，于1930年开始用固态直接还原法生产海绵铁。起初用作冶炼工具钢的原料，以后还供应粉末冶金工厂制造机械零件。20世纪80年代世界上用矿石直接还原制铁的生产能力已在2000万吨以上。1997年与上年相比，世界直接还原铁产量增长9%，达到3620万吨。1995年后，我国直接还原法发展较快，成为冶金行业投资热点。以铁精矿粉直接还原制取海绵铁或铁粉的技术，无论是对炼钢和粉末冶金，还是对其他有关行业的发展，均具有重要的意义。

（2）近代粉末冶金技术是古代块炼铁技术在新水平上的复兴和发展。

古代块炼铁技术不通过熔炼而在固态下制取金属材料并结合锻焊法制造器具的基本技术思想，为以后金属材料和制品的制造技术所继承和发扬。从18～19世纪制铂，到20世纪初制钨，都是绕过熔炼温度的障碍，通过固态还原—成形—致密化而获得成功的。建立于先进科学技术基础上的现代粉末冶金技术，继承和发扬了粉末体固态致密化的基本思想，在开发高端金属材料和制品方面，显示出旺盛的生命力。

## 参考文献


[1] 孔令平，冯国正．铁器的起源问题[J]．考古，1988(6):542～546.

[2] 吴于廑，齐世荣．世界史古代史编[M]．北京：高等教育出版社，1994：21.

[3] 杜石然，范楚玉，陈美东，等．中国科学技术史稿(上册)[M]．北京：科学出版社，1984：42，85～93.

[4] 丘亮辉，朱寿康．冶金技术史概论[C]//技术史研究．北京：冶金工业出版社，1987：224～261.

[5] Францевич И Н，и др. Порошавая Металлургия в СССР[M]. издательство“Наука”，1986：10～22.

[6] 华觉明．世界冶金发展史[M]．北京：科学技术文献出版社，1985：106～107，150，219.

[7] Kieffer R，Hotop W. Sintereisen und Sinterstahl[M]. Wien：Springer-Verlag，1948：1～12.

[8] 杨宽．中国古代冶铁技术发展史[M]．上海：上海人民出版社，1982：14，32，198～203，212～213.

[9] 李众．中国封建社会前期钢铁冶炼技术发展的探讨[C]//北京钢铁学院．中国冶金史论文集（内部资料），1986：53～67.

[10] 安志敏．碳14断代和中国史前考古学[J]．文物，1994(3):83～87.

[11] 张先得，张先禄．北京平谷刘家河商代铜钺铁刃的分析鉴定[J]．文物，1990(7)：66～71.

[12] 冶军．铜绿山古矿井遗址出土铁制及铜制工具的初步鉴定[J]．文物，1975(2):19～25.

[13] 韩汝玢．中国早期铁器的金相学研究[J]．文物，1998(2):87～96.

[14] 长沙铁路车站建设工程文化发掘队．长沙发现春秋晚期钢铁和铁器[J]．文物，1978(10):44～48.

[15] 孙廷烈．辉县出土的几件铁器的金相学考察[J]．考古学报，1956(2):125～140.

[16] 北京钢铁学院压力加工专业．河北易县燕下都44号墓发掘报告[J]．考古，1975(4)：223～234.

[17] 中国社会科学院考古研究所．满城汉墓发掘报告[M]．北京：文物出版社，1980：100～115，369～376.

[18] 秦民生．非高炉炼铁[M]．北京：冶金工业出版社，1988：8.

[19] 还原铁生产技术发展趋势[N]．中国冶金报，1998-11-07(3).

# 近代粉末冶金的兴起和发展❶

## 1 近代粉末冶金的兴起

早在1742年哥伦布发现美洲新大陆之前，13世纪的南美洲印加人便以与现代制造硬质合金相似的方法制铂，用作装饰品。其原料为天然铂粒，以能润湿铂粒的低熔点、抗氧化的Au-Ag合金作为黏结剂。铂器成分为：26%～72% Pt，16%～64% Au，3%～15% Ag，4% Cu。

18～19世纪欧洲采用粉末冶金法制铂，是古老粉末冶金技术的复兴和近代粉末冶金技术的发端。

1755年，Lewis通过Pb-Pt合金高温氧化制得具有可加工性的海绵铂。1781年Achard将Pt-As合金加热使砷挥发而制得海绵铂，并用热锤法将其制成致密铂。1790年Jannetty在化学容器工业生产中所采用的制铂方法，即以此工艺为基础。

俄国化学家M. B. 罗蒙诺索夫（1711～1765年）所涉足的领域与粉末冶金有关。他建立的工厂在生产有色玻璃、马赛克流纹玻璃和玻璃珠时，广泛采用各种有色金属和矿物颜料粉末给产品着色；并对粉末破碎机理进行了研究。在其1752～1763年期间的著作中，介绍了粉末制造和分级的各种方法；还阐述了“烧结”的概念：“烧结是转变粉末体……按要求使其具有一定形状，然后缓慢加热变成石块一样坚硬的物质”。

19世纪制铂技术有了明显进步。1809年Knight用化学沉淀法制取铂粉，将其加热到高温并加压，得到铂块，然后锻制成致密体。1826年俄国圣彼得堡将预成形的铂粉压坯经高温烧结制取钱币，是粉末冶金第一次工业规模生产。其工艺过程是：将筛分过的铂粉装于铸铁筒中，以螺旋压机压制，再将压坯置于瓷窑中一天半长时间高温加热。同一时期俄国另一种方法是，将装于环形铁模中的铂粉用螺旋压机压制，并加热铂粉坯到赤热再进行压制，最后经轧制获得铂币。

1829年公布的Wollaston法在粉末冶金近代复兴中具有重要意义。Wollaston用化学法沉淀氯化铵铂得到海绵铂，研磨海绵铂制成铂粉，经筛分并除去杂质，

---

❶ 本文原载于《粉末冶金手册》，北京：冶金工业出版社，2012：3～6。署名：李祖德。此次重载作了修改和补充。

然后以沉降法分出细颗粒，在其发明的卧式肘节压机上压制成形。经缓慢干燥后，加热到800~1000℃进行锻造制得致密铂，再轧制成薄板。用这种铂板制造的坩埚是当时质量最好的铂器皿。Wollaston 法经久不衰，直到 1859 年 Sainte-Claire、Deville 和 Debray 研究出熔炼法制铂之后，才逐渐退出历史舞台。

1855 年，Townsend 发明用可搓揉的金属汞齐补牙，这种材料以冷烧结制成，是粉末冶金最老的产品之一。1870 年，美国人 S. Gwynn 的专利开创自润滑轴承材料的先河。他将 99 份锡粉（锉削而得）与 1 份石油焦混合，经加热搅拌，然后将混合物装入模中，以很高的压力压制成形。用这种方法制造的轴承，装机运转中无须另外补加润滑剂。按 S. Gwynn 专利制得的轴承就其工艺和组织并不属于粉末冶金典型产品，但其自润滑的基本思想后来得到继承。19 世纪 80 年代，用粉末压制法制造了几种低熔点合金。W. Spring 将铋、铅、镉、锡的锉屑以 750MPa 压力压制，制成伍德合金（实际上是机械混合物），其物理力学性能如密度、强度等与熔炼合金相近。W. Hollock 将松散压制的铅、铋、锡锉屑混合物在稍低于合金估计熔化温度的温度下长时间加热，制造出罗氏铋合金。

制取难熔金属是粉末冶金对人类社会的一大贡献。1880 年爱迪生发明电灯，为粉末冶金难熔金属的问世和发展提供了契机，但当时的竹碳丝灯寿命不长，使用不便，成为电灯进入寻常百姓家的障碍。难熔金属由于耐高温而成为灯丝材料的首选。1898~1900 年使用锇丝（奥地利 Plansee 金属工厂 Auer von Welsbach 用其发明的糊膏法制取），1903~1911 年使用钽丝（用糊膏法加真空处理制取），还使用以类似工艺制取的钨丝、锆丝和钒丝，均由于韧性差而不理想。1909 年，美国通用电气公司的 W. D. Coolidge 在多方帮助和支持下，研究成功延性钨制造方法，并取得专利。延性钨的出现，才真正使爱迪生的电灯为人类带来光明。

Coolidge 法过程如下：用氢还原三氧化钨制得钨粉；将钨粉压制，压坯在保护气氛中于接近钨熔点的温度进行烧结；在高温将烧结坯旋锻成棒材；最后在较低的温度下将棒材逐步拉制成细丝。此法是一典型的粉末冶金过程，一直是生产白炽灯灯丝的标准方法。W. D. Coolidge 制钨是粉末冶金一项划时代的重大成就。基于此，W. D. Coolidge 的论文《The Production of Ductile Tungsten》发表之日——1910 年 5 月 17 日才得以被 P. Schwarzkopf 提议为近代粉末冶金的诞生日。

这一时期，在各工业部门广泛应用的钨、钼、钽、铌等难熔金属，其制取工艺均取得重要发展。1909 年，G. Masing 和 G. Tammann 的研究证明，由不同金属粉末组成的金属系，当达到一定温度时便开始发生固态扩散而形成合金。这一成果对同时期烧结材料的制取工艺提供了理论依据。

从 18 世纪中叶将固态加热致密化的概念引入制铂，到 1909 年延性钨问世，其间历时大约一个半世纪。采用粉末冶金工艺制取铂、难熔金属以及其他金属合金材料和制品的成功，标志着粉末冶金的复兴，近代粉末冶金从此登上科学技术的舞台。

# 2　20世纪——粉末冶金蓬勃发展的时期

20世纪初，粉末冶金以一项重大发明——硬质合金，开始其蓬勃发展时期。30年代，另一项典型的粉末冶金产品——机械零件，随着汽车工业的发展而兴起，并在50年代以后开始快速发展。形成产业的还有电触头合金、磁性材料、多孔性材料和难熔金属及其合金等。

## 2.1　硬质合金

### 2.1.1　硬质合金的发明

硬质合金作为一种工具材料，是为适应加工业发展要求而出现的。爱迪生的灯泡引发延性钨的出现，而为了解决拉制细钨丝的拉丝模问题，又连锁引发20世纪初工具材料的革命。德国Osram灯泡公司将碳化钨与10%左右的铁族元素粉末混合，用粉末冶金法制得硬质合金，1923年获得著名的“Schröter专利”。以硬质合金制造拉丝模，成功取代了来源极度困难的金刚石。1923～1926年Osram公司与Krupp（克虏伯）公司合作，对Schröter专利进行完善，在Krupp公司开始生产硬质合金。1927年以“Wiedia”（wie Diamont，即“像金刚石”）的商标出售，随后，扩大应用到金属切削及其他领域。

美国比德国发展稍晚一些，1925年根据Schröter专利开始制造硬质合金。1928年通用电气公司生产硬质合金，牌号为Carboloy。1930年苏联莫斯科灯泡厂制造牌号为Победит的WC-Co合金，钴含量为10%。日本1930年由住友株式会社和东京芝浦制作所分别生产了牌号为Igetalloy和Tungalloy的硬质合金。

### 2.1.2　合金系列的形成

WC-Co合金的进一步发展主要在两个方面：开发耐磨性更高的合金和强度更高的合金。1929年德国制成晶粒较细的牌号H1合金。1930年和1932年德国制成钴含量分别为11%（牌号G2）和15%（牌号G3）的WC-Co合金，以后，钴含量一直增加到30%为止。WC-Co合金系列基本形成。

为适应钢材切削加工要求，出现了WC-TiC-Co合金，这是继Schröter专利之后硬质合金的又一项重要进展。1930～1935年，R. Kieffer等人研究了WC-TiC-Co合金。按照R. Kieffer的方案生产了TiC含量分别为16%、14%和4%～5%的三种合金，分别发展为德国1942年标准中的S1、S2、S3三个牌号。美国和苏联于这一时期也开发了WC-TiC-Co合金。1932年美国Comstosh公司和Firth Sterling公司生产了WC-TiC-TaC-Co合金。

从Schröter专利公布后经过大约20年的发展，硬质合金形成牌号系列。具有代表性的是1942年德国制订的标准，该标准从使用角度将硬质合金划分为G、H、S、F四类，分别用于：铸铁加工、硬铸铁加工、一般钢材加工和钢材精加工。按化学组成划分，第二次世界大战后硬质合金已形成三大类：WC-Co类（有些牌号添加有少量碳化钽、碳化铌、碳化钒）、WC-TiC-Co类和WC-TiC-TaC（NbC）-Co类。1958年国际标准化组织经16国参加的委员会会议通过，制订了切削加工用硬质合金标准ISO/TC29/GT9，将合金按加工条件分成三类：K类、P类和M类。

### 2.1.3　20世纪50年代以后的新发展

20世纪50年代以后，世界硬质合金工业发展迅速，逐渐取代高速钢成为最主要的刀具材料。经过50年的发展，至2000年世界硬质合金总产量为33000t，大约增长10倍。这一时期研究工作的注意力集中在针对不同的使用条件，谋求提高合金性能和最佳性能搭配。从优化组织结构入手，开发出许多优秀的新型合金材料；同时，产品的精度显著提高。

（1）细晶粒合金和超细晶粒合金。20世纪60年代瑞典Coromant厂通过严格控制碳化钨粒度和添加碳化钽（铌），首先制造了牌号为H1P、SM、HM的细晶粒合金。H1P将耐磨性与韧性较理想地结合起来，于1964年面市。

超细晶粒合金的问世是硬质合金牌号在硬度与强度结合方面的重大进展。1968年瑞典首先制成这种合金，牌号为RIP。美国于1969年、日本于1970年分别制造了这类合金。我国生产的WC-6%Co超细晶粒合金，其WC晶粒为0.6μm。

（2）碳化钛基和碳/氮化钛基硬质合金。碳化钛基合金作为刀具材料于1959年由美国Ford公司的Humenik研究成功。1968～1970年，奥地利R. Kieffer等人在碳化钛基合金基础上加入氮化钛并对成分作某些调整，制成具有良好综合性能的Ti（C/N）基合金。20世纪80年代以来，Ti（C/N）基合金获得迅速发展。90年代初日本可转位刀具中，这种合金用量已超过1/4。

（3）涂层硬质合金。1959年，西德金属公司制成碳化钛涂层硬质合金刀片。1962年瑞典Coromant厂开始研究气相沉积碳化钛涂层刀片，并于1969年上市。涂层硬质合金一直是硬质合金刀具领域关注的重点，已逐渐成为先进切削加工不可缺少的刀具材料。80年代末发达国家使用涂层合金刀片已占硬质合金刀片总量的80%以上。

（4）梯度组织硬质合金。瑞典Sandvik凿岩工具公司于20世纪80年代末开发出三个具有梯度组织的球齿用牌号DP55、DP60和DP65。表层不含TiC-WC相的TiC-WC-Co合金也属于梯度组织合金，适于作为涂层刀片的基体。

此外，这一时期开发出的具有特色的合金还有：碳化铬基硬质合金、钢结硬质合金、非均匀结构硬质合金、粗晶粒硬质合金以及新型黏结金属硬质合金等。

纳米结构硬质合金尚处于研究阶段。

## 2.2　机械零件

### 2.2.1　粉末冶金机械零件的出现和发展初期

粉末冶金机械零件的第一个产品是多孔性金属轴承或称自润滑轴承。1908年德国人 Löwendahl 获得多孔性零件的专利。1916 年美国通用电气公司的 E. G. Gilson提出青铜含油轴承专利，所制订的自润滑轴承材料和工艺原理沿袭至今基本未变。Gilson 材料的特点是青铜组织中均匀分布细小的石墨夹杂（体积分数为40%），所含孔隙内可浸入2%（质量分数）润滑油。1922 年，青铜含油轴承开始应用于 Delco-Buick 汽车发动机。1923 年，Claus 取得金属过滤器制造工艺和设备的专利。20 世纪20 年代，美国通用电气公司将自润滑轴承投入工业生产，最初用于汽车，随后扩大到电冰箱压缩机及其他机械；同时，研制成功烧结钢油泵齿轮。1930 年，德国开始大规模生产 Cu-10Sn 青铜含油轴承。

1936 年德国开始生产铁基含油轴承和简单的铁基结构零件。第二次世界大战期间，由于匮乏铜，德国和意大利的机关枪弹和炮弹弹带几乎全部采用浸以石蜡的烧结铁制造。1943 年生产枪械零件和烧结钢零件，烧结钢抗拉强度达到700MPa 以上。美国 1938 年已大量生产普通轴承和结构零件。1940 年美国通用汽车制造公司将产品中的油泵齿轮全部改由粉末冶金工艺制造。

烧结金属摩擦材料第一份专利由 P. Schwarzkopf 等人提出，其基体为铜基合金。1929 年，美国开始研制烧结金属摩擦材料。1932 年，美国 General Metal 公司首先将烧结摩擦材料投产，在飞机上采用烧结金属纽扣式离合器片。1937 年，美国的 S. K. Wellman 等人创制了钟罩炉加压烧结法，一直为粉末冶金摩擦材料生产厂家所沿用。苏联于 20 世纪 30 年代初开始研制粉末冶金摩擦片，1941 ~ 1942 年，第一批产品用于航空发动机。40 年代，粉末冶金摩擦片的应用扩大到工程机械、汽车、拖拉机和坦克等领域。

30 年代，美国和欧洲的粉末冶金零件均已进入工业化生产。

### 2.2.2　“二战”后的过渡时期

“二战”后几年内，金属粉末用量一度下滑，1945 年全世界铁、铜粉用量为16000t，但不到几年便开始回升。1952 年，全世界铁、铜粉总消耗量即跃升至50000t。20 世纪 50 年代初期，铜基自润滑轴承仍为粉末冶金主要产品。此后，铁基机械零件如齿轮、凸轮等结构零件以及复合材料减摩零件逐渐发展起来。

20 世纪 50 年代初，美国和欧洲已能生产多种结构零件，包括不同类型的齿轮、截面形状较为复杂的零件和两个台面的零件。英国 Glacier Metal 公司发明用雾化预合金粉生产钢背铜铅轴瓦，商品名称为 DU。

“二战”后烧结金属摩擦材料生产和应用不断扩大。50 ~ 60 年代，苏、美、英、德、捷研制了铁基摩擦材料。60 年代，日本新干线高速电车采用粉末冶金铜基摩擦材料制动闸瓦。70 年代初，喷洒法投入生产，用于制造铜基摩擦材料。70 年代，各种类型高载荷飞机制动装置，包括米格、伊尔、波音 707、波音 743 和三叉戟等机型，均采用烧结金属摩擦片。

随着粉末冶金工业的发展，标准化工作提到日程上来。1950 年，美国第一个粉末冶金材料标准（轴承）由美国试验材料学会（ASTM）提出。1965 年，美国金属粉末工业联合会发布了“标准 35”。德国（DIN）和日本（JIS）等国也制订了本国的粉末冶金标准。国际标准化组织制订了 ISO 粉末冶金系列标准。

### 2.2.3 60 年代后的迅速发展

20 世纪 60 年代，粉末冶金工业的年增长率平均为 18%，明显超过传统工业。粉末冶金作为一种具有竞争力的金属成形工艺的地位业已确立，其制品作为高质量的可靠产品逐渐得到用户认可。60 年代以后，汽车、家电、电子、办公机械和农机工业的发展为粉末冶金产品提供了广阔的市场。80 年代全世界金属粉末年产量超过 50 万吨，其中用于制品为 40 万吨。

20 世纪 60 年代以来，粉末冶金机械零件工业的生产技术取得长足进步。优质铁粉和铁合金粉使产品性能和尺寸精度得以提高，促进了承受繁重载荷零件的开发。铁基材料强度性能显著提高，60 年代抗拉强度水平为 200 ~ 500MPa，70 年代达 500 ~ 1000MPa，淬火态达 1400MPa。先进压机系统和烧结炉系统投入生产应用，为高效率成形多台面、高精度、复杂形状零件和提高产品性能及其一致性，提供了基本保证。粉末锻造使机械零件趋近全致密和获得高性能成为可能，增加了粉末冶金机械零件的品种，扩展了应用领域。等静压技术的发展促进了各种类型管状、带螺纹、带凹槽等异形零件及多孔性金属过滤器的开发。金属注射成形在 80 年代获得迅速发展，作为一种近终形和终形成形技术，促进了高精度、高性能和形状复杂零件的开发，明显增加粉末冶金零件的品种，扩大了应用领域。

## 2.3 电触头材料和磁性材料

电触头材料和磁性材料作为粉末冶金的分支领域，在 20 世纪 30 ~ 40 年代形成产业。

### 2.3.1 电触头材料

1921 年，Gebauer 首先研制成功 Ag-W 触头材料，但直到 30 年代才得到工业应用，主要用于低压线路保护电器。当时触头银含量为 60% ~ 70%。1935 年和 1939 年，粉末冶金 Ag-W 合金和 Ag-Ni 合金先后问世。40 年代初出现的粉末冶金 Ag-CdO 材料（85% ~ 90% Ag），以其优良的耐电磨损性和抗熔焊性而获得广泛应用。40 年代开发的 Ag-WC 触头材料，降低了运行接触电阻和温升。这一时期开发的银基触头，其银含量均在85%以上，银消耗量大，因此，节银成为此后开发工作的一个侧重面。50年代后期发明了熔渗法，成为制造Ag-W和Cu-W合金触头的主要方法，还用于Ag-WC合金的制造。60年代前期，强电开关电器所用触头合金已经定型为Ag-金属或Cu-金属、Ag-非金属或Cu-非金属、Ag-金属氧化物以及Ag-金属碳化物等几种材料。1963年，西德Doduco公司和日本中外电气工业公司研制成功双金属铆钉机，为发展复合触头材料提供了有利条件。60年代后期开发的共沉淀法，可以获得细而均匀的Ag-CdO粉末，使触头合金性能大为提高。70年代，采用烧结挤压法制造Ag-石墨材料，其密度接近理论值，石墨呈纤维状分布于银基体中，使电寿命和耐磨性比普通粉末冶金法制造的材料成倍提高。这种工艺一直为制造高性能Ag-石墨材料的首选，也是改善触头材料可加工性的有效方法。1971年，英国Vacuum Interupter公司开发成功Cu-Cr合金，为高压大电流真空断路器提供了一种性能优良的材料。80年代Ag-$SnO_2$材料出现，因其不含有毒的金属镉，故在某些场合有取代Ag-CdO的趋势。这一时期，节银的研究工作很有成效，开发了不少节银的触头材料新品种。

集电电刷的出现与含油轴承同期，由Löwendahl和Gilson取得专利，其原料为铜粉和石墨粉，制造工艺也与含油轴承相似。

### 2.3.2 软磁材料

铁氧体是一种只能用粉末烧结方法制造的磁性材料。1909年Hilpert研究了用作磁性材料的铁氧体，并获得德国专利。1932年，日本的加藤和武井对软磁铁氧体和硬磁铁氧体的一系列研究，使铁氧体向实用化迈出第一步。1935年和1936年，三菱电机公司和东京电气化学工业公司相继生产出售铁氧体。1952年，荷兰Philips研究所的Gorter研制出磁亚铅酸盐型铁氧体，以Ferroxdure商品名称销售。1957年，Philips研究所开发出高周波特性好的软磁铁氧体，以Ferroxplana商品名称销售。同一时期，法国的Bertaut和美国的Gillery研制出柘榴石型铁氧体。这是一种用途广泛的软磁材料，适于用作微波回路元件、照明调变器元件、音响放大和延迟装置元件等。1961年永井健三用坡莫合金系粉末，研制出性能良好的录音用粉末磁性材料。

铁粉磁芯应用大约始于1920年。当时Polydoroff用氢还原的铁粉制成铁粉芯，用于1500kHz高频无线电调谐电路。20世纪30年代，英国的Neosid公司用极细的羰基铁粉生产软磁元件。非晶态磁粉芯是80年代发展起来的新型磁性材料。

### 2.3.3 永磁材料

1902年以碳钢制作永磁体，其最大磁能积（$(BH)_{max}$）为2～3kJ/m$^3$。30年代出现了Alnico（铝镍钴）永磁元件，用铸造和粉末冶金两种方法生产。50年代末铁氧体永磁材料投入市场，逐渐取代Alnico，成为永磁材料的主角，1990年全球产量为430000t。

1967年，Sm-Co钐钴系稀土永磁材料出现，70年代形成生产。1983年6月，日本住友公司率先宣布研制成功新型永磁材料Nd-Fe-B（钕铁硼）。稀土永磁发展迅速，1977～1987年十年间全球产量增加50倍，产值增加18倍。其中，Nd-Fe-B永磁材料后来居上，于20世纪90年代取代铁氧体永磁材料的地位。1994～1998年，全球Nd-Fe-B磁体产量的年增长率高达24%～34%。1995年，日本和中国产量分别为1930t和1820t，分别占全球产量的41%和39%。1999年全球烧结Nd-Fe-B产量12910t，我国5180t，占全球产量的40%，居全球之冠。日本居第二位，占39.5%。

黏结永磁材料是20世纪70年代出现的永磁材料新品种，发展迅速。美国GM公司作为钕系黏结磁体用磁粉的开发厂家，从1987年开始供应磁粉，1994年大量生产各向异性黏结磁体用磁粉。黏结稀土永磁材料是新一代永磁材料，市场销售额以20%～30%的年平均递增率飙升，某些场合有取代烧结永磁材料的趋势。日、美和欧洲已有上百家公司的产品投入市场。

## 2.4 难熔金属

20世纪初，W. D. Coolidge制取成功延性钨，标志难熔金属产业萌芽。20～30年代，难熔金属材料研发进入重要阶段，并形成产业。钨在灯泡工业中应用取得巨大成功，并扩大到电子管和航空工业。钨基触头材料和重合金相继问世。1909年钼开始用于电子工业，随后扩大到照明行业。1910年含钼的合金钢问世，钢铁工业逐渐成为钼的主要用户。1920年，德国以生产难熔金属粉末为主的Stack公司成立。1921年奥地利的Plansee金属公司成立，以钨、钼、钽材加工为主。20世纪20年代，掺杂钨技术研究成功。1922年，美国扇钢公司成立，以生产钽、铌制品为主。20世纪40年代后，难熔金属工业进入蓬勃发展时期。20世纪末，世界钨的供应量每年为41000～55000t。

## 参考文献

[1] Kieffer R, Hotop W. Pulvermetallurgie und Sinterwerkstoffe[M]. Berlin: Springe-Verlag, 1943: 1～6.

[2] Kieffer R, Hotop W. Sintereisen und Sinterstahl[M]. Wien: Springe-Verlag, 1948: 1～2.

[3] ASM Handbook. Vol 7. Powder Metal Technologies and Applications[M]. ASM International, 1998: 3～7.

[4] 松山芳治，等. 粉末冶金学概论[M]. 赖耿阳译. 台南：复汉出版社，1979：47～83.

[5] Францевич И Н, и др. Порошавая Металлургия в СССР[M]. издательство "Наука", 1986: 10～22.

[6] Lenel F V. 粉末冶金原理和应用[M]. 殷声，赖和怡译. 北京：冶金工业出版社，1989：

1 ~ 10.
[7] Silbereisen H. The story of sintered steel production in Germany[J]. Powder Metallurgy International, 1989, 21(2):33 ~ 36.
[8] Metal Powder Report[J]. 1986, 4(1):11 ~ 17, 19 ~ 22, 34 ~ 36.
[9] 韩凤麟．粉末冶金机械零件[M]. 2 版．北京：机械工业出版社，1990.
[10] 韩凤麟．世界粉末冶金工业动向[J]．粉末冶金技术，2001，19(4):225 ~ 232.
[11] 韩建国．粉末冶金摩擦材料现状[J]．粉末冶金技术，1992，10(增刊):29 ~ 35.
[12] 李祖德．国外粉末冶金机械零件制造和应用进展[C]//中国机械工程学会粉末冶金专业学会成立 25 周年纪念暨第五次学术会议论文集，1987.
[13] 金玉．北美、西欧、日本粉末冶金近况[J]．粉末冶金技术，1984，2(1):67 ~ 69.
[14] 李祖德．硬质合金发展历史和现状[J]．粉末冶金，1977(1):1 ~ 30.
[15] 叶仁申．世界硬质合金工业六十年[C]//中国机械工程学会粉末冶金专业学会成立 25 周年纪念暨第五次学术会议论文集，1897.
[16] 张荆门．硬质合金工业的进展(1)[J]．粉末冶金技术，2002，20(3):140 ~ 146.
[17] 张荆门．硬质合金工业的进展(2)[J]．粉末冶金技术，2002，20(4):228 ~ 233.
[18] 史久熙．粉末冶金电触头材料[C]//第二届全国粉末冶金电工材料学术会议论文集，1989.
[19] 张万胜．电触头材料国内外基本情况[J]．电工合金，1995(1):1 ~ 20.
[20] 金瑞湘．稀土永磁发展动态[J]．电工合金，1993(1):1 ~ 6.
[21] 刘代琦．永磁材料的现状与发展[C]//电工合金文集，1991:1 ~ 5.
[22] 韩凤麟，等．粉末冶金手册（下册）[M]．北京：冶金工业出版社，2012：321.

# 20世纪中、后期开发的粉末冶金新技术[1]

**摘　要**　本文介绍了20世纪中、后期开发的几种粉末冶金新技术和粉末冶金新材料的历史和现状，包括金属粉末锻造、热等静压、快速凝固、燃烧合成、喷射成形、机械合金化、金属注射成形等新技术，及粉末冶金高速钢、粉末冶金高温合金、粉末冶金高强度铝合金、稀土永磁、粉末冶金人造金刚石-金属工具材料、纳米粉末材料和非晶态合金粉末材料等新材料；并对其科学技术价值进行评述。

## 1　概　　述

20世纪中、后期，为适应科学技术飞速发展对材料性能和成形技术提出的更高要求，开发了多项粉末冶金新工艺和新材料。这些新工艺包括：金属粉末锻造、热挤压、热等静压、快速凝固、燃烧合成、喷射成形、机械合金化、粉末注射成形、温压成形、快速全向压制、爆炸固结、大气压力烧结、微波烧结、放电等离子体烧结等。新材料包括：粉末冶金高速钢、稀土永磁材料、粉末冶金高温合金、弥散强化镍基合金、粉末冶金高强度铝合金、粉末冶金钛合金、人造金刚石-金属工具材料、金属陶瓷、超导材料、复合材料、储氢材料、形状记忆合金、纳米粉末材料和非晶态合金粉末材料等。本文拟择其中几项重要的新工艺和新材料的历史沿革和发展现状作简要介绍。这些工艺和材料有的已经产业化，有的正处于实用化阶段，应用前景看好。几项粉末冶金新工艺和新材料的主要功能和特点列于表1，几项粉末冶金新工艺和新材料早期研究者和产业化年代列于表2。

**表1　几项粉末冶金新工艺和新材料主要功能和特点**

| 名　称 | | 功 能 与 特 点 |
|---|---|---|
| 新工艺 | 粉末锻造 | 组织均匀，晶粒细小，性能各向同性，材料密度提高 |
| | 热等静压 | 消除偏析，细化晶粒，合金固溶度提高，材料密度提高 |
| | 快速凝固 | 过饱和固溶，亚稳态结构，可获得非晶态、微晶和纳米晶材料 |
| | 燃烧合成 | 产品纯度高，可获得具有亚稳态结构和非化学计量比化合物，可将合成与致密化结合为同一过程 |

[1] 本文由以下两文合并、修改而成：1. 20世纪中、后期的粉末冶金新材料和新技术（1）——新工艺开发的回顾，原载于《粉末冶金材料科学与工程》，2006，11(5)：253～261。署名：李祖德、李松林、赵慕岳。2. 20世纪中、后期的粉末冶金新材料和新技术（2）——新材料开发的沿革与回顾，原载于《粉末冶金材料科学与工程》，2006，11(6)：315～322。署名：李祖德、李松林、赵慕岳。

续表 1

| 名　称 | | 功 能 与 特 点 |
|---|---|---|
| 新工艺 | 喷射成形 | 直接由液态金属雾化制取具有快速凝固组织的致密坯件 |
| | 机械合金化 | 扩展固溶度，亚稳态结构，可获得纳米级粉末和非晶态粉末 |
| | 金属注射成形 | 金属粉末材料异形零件的近终形成形和终形成形 |
| | 放电等离子体烧结 | 颗粒自身发热，高温等离子体净化，活化烧结，组织可控 |
| 新材料 | 粉末冶金高速钢 | 合金元素总量高，无宏观偏析，晶粒细小，性能各向同性 |
| | 粉末冶金高温合金 | 晶粒细小，组织均匀，无宏观偏析，合金化程度高 |
| | 稀土永磁材料 | 最大磁能积高 |
| | 弥散强化镍基合金 | 抗蠕变能力强 |
| | 粉末冶金高强度铝合金 | 晶粒细小，偏析极少，具有亚稳相，弥散强化 |
| | 人造金刚石-金属工具材料 | 金刚石在胎体中嵌镶性好，胎体成分和耐磨性可调，耐磨性高 |
| | 纳米微粒材料 | 颗粒尺度处于原子、分子、原子团簇与宏观物体的过渡段，具有某些独特的性质 |
| | 非晶态合金粉末材料 | 原子排位处于长程无序的液体“冻结”状态，具有某些独特的性能 |

**表 2　几项粉末冶金新工艺和新材料早期研究者和产业化年代**

| 项　目 | | 早期工作的年代及研究者 | 产业化年代 |
|---|---|---|---|
| 新工艺 | 粉末锻造 | 1941 年 | 20 世纪 70 年代 |
| | 热等静压 | 1955 年　美国 R. Dayton 等 | 20 世纪 60 年代 |
| | 快速凝固 | 1958 年　苏联 И. С. Мирошниченко、И. В. Салли | 20 世纪 70 年代 |
| | 燃烧合成 | 1967 年　苏联 Боровинская、Скоро、А. Г. Мерзанов 等 | 20 世纪 70 年代 |
| | 喷射成形 | 1968 年　英国 A. R. E. Singer | 20 世纪 80 年代 |
| | 机械合金化 | 1970 年　美国 J. S. Benjamin | 20 世纪 70 年代 |
| | 粉末注射成形 | 1978 年　美国 R. D. Rivers | 20 世纪 80 年代 |
| 新材料 | 非晶态合金粉末材料 | 1934 年　J. Kramer | 20 世纪 70 年代 |
| | 人造金刚石-金属工具材料 | 1964 年 | 20 世纪 70 年代 |
| | 粉末冶金高速工具钢 | 1965 年　美国 Crucible Materials 公司 | 20 世纪 70 年代 |
| | 稀土永磁材料 | 1967 年　N. E. Nesbitt、J. H. Wernicke 等 | 20 世纪 70 年代 |
| | 粉末冶金高温合金 | 1970 年　美国 S. H. Reichman | 20 世纪 70 年代 |
| | 粉末冶金高强度铝合金 | 20 世纪 70 年代 | 20 世纪 80 年代 |
| | 纳米粉末材料 | 1984 年　德国 R. Berringer、H. Gleiter 等 | |

# 2 粉末冶金新工艺

## 2.1 粉末锻造（metal powder forging，PF）[1~7]

金属粉末锻造或粉末锻造将粉末冶金工艺与精密锻造结合，使产品接近全致密和获得高性能成为可能，是制造高性能的铁基结构零件的重要手段，增加了粉末冶金机械零件的品种，扩大了应用领域。粉末锻造主要用于生产汽车零件，如发动机连杆、变速器凸轮、轴承圈、同步器齿环、发动机阀座、离合器毂、链锯链轮、棘轮、手动扳手以及各种齿轮等。汽车连杆是发动机中承受强烈冲击和高动态应力的典型零件，大量使用证明，粉末锻造连杆可靠性高。

粉末锻造产品密度高，可达到7.8g/cm$^3$（相对密度99.6%），密度和组织分布均匀，晶粒细小，力学性能特别是动态力学性能好（如粉末锻造轴承外环的疲劳寿命是优质锻钢外环的3.5~4倍），且消除了常规铸造材料的各向异性。粉末锻造过程中，被加热到锻造温度的粉末坯产生物质流动，填充阴模模腔，成形为形状较复杂的零件。粉末锻造产品尺寸精度高，质量控制准确，精加工量小。粉末锻造工艺节材、节能、工序少、生产成本低。例如，汽车传动定子凸轮成形工序由切削加工7道，减少到粉末锻造1道；粉末锻造轴承外环和锥形滚柱比切削加工节约材料50%；粉末锻造机枪加速装置零件降低成本50%以上。粉末锻造温度比常规锻造低100~200℃，可节能和延长模具寿命。粉末锻造生产过程容易实现自动化。

粉末锻造最初见于1941年，当时以海绵铁粉压坯采用热锻制成高射炮的弹药供给棘爪，密度达7.8g/cm$^3$。但此后二十年间，这项技术无甚进展。直到1968年，美国GM汽车公司研制成功粉末锻造后桥差速器齿轮，并于1970年与Cincinnati公司合作建成世界上第一条粉末锻造自动生产线，粉末锻造生产才重新兴起。当年，在纽约召开的国际粉末冶金会议上，粉末锻造成为讨论热点，受到许多厂家的重视。20世纪70年代粉末锻造实现了半工业化生产。然而，在从实验室转向工业生产时，由于受粉末质量、模具寿命和专用设备等条件的制约，以及主机厂对粉末锻造零件能否承受繁重负荷怀有疑虑，延缓了粉末锻造的发展。直至80年代中期，迎来全球汽车工业高速发展的机遇，而且上述问题也逐步得到解决，粉末锻造零件生产规模才得以明显扩大。Cincinnati公司至1985年共生产定子凸轮2000万件以上。此零件表面可承受高频应力载荷，使用中从未发生过事故。1981年，日本丰田汽车公司全自动粉末锻造生产线投产，生产连杆和离合器外圈，连杆月生产能力14万件。至1992年，年产连杆250万件，并在当时先进车型Lexus上大量装车使用。1986年，美国Ford公司开始生产粉末锻造连杆，供两种车型的1.9L四缸发动机使用，以后陆续扩大到其他型号发动机。至1991年，该公司采用粉末锻造连杆不少于1000万件，耗用铁粉7000t以上。据1990年报道，美国Ceracon公司制造的粉末锻造4601钢下孔钻头（用于钻井气动机构），重22.6kg。德国Krebsöge公司于1992年建立了全自动粉末锻造生产线，连杆的生产率为每5s生产1件，当年粉末锻造连杆的使用量达到65万件。该公司开发的粉末锻造连杆“断开工艺”，可免除切削加工工序，降低生产成本，提高连杆负载能力。该公司开发了几种合金钢材料，其中：4200 + 0.65% C材料的极限拉伸强度900MPa，屈服强度690MPa，伸长率12%；4600 + 0.65% C材料的极限拉伸强度720MPa，屈服强度660MPa，伸长率22%；Fe-Mo合金钢（0.85% ~1.05% Mo）热处理态极限拉伸强度1600MPa，伸长率接近10%，而且合金元素含量低，可降低原料成本，是较为理想的粉末锻造材料。

我国粉末冶金锻造技术开发始于70年代初期，当时一些厂家生产了滚动轴承环、刀杆、活顶尖等产品，以后逐步开发了几种高强度结构零件。1971年，中国科学院金属研究所协助刘家河凤城轴承厂生产大车滚动轴承外环共6万套。北京市粉末冶金研究所、农机部第二设计院（即机械部天津五院）1972年与上海拖拉机厂合作，研制成功手扶拖拉机中间传动齿轮；1973年与天津内燃机齿轮厂等单位合作，研制成功两种汽车行星锥齿轮和拖拉机直齿轮，实现无飞边锻造。1976年，中国科学院金属研究所与沈阳汽车齿轮厂合作，采用Fe-Mo共还原粉制造汽车行星齿轮，并建成粉末锻造生产线。1977年，中南工业大学与益阳粉末冶金研究所合作，用雾化Cu-Mo低合金钢粉研制成功拖拉机传动齿轮，并投入生产。同年，武汉钢铁公司粉末冶金厂与武汉工学院采用粉末锻造制成重25kg的大型伞齿轮。1979年，益阳粉末冶金研究所与中南矿冶学院合作，以Fe-Cu-Mo-C和Fe-Mn-C系合金材料，采用热锻工艺开发成功东方红－75型拖拉机支重轮密封环并投入生产。至80年代末，沈阳粉末冶金厂生产汽车行星齿轮达300万只以上。

## 2.2　热等静压（hot isostatic press，HIP）[8~10]

热等静压是在冷等静压（CIP）基础上发展起来的。冷等静压又称液静压或水静压，出现较早。1913年，Madden获冷等静压技术的专利。1936年，美国应用冷等静压技术制造钨钼条型材，1942年用于制造钨钼管材。我国在20世纪50年代末建立了冷等静压实验装置。冷等静压能够成形具有凹形、空心和长细比大等复杂形状坯件，坯件密度均匀，强度较高。如果说冷等静压的优势在于它是粉末成形的一种有效的特殊手段，那么，热等静压技术则在开发新材料和改进现有材料的领域内大显身手。已用热等静压制造和处理的材料有：工具钢、高温合金、硬质合金、钛合金、铍、难熔金属、稀土永磁、弥散强化和纤维强化铝合金、复合材料等。此外，热等静压技术还用来消除铸锭内部缺陷和修复贵重部件。

热等静压技术始于1955年，当时美国Battele研究所的R. Dayton等四名科学家，为解决核燃料元件制造中锆包覆锆铀合金的问题，提出了“气压连接”的设想，建立了第一台热等静压机。其压力缸以304不锈钢锻成，长914.4mm（3ft），外径14.28mm（9/16in），内径4.76mm（3/16in），压力13.78MPa，外置马弗炉加热，温度816~900℃，以氦为工作介质。样件在等静压力下于840~900℃保温24~36h，使界面产生扩散而连接。至1960年该所采用气压连接技术成功处理了350根核燃料元件。20世纪60年代，热等静压技术应用领域扩大，逐渐进入工业化生产。1965年，美国Kennametal公司与Battele研究所合作，对硬质合金件进行致密化处理；1967年建立年产50t硬质合金的热等静压生产线，所生产的硬质合金品种将近公司全部品种的一半，其中包括许多用常规工艺难以制造的制品，产品强度和使用寿命大幅度提高。1969年，瑞典ASEA公司建立了第一台预应力钢丝缠绕结构的Quintus冷热等静压设备，成为以后等静压设备的主要结构形式。60年代末70年代初，美国坩埚公司和瑞典通用电气公司采用热等静压技术成功进行粉末高速钢生产，消除了合金元素的偏析，大幅度提高合金元素的含量。70年代，热等静压技术被用于制造粉末冶金高温合金涡轮盘和粉末冶金钛合金结构件，苏联采用热等静压制备了尺寸为90cm×115cm、重300kg的高温合金件，材料强度达1600MPa。1978年，日本住友特殊金属公司采用热等静压技术生产铁氧体。采取热等静压可获得高密度、细晶粒的Mn-Zn铁氧体，将维氏硬度和抗弯强度提高15%。热等静压与快速凝固、机械合金化、燃烧合成等新技术结合，是制取粉末冶金新材料的有效途径。据1999年北京国际热等静压会议报道，美、俄对机械合金化Ti-47.5Al-3Cr纳米粉末进行热等静压，所获材料保持纳米级晶粒，具有超塑性。日本将热等静压与燃烧合成相结合，制取致密梯度材料和陶瓷材料。

热等静压技术发展很快。1976年，全世界拥有热等静压设备99台，1980年为188台，1988年猛增到800台。随着热等静压技术应用不断扩大，为适应对产品质量和经济效益的更高要求，促使一些大型化设备相继建成并投入使用。瑞典ABB公司制造的大型热等静压机的工作室尺寸为$\phi$1600mm×2500mm，最高工作压力105MPa，最高工作温度1260℃。

我国热等静压技术的开发始于20世纪60年代。1966年，中国科学院金属研究所首次采用螺旋式热等静压制取稀有金属材料和连接核材料。1979年，第一台预应力钢丝缠绕式热等静压设备在冶金部钢铁研究院投产，有效缸体尺寸$\phi$270mm×700mm。1990年，由川西机器厂与钢铁研究总院联合设计，川西机器厂制造的“双2000”小型热等静压机面市，该机工作压力200MPa，工作温度2000℃。同期，钢铁研究总院首次出口热等静压机，其热区工作尺寸为$\phi$450mm×1000mm。1988年全国拥有热等静压设备25台，1998年达63台。我国对热等静压技术在粉末固结、扩散连接、烧结制品和铸件致密化等方面的应用进行了研究，包括高性能结构材料、稀贵金属、高温合金、复合材料、高温超导材料、金属间化合物、功能陶瓷材料、生物陶瓷等新材料，制订了硬质合金、粉末冶金高温合金和稀贵金属致密化处理热等静压生产工艺和技术标准。

## 2.3 快速凝固（rapid solidification，RS）[11~14]

快速凝固技术通过金属和合金熔体快速冷却凝固制备材料，是细化组织、消除偏析、提高合金固溶度，以及制取非晶态粉末材料、微晶级和纳米晶级合金材料的有效手段，直接促进了新一代材料的出现。

快速凝固冷却速率的上限为$10^6$K/s或更高；而对其下限目前尚无定论，一般认为应不低于$10^4$K/s，但也有人将冷却速率为$10^2$~$10^3$K/s的气雾化和$10^2$~$10^4$K/s的水雾化列入快速凝固范围之内。快速凝固制粉的方法包括：双流雾化法（气雾化、超声气体雾化、超高压水雾化）、离心雾化法（旋转电极、旋转盘、旋转杯）、机械作用力雾化法（双辊或三辊雾化、电流体动力雾化、Duwez枪法、多级雾化、快速旋转罩雾化）、电火花刻蚀法以及等离子雾化等。其中，旋转盘法和电火花刻蚀法的冷却速率为$10^5$K/s，超声气体雾化、旋转杯雾化可超过$10^6$K/s，电流体动力雾化为$10^7$K/s，Duwez枪法可达$10^9$K/s。

早在“二战”时期，德国便采用雾化制粉技术制取铁粉，以补充Hametag铁粉供应不足。1958年，苏联И. В. Салли报道了他所发明的快速凝固装置，研究了二元合金的相互固溶度和亚稳相形成等问题。1960年，P. Duwez用液态喷雾淬火法首次获得非晶态合金$Au_{70}Si_{30}$。20世纪50年代初，亚音速气流雾化法得到普遍应用。这是一种初级的快速凝固制粉法，冷却速率只有$10^2$~$10^3$K/s，但是逐步发展成为一种新型的快速凝固制粉方法，如可使熔体冷却速率高于$10^5$K/s的紧耦合气体雾化法。1976年，美国Pratt-Whitney飞机公司发明旋转盘雾化法，冷却速率为$10^5$~$10^6$K/s，随后投入生产，设备能力为900kg，生产了200多种高温合金粉末。超声雾化法为瑞典人发明，据1983年报道，美国麻省理工学院的H. T. Grant对其作了改进。该法冷却速率达$10^4$~$10^5$K/s，所得粉末粒度范围窄，生产低熔点合金可达工业规模。高压水雾化法冷却速率$10^3$~$10^4$K/s，主要用于制备合金钢粉。苏联建成了世界上规模最大的高压水雾化厂，年产8000t。我国陈振华、黄培云等人提出了多级快冷装置，将双流雾化与多次旋转盘、旋转辊粉碎结合，其冷却速率为$10^5$~$10^6$K/s，所得粉末平均粒度为5μm，粉末形状为球形和类球形，生产效率2~5kg/min，可连续生产。

如将雾化列入快速凝固，则用雾化法制取铁粉是快速凝固的早期成果，而制取粉末冶金高速钢、粉末冶金高温合金、粉末冶金高强度铝合金则是其20世纪60~70年代三项重大成果（这三种材料的介绍见本文第3节）。金属和合金在快速凝固过程中，其组织结构和固溶能力发生很大变化。快速凝固对发展镍合金、钛合金、铁合金、铜合金和非晶态合金做出贡献。1980 年 R. E. Anderson 报道，成分为 Ni-14.4Mo-6.7Al-6.1W-0.04C 的快速凝固 RSP185 合金，其蠕变抗力比精密铸造定向凝固加铪的 MAR-M200 合金高 83℃，用于制造内冷式涡轮叶片。1980 年 N. J. Grant 等人报道，快速凝固 Cu-Ni-Ti 合金的合金元素分布均匀，内氧化后 $TiO_2$ 弥散体百分含量高，长时间暴露于高温（达 1000℃）的稳定性高。1983 年 A. R. Chaudhry 报道，加入钛改进的 316 不锈钢，经快速凝固，其碳化钛含量提高 5 倍。1983 年 S. M. L. Sastry 等人报道，快速凝固 Ti-6Al-3Ni 合金弹性模量达 115GPa，抗拉强度达 1010MPa。苏联将快速凝固视为一种制造高强度结构材料的先进工艺，研究工作侧重于镍基合金和钛合金粉末以及钢、钴合金、铝合金、金属间化合物粉末的制取，20 世纪 80 年代初，用快速凝固镍基高温合金粉制造飞机燃气蜗轮发动机零件。1991 年，我国钢铁研究总院报道，快速凝固 T15 高速钢粉末组织中不存在莱氏体共晶，且碳化物晶粒与普通气雾化相比进一步细化，晶粒尺寸平均为 0.11μm 级。

将快速凝固粉末制成块体材料的关键是保持其亚稳结构。致密化方法有：冲击波固结法、超高压固结法、热加工固结法（热挤压、热锻、热等静压）及液相烧结法等。快速凝固与喷射成形、低压等离子沉积相结合，是制取高性能块体材料的可行途径。

## 2.4 燃烧合成（combustion synthesis，CS）[15~17]

燃烧合成起初称为自蔓延高温合成（self-propagating high-temperature synthesis，SHS），兴起于 20 世纪 60 年代。其实，人们早就发现化学反应的放热现象和反应过程的自蔓延特点，例如：1825 年发现非晶锆在室温下燃烧并生成氧化锆，1865 年发现铝热反应，1895 年 Goldeschmidt 发现用铝粉还原碱金属和碱土金属氧化物的反应均具有自蔓延特点。但是，直到 20 世纪 60 年代，才将燃烧合成发展成为一项制备材料的新技术。

1967 年，苏联科学院化学物理研究所 Боровинская、Скоро、Мерзанов 等人发现钛硼混合物自蔓延燃烧合成现象。60 年代末，发现许多金属和非金属难熔化合物的燃烧合成现象，并将这种依靠自身反应发热来合成材料的技术称为自蔓延高温合成。1970 年以后，А. Г. Мерзанов 等人的工作得到苏联政府的大力支持。戈尔巴乔夫赞誉这项技术“在世界上是无与伦比的”。1972 年，自蔓延高温合成开始用于粉末的工业生产，苏联化学物理研究所建造了年产难熔金属粉末 10~20t 的实验设备。1975 年，将自蔓延高温合成与烧结、热压、热挤、轧制、爆炸固结、堆焊和离心铸造结合，研究直接制造陶瓷、金属陶瓷和复合管材等致密材料。苏联于 1976 年开发出 200 多种自蔓延高温合成材料；1979 年将碳化钛粉末和二硅化钼加热元件投入工业生产。这种合成技术还用来生产耐火材料、形状记忆合金、硬质合金、$LiNbO_3$ 单晶体等多种材料。1987 年，苏联建立了 SHS 研究中心苏联科学院宏观动力学结构研究所，由 SHS 创始人 А. Г. Мерзанов 任所长。苏联在自蔓延高温技术和应用上取得了巨大成就。1996 年，俄罗斯建成年产量 1500t 铁氧体的燃烧合成连续生产线。

自蔓延高温合成技术 70 年代开始在世界范围发展。1977 年，E. J. Juganson 获得制造陶瓷内衬复合钢管的美国专利。80 年代，日本 Odawara 用铝热-离心法制造出长 5.5m、内径 165mm 的大尺寸陶瓷内衬复合钢管，用于输送铝液和地下热水。80 年代以后，美、中、日和欧洲结合自蔓延高温合成与不同致密化技术，将材料合成过程与加工过程一步完成，开发了一系列材料的反应加工技术，称为非常规自蔓延高温合成技术，包括反应球磨、反应烧结、反应热压、反应热等静压、反应爆炸固结、反应渗透、反应涂层、反应焊接、反应热喷涂、反应冶金、反应铸造、反应热挤、反应热轧、反应锻压、反应机械轴压等。这些加工技术的点燃模式和燃烧波传播模式均与苏联开发的自蔓延高温合成有所区别。随着自蔓延高温合成内涵的扩展，许多学者认为“燃烧合成”比“自蔓延高温合成”更能反映过程的实质。

燃烧合成的反应温度高，可使杂质充分挥发，产品纯度高；反应时间短，容易获得微米级、亚微米级甚至纳米级粉末；致密化温度低，无须高温炉，节能效果好。燃烧合成以其工艺的特点而成为制取高性能、特殊结构产品的先进技术。例如：反应烧结、反应热压和反应热等静压用于金属间化合物的制备，可克服某些粉末制备困难、成形性和烧结性差的缺点；可制取具有梯度孔隙度和孔径的过滤材料；用燃烧合成制取有机物，具有节能、节省设备、工序简化、减少污染等优点。燃烧合成产品已有：磨料、高温润滑剂、二硅化钼加热体、硬质合金、形状记忆合金、难熔金属碳化物、氮化物、硼化物、硅化物、氧化物、氢化物、金属间化合物、高温结构合金、铁氧体、过滤材料、复合材料、梯度材料、耐火材料、纳米材料、有机物及环保材料等。利用燃烧合成技术可实现钢、高熔点金属、石墨、陶瓷两个相同材质和不同材质部件的自焊和互焊，以及金刚石与基体之间的焊接。

我国冶金部有色金属研究院 1958 年曾采用铝热法合成 Al-V、Al-Cr、Al-Nb 等中间合金，用于制造钛合金。我国于 20 世纪 80 年代开始燃烧合成技术的研究，研究和生产单位有北京有色金属研究总院、北京科技大学、南京工业大学电光源材料研究所等，已超过 20 家。90 年代中期，开发了陶瓷内衬复合钢管和不锈钢内衬复合钢管，并将陶瓷内衬复合钢管产业化，产品用于输送煤灰渣、矿粉和焦炭等。90 年代末，研制出自蔓延高温快速加压密实材料制备系统（SHS/QP），实现材料合成与致密化一步完成。

### 2.5 喷射成形（spray forming）[18~23]

喷射成形或称雾化沉积，是制造高性能金属材料成形坯或半成形坯的一种新技术。其创新在于，将液态金属雾化（快速凝固）与雾化熔滴沉积（熔滴动态致密固化）结合，在一步冶金操作中将液态金属直接成形，得到具有快速凝固组织和整体致密（相对密度可高达99.5%~99.8%）的坯件。

适宜喷射成形的材料广泛，除钢铁外，包括铝、铅、铜、镁、镍、钛、钴等金属及以其为基的合金，所得材料组织明显改善，污染减少。喷射成形M2高速钢，其碳化物晶粒细小（2~3μm）且分布均匀，热处理性能好，可磨削性比同类铸锭钢提高60%。12%Cr不锈钢喷射成形锻造制品与铸锻材料相比，伸长率由7%提高到19%，面缩率由17%提高到57%，且耐点蚀性增强。喷射成形轧辊的一次碳化物晶粒明显细化且弥散均匀分布，其寿命为铸造轧辊的3~50倍。采用喷射成形制造青铜合金，锡含量可高达14%，综合性能好，即强度高、耐摩擦、电导率高、冷热加工性好、冷变形后弹性模量低、流变性能高。喷射成形可用于开发新型合金，如铸造和常规粉末冶金方法无法制备的高硅低膨胀系数Si/Al合金；90年代中期，开发了反应喷射成形工艺，可在复合材料中形成弥散物，如Cu/$TiB_2$复合材料中的$TiB_2$粒子，Fe-Ti合金中的TiC和$Fe_2Ti$弥散物。喷射成形为航空发动机高温合金零件成形提供了有效途径。喷射沉积的坯体含有少量孔隙，可通过热等静压和挤压等措施予以排除，实现材料的致密化。

喷射成形技术最早见于1958年J. Brennan金属喷射工艺生产半成品的美国专利。然而，直到1968年才由英国Swansea大学的A. R. E. Singert提出喷射成形的概念。其原理是将雾化的金属液滴喷射在旋转的载体上，形成沉积坯料，随后热轧或冷轧成板材。1974年，经英国Osprey Metals公司R. Brooks等人进一步研究，发展成称之为“Osprey Process”的喷射成形技术，用于制备棒坯和管坯。该公司取得不锈钢沉积预制坯锻造的两项专利。

20世纪80年代是喷射成形技术发展的重要阶段，出现了有明确应用目的和具体产品对象的系统研究，基本工艺进一步优化，逐步进入产业化阶段。1980年，英国Aurora钢铁公司发明“控制喷射成形法（CSD）”，可一次雾化生产2t工具钢。1985年后，美国麻省理工学院提出液相动态压实法（liquid dynamic compaction，LDC），以高压气雾化或超声气雾化细小液滴喷射成形，制取铝、镁等轻金属合金。许多公司认购了Osprey许可证，建立生产棒、盘、板、管等合金型材的工厂，如：德国Mannesmann Demag公司建立了Osprey法钢板试验厂，生产钢板；瑞士Alusuisse-Lonza-Services公司生产铝圆棒材；美国General Electric公司购买Osprey专利，用于生产镍基高温合金；80年代后期，Howmet公司引进Osprey设备，制造不同型号发动机的环形件多种，环形件最大尺寸$\phi$850mm×500mm。90年代喷射沉积工业应用进一步扩大。1991年，瑞典Sandvik Steel公司率先应用喷射成形技术生产不锈钢管和复合钢管，其尺寸为$\phi$0.4m×8m，壁厚25~50mm。1991年，德国Wieland公司和瑞士Swiss Metall Boillat公司开始生产铜合金坯，其最大尺寸可达 $\phi$800mm×2000mm，主要用于制造弹簧、焊接电极和高强度高导电性电触头。1992 年，日本住友重工业公司喷射成形轧辊厂开始出售高铬铸铁和高速钢/碳钢复合轧辊。1994 年，Osprey 公司已经授权 25 家公司或机构生产喷射成形产品和设备。1997 年，丹麦 Danish Steel Works 公司开始生产粉末 D2 工具钢和 T15 高速钢棒坯，尺寸 $\phi$400mm×1000mm，重 1t，年产 2000t。据 1998 年报道，喷射成形国际公司采用 Spraycast-x 工艺制备航空发动机环形件半成品，设备容量 2.7t，坯重 2.2t。Osprey Metals 公司和 Danspray 公司采用双雾化技术，其沉积速率比单雾化技术提高 1 倍，氮气用量减少 25%，产品直径由 $\phi$200mm 增加到 $\phi$400mm，对 D2 工具钢在 50min 内可喷射沉积出 $\phi$400mm×2400mm、重 2.4t 的坯料。喷射成形高硅 Al-Si 系合金在汽车工业中的应用是这项技术的突破性进展，日本和德国的研发情况见本文 3.3 节。

工业实践证实了喷射成形的技术经济价值。喷射成形生产效率高（达 25～200kg/min），可生产大件（重量达 2t 以上）。生产工序少，成本低，与铸锭冶金工艺（IM）和常规粉末冶金工艺（PM）相比，Osprey 法制造不锈钢管材的工序分别由 IM 的 17 道和 PM 的 12 道减少到 8 道，生产成本比 PM 降低 40% 以上。喷射成形技术通用性强，灵活性大，适合制造多种金属材料和型材，包括盘、柱、管、环、板、带等多种型材产品和半成品坯，并且为颗粒增强金属基复合材料、涂层材料和覆层双性能材料提供有利成形手段。

我国对喷射成形的研究始于 20 世纪 80 年代末，以铝合金居多，还包括高温合金、复合材料高硅钢片和轧辊等材料和制品。中国科学院金属研究所建有超声气雾化液相动态压实（USGA-LDC）试验装置，1988 年研制成功快速凝固 Al-10Pb-1Cu 合金。北京航空材料研究所研制成功真空感应熔炼多功能喷射成形装置，进行高温合金喷射成形研究。1990 年中南工业大学开发了多层喷射成形工艺和设备。据 1998 年全国喷射成形技术学术会议报道，Pb-Al 滑动轴承及复合减摩带材、冷轧轧辊等已开始进入商品化阶段。采用喷射成形 Zn-27Al-1Cu 合金制造滑动轴承，其使用寿命比铸造 ZA27 合金高 1.5 倍，比巴氏合金高 1.8 倍。

## 2.6　机械合金化（mechanical alloying，MA）[24～33]

机械合金化是一种用高能球磨方法制取粉末新材料的技术，可制取的材料有：铝合金、金属基复合材料、弥散强化合金、磁性材料、厌溶金属合金、储氢材料、金属间化合物、形状记忆合金、非晶态材料、纳米粉末材料等。用机械合金化可以合成常规方法难以合成的偏离平衡态的“不可能合金”（impossible alloys），可以制取一些形成热为正值的材料、其组成在液相和固相都不互溶的合金材料，及其组成熔点相差悬殊的合金材料。机械合金化可以显著提高固溶度，例如，处于平衡态下锆在铝中 500℃的固溶度只有 0.5%（质量分数），而机械合金化可使其达到20.19%（质量分数）。机械合金化技术与液态急冷法相比，可以制取后者所不能得到的某些非晶态合金，包括 Fe-B、Fe-Al、Cu-Ti、Ni-Ti、Al-Ti、Al-Nb、Zr-Ni、Ti-Mn、Ti-Ni-Cu、Co-Al 系合金；并且比其他方法更容易制取块体非晶态合金材料。

机械合金化在科学技术上的价值，在于通过下述机理创制各种新型材料：

（1）细化弥散相；

（2）细化颗粒和晶粒，使其达到纳米级；

（3）使结构有序金属无序化，转变成非晶态；

（4）扩展固溶度，使在液态和固态均不互溶及熔点相差悬殊的金属形成合金；

（5）在低温下引发化学反应。

机械合金化技术起初是为制取氧化物弥散强化和γ′相沉淀硬化的镍基高温合金而开发的，随后发展成为生产各种弥散强化镍基、钴基、铁基、钛基和铝基粉末材料的系统方法。1970 年，美国国际镍公司的 J. S. Benjamin 首先报道用机械合金化制造氧化物弥散强化镍基合金（ODS）。所生产的 MA754（Ni-20Cr-0.6$Y_2O_3$）是第一个机械合金化粉末产品，用于制造 F-18 战斗机等三种飞机燃气蜗轮发动机的叶片。这种合金由于高温蠕变性能和断裂性能好、熔化温度高以及环境适应性能好，而取代了原先使用的铸造高温合金；随后开发了 MA738、MA760 和 MA6000 系列商品，以及高合金含量的弥散强化铁基合金材料 MA956 和 MA957。MA956 合金量为 20% Cr、4.5% Al、0.5% Ti、0.5% $Y_2O_3$，用作发电及热处理设备的热交换器；MA957 合金量为 13.5% Cr、0.3% Mo、1.0% Ti、0.3% $Y_2O_3$，用于抗中子辐射的核燃料包壳材料。以上镍基和铁基合金由于加入氧化物弥散体和钛、铝、铬等活性合金元素，提高了综合强度和耐腐蚀性。20 世纪 70 年代初，开发了 IN 9021 和 IN 905XL，前者具有高应变速率超塑性特性。70 年代开发的氧化物弥散强化的镍基、铁基、铝基和镁基材料，在航空发动机、辐射管、热工部件、热加工工具、耐海水腐蚀部件和储氢材料等方面获得应用。70 年代末 80 年代初，机械合金化技术研究相继取得多方面重大突破。1979 年，White 用机械合金化制取超导材料 $Ni_3Sn$，发现球磨后的粉末经扩散退火后转化成非晶结构。1983 年，Koch 等人采用机械合金化由镍、铌的单质混合粉直接制得 $Ni_{60}Nb_{40}$ 非晶态和纳米相合金，此后被迅速移植于数十种合金系的制备。机械合金化是制取高导电性、高强度铜合金的有效途径。1989 年，M. A. Morris 等以机械合金化纳米晶 Cu-5Cr 合金粉末经热挤压固结，获得晶粒尺寸为 100 ~ 200nm 的合金材料，其抗拉强度为 800 ~ 1000MPa，导电性为 35% ~ 70% IACS。1990 年，Schlup 等报道用机械合金化成功制取了纳米晶材料。80 年代另一重大发现是，用这种方法可以超出相图的约束，制取多元素过饱和合金。90 年代，将机械合金化与某些高新技术结合，衍生出新的技术，如反应球磨技术、MA-SHS 技术等。P. G. McMormik 等人利用机械合金化将金属氧化物还原金属，实现金属的化学精炼，尤其适用于锆、钽、Cu-Ti 系和稀土金属的制备。还发现了机械合金化过程中的 SHS 现象（如金属-氧化物系、Al-Ni 系）。

常用机械合金化设备有搅拌式球磨机、行星式球磨机、振动式球磨机等。为了减少球磨过程中的污染，开发了许多新型球磨机。M. Hasegawa 等发明了摩擦法机械合金化设备，用这种设备研究了 Cu-Ti 系机械合金化过程，发现在转速为 34r/min、外力为 98N 的条件下，经 9h 摩擦处理后，粉末基本转变为非晶结构，且无任何污染。A. Tatsuhiko 等开发了反复挤压机械合金化装置。K. Szymanski 等开发了无摩擦机械研磨机。澳大利亚科学仪器公司开发了 Uni-Ball-Mill 球磨机，其特点是以外加磁场控制球磨机内研磨体的运动。

我国机械合金化尚处于研究阶段。20 世纪 90 年初，中南工业大学开展机械合金化研究，研制成功用于此项技术的高效率搅拌球磨机；1999 年报道，用高能球磨可合成 90W-7Ni-3Fe 纳米晶复合粉末，形成过饱和固溶体，具有非晶结构。据 1996 年至 1999 年报道：哈尔滨工业大学采用液静挤压固结工艺处理机械合金化纳米晶粉末，分别获得晶粒尺寸小于 150nm 的块状 2024 铝合金合金材料和晶粒尺寸为 80～100nm 的块状 Al-10Ti 合金材料，其室温抗拉强度分别达到 580MPa 和 700MPa；以机械合金化制取的纳米晶 $Mg_2Ni$ 和 $Mg\text{-}Mg_2Ni$ 复合材料，晶粒尺寸为 10～20nm，具有很好的储氢性能；机械合金化 Cu-5Cr 合金晶粒尺寸为 100～120nm，抗拉强度高达800～1000MPa，相对电导率达 55%～70% IACS，伸长率在 5% 左右。1997 年，上海材料研究所和上海交通大学报道了机械合金化制取纳米晶材料和亚稳态合金材料的研究结果：$Si_3N_4$-Fe 合金晶粒尺寸在 50nm 以下；通过原位生成金属间化合物 $Al_3Ti$ 而制取的 $Al\text{-}Al_3Ti$ 复合材料，在 773K 温度下拉伸强度达 78～86MPa，硬度性能仍很稳定。同年，浙江大学报道以机械合金化制备的非晶态 $Mg_{50}Ni_{50}$ 储氢合金，其最大电化学容量达 500mAh/g，约为晶态合金的 10 倍。

## 2.7　金属注射成形（metal injection molding，MIM）[34～40]

粉末注射成形（powder injection molding，PIM）包括金属注射成形（MIM）和陶瓷注射成形（CIM），起源于 20 世纪 20 年代后期。第二次世界大战期间，曾采用注射成形以有机物为黏结剂制造镍过滤管用于浓缩铀。20 世纪 40 年代，用粉末注射成形制造了陶瓷火花塞。50 年代，苏联用石蜡作黏结剂成形陶瓷制品。60 年代以前，PIM 技术主要用于陶瓷件成形。

1978 年，美国的 R. D. Rivers 提出第一个金属注射成形专利。Raymond Wiech 于 1972 年最早建立金属注射成形公司 Parmatech 公司，1979 年该公司粉末注射成形产品波音707和727喷气式客机用镍螺纹密封环、液体燃料推进火箭发动机铌合金推进室和喷射器，获得国际粉末冶金会议设计大奖，引起工业界的注意，标志这项成形技术正式面世。1980年，Jr. Wiech和E. Raymond提出第一个实用化金属注射成形专利。80年代中期，超高压水雾化和高压惰性气体雾化技术为金属注射成形解决了原料粉末粒度问题，而黏结剂成分和脱脂工艺的改进显著缩短了脱脂周期，从而促使金属注射成形技术竞争能力增强，进入蓬勃发展时期，并且，通过成功解决高性能材料成形问题而进入制造技术的前沿领域。1985年以后，美国注射成形生产年增长率达30%。1986年，日本Nippon Seison公司引进Wiech工艺。据1988年报道，采用金属粉末注射成形技术成功制备了重2.5kg涡轮盘和6.8kg合金件的大型零件。1990年以色列Metaior 2000公司引进Parmatech技术，建立MIM生产线。90年代初期，美国为推进这项技术，将其列为对美国经济繁荣和国家持久安全至关重要的“国家关键技术”，使美国注射成形产业在90年代得到迅速发展。德国BASF公司90年代初开发的Catamold催化脱脂技术，结合热脱脂和溶剂脱脂的优点，大幅度缩短脱脂时间（脱脂速率2～4mm/h），减少脱脂时的变形，实现连续生产。90年代末，德国发明微型注射成形技术，可制造尺寸小至长50μm、横向20μm的金属零件（如微型泵齿轮、涡轮）和质量仅0.5mg的陶瓷件。同期，英国Cranfild大学发明金属共注射成形技术（metal coinjection moulding），将标准注射成形技术和层状注射成形技术结合，一步完成复杂形状成形和表面处理。

金属注射成形将塑料注射成形与粉末冶金工艺完美结合，适宜制造用常规粉末冶金方法不能或难以成形的特殊形状的零件。其工艺特点是，使加热软化的注射料在压力驱动下流动，均匀充填模腔各个部位将其形状复制下来，从而获得几何形状与模腔内表面完全相同的坯件。其优势在于低成本大批量生产具有形状复杂、高精度和高性能的零件。从选择金属成形工艺方案的两个主要决定因素即生产量和零件形状复杂程度考虑，金属注射成形独占鳌头，优于精密铸造、模铸、切削加工和常规粉末冶金。当零件产量超过5000件时，金属注射成形与其他工艺相比，成本至少降低30%。金属注射成形零件精度高，是一种近终形和终形成形技术。在生产条件下零件尺寸精度达±0.5%，而美国Thermal Precision Technology公司开发的“精密金属注射成形”技术可达±0.1%。金属注射成形特别适于制造小型零件，一般质量在300g以下；也成功制造出质量为2.5kg的涡轮盘和6.8kg的合金件。金属注射成形采用的粉末原料，其粒度在20μm以下，活性大，可使烧结坯达到高密度（固相烧结的相对密度可达95%以上）且密度分布均匀，因而性能好且各部位一致性高。

多种材料适合金属注射成形，现已生产的有：铁、合金钢、不锈钢、工具钢、难熔金属、硬质合金、钴合金、高温合金、磁性材料、低膨胀系数合金、金属间化合物、金属陶瓷等。产品已应用于汽车、钟表、医疗器械、通用器械、电动工具、五金、工具、计算机、微电子、办公机械、纺织机械、食品机械、飞机、火箭、体育娱乐器具以及武器等领域。

粉末注射成形技术发展迅速。1986 年，世界粉末注射成形产品销售额近 1000 万美元，1996 年增至 4 亿美元。20 世纪中后期，粉末注射成形产业总产值年增长率为 22%，在粉末冶金工业中占有很大份额。1985 年，全世界只有 Parmatech 等 9 家公司从事粉末注射成形生产，1997 年粉末注射成形生产厂增加到 225 家，1999 年达 550 家。美国是粉末注射成形产品主要生产国，产量占全球总产量的 50%（欧洲占 30%，亚洲占 20%），并制订了粉末注射材料的 MPIF35 标准。我国于 20 世纪 80 年代开始进行粉末注射成形技术的开发，90 年代中期形成生产。1996 年，中南工业大学引进美国整套粉末注射成形技术及装备，建成生产线。

# 3 20 世纪中后期开发的粉末冶金新材料

## 3.1 粉末冶金高速钢[41~46]

高速工具钢简称高速钢，是一种重要的工具材料，为 F. W. Taylor 和 H. White 于 1898 年发明，1920 年前成分基本定型。高速钢中合金元素含量高，按其组织属于莱氏体钢，传统熔炼铸造法制造的高速钢，其钢锭中不可避免会产生合金成分不均和粗大莱氏体偏析，这已成为其组织结构的痼疾，长期困扰着冶金学家。正是粉末冶金工艺成功解决了传统冶金工艺这一问题，消除了宏观偏析，使晶粒细化，性能显著提高且各向同性，并且为生产超高合金含量高速钢提供了可行途径。

1965 年，美国 Crucible Materials 公司发明粉末冶金高速钢，1971 年投产，年产量 1200t，以 CPM（Cracible Particle Metallurgy）系列共十余个牌号销售。瑞典 Soderfors 公司是世界上生产粉末冶金高速钢的最大厂家之一，其气雾化-热等静压生产线于 1970 年投产，1978 年产量达 4000t，锭重 1.5 ~ 1.6t，以 ASP（ASEA-Storo Process）牌号销售。奥地利 Bohler 特殊钢公司生产的粉末冶金高速钢牌号为 S390PM。日本东芝金属公司生产的粉末冶金高速钢 HAP 系列共 6 个牌号。20 世纪 80 年代，Crucible 公司开发了钨加钼高当量、不含钴的 CPM REX20，以取代含钴的 M42 HSS。90 年代，有几家公司开发了超硫含量的粉末高速钢，以提高其可磨削性，Crucible 公司高硫钢种硫含量为 0.20% ~ 0.25%。1994 年，法国 Erasteel 高速钢公司所属瑞典 Sorderfors 厂采用钢包精炼法（Electro-Slag-Heating，ESH）对气雾化前钢液进行精炼，将非金属夹杂减少 90%，获得高纯净钢，进一步提高了粉末冶金高速钢的质量。粉末冶金耐磨冷作工具钢是 Crucible

公司开发的新型工具材料，90年代生产6个品种，其钒含量为2.75%~14.5%。水雾化加冷压烧结法也是制造粉末冶金高速钢的可行工艺，适于大量生产直接成形公差精密、形状复杂的零件。英国Powdrex公司、德国Krebsöge公司、印度BISL公司和我国上海材料研究所采用这种工艺。

粉末冶金高速钢优良的组织和性能，得益于快速凝固雾化制粉与热等静压、热挤压致密化工艺的结合。雾化法制粉实际上是将熔炼法以吨计的巨大铸锭变成尺寸小于0.1mm的微小铸锭——粉末颗粒，其体积相当于一般铸锭的亿万分之一。这样，即使产生偏析也被限制在极微小范围内，而且，快速冷凝将冷却速率从一般铸锭的$10^{-1}$~$10^{-2}$K/s提高到$10^3$K/s，使一次碳化物细化并均匀分布。粉末冶金T15高速钢碳化物晶粒尺寸范围窄，大多在3μm以下，最大不超过4μm；而熔铸法则尺寸分散，平均6μm，最大34μm。粉末冶金法能够生产常规冶金法难以和不能生产的高合金含量、富碳化物高速钢。T15是美国AISI标准中最耐热、耐磨的高速钢牌号，但由于其合金度高，组织偏析严重，用熔炼法生产困难，且可磨削性很差，而采用粉末冶金工艺却迎刃而解。常规冶金典型牌号T15和M42中合金元素总量分别为27.8%和25%，而粉末冶金高速钢中的合金元素总量高达30%以上仍具有均匀的组织，如CPM Rex76（美国）、ASP60（瑞典）、DEX80（日本Raido Steel）、HAP9（日本）的合金元素总量分别达到32.5%、36.8%、43.6%和44.2%。粉末冶金高速钢钒含量高达9.8%时可磨削性仍然良好，而熔炼法高速钢中超过3%时可磨削性变差。粉末冶金高速钢如此高的合金元素含量，是常规冶金工艺根本达不到的。这一成分设计原则也可应用于其他高合金工具钢，如1978年投产的粉末冶金超高钒冷作工具钢（15%~18%V）的一次碳化物体积含量可达30%。此外，粉末冶金工艺允许加入硫来提高高速钢的可磨削性而不降低其力学性能。

粉末冶金高速钢的典型烧结工艺有Fuldens高温烧结工艺和ASP、CPM热等静压工艺，而较经济的工艺是无包套热等静压和粉末预成形坯锻造。粉末冶金高速钢烧结工艺的研究侧重于降低烧结温度和扩展温度区间，包括采用添加活化剂、相图预测、在氮气氛中烧结等措施。成分方面，进行了添加碳化物包括碳化硅、碳化铬（$Cr_3C_2$）、碳化钨、碳化钼（$Mo_2C$）、碳化铌、碳化钒、碳化钛等的研究。添加氮化钛可使刀具热处理态硬度从HRC69提高到HRC73，添加2%和4%时分别将切削寿命提高8%和35%。

粉末冶金高速钢用于制造异形刀具，特别适于切削加工韧性淬硬钢、耐热高合金钢、奥氏体不锈钢、镍基高温合金、钛铝合金等合金材料，是航空工业用于切削加工难加工的高温合金和钛合金的优秀刀具材料。粉末冶金高速钢ASP30和ASP60端面铣刀加工Ti-6Al-4V合金飞机零件，寿命比熔炼高速钢M42分别高4.5倍和8倍。可用于制作要求高强度、耐磨损和抗疲劳的结构零件，如汽车内燃机配件和飞机发动机轴承。在高速钢中添加硬质陶瓷颗粒制成金属基复合材料，可用于制作内燃机排气阀。粉末冶金高速钢还适于制造模具。

粉末冶金高速钢发展很快，1983 年全球气雾化热等静压粉末冶金高速钢产量为 5000t，1990 年超过 10000t，为常规高速钢总量 1/6 ~ 1/7。90 年代中期，美国 Crucible 公司、法国 Erasteel 公司和 Bohler(奥地利)- Uddelholm(瑞典)集团成为世界上主要生产厂家。美国粉末冶金高速钢的用量已超过熔炼高速钢。

我国于 70 年代初开始粉末冶金高速钢的开发。1980 年，钢铁研究总院采用氮气雾化加热挤压工艺研制成功粉末冶金高速钢；1985 年该院与重庆特殊钢厂合作，采用热等静压加精锻工艺，制造出重 240kg 的单锭，成材最大截面直径 $\phi$120mm，氧含量低于 $100 \times 10^{-6}$，相对密度达 100%。1982 年，上海材料研究所采用水雾化制粉加冷压烧结法研制成功烧结高速钢零件，包括汽车内燃机气门摇臂镶块。

## 3.2 粉末冶金高温合金[47~53]

粉末冶金高温合金或粉末超合金是制造高推比新型航空发动机零部件的最佳材料，主要用于制造航空发动机的涡轮盘、压气机盘、鼓筒轴、封严盘、封严环、导风轮及涡轮盘高压挡板等高温承力转动零件。高温合金中难熔金属元素含量高，容易产生偏析，而粉末冶金工艺则是减少偏析的重要途径。粉末冶金高温合金与传统铸锻合金相比，其晶粒细小，组织均匀，无宏观偏析，合金化程度高，屈服强度高，疲劳性能高，加工性能好。粉末冶金工艺可以实现近终形工艺成形，节约材料，成本低。在粉末冶金高温合金领域开展研究的有美、俄、英、法、德、加、中、日、意、瑞典以及印度等国，其中，美、俄处于领先地位。

1969 年 M. M. Allen 首先用粉末冶金方法生产 Astroloy 高温合金。1970 年 S. M. Reichman 研究低碳 In-100 粉末冶金高温合金，获得超塑性。1972 年，美国 Pratt-Whiney 飞机公司采用氩气雾化 + 热挤压 + 等温锻造工艺研制成功这种合金，并用于制造 F-100 发动机的压气机盘和涡轮盘等共 11 个粉末高温合金部件，装于 F15 和 F16 飞机上。采用粉末冶金高温合金坯料以等温锻造工艺生产 F-100 发动机 6 种零件，可节约合金材料，改善低周疲劳性能。1976 年和 1979 年，该公司又先后研制成功性能更好的合金 LC Astroloy 和 MERL76，并投入应用。美国 General Electric 公司于 1972 年采用直接热等静压研制成功粉末 René95 盘件，1973 年首先用于军用直升机的 T-700 发动机上，1978 年研制出压气机盘、涡轮盘和鼓筒轴，装在 F/A-18 强击机的 F404 发动机上。该公司还用粉末 René95 合金制造 CF6 发动机的压气涡轮轴套，及 CFM-56 涡轮风扇发动机的压气机盘，开创在民航飞机上使用粉末冶金高温结构件的历史。1979 年，由快速凝固技术制取高温合金粉末共有 4 个牌号：RSR103、RSR104、RSR143、RSR185，其特点是具有微晶组织，枝晶间距小，组成均匀，溶解度超过平衡状态。P&W 公司仅以采用粉末冶金涡轮盘和凝固涡轮叶片两项重大革新，就使 F-100 发动机的推重比达到 8 的世界先进水平。至 1984 年，该公司使用粉末高温合金盘已超过 3 万件。1988 年，GEAE 公司研制出第二代粉末冶金高温合金 René88DT，此后在美国军用及民用飞机发动机中，均使用 René88DT 粉末盘。1997 年，P&W 公司以 DTPIN100 合金制造双性能粉末盘，装在第四代战斗机 F22 的发动机 F119 上。这种盘的轮缘部位具有良好的高温性能，而毂部位具有很高的屈服强度。20 世纪 90 年代以来，第三代和第四代高温合金相继问世。

苏联的研究工作始于 20 世纪 60 年代末。1974 年研制出直径 $\phi$500mm 的粉末涡轮盘，合金牌号为 ЭЖ6У 和 ЭП 741П，1975 年提供使用。1978 年，正式在军用航空发动机上使用粉末冶金高温合金涡轮盘，主要用于米格 29 和伊尔 96 等飞机。80 年代末研制出 ПС-90А 民用航空发动机盘件，至 1993 年已累计生产各类粉末冶金高温合金盘件 2.5 万件，至 1995 年装机使用盘、轴类件总数已超过 4 万件。主要生产单位为全俄轻合金研究院和斯图宾斯克冶金联合体，分别具有年产 2 万件和 4 万件粉末涡轮盘的生产能力。80 年代以后粉末高温合金逐渐形成 6 个牌号：ЭП 741П、ЭП741НП、ЭП741НПУ、ЭП962П、ЭП975П、ЭП 962НП。ЭП741НП 合金在航空、航天使用较多，主要用于制造发动机各种盘件、轴和环形件等，还用于制造运载火箭液体发动机氧化剂泵叶轮和涡轮轴叶轮。ЭП962НП 是新型合金，室温抗拉强度达 1550MPa 以上，750℃/100h 持久应力达 750MPa。截至 2000 年，俄罗斯生产提供了约 500 种规格、近 5 万件粉末盘和轴，未发生使用事故。

粉末冶金新兴技术是制造高温合金零件的重要手段。1982 ~ 1983 年，英国的 R. W. Evans 首先采用喷射成形技术研制难变形的高强度高温合金 Nimonic 115。高温合金喷射成形技术在 20 世纪 90 年代获得迅速发展。1992 年 B. H. Rabin 报道，将燃烧合成与热等静压结合制出 $Fe_3Al$ 合金和含铬的 $Fe_3Al$ 基合金，其强度显著高于常规生产方法。

1981 年我国开始研制粉末冶金高温合金。“六五”期间，以热等静压制得 $\phi$200mm 成形盘坯，以热等静压加热模锻制得 $\phi$400mm 盘坯；所研制的 FGH95 粉末高温合金性能接近和达到美国 GE 公司 René95 合金的指标。“七五”期间，以热等静压和热等静压 + 等温锻造研制成功小型发动机用 $\phi$220mm 盘件，性能达到美国 GE 公司技术指标。90 年代进入实用化阶段，生产了压气机盘、涡轮盘、涡轮轴和涡轮挡板等多种零件。1992 年从俄罗斯引进等离子旋转电极制粉设备装置。1994 年建立 PREP 制粉高温合金生产线，自主开发成功符合我国国情的工艺路线；所研发出的第一代高强型合金，使用温度 650℃，以牌号 FGH95 为代表，用于制造涡轮盘和承力环件等转动零件；第二代以 FGH96 为代表，属损伤容限型合金，使用温度750℃，经梯度热处理后可获得典型的双组织双性能。

弥散强化镍基合金是航空工业领域早有应用的一类高温合金。1962 年，美国 Dupont 公司生产了氧化钍弥散强化 TDNi 合金；以后又生产了 TDNiCr 合金，用于制作航天飞机防热瓦。弥散强化合金 927℃仍具有弥散强化效果，在接近熔化温度时保持较高强度，是制造发动机高温段零部件的理想材料。GE 公司从 1980 年起在 F-404 发动机上使用氧化物强化合金导向叶片。美国国际镍合金公司生产的机械合金化镍基合金和铁基合金，已如本文 2.6 节所述。我国 70 年代末开始研制氧化物弥散强化高温合金，达到小批量生产规模。

## 3.3　粉末冶金高强度铝合金[54~59]

20 世纪 40 年代中期，美国铝工业公司（Alcoa）开始进行烧结铝的研究。1952 年，该公司开发出第一代粉末冶金铝合金材料 SAP。这是一种 Al-$Al_2O_3$ 弥散强化型合金，具有优异的高温强度和热稳定性。1966 年和 1972 年，S. Storchheim 的美国专利采用液相烧结技术制造铝合金零件。粉末冶金铝合金主要有三类：Al-Cu-Mg 系、Al-Mg-Cu-Si 系和 Al-Zn-Mg 系。粉末冶金铝合金质轻，耐腐蚀，切削加工性能好，其抗拉强度为 110 ~ 345MPa，可与粉末冶金铁、铜材料媲美。

70 年代出现的快速凝固技术、机械合金化技术和复合技术，促使粉末冶金高强度铝合金问世，并在 80 年代得到迅速发展。快速凝固铝合金粉是将铝合金熔液以极快的冷却速率（$10^3$ ~ $10^8$K/s）冷却得到的，雾化技术制取的粉末粒径通常小于 50μm。快速凝固和机械合金化使铝合金产生质的飞跃，其组织明显细化，基本消除偏析，合金成分设计范围大大扩展，抗拉强度、弹性模量、耐腐蚀性和疲劳性能全面提高，特别是断裂韧性与强度兼顾较好。快速凝固工艺可获得亚稳相，析出的弥散体细小，是铸锭冶金技术无法实现的。加入 3% Li（质量分数）的快速凝固 2024 铝合金，其抗拉强度达到 590MPa，$10^7$ 周疲劳应力为 295MPa，标准比强度为 2.2，而熔铸铝合金只分别达到 470MPa、175MPa 和 1.0。快速凝固 Al-Fe-Ni 系合金由于金属间化合物（FeNi）$Al_9$ 弥散强化，将使用温度提高到 350℃，而普通沉淀硬化铝合金为 200℃。80 年代对 7 × × × 系研究较多，在 Al-Zn-Mg-Cu 系的基础上添加 1%（质量分数）的铁、镍、钴、锆或锰而开发出高强耐蚀的新型合金，如 709D、7091 和 CW67。采用快速凝固喷射成形制造高强度铝合金，再通过细化晶粒和金属间化合物弥散强化进一步提高其力学性能。以 LDC 法制取的含 1% Ni 和 0.8% Zr 的 7075 铝合金，其极限抗拉强度可提高到 820MPa，高于常规熔炼同样成分合金的 740MPa。利用非晶态合金粉末的微细结晶化，开发出强度超过 900MPa 的高强度 Al-Ni-Y-Co 系铝合金挤压材。将熔液通过快速旋转的冷却盘制成铝合金带然后再粉化的工艺也已工业化。

粉末冶金高强度铝合金的生产工艺较复杂，成本较高，主要用于飞机、航天器、导弹和兵器上。出于宇航工业的需要，多个国家包括美、俄、英、德、日、法等对快速凝固铝合金进行了研究和开发。美国快速凝固铝合金7090(Al-8.0Zn-2.5Mg-1.0Cu-1.5Co)和7091(Al-6.5Zn-2.5Mg-1.5Cu-0.4Co)已商品化，用于制造波音757飞机上主起落架支承架和起落架传动件。Lockhead公司的S-3飞机机翼使用7091合金后重量减轻了116kg。美国Alcoa公司将快速凝固7090合金用于制造波音757-200飞机主起落架梁撑杆和主起落架舱门的铰链、底座、齿轮等传动装置配件，减重15%；以粉末冶金高温铝合金RSP Al-8Fe-4Ce制造某些军用飞机辅助动力装置中的零件，如F-18飞机的离心式压气机叶轮（工作温度175~315℃），减重15%，并在某些部位代替钛合金零件。8×××系粉末冶金铝合金的热强性高于IM2219合金，可以取代钛合金制造喷气发动机的涡轮。Pechiney公司和Alcoa公司已出售喷射沉积法生产的碳化硅颗粒增强铝合金锭，重量可达240kg。

快速凝固耐磨铝硅合金在日本和德国已获应用。日本在80年代开始采用快速凝固Al-Si合金粉末制造汽车发动机阀门弹簧座和连杆，相应构件减重60%和30%，使发动机速度大为提高。住友电工公司采用快速凝固高硅Al-Si合金制造汽车空调压缩机转子和叶片，使压缩机整体减重40%。1995年，日本住友轻金属公司开始生产过共晶Al-Si合金棒坯，最大尺寸$\phi$250mm×1400mm，年产量1000t，主要供给日本Mazda公司制造轿车发动机关键零件，其中Al-17Si-6Fe-Cu-Mg合金挤压材用于制造Miller循环发动机叶片。1997年，德国PEAK公司开始批量生产过共晶Al-Si合金棒坯，最大尺寸$\phi$300mm×2500mm，年产量3000t，棒坯经加工制成Benz汽车最新一代V8和V12发动机汽缸衬套。俄罗斯几种高强、耐高温、具有特殊物理性能的快速凝固铝合金已投入工业生产。

### 3.4　钕铁硼稀土永磁材料[60~66]

1902年，以碳钢磁体作永磁体，其最大磁能积$(BH)_{max}$为2~3kJ/m$^3$。20世纪50年代末投入市场的铁氧体永磁材料，其最大磁能积不超过50kJ/m$^3$。1959~1961年，E. A. Nesbitt和J. H. Wernicke等人确定了Co-稀土系的结构、磁矩和居里温度，为$SmCo_5$永磁材料问世提供条件。稀土永磁合金是稀土金属（钐、钕、镤等）与过渡族金属（钴、铁等，以TM表示）形成的一类高性能永磁材料。通常将1967年出现的$SmCo_5$(1-5型)、1977年出现的$Sm_2TM_{17}$(2-17型)和1983年出现的Nd-Fe-B分别称作第一代、第二代和第三代稀土永磁材料，最大磁能积$(BH)_{max}$相应为：160kJ/m$^3$、200~240kJ/m$^3$和240~400kJ/m$^3$。

1983年6月，日本住友电工株式会社率先宣布研制成功新型永磁材料钕铁硼Nd-Fe-B，其$(BH)_{max}$可达280kJ/m$^3$(35MGOe)。Nd-Fe-B系永磁材料号称永磁之王，90 年代（$(BH)_{max}$）实验室水平达 416kJ/m$^3$（52MGOe），商品性能也明显超过其他永磁材料。具有重大意义的是，Nd-Fe-B 系材料以廉价的铁取代稀缺的钴，以贮量为钐 12～15 倍的钕取代钐，经济效益显著。1990 年日本住友公司 Nd-Fe-B 产品（$BH)_{max}$达 320kJ/m$^3$（40MGOe），1992 年日本信越公司和 TDK 公司的产品，其（$BH)_{max}$均达到 360kJ/m$^3$（45MGOe）。1993 年开发的超高性能的 Nd-Fe-B 永磁材料，其（$BH)_{max}$达 431kJ/m$^3$（54.2MGOe）。国外和我国已有耐温 180～200℃的 Nd-Fe-B 永磁产品出售。据 1990 年报道，$Sm_2Fe_{17}N_x$ 氮化物永磁的（$BH)_{max}$可望达到 478kJ/m$^3$（60MGOe）。90 年代初掀起开发 $Sm_2Fe_{17}M_x$（M 为 C、N）的高潮，最初的报道是通过机械合金化手段制备各向同性磁体，其矫顽力可达 24kA/cm（30kOe）。R. Goehoorn 和 T. Ding 等研制的双相复合型纳米晶永磁合金，通过硬磁相与软磁相交换弹性鳄合获得高剩磁和矫顽力。

在 Nd-Fe-B 合金中加入钴、镓、锆等元素，经 HDDR 工艺处理即氢化-歧化-脱氢-再结合，使其结晶具有一定方向，可制取各向异性 Nd-Fe-B 磁体粉末，其（$BH)_{max}$为 240～280kJ/m$^3$，所制成的黏结磁体，（$BH)_{max}$为 120～140kJ/m$^3$。日本三菱材料公司是供应 HDDR 各向异性 Nd-Fe-B 磁粉的厂家，并拥有专利。日本于 1993 年制备出（$BH)_{max}$为 54.2MGOe（达到其理论值的 85%）的 Nd-Fe-B 磁粉。

大规模集成电路技术在 20 世纪 70 年代已臻完善，为电子器件的小型化提供了条件。稀土永磁材料正是在这一时期形成生产，Sm-Co 合金的磁性能较以前的永磁合金有大幅度提高，用其制造的磁体体积明显减小，有利于电子器件小型化。Nd-Fe-B 永磁材料主要用于各种电机、启动机、音响设备、核磁共振成像设备、磁悬浮机车、波束控制器、机器人、测量仪表、办公机械、传感器、磁耦合轴承和继电器等。一辆装备齐全的汽车上，装有 40 多个使用永磁体的永磁电机和制动器。Nd-Fe-B 永磁材料不但磁性能优异，而且原料储量丰富，不含稀贵金属钴，产品价格便宜，其广泛应用将加速一系列依据电磁感应原理的产品更新换代。

1969 年，我国开始第一代稀土永磁材料的研究开发工作，70 年代末 80 年代初已能批量生产第一代和第二代稀土永磁体，用于行波管等高级磁性器件。1983 年底，钢铁研究总院研制成功 Nd-Fe-B 材料，其最大磁能积（$BH)_{max}$达 240kJ/m$^3$ 左右；1987 年提高到 415kJ/m$^3$ 以上，使我国成为世界上能制造其（$BH)_{max}$达 400kJ/m$^3$（50MGOe）的 Nd-Fe-B 永磁材料的三个国家之一。钢铁研究总院生产的 HE 牌号烧结 Nd-Fe-B 永磁，其（$BH)_{max}$为 308～334kJ/m$^3$，居里温度 320℃；20HT、24HT 和 28HT 磁体的使用温度在 200℃以上。上海钢铁研究所和上海电气自动化研究所 1990 年报道，通过在 Nd-Fe-B 合金中以钴取代部分铁，研制成功低温度系数的 $Nd_{15}Fe_{62}Co_{15}B_8$ 合金，居里点高达 480℃，用于高精度永磁直流测速发动机，取代 Al-Ni-Co 永磁材料。据 1996 年报道，我国研制成功的复合型双相纳米晶永磁体，最大磁能积达到 1000 $kJ/m^3$(125MGOe)，约为 Nd-Fe-B 磁体最大磁能积理论值的 2 倍。

### 3.5　粉末冶金人造金刚石-金属工具材料[67~70]

金刚石具有无与伦比的高硬度，早就被用来加工诸如陶瓷和珠宝等硬质材料。17 世纪中叶，金刚石作为工具材料出现在加工业领域。1862 年，以铍青铜浇铸嵌镶的金刚石钻头问世，促进了金刚石工具的发展。然而，金属熔液浇铸过程固有的缺点限制了其应用，直至 20 世纪 20 年代，全世界工业金刚石年用量仅为 $46\times10^4$ car(注：car 即克拉，1car = 0.2g)。

粉末冶金技术于 20 世纪 40 年代进入金刚石工具制造业，逐步取代机械卡固法和青铜浇铸嵌镶法而占据主导地位，是金刚石工具制造技术的一次革命；同时，也使粉末冶金金刚石-金属工具材料成为粉末冶金大家族的新成员。粉末冶金法工艺简便合理，成本低，效率高，产品质量优良，可以使金刚石牢固嵌镶在合金基体中而不损伤金刚石，根据使用条件调整合金胎体成分，容易实现布装设计，制造形状比较复杂的工具。此外，采用金刚石的粒度范围宽，使占天然金刚石很大份额的小颗粒金刚石得到利用。粉末冶金金刚石-金属工具的大量应用，促使金刚石工业用量猛增，1940 年全世界工业金刚石年用量达到 $70\times10^4$ car，1941 年为 $120\times10^4$ car，1942 年为 $180\times10^4$ car。第二次世界大战后，金刚石工业应用年增长率 15% 左右，而同一时期世界工业总产值年增长率为 5%。

世界天然金刚石资源日益枯竭，不能满足金刚石用量迅速增长的需要。1953 年和 1954 年，瑞典和美国成功合成金刚石，随后投入生产。20 世纪 60 年代以来迅猛发展，产量以 10% ~15% 年递增率增加。70 年代，世界人造金刚石年耗量与天然金刚石相当，而 80 年代世界年产量数以吨计，为后者 4 倍。我国于 1963 年人工合成金刚石取得成功，1965 年投产。人造金刚石粒度较细，可用于制造磨具，但机械卡固无法将工具成形。正是粉末冶金技术为人造金刚石的应用创造了最佳条件。以粉末冶金法制造人造金刚石工具，是粉末冶金技术对金刚石工业再一次推动。金刚石用量因此猛增，20 世纪末，年耗量达 $12\times10^8$ car，其中大部分为人造金刚石。用粉末冶金法制造的人造金刚石工具包括：砂轮修整工具、金属研磨工具、拉丝模、石油和地质钻头、建筑工程施工工具、半导体加工工具，以及石材、玉器、玻璃和陶瓷加工工具等。

粉末冶金法制造金刚石-金属工具的技术关键之一是黏结合金即胎体合金的选择。胎体合金必须保证牢固包镶金刚石颗粒，其烧结温度不能高于金刚石石墨化温度，而且还要适应各种苛刻而彼此要求差异很大的工作条件。为了改善金刚石与胎体合金的润湿性和提高彼此间的结合强度，各国进行了大量研究。20 世纪后半叶，金刚石工业技术取得了三项突出成就：合成磨料级金刚石单晶体、高温高压烧结金刚石聚晶体（包括有底衬和无底衬两种）和 CVD 气相沉积薄膜。下面就烧结金刚石聚晶体作简单介绍。

烧结法制造人造金刚石聚晶体出现于 20 世纪 60 年代。1964 年美国 GE 公司 Da Lai 取得以金属黏结剂将金刚石颗粒结合的美国专利，随后英国于 1966 年、苏联于 1967 年报道了有关这方面的研究成果。20 世纪 70 年代高温高压烧结金刚石聚晶体（PCD，polycrystallinity diamand）的问世，结束了磨料级金刚石只限于制作磨具的历史。烧结金刚石聚晶体由金刚石微粉（5 ~ 50μm）与 5% ~ 25%（质量分数）黏结合金组成，依靠黏结合金的作用和金刚石微晶之间的自黏结（self-binding）而形成强固的整体。烧结聚晶体的硬度和耐磨性略低于天然金刚石，但其综合力学性能优于天然金刚石，不存在解理面，性能各向同性，耐冲击性较好；烧结聚晶体价格只有天然金刚石的几十分之一至十几分之一，刀具寿命比硬质合金高出 50 ~ 100 倍；而且，制造这种材料的高温高压烧结技术可使金刚石加工中产生的大量金刚石微粉得到利用。为提高刀片的韧性和可焊性，可在硬质合金基体上烧结厚约 0.7mm 的 PCD 层，制成金刚石聚晶/硬质合金复合刀片。

1972 年，美国 GE 公司公布并随后生产的 Compax 是具有代表性的产品。Compax 以所谓扫越式催化再结晶法（STCR）制造，在压力 5GPa、温度 1300℃ 的条件下，硬质合金中的液相以波浪式扫越金刚石层，使金刚石再结晶并交互生长，产生金刚石-金刚石键合。1973 年，美国 GE 公司的 Stratapax 钻头钻进软和中硬岩层的钻进效率达 40 ~ 60cm/min，使用寿命 4000m 以上。英国 De Beers 公司烧结金刚石聚晶体典型牌号有：Syndite 复合片（切削工具、石油钻头、拉丝模）、Syndite Plus 复合片（切削工具）、Syndrill 复合片（石油钻头、石材加工工具）、Syndax 3 多晶金刚石（最坚硬岩层钻头、拉丝模、修整工具）。苏联混合型复合片以 СЛАВУТИЧ 和 ТВЕСАЛЫ 为代表。

PCD 材料现在已成功用作加工铝硅合金、炭纤维加强材料、耐磨复合材料、复合木材等金属材料和非金属材料的切削刀具，以及制作拉丝模、地质石油钻头、耐磨元件和轴承。20 世纪前半叶，在硬地层钻进应用中以天然金刚石制造的钻头为主，而到了后半叶，即被高温高压合成金刚石和金刚石聚晶体制造的钻头所取代。我国郑州磨料磨具磨削研究所于 1969 ~ 1971 年对 PCD 进行了研制，1972 年在世界上首次将 PCD 金刚石烧结体 JRSN 用于岩层钻进。1987 年我国研制成功人造金刚石/硬质合金复合材料。

## 3.6　纳米粉末材料[71 ~ 80]

纳米材料包括纳米粉末材料、纳米多孔材料和纳米致密材料。纳米粉末微粒尺寸一般为1~100nm。对这一粒度范围粉末系的研究可追溯到19世纪60年代胶体化学诞生时期。20世纪40年代有定义粒度范围0.01~0.1μm粉末的报道，当时称为超细粉末。第二次世界大战期间，日本曾研制纳米级超细锌粉用于红外线跟踪炸弹。1962年，久保（Kubo）发现金属超微粒子与宏观物体的热性质不同，提出久保效应。1984年，R. Birringer和H. Gleiter等人采用惰性气体蒸发与原位压制、烧结方法，首次制备出6nm铁纳米粒子构成的纳米晶金属块体。同时，首次提出纳米晶材料的术语，纳米粉末材料从此作为一种新的工程材料正式登上科学技术舞台。微乳液法制备金属粒子始于1984年，目前已用该法制出铁、钴、金、银等多种单分散的金属纳米粒子。1986年，日本报道用气相合成法制取碳化物和氮化物粉末，粒径可到10nm。1988年，成分为$Fe_{73.5}Cu_1Nb_3Si_{13.5}B_9$的纳米晶软磁材料问世，其牌号为Finement。1990年，W. Schlup和H. Grewe报道用机械合金化制取纳米晶材料。在1990年召开的首届世界纳米科学技术学术会议上，正式提出将纳米材料科学列为材料科学的一个分支。90年代研究工作取得进展，应用逐渐增加。日本开发出电阻加热蒸发与气体沉积薄膜相结合的制取方法，至1993年，已有生成纳米粉末与喷射印刷系统相结合的装置出售。用Fe-Ni纳米粉末制作高密度磁带进入实用化。Z. Livne于1998年报道，将真空凝固法和球磨法制得的纳米铁粉末经热等静压致密化，所得材料的性能分别达到最高硬度820HV和最高屈服强度1800MPa。1999年，A. Zaluska等人报道，具有纳米晶结构的$Mg_2Ni$储氢合金与多晶$Mg_2Ni$相比，氢释放温度明显降低，吸放氢速率明显提高。

已有多种制取纳米材料的方法，包括：高能球磨、超声波粉碎、雾化、线爆、电分散、物理气相沉积、等离子气相沉积、等离子蒸发、电解、沉淀、化学气相沉积、气体还原、活性氢熔融金属反应等。采用机械合金化技术制取纳米晶材料，能合成许多采用熔体快淬、蒸发冷凝等技术不能获得的新型合金材料，而且工艺简单，生产效率高，实用化可能性大。

可通过在过冷液相区进行烧结将纳米级粉末制成块体材料，其关键是防止纳米晶粒在烧结过程中长大。热压、热等静压、反应热压、微波烧结、放电等离子体烧结、等离子体活化烧结以及激光烧结，是已被采用的烧结技术。据1996年报道，Kojima等将非晶态粉末通过放电等离子法烧结，制备了晶粒尺寸为20~30nm的$Fe_{90}Zr_7B_3$纳米块体磁性材料。2000年，M. Sherif对WC-Co纳米复合粉进行热压（1.5GPa，1200℃，43ks），所获烧结体中WC晶粒尺寸约为95nm。对机械合金化Al-Ti合金粉末（平均晶粒尺寸20nm）进行等离子活化烧结（60s），所得烧结体晶粒尺寸为50~100nm，相对密度99%。

纳米粉末材料的开发，拓展了粉末冶金材料领域。纳米级颗粒比表面积大，所包含的原子少，表面原子所占比例高，如粒径为5nm和2nm的颗粒，其表面原子分别占原子总数的50%和80%。纳米颗粒的尺度处于原子、分子、原子团簇等微观物体与宏观物体（包括大于100nm的粉末颗粒）的过渡段，其性态既不同于分子和原子等微观粒子，又与宏观物体差别很大。纳米颗粒具有量子尺寸效应、小尺寸效应、表面效应和宏观量子隧道效应，因而具有某些独特的性质。这些性质在催化、滤光、光吸收、储氢、传感、磁介质、医疗、保健以及作为结构材料、工具材料等方面，有着喜人的应用前景。美、日、欧洲和我国对纳米技术包括纳米粉末材料的开发，均有很大的投入。美国前总统克林顿曾指出，纳米技术可导致比信息技术或生物技术影响更为广泛的新一代产业革命。

我国纳米粉末材料的研究始于20世纪90年代。1992年，中国科学院化工冶金研究所用等离子法成功制取了超细$Sb_2O_3$，并投入工业生产，年产量300t。1993年，该所用高频等离子体生产针状和多孔海绵状活性氧化锌粉，平均粒度50nm，用作橡胶、纸张、涂料的添加剂，生产规模年产120t。1994年中国科学院报道，利用机械合金化合成出晶粒度为7.2nm的纳米碳化钨粉体。据1996年报道，钢铁研究总院以羰基铁为原料，用热解法制得粒径为6~20nm的球形铁粉；该院1998年报道，制得20~45nm粒度的三种羰基镍粉。我国以机械合金化制备纳米材料取得不少成果，已如本文2.6节所述。

### 3.7 非晶态合金粉末材料[81~91]

非晶态合金亦称玻璃态合金，其原子结构不呈长程有序，而是处于原子无序的液体“冻结”状态。J. Kramer于1934年和1937年率先以蒸发沉积法成功制取非晶态合金。1973年，美国Allied公司首先将非晶态合金带材商品化。20世纪80年代，非晶态合金成为材料学界热点开发项目之一。

制取非晶态合金粉末材料的方法很多，有水雾化、气-液雾化、超声气雾化、离心雾化、转辊雾化、电液动雾化、熔体快淬-破碎、喷溅、弥散、机械合金化及电火花侵蚀等。雾化法和熔体快淬-破碎法是常用的方法，其冷却速率要求在$10^5$℃/s以上。

1904年，T. Svedberg报道用电火花侵蚀法制得非晶态金属粉末，粒度为0.5~30μm，但生产率很低，约3.5g/h，不具备实用性。1958年，R. B. Pond的熔体快淬-破碎法获得美国专利。1959年，苏联的И. С. Мирошниченко和И. В. Салли报道了快速凝固制取非晶态合金的装置。1960年至1970年，相继报道了熔融金属喷雾淬火、环状射流超声气雾化、分立射流超声气雾化、圆筒离心急冷法和双辊法等方法。此后，以快速凝固技术制取非晶态合金的方法引起人们高度重视。1974年至1977年，相继报道了真空雾化法、双辊雾化法和转辊雾化法。1977年，D. H. Rasmussen和C. R. Loper获得用弥散法制取$Cu_{29}Te_{71}$非晶态粉末的专利。弥散法的原理是将熔液高度分散成无成核质点的熔滴，使其达到很大的过冷度，因而无需过高的冷却速率即可获得非晶态。机械合金化制备非晶态材料是非晶态合金研究领域的又一重大进展，许多用快淬法无法实现非晶化的合金体系，都可以用机械合金化法获得相应的非晶材料。

非晶态合金材料的价值在于其独特的性能，包括磁性能、电性能、力学性能和耐腐蚀性能。非晶态合金粉末材料目前主要用作磁性材料，还可用作耐磨材料、耐蚀材料、结构材料、涂层材料、钎焊材料、储氢材料、金刚石工具黏结剂及催化剂等。1978 年，Alcoa 公司以热压法制造出 MA87 铝合金坯块，经轧制后锻造成飞机零件。1982 年，R. Ray 用 $Ni_{53}Mo_{36}Fe_9B_2$ 非晶态合金粉末材料采取反玻璃化措施制成微晶合金，其抗拉强度为 1420 ~ 1840MPa，抗弯强度为 3360MPa，且具有很好的热疲劳性能，以其制成铝合金铸造模寿命比 H13 钢高 1 倍。同年，J. Kushnik 等人报道，将 $Ni_{53}Mo_{36}Fe_9B_2$ 和 $Ni_{54}Mo_{44}B_2$ 非晶态合金粉末材料以等离子喷涂制得致密、结合牢固、硬度高的非晶质涂层，对盐酸和硫酸溶液具有很好的耐腐蚀性。1984 年，美国 Allied 公司已有低频用铁基非晶磁粉芯 PS-21 和 1 ~ 50Hz 用镍基非晶磁粉芯 PMB-1 产品上市。20 世纪 80 年代，非晶态合金粉末在磁粉芯、磁性流体、黏结磁体等方面已有应用。1984 年，D. Daybould 和 R. Hasagawa 用 $Te_{79}B_{16}Si_5$ 非晶态合金粉末材料以简单压制法制成磁粉芯。1985 年，R. Hasagawa 用钴基非晶态粉末以压制法制成的磁粉芯，其磁导率达到 1600 的最高纪录。1986 年，B. H. Carlisle 报道了非晶态 Nd-Fe-B 黏结磁体。据 1986 年毛利佳年雄的专利介绍，用 $Co_{75}Fe_5Si_4B_{16}$ 非晶态粉末作内燃机电磁离合器的动力传递控制介质，可明显改善离合器性能。1989 年，吉尺克仁等人以非晶态合金粉末为原料，控制退火工艺，制成超微晶合金 $Fe_{73.5}Cu_1Nb_3Si_{13.5}B_9$，具有很好的磁性能。1991 年，Y. H. Kimd 等人通过控制合金制备的冷却速率，用非晶态合金粉末制得 Al-Ni-Y 超微晶合金，其综合力学性能良好。同年，Z. Chen 报道，用雾化加热挤压工艺获得的 Al-Ni-Y 等铝基非晶态合金，其拉伸强度明显高于传统铝合金材料，线膨胀系数比传统铝合金材料低 20%。

80 年代中期，我国钢铁研究总院采用雾化快冷工艺，研制成功 $M_{80}S_{20}$ 和 FCP 两种铁基非晶态合金粉末材料。$M_{80}S_{20}$ 成分（质量分数）为：9% ~ 11% W、4.5% ~ 5.5% Cr、3% ~ 5% Ni、1% ~ 3% Mo、3% ~ 5% Si、2% ~ 4% B、0.7% ~ 1% C、其余 Fe，以氮气雾化常规冷却速率 $10^3$ ~ $10^4$℃/s 制得，其起始晶化温度较高，为 585℃，非晶态稳定性很好，1987 年获得国家专利，主要用作耐磨耐蚀涂层和金刚石工具胎体材料；FCP（$Fe_{70}Cr_{10}P_{13}C_7$）以高压水雾化法（冷却速率 $10^4$ ~ $10^5$℃/s）制得，主要用作耐热耐蚀复合涂层和金刚石工具胎体材料。1989 年，上海钢铁研究所以非晶态带材破碎球磨制得 $Fe_{47}Ni_{29}V_2Si_8B_{14}$ 粉末，用硅树脂为黏结绝缘剂，经压制成形制得高频磁粉芯，用作光通讯的光端机高频扼流圈。

1997 年，浙江大学报道机械合金化 $Mg_{50}Ni_{50}$ 基储氢合金的室温电化学容量达 500mA · h/g。

目前，非晶态合金材料大多只能以片、箔、带状供应，制取大三维尺寸的制品仍存有困难，用非晶态合金粉末制取块体材料的主要障碍在于热致密化时易产生晶化。开发了多种制取大三维尺寸制品的方法，包括：离子喷涂、压制烧结、动态压结、爆炸成形、热挤压、粉末轧制等，但大多尚未进入实用化。黏结磁体可避免晶化，是非晶态合金粉末材料用作磁性材料的可行途径。

## 4 对粉末冶金新工艺和新材料的评价

新工艺和新材料彼此相辅相成，新工艺因开发出性能优秀的新材料而确立其科学技术价值，而新材料唯其应用某些新工艺才得以问世。粉末冶金高速钢、粉末冶金高温合金之于快速凝固和热等静压，粉末冶金高强度铝合金、非晶态合金粉末之于快速凝固和机械合金化，可作为上述关系的例证。

粉末冶金新技术丰富了粉末冶金的工艺手段，强化了粉末冶金制品的开发能力，从而促进应用领域的扩展。采用粉末冶金新工艺创造出一系列具有独特组织结构和优异性能的新型结构材料和功能材料，不仅满足了国民经济发展的需要，而且引发相关技术的更新换代。粉末冶金凭借发展高性能金属材料和复合材料的卓越成果，将金属材料发展提高到一个新的高度，而加强了其在新材料技术中的地位，同时扩展了粉末冶金作为一门学科的内涵。

## 致　谢

本文编写得到王尔德、王声宏、王鸿海、王崇琳、郭庚辰、张晋远、曹勇家、唐与谌等教授的帮助，特此致谢。

### 参考文献

[1] 北京市粉末冶金研究所．美国粉末冶金专家代表团访华报告文集（内部资料），1986.

[2] Tsumuti C, Nagare I. Application of powder forging to automotive parts[J]. Metal Powder Report, 1984, 39(11).

[3] 梁华．粉末锻造的现状[J]．粉末冶金技术，1992，10(2):142 ~ 145.

[4] Eilrich U, Newbelt H. Krebsöge advances powder forging[J]. Metal Powder Report, 1995, 50 (1):35 ~ 39.

[5] 李念辛，李森蓉．我国铁基粉末冶金锻造技术的发展[J]．粉末冶金技术，1996，14(1): 58 ~ 62.

[6] 李绍忠．粉末锻造连杆在汽车发动机上的应用[J]．粉末冶金工业，1998，8(6):36 ~ 39.

[7] 王崇琳．粉末锻造汽车行星齿轮的研制历程[C]//粉末冶金产业技术创新联盟论坛文集．北京，2010：104～116.
[8] Boyer C B. Historical review of HIP equipment[C]//Hot isostatic pressing-theory and applications. Proceedings of 3rd international conference. Edited by Koizumi M. London and New York：Elsevier Applied Science，1992：466～510.
[9] 王声宏．热等静压技术国内外发展概况[C]//第三次全国等静压学术会议论文集．北京：《粉末冶金技术》编辑部，1992：1～10.
[10] 邬荫芳．热等静压技术的新进展[J]. 硬质合金，2000，17(2):113～117.
[11] 黄培云，金展鹏，陈振华．粉末冶金基础理论与新技术[M]．长沙：中南工业大学出版社，1995：100～150.
[12] 李振宇，沈军，等．快速凝固铜合金的研究现状[J]．粉末冶金技术，1998，16(1)：57～60.
[13] 余挥，王恩珂，丁福昌．快速凝固T15高速钢粉末中碳化物相的研究[J]．粉末冶金技术，1991，9(3):139～145.
[14] 向青春，周彼德，李荣德．快速凝固法制取金属粉末技术的发展概况[J]．粉末冶金技术，2000，18(4):283～291.
[15] 殷声，赖和怡．自蔓燃高温合成的发展[J]．粉末冶金技术，1992，10(3):223～227.
[16] 张树格．燃烧合成技术的起源及其在我国的发展[J]．粉末冶金技术，1997，15(4)：295～298.
[17] 殷声．燃烧合成的现状[J]．粉末冶金技术，2001，19(2):93～97.
[18] Evans R L，Leatham A G，Brooks R G. The Osprey perform precess[J]. Powder Metallurgy，1985，28(1):13.
[19] 王洪海．Osprey新工艺的发展现状[J]．粉末冶金工业，1991，1(3):21～27.
[20] Knight R，Smith R-W，Lawley A. Spray forming research at Drexel University[J]. The Internation Jounal of Powder Metallurgy，1995，31(3):205～208.
[21] 田世藩，李周，张国庆，等．喷射成形的发展及其产业化趋势[J]．粉末冶金工业，1999，9(3):41～48.
[22] Leatham A G. Spray forming：alloys，products and markets [J]. Metal Powder Report，1999，54(5):28～37.
[23] 张永昌．金属喷射成形的进展[J]．粉末冶金工业，2001，11(6):15～22.
[24] 王尔德，梁国宪，霍文灿．机械合金化研究的进展[J]．粉末冶金技术，1991，9(3)：176～181.
[25] 李宗霞．机械合金化——研制生产金属材料的一种新工艺[J]．材料工程，1995(11)：3～7.
[26] Schaffer G B，McCormik P G. Displacement reactions during mechanical alloying [J]. Metall. Trans，1990，21A(10):2789～2794.
[27] Schaffer G B，McCormik P G. Anomalous combustion effects during mechanical alloying[J]. Metall. Trans，1991，22A(12):3019～3024.
[28] McCormik P G. Application of mechanical alloying to chemical refining[J]. Mater. Trans. JIM，

1995, 36(2):169 ~ 174.

[29] Tatsuhiko A, Junji K, David B. Nontraditional mechanical alloying by the controlled plastic deformation, flow and processes (overview)[J]. Mater. Trans. JIM, 1995, 36(2):138 ~ 149.

[30] 胡连喜, 王尔德. 机械合金化 Cu-5Cr 合金的制备及其组织性能的研究[J]. 粉末冶金工业, 1999, 9(3):7 ~ 12.

[31] 吴菊清, 孙卫权, 王谦, 胡赓祥. 机械合金化制备亚稳态材料[C]//1997 海峡两岸粉末冶金技术研讨会论文集, 1997: 74 ~ 83.

[32] 吴煜明, 雷永泉, 吴京, 王启东. 机械合金化 Mg-Ni 基非晶态储氢合金的电化学特性[J]. 稀有金属材料与工程, 1997, 26(3):26 ~ 29.

[33] 范景莲, 黄伯云, 曲选辉. 高能球磨合成 W-Ni-Fe 纳米粉末特性[J]. 粉末冶金材料科学与工程, 1999, 4(4):256 ~ 261.

[34] German R M. 粉末注射成形[M]. 曲选辉等译. 长沙: 中南大学出版社, 2001: 1 ~ 3.

[35] Rivers R D. Method of injection molding powder metal parts: US Patant 4113480[P]. 1978-09-12.

[36] Wiech Jr, Raymond E. Manufacture of parts from particulate materials: US Patant 4197118 [P]. 1980-04-08.

[37] Pease L F. Present status of PM injection molding(MIM)—A overview[J]. Metal Powder Report, 1988, 43(4):242 ~ 247.

[38] Anon. Kennametal continuous to expend global empire[J]. Metal Powder Report, 1999, 54 (4):12 ~ 13.

[39] Pickering S. Bicycle industry takes MMC for a ride[J]. Metal Powder Report, 1999, 54(6): 30 ~ 33.

[40] 李益民, 曲选辉, 黄伯云. 金属注射成形技术的现状和发展动向[J]. 粉末冶金材料科学与工程, 1999, 4(3):195 ~ 198.

[41] 王洪海. 粉末冶金高速钢[J]. 粉末冶金工业, 1993, 3(5):16 ~ 21.

[42] Urrutibeaskoa I, Urcola J J. Sintering behaviour of grade M water atomised high speed steel powders under vacuum and nitrogen rich atmosphere[J]. Powder Metallurgy, 1993, 36(1): 47 ~ 54.

[43] Bolton J. Heat treatment reponse of sintered M312 high speed steel composite containing additions of manganese sulphide, niobium carbide, and titmium carbide[J]. Powder Metallurgy, 1996, 51(1):27 ~ 35.

[44] Talacchia S, Andonegui A, Urcola J J. Decreasing the sintering temperature of high speed steel powders in a nitrogen atmosphere by addition of VC or NbC[C]//PM World Congress Proceedings, Paris, 1994: 961.

[45] 吴元昌. 近年欧美粉末冶金工具钢的进展及其应用实况[J]. 粉末冶金工业, 1998, 8 (3):7 ~ 18.

[46] 吴元昌. 近年国外粉末冶金工具钢的进展[J]. 粉末冶金工业, 2004, 14(4):24 ~ 28.

[47] 周光垓, 俞克兰. 粉末冶金结构材料在航空工业中的应用[J]. 粉末冶金技术, 1989, 7 (3):172 ~ 176.

[48] 俞克兰，汪武祥．航空工业粉末冶金结构材料的发展[J]．粉末冶金技术，1992，10(增刊):87 ~ 95.

[49] Rabin B H，Wright R N. Mictrostructure and tensile properties of $Fe_3Al$ produced by combustion synthesis/hot isostatic pressing[J]. Metall Trans，1992，23A(1):35 ~ 40.

[50] Mark Hull. Spray foming poised to enter menstruum [J]. Powder Metall，1997，40(1): 23 ~ 26.

[51] 师昌绪，仲增墉．中国高温合金40年[J]．金属学报，1997，33(1):1 ~ 8 .

[52] 国为民，冯涤．俄罗斯粉末高温合金的研究和发展[J]．粉末冶金工业，2000，10(1): 20 ~ 27.

[53] 张义文，上官永恒．粉末高温合金的研究与发展[J]．粉末冶金工业，2004，14(6): 30 ~ 41.

[54] 潘明祥．快速凝固粉末铝合金的研究现状和发展趋势[J]．粉末冶金技术，1987，5(1): 40 ~ 46.

[55] Kim Y W，Griffith W M，Froes F H. Surface oxides in P/M aluminium alloys[J]. Journal of Metal，1985，37(8):27 ~ 33.

[56] Skinner D J，Chipko P A，Okazaki K. An apparatus for forming aluminum-tansition metal alloys having high strength at elevated tempretures，US Patent 4805686[P]. 1989-02-21.

[57] Hilderman G J. High strength powder metallurgy aluminum allous I，TMS，Warrendale，PA，1986：25.

[58] 朱平，张力宁．粉末冶金铝合金[J]．粉末冶金技术，1994，12(1):50 ~ 56.

[59] 沈军，谢壮德，董寅生，等．快速凝固铝硅合金的性能、应用及发展方向[J]．粉末冶金技术，2000，18(3):208 ~ 213.

[60] 蔡敦盛．粘结永磁国内外动向[C]//电工合金文集，1988：10 ~ 13.

[61] 金瑞湘．稀土永磁发展动态[J]．电工合金，1993(1):1 ~ 6.

[62] 宋晓平，王笑天．烧结 NdFeB 磁体的矫顽力[J]．稀有金属材料与工程，1994，23(3): 1 ~ 5.

[63] 廖恒成，马立群，袁浩扬．永磁材料未来十年研究展望[J]．稀有金属材料与工程，1999，28(2):65 ~ 68.

[64] 唐与谌．稀土永磁材料开发近况[J]．粉末冶金工业，1997，7(增刊):83 ~ 94.

[65] 李友浩．磁性材料和器件的发展[J]．粉末冶金工业，1997，7(增刊):94 ~ 100.

[66] 罗阳．中国 NdFeB 磁体产业的进一步发展[J]．粉末冶金工业，1999，9(6):7 ~ 17.

[67] 林增栋．金刚石-金属工具的发展与现状[J]．粉末冶金技术，1992，10(增刊):65 ~ 81.

[68] 袁公昱，方啸虎，王殿江，王开志．人造金刚石合成与金刚石工具制造[M]．长沙：中南工业大学出版社，1992：5 ~ 10，81 ~ 92.

[69] 屈光辉，侯玉霞，杨志芬．超硬材料烧结体制造[R]．全国磨料磨具行业情报网，1993：1 ~ 12.

[70] 郭志猛，宋月清，陈宏霞，贾成厂．超硬材料与工具[M]．北京：冶金工业出版社，1996：168 ~ 187.

[71] Birringer R，Gleiter H，et al. Nanocrystalline materials，an approach to a novel solid structure

with gas-like disorder? [J]. Physics Letters, 1984, 102A(8):365~369.

[72] Gleiter H. Study in ultra fine particles crystalography methods of preparation and technological application[J]. Prog Mater Sci, 1989, 33: 223~227.

[73] Ohno T. Growth of copper-zinc and copper-magnesium particles by gas-evaporation technique [J]. Crystal Growth, 1984, 70(5):541~544.

[74] 钟俊辉. 纳米粉末的制取方法[J]. 粉末冶金技术, 1995, 13(1):48~55.

[75] Zaluska A, Zaluski L, Strom-olsen J O. Energy of hydrogen sorption in ball-milled hydrides of Mg and $Mg_2Ni$[J]. Journal of Allys and Compounds, 1999, 289(1/2):198.

[76] 刘吉平, 廖莉玲. 无机纳米材料[M]. 北京: 科学出版社, 2002.

[77] 王尔德, 胡连喜. 机械合金化纳米晶材料研究进展[J]. 粉末冶金技术, 2002, 20(3): 135~139.

[78] 张凤林, 王成勇, 宋月贤. 纳米块体材料烧结技术进展[J]. 硬质合金, 2002, 19(3): 177~181.

[79] 刘吉平, 廖莉玲. 无机纳米材料[M]. 北京: 科学出版社, 2002.

[80] 周瑞发, 韩雅芳, 陈祥宝. 纳米材料技术[M]. 北京: 国防工业出版社, 2003: 35~60.

[81] 范洪波, 陈庆军, 孙剑飞, 沈军. 块体纳米软磁材料的研究现状[J]. 粉末冶金技术, 2004, 22(4):241~246.

[82] Kawamura Y, Takagi M, Akai M. A newly development warm extrusion technique for compacting amorghous Alloy powders[J]. Mater Sci Eng, 1988, 98: 449~452.

[83] Kawamura Y, Takagi M. Preparation of bulk amorphous alloys by high temperature sintering under High pressure[J]. Mater Sci Eng, 1988, 98: 415~418.

[84] Takagi M, Kawamura Y. Preparation of bulk amorphous alloys by explosive consolidation and properties of the prepared bulk[J]. Mater Sci Eng, 1988, 98: 457~460.

[85] 姚中, 姚丽姜, 虞维扬. 非晶态高频磁粉芯研究[J]. 粉末冶金技术, 1989, 7(4): 227~232.

[86] Luborsky F E. 非晶态金属合金[M]. 柯成等译. 北京: 冶金工业出版社, 1989.

[87] 王一禾, 杨赝善. 非晶态合金 [M]. 北京: 冶金工业出版社, 1989: 60~95.

[88] 张晋远. 非晶态合金粉末[J]. 粉末冶金技术, 1992, 10(增刊):96~107.

[89] Okumura H, Ishihane K N, Shingu P H. Mechanical alloying of Fe-B alloys[J]. Mater Sci, 1992, 27(1):153~160.

[90] Kato A, Hoikiri H, Inoue A, et al. Microstructure and mechnical properties of bulk Mg70Ca10A120 alloys Produced by extrusion of atomized amorphous powders[J]. Mater Sci Eng, 1994, A(179/180):707~711.

[91] Uenishi K, Kobayashi K F. Fabrication of bulk amorphous alloy by rolling of mechanically alloyed Al-Cr-P powders[J]. Mater Sci Eng, 1994, A(181/182):1165~1168.

# 硬质合金发展史[1]

**摘　要**　金属加工技术的进步对工具材料提出更高要求，导致19世纪初高速工具钢和1926年硬质合金相继问世。硬质合金材料具有一系列的优良性能，在工业中应用越来越广泛。20世纪40年代，烧结硬质合金不同系列和牌号初步形成。50年代以来，硬质合金质量明显提高，牌号分类进一步系列化，开发了一些新牌号；还研发了几种新型工具材料。

硬质合金是一种优秀的工具材料，是粉末冶金的典型产品之一，具有很高的硬度和耐磨性以及较好的强度和韧性。硬质合金在现代工业生产中起着重要的作用，主要用作金属切削加工刀具，其次为凿岩工具、模具和耐磨零件。

硬质合金的基本组成可分为两部分：难熔金属碳化物形成的高硬度硬质基体（质量比70%～97%，体积比57%～95%）和高强度、高韧性的黏结金属合金。难熔金属碳化物主要是碳化钨和碳化钛，其次是碳化钽、碳化铌和碳化钒；黏结金属一般采用钴。硬质合金中形成硬质基体晶粒被黏结金属合金粘结的组织，硬质基体保证合金整体具有高硬度和高耐磨性，而黏结金属合金则保证一定的强度和韧性。

各国技术文献中对硬质合金通常采用的术语有：

英文：sintered hard alloy（烧结硬质合金）、hard metal（硬质合金）、sintered carbide（烧结碳化物）、cemented carbide（黏结碳化物）；

德文：die Hartmetalle（硬质合金）、die Hartlegierung（硬质合金）、die Sinterhartmetalle（烧结硬质合金）；

俄文：металлокерамический твердый сплав（烧结硬质合金）[2]、твердый сплав（硬质合金）；

---

[1] 本文原载于《粉末冶金》（北京市粉末冶金研究所内部刊物），1977(1)：1～30，原题为"硬质合金发展历史和现状"。署名：北京市粉末冶金研究所第四研究室（撰写人李祖德）。此次重载作了删改。

[2] 中文文献曾将"металлокерамический твердый сплав"误译为"金属陶瓷硬质合金"。来源于德国文献的俄文术语"металлокерамика"的含意是"金属陶制"，即"用粉末冶金方法制取"，以与铸造工艺相区别。虽然可将碳化物列为陶瓷成分，而将硬质合金广义地划作"金属陶瓷材料"，但此处"металлокерамический"并无"金属陶瓷"的含意。由于铸造碳化物已有其明确的概念和名称，而译为"金属陶瓷硬质合金"又易与"金属陶瓷（кермет）"相混淆，故将"металлокерамический твердый сплав"译为"烧结硬质合金"或"硬质合金"较妥。

法文：Les alliages durs（硬质合金）、Les metaux durs（硬质合金）、Les carbures（烧结碳化物）；

日文：超硬合金。

硬质合金材料自20世纪初出现以来，在工业中应用越来越广泛，发展迅速。本文拟就硬质合金的发展历史，作一概略介绍。

## 1 工具材料的进步

恩格斯在《自然辩证法》中指出："劳动创造了人本身"，"劳动是从创造工具开始的"。远古的人类为了求得生存，必须与自然界进行不懈的斗争，手足牙齿，都是其天然的工具。人类通过长期的劳动，积累经验，逐渐认识到利用物器。进入封建社会，出现了木制的各种机械，如纺织、磨粉等人力或水力机械。1300年左右欧洲出现了人力传动的车床[1]。我国于1668年（清朝康熙年间）创造了畜力铣削和磨削[2]，利用直径长达两丈的镶片铣刀加工大铜环（图1）。用这种先铣削然后磨削方法加工出来的天文仪器，至今仍存放在北京建国门古观象台上。

图1 1668年中国的铣削和刀具刃磨

生产发展对工具材料不断提出新的要求并为其进化提供物质基础，而工具材料的不断改进又促进生产发展。新的工具材料的出现是社会生产力提高的一种反映。蒸汽机发明以前，机器主要由木材构成，加工工具为手工操作。18世纪蒸汽机出现，当时的汽缸不是用铸造和镗孔的方法而是在模型中捶打制成，内径从一端至另一端相差竟达3/8in(约9.5mm)，只得用棉布、油布、麻布或纸等软质材料充当活塞环的作用[3]。为了使汽缸与活塞严密配合，必须对加工提出更高的要求，因此促进18世纪70年代卧式镗床出现[2]。此后，各种形式的机器和工作母机相继出现。金属加工技术的进步对改进工具材料提出要求。金属切削加工机床出现后，手工工具转化成刀架，但刀具材料仍然是坩埚碳素钢；同时刀具的制造技术水平也很低，热处理淬火温度单凭工件加热的颜色来确定。落后的刀具材料限制了加工效率的提高，促使寻求新的工具材料。1868 年出现了半高速钢，使车床的产额提高一倍。1900 年出现高速钢，在当年的巴黎博览会上展出，观众看到了前所未有的切削速度高到使刀具本身处于炽热状态和切屑呈现蓝色的情景。1909 年美国制成了 Stellite（司太立）合金，1928 年出现了超高速钢，使切削效率进一步提高。特别是 1926 年硬质合金问世后，使切削速度大幅度提高，扩大了刀具的使用范围，结果导致切削工业发生重大变化。表 1 列出各种工具材料的出现年代和所能达到的切削速度，以及加工状态下刀具的容许温度[3]，可充分说明金属切削加工刀具材料本身的进化。

**表 1　工具材料进化简表[3]**

| 出现年代 | 材　　料 | 切削速度/m · min⁻¹ | 切削温度/℃ |
|---|---|---|---|
| 1800 | 高碳钢 | 6 ~ 12 | 200 以下 |
| 1850 | 合金工具钢 | 9 ~ 12 | 200 以下 |
| 1868 | 半高速工具钢（Mushet 钢） | 12 ~ 18 | 250 |
| 1900 | 高速工具钢 | 15 ~ 20 | 600 |
| 1915 | 铸造合金（Stellite，Tantung） | 25 ~ 30 | 800 |
| 1928 | 超高速工具钢 | 20 ~ 30 | 850 |
| 1926 | 烧结硬质合金 | 45 ~ 150 | 1100 |

Stellite 合金的发明对硬质合金问世起到了促进作用[4]。1907 年美国 Haynes 发明这种合金，其切削速度比当时的高速钢有明显提高。合金中含有比高速钢更多的钨和铬并在合金组织中形成碳化物，由此发现，难熔金属碳化物可以有效提高工具合金的硬度和耐磨性，这对于以后采用难熔金属碳化物作为硬质合金的主要组元是一个重要的启发。

硬质合金的先期研究始于硬质材料的合成成功。H. Moisson[5] 从 1893 年到 20 世纪初，采用电弧法获得高温，研究了钨、钼、钽、钛及其碳化物、硼化物和硅化物。他在电弧炉中用砂糖将氧化钨还原和碳化而制得碳化钨，这种碳化物正是以后硬质合金的主要组元。

初期的硬质材料用来制造耐磨零件和拉丝模。以钨取代炭精用作电灯灯丝必须将钨材拉制成细丝，钨既韧又硬，拉制细钨丝须采用金刚石模具，但金刚石昂贵。因此，碳化钨便被考虑用作代用材料。1909 年美国人 Connell[4] 将钨球熔化于炭中形成碳化钨来制造钟表轴承，但由于脆性太大而未采用。1914 年德国人 H. Voigtlander 和 H. Lohman[4] 在炭管炉中以工业规模制造了铸造碳化钨拉丝模，但产品组织中气孔太多，析出石墨，组成不固定和晶粒粗大，同样导致脆性高而缺乏实用价值。于是，Lohman 改进了方法，用碳化钨粉或碳化钨与碳化钼的混合粉压制成形，在炭管炉中熔化后铸造成拉丝模和工具。这个方法具有粉末冶金的部分特点，是一个明显的进步。这个时期（1914～1918 年）正处于第一次世界大战，德国由于进口被封锁，不得不寻找金刚石的代用品，研究采用碳化钨制造拉丝模。

1917 年 G. Fuchs 和 A. Kopietz[1]在碳化钨粉中掺入铁族元素、铬及钛，用铸造和热压法制成拉丝模，其成分是：45%～60% W、0%～10% Cr、3.5%～6% Ti、30%～45% Fe(Co) 和 3.5%～4.5% C，称为“Tizit”合金。这种合金的韧性高于以前铸造法或烧结法制造的碳化钨，但硬度较低。1922 年 G. Fuchs 等人[1]用减少铁族元素含量和提高钛含量的方法，对原始的 Tizit 合金作出改进，建议用作金属切削刀具。其成分是：75%～84% W、10%～15% Ti、3%～5% C 及 10% 以下的铁族元素，以热压法制成。这种合金是 1929～1931 年研究“Titanit”合金的起点。1916～1918 年美国人 Gebaner[4]用熔融金属浸渍高熔点金属多孔烧结体获得成功。1922 年 H. Baumhauer[4]沿用此法，以铁族元素浸渍入碳化钨烧结多孔体中以改善其性能。虽然制品孔隙较多，但所得合金的组织与现在硬质合金基本上没有差别。

上述工作说明有两个措施对于碳化物工具材料的性能起着决定性作用：一是必须用粉末冶金法而不是用熔融法制造；二是必须在碳化物粉末中混入铁族元素即所谓“黏结金属”的成分。1923 年德国出现的“Schröter 专利”，便是两者相结合的产物。

## 2　烧结硬质合金的发明及其不同系列的初步形成（1923～1945 年）

19 世纪末到 20 世纪初，德国和美国是世界上工业最发达的国家，这两个国家在硬质合金发展初期做了不少研究工作。

1923 年德国 Osram 灯泡公司的 Skaupy 和 Schröter 第一次用粉末冶金法将碳化钨与 10% 左右的铁族金属混合经烧结而制得合金，并获得了著名的“Schröter 专利”[6]。这一工作标志探索时期结束和硬质合金制造工艺与组成方案基本确定，在硬质合金发展史上具有重大意义。Schröter 专利的方法是将钨粉与石墨粉混合，经高温碳化制成碳化钨，然后与铁族金属相混合，于温度 1500～1600℃ 进行烧结，这样便消除了熔化法组成不稳定的缺点。虽然其强度并不高，孔隙较多，碳含量控制也不够准确（出现游离石墨或缺碳），但与以前的硬质工具材料相比，强度和韧性显著提高，因而具有实用价值。

1923～1926年，Osram公司与Krupp（克虏伯）公司合作，对Schröter专利进一步完善后，在Krupp公司开始生产硬质合金，并用于加工大炮和其他军用品[3]。这是第一次以工业规模生产硬质合金，产品以Widia（即wie Diamant，意为“像金刚石”）的商标出售。在1927年莱比锡贸易博览会上展出了成分为94% WC＋6% Co的Widia N合金[7]，这种合金后来在德国标准中以G1牌号表示。

20世纪20年代，第一次世界大战早已结束。德国虽然战败，但美英为了遏制当时的苏联而大力扶植德国，使其工业得到恢复，出现了相对稳定时期，为德国硬质合金的发展提供了条件，其生产逐渐扩大，1934年产量达到了14t[6]。

美国比德国发展稍晚一些，1925年根据德国Schröter专利开始制造硬质合金。出于专利的考虑，美国的发展道路与德国稍有不同。1928年通用电气公司生产硬质合金，牌号为Carboloy[5]。1930年Fansteel公司曾生产87% TaC＋13% Ni的Ramet合金[7]（可能是为了解决WC-Co合金加工钢材不够耐磨的问题[3]），这种合金后来被WC-TaC-Co(Ni)合金所取代。

苏联于1930年由莫斯科灯泡厂制造了名为Попедит的WC-Co合金，钴含量为10%[7]。

日本于1930年由住友电工株式会社和东京芝浦制作所分别生产了名为Igetalloy和Tungalloy的合金。1945年以前，日本只生产含钴10%以下的合金[5]。

英国初期生产了名为Wimet的合金。

WC-Co合金的进一步发展中，出现了细晶粒合金和高钴合金。1929年德国首先制成Widia细晶粒合金，这种合金具有较高的硬度和耐磨性，牌号为H1。其制造工艺特点是采用细颗粒碳化钨粉为原材料，并加入碳化钽和碳化钒以阻止烧结时晶粒长大。直到现在，这类合金对于某些用途仍然具有实用价值。钴含量较高的合金是适应对工具要求更高强度而发展起来的。1930年和1932年，德国先后出现了钴含量为11%和15%的WC-Co合金（分别成为1942年德国标准的G2和G3牌号）。以后，钴含量增加到30%为止。高钴合金用来制造模具、矿山工具、耐磨零件以及大负载下的拉丝模具。

硬质合金发展的另一个方面，是为适应钢材加工的要求而出现了WC-TiC-Co合金。早在1917～1922年，G. Fuchs等人制造的Tizit合金即为WC-TiC-Co合金的雏形。这种合金具有与现在WC-TiC-Co合金相同的组织特征，即其中有TiC-WC固溶体形成。1929年P. Schwarzkopf等人[1]最先研究了WC-TiC、$Mo_2C$-TiC、WC-$Mo_2C$-TiC、WC-$Mo_2C$和$W_2C$-$Mo_2C$固溶体，建议用这些复式碳化物代替或部分代替纯碳化钨。

1930年，德国特殊钢厂（Edelstahlwerk）按照P. Schwarzkopf的方案，生产了无钨的Titanit合金[5]，成分为42.5% $Mo_2C$、42.5% TiC、14% Ni、1% Cr，这是第一个含碳化钛的刀具牌号。奥地利Plansee厂也生产了这种牌号的合金。

1930 年 R. Kieffer 研制成功韧性高、切削钢时寿命长的 WC-TiC-Co 合金，其成分为 80% WC、14% TiC、6% ( Co + Ni)。1932 年，按照 Kieffer 的方案[1]生产了 Titanit U1 合金（16% TiC、0% ~2% $Mo_2C$、5% ~6% Co、其余 WC）和 Titanit U2 合金（14% TiC、0% ~2% $Mo_2C$、8% ~10% Co、其余 WC)。1935 年 Kieffer 等人[1]研究了低钛合金，含 4% ~5% TiC、8% ~15% Co，这种合金韧性较好，适用于进刀量大的加工条件。以上三种合金，分别发展成德国 1942 年标准中的 S1、S2、S3 三个牌号。1931 年 Schröter、C. Agte、K. Moers、H. Wolf 等人研究了 TiC-WC-Co系合金，随后德国生产 Widia X 合金，其成分为：8.5% TiC、5% Co、其余 WC[1]。

美国在这一时期生产了 Carboloy 831 合金[1]，其成分为 30% TiC、7% ~8% Co、其余 WC，适用于精车加工。

苏联于 1935 年生产 WC-TiC-Co 合金[7]，其牌号为 Арфа21（71% WC、21% TiC、8% Co)、Арфа15（79% WC、15% TiC、6% Co）和 Арфа5（87% WC、5% TiC、8% Co)。此后，莫斯科稀有元素工厂（即后来的莫斯科硬质合金联合厂）进行了提高合金质量的研究工作，开辟了采用复式碳化物的途径。

WC-TiC-Co 合金的问世是继 Schröter 专利后硬质合金技术发展中一项重要成果。这类合金增强了刀具前面抵抗月牙洼磨损的能力，提高了切削加工钢材时的耐磨性，而使切削速度显著提高。这样，在硬质合金中，与 WC-Co 系合金相平行，WC-TiC-Co 合金形成用于切削加工钢材的牌号体系。

碳化钽（包括碳化铌）作为合金添加剂在硬质合金中采用使合金性能进一步改善。1930 年美国的 Ramet 合金以碳化钽为硬质基体，但是以后的工作均不将其作为主要的硬质组元。1931 年德国 Siemens(西门子）公司制造了 TiC-TaC-Co 合金，1932 年美国 Comstosh 制造了 TiC-TaC-WC-Co 合金，Firth Sterling 公司制造了牌号为 Firthite 的 WC-TiC-TaC-Co 合金。此后，以碳化钽（或混有碳化铌）为添加剂的合金牌号逐渐增多。

自 1923 年 Schröter 专利至第二次世界大战，经过大约 20 年的发展，硬质合金形成体系。具有代表性的是 1942 年德国对硬质合金从使用的角度制订了相关标准[1]，划分出 G、H、S、F 四类。上述字母取自相应单词的字头，其含义是：

G 类——Guβeisenbearbeitung(铸铁加工)；

H 类——Hartguβeisenbearbeitung(硬铸铁加工)；

S 类——übliche Stahlbearbeitung(一般钢材加工)；

F 类——Feinbearbeitung von Stahl(钢材精加工)。

各个牌号的表示法及其成分如表 2[8]所示。至 1948 年几乎全德国的生产厂家都采用了这个标准。其他各国的分类也大多参照这个标准。

表2　1948年以前德国硬质合金牌号的表示法及其成分[8]

| 类别 | 1939年前牌号表示法 | 1942年标准DIN 4990牌号表示法 | 成分(质量分数)/% | | |
|---|---|---|---|---|---|
| | | | WC | TiC | Co |
| 无碳化钛的硬质合金 | | G3 | 85 | | 15 |
| | | G2 | 89 | | 11 |
| | N | G1 | 94 | | 6 |
| | H | H1 | 94 | | 6 |
| | | H2 | 91.5+1.5VC | | 7 |
| 含碳化钛的硬质合金 | S58 | S3 | 88 | 5 | 7 |
| | X8 | S2 | 78 | 14 | 8 |
| | Xx | S1 | 78 | 16 | 6 |
| | | F1 | 69 | 25 | 6 |

硬质合金的应用范围在第二次世界大战以前已相当广泛。在1937年出版的C. Agte著的《Hartmetall Werkzeuge》（硬质合金工具）一书中，已有各种工具的介绍，包括：车刀、刨刀、钻头、扩孔钻、铰刀、螺纹刀具、铣刀、圆锯、非金属材料加工工具、采掘工具（钾盐、煤炭）、喷嘴、拉丝模、量具以及其他特殊制品。

第二次世界大战期间，各国硬质合金工业产生畸形发展。战争需要使硬质合金生产量迅速增加。德国1940年合金产量为500t(另有682t弹芯)，比1934年增加35倍，而德国同时期钢产量由2200万吨增加至3000万吨，增长不到1/2[6]。由于资源问题，德国1944年不得不生产无钨的TiC-VC-Ni(Fe)合金，其成分为45% TiC、45% VC、10% Ni[6]。日本在第二次世界大战中，硬质合金产量逐年增加[9]，1935年为1.5～1.7t，1945年为55～56t，增加35倍左右。日本在战争中压缩民用，材料优先配给硬质合金工业，免除硬质合金生产技术人员的兵役，以保证硬质合金的生产，满足侵略战争的需要。各国产品中弹芯的比例也大幅度增加，在“二战”中，每月仅供制作穿甲弹头弹芯的硬质合金就有100～150t。德国在1935～1943年期间，单用于制作弹芯的硬质合金约2600t[1]。

## 3　第二次世界大战以后的发展

第二次世界大战以后硬质合金发展的特点是：合金质量明显改善，牌号分类进一步系列化，产量迅速增加，应用范围继续扩大，生产逐渐形成垄断，除商品输出和技术输出以外，还出现了资本输出。

战后各硬质合金生产国均重视合金质量的改进，进行旨在稳定工艺和提高质量的基础研究工作[5]，包括碳化物粒度、添加剂、工艺条件、组织和状态图等。

许多新的试验技术被引入硬质合金领域，20 世纪 40 年代末、50 年代初开始采用 X 射线结构分析仪和电子显微镜，进行粉末粒度、粉末结构、合金相成分、合金组织以及晶粒尺寸等项目的测定和分析。研究试验工作促使合金质量明显提高和牌号分类进一步系列化。

按化学成分划分，战后基本形成以下三大类：WC-Co 类（或加入少量碳化钽、碳化铌、碳化钒）、WC-TiC-Co 类和 WC-TiC-TaC(NbC)-Co 类。在欧美，第 2 类合金已经被加有少量碳化钽(铌)的合金所代替。

1950 年西德重新将硬质合金进行了分类，增加了 WC-TiC-TaC(NbC)-Co 系牌号。1958 年国际标准化组织（International Organization for Standardization）经 16 国参加的委员会大会通过，制订了切削加工用硬质合金的 ISO 分类(ISO/TC29/GT9)[10]，如表 3 所示，从而使世界各国的牌号有了对照的依据。西德和日本参照 ISO 分类制订了本国的标准（分别为 DIN 4990—1959 和 JIS B4053—1961)[8,9]。ISO 分类的要点是：将所有合金按被加工材料分成三类，每一类根据其具体使用条件再分成若干牌号。P 类和 M 类包括 WC-TiC-TaC-Co 合金，K 类包括含有少量碳化钽和碳化铌添加剂的 WC-Co 类合金，而后来建议列入的 G 类包括 WC-Co 合金，主要用于无切削加工。字母 P、M、K、G 并不表示某个单词的字头，因为各国语言不同，无法规定字母的含义。表 4 列出了西德三家公司生产的 Bohlert、Titanit、Widia 合金与 ISO 分类法相应牌号的大致成分[10]。

战后硬质合金产量增长很快，1947 ~ 1970 年世界估计产量[11]列入表 5（不包括中国）。从表 5 可以看出，在 20 年内增长了十几倍，平均每年增长 15%。1970 年以后资本主义国家由于陷入严重经济危机，产量有所下降，其中以美国和日本最为严重。目前已有 40 多个国家生产硬质合金，规模各有大小，销售的牌号总共有 500 多个。主要生产国有美、苏、瑞典、西德、日、英、法和中国。1960 ~ 1972 年各国产量列入表 6[11]。规模较大的厂家列入表 7[8,11,12]（删）。

战后硬质合金的应用范围不断扩大，除金属切削刀具品种用量增加以外，还开拓了其他领域。电加工技术的引入和磨削技术的进步促进了硬质合金的应用扩大。早在硬质合金发展初期曾采用铸造碳化物模具的金属拉丝行业，在战后广泛采用硬质合金拉丝模，逐步取代钢质拉丝模。硬质合金矿山凿岩工具在“二战”中和战后普遍采用，苏联在 1946 ~ 1957 年采用粗晶粒的 WC-Co 合金，成功提高了凿岩效率[7]，并发明了 BK4B、BK6B、BK8B 适用于凿岩的牌号。1945 年以后，冲压行业采用硬质合金作为冲裁、冷裁、冷镦、拉伸等方面的模具逐渐增多，一般采用钴含量高于 8% 的 WC-Co 合金，其寿命比钢模高几十倍以至成百倍。除此之外，硬质合金还被应用来制作量具、耐磨零件、轧辊以及超高压装置。

**表3　切削加工用硬质合金 ISO 分类①**

| 类别 | | | 牌号 | | 性能示意 |
|---|---|---|---|---|---|
| 符号 | 颜色标记 | 被加工材料 | 符号 | 被加工材料 | |
| P | 蓝色 | 钢、铸钢、产生长卷切屑的可锻铸铁 | P01 | 钢、铸钢 | ↑耐磨性或切削速度增加；韧性或进刀量增加↓ |
| | | | P10 | 钢、铸钢 | |
| | | | P20 | 钢、铸钢、产生长卷切屑的可锻铸铁 | |
| | | | P30 | 钢、铸钢、产生长卷切屑的可锻铸铁 | |
| | | | P40 | 钢、含有杂质和缩孔的铸钢 | |
| | | | P50 | 钢、中低强度铸钢、含有杂质和缩孔的铸钢 | |
| M | 黄色 | 钢、铸钢、锰钢、合金铸铁、奥氏体钢、可锻铸铁、球墨铸铁、灰铸铁、易切削钢 | M10 | 钢、铸钢、锰钢、灰铸铁、合金铸铁 | ↑耐磨性或切削速度增加；韧性或进刀量增加↓ |
| | | | M20 | 钢、铸钢、奥氏体钢、锰钢、灰铸铁 | |
| | | | M30 | 钢、铸钢、奥氏体钢、灰铸铁、耐热合金 | |
| | | | M40 | 易切削软钢、低强度钢、轻金属、有色金属 | |
| K | 红色 | 灰铸铁、硬铸铁、产生短切屑的可锻铸铁、淬火钢、有色金属、塑料、木材 | K01 | 高硬度灰铸铁、肖氏硬度85以上的冷硬铸铁、高硅铝合金、淬火钢、磨料性强的塑料、硬纸板、陶瓷 | ↑耐磨性或切削速度增加；韧性或进刀量增加↓ |
| | | | K10 | HB2200N/$mm^2$ 以上的灰铸铁、短切屑可锻铸铁、淬火钢、含硅铝合金、铜合金、塑料、玻璃、硬橡胶、硬纸板、陶瓷、岩石 | |
| | | | K20 | HB2200N/$mm^2$ 以下的灰铸铁、有色金属（如铜、黄铜、铝）、磨料性强的胶合板 | |
| | | | K30 | 低硬度灰铸铁、低强度钢、胶合木材 | |
| | | | K40 | 天然状态的软木和硬木、有色金属 | |

① 本文对原表作了删减。

硬质合金工业在资本主义国家已逐渐形成垄断，除了商品输出和技术输出的形式以外，生产资本输出渐趋主要。瑞典 Sandvik（Group）Coromant 公司在国内击败其他公司而基本垄断国内市场，并逐渐形成跨国公司[13]。1965 年瑞典尚有 7 家公司生产硬质合金，至 1973 年只剩下 Coromant 公司和 Seco 公司两家，而且 Coromant 公司还购买了 Seco 公司 65% 股份。同时，Coromant 公司在 12 个国家（包括美、西德、法等国）设立了子公司，1972 年并吞了英国老牌的 Wimet 公司，直接和间接控制了英国硬质合金市场约 70% 的份额。工业发达国家都十分重视硬质合金的研究与生产。美国采用 WC-Co 合金（13% Co）和碳化钛、氮化钛涂层制造穿甲弹芯和枪管衬垫[14]。美国装甲兵和空军分别对碳化铬硬质合金和难加工材料的刀具材料进行研究。苏联为了发展导弹和核武器的需要，开发了某些新刀具牌号，解决所谓“宇宙材料”的加工问题。

**表 4　按 ISO 分类的西德硬质合金牌号的成分和性能**

| ISO/TC29/GT9 | | 成分/% | | | 密度(约)/g·cm$^{-3}$ | 维氏硬度HV(约)/kgf·mm$^{-2}$ | 抗弯强度(约)/kgf·mm$^{-2}$ | 抗压强度(约)/kgf·mm$^{-2}$ | 弹性模量(约)/kgf·mm$^{-2}$ | 线膨胀系数/℃$^{-1}$ | 热容量/cal·(cm·s·℃)$^{-1}$ |
|---|---|---|---|---|---|---|---|---|---|---|---|
| 类别 | 牌号 | WC | TiC + TaC(约) | Co | | | | | | | |
| P | P01.2 | 30 | 64 | 6 | 7.2 | 1800 | 75 | 350 | — | — | — |
| | P01.3 | 51 | 43 | 6 | 8.5 | 1750 | 90 | 420 | 46000 | $7.5\times10^{-6}$ | 0.04 |
| | P01.4 | 62 | 33 | 5 | 10.1 | 1750 | 100 | — | — | — | — |
| | P05 | 77 | 18 | 5 | 12.2 | 1700 | 110 | 430 | — | $6\times10^{-6}$ | — |
| | P10 | 63 | 28 | 9 | 10.7 | 1600 | 130 | 460 | 53000 | $6.5\times10^{-6}$ | 0.07 |
| | P20 | 76 | 14 | 10 | 11.9 | 1500 | 150 | 480 | 54000 | $6\times10^{-6}$ | 0.08 |
| | P25 | 71 | 20 | 9 | 12.4 | 1450 | 175 | 480 | — | $6\times10^{-6}$ | — |
| | P30 | 82 | 8 | 10 | 13.1 | 1450 | 175 | 500 | 56000 | $5.5\times10^{-6}$ | 0.14 |
| | P40 | 75 | 12 | 13 | 12.7 | 1400 | 195 | 490 | 56000 | $5.5\times10^{-6}$ | 0.14 |
| | P50 | 68 | 15 | 17 | 12.5 | 1300 | 220 | 400 | 52000 | — | — |
| M | M10 | 84 | 10 | 6 | 13.1 | 1700 | 135 | 500 | 58000 | $5.5\times10^{-6}$ | 0.12 |
| | M20 | 82 | 10 | 8 | 13.4 | 1500 | 160 | 500 | 57000 | $5.5\times10^{-6}$ | 0.15 |
| | M30 | 81 | 10 | 9 | 14.4 | 1450 | 180 | 480 | — | — | — |
| | M40 | 79 | 6 | 15 | 13.6 | 1300 | 210 | 440 | 54000 | — | — |
| K | K01 | 92 | 4① | 4 | 15.0 | 1800 | 120 | — | — | — | — |
| | K05 | 91 | 3① | 6 | 14.5 | 1750 | 135 | 590 | 63000 | $5\times10^{-6}$ | — |
| | K10 | 92 | 2① | 6 | 14.8 | 1650 | 150 | 570 | 63000 | $5\times10^{-6}$ | 0.19 |
| | K20 | 92 | 2 | 6 | 14.8 | 1550 | 170 | 500 | 62000 | $5\times10^{-6}$ | 0.19 |
| | K30 | 89 | 2 | 9 | 14.4 | 1400 | 190 | 470 | 58000 | — | 0.17 |
| | K40 | 88 | — | 12 | 14.3 | 1300 | 210 | 450 | 57000 | $5.5\times10^{-6}$ | 0.16 |

注：1. 1kgf = 9.80665N；

2. 1cal = 4.1868J。

① 加有碳化钒。

**表 5　1947～1970 年世界硬质合金产量**

| 年　份 | 产量/t |
|---|---|
| 1947 | 1600 |
| 1957 | 5000～6000 |
| 1967 | 9000～11000 |
| 1970 | 16000～17000 |

表6　1960～1972年各国硬质合金产量　(t)

| 国　名 | 1960年 | 1969年 | 1970年 | 1971年 | 1972年 |
|---|---|---|---|---|---|
| 美　国 | 1000 | 3000以上 | 4340 | 3186 | 3760 |
| 苏　联 | | | | | 3600～3700 |
| 瑞　典 | | | | | 1680 |
| 日　本 | 300 | 990 | 1180 | 910 | 1075 |
| 西　德 | 360 | | | | 800 |
| 英　国 | 350 | | | | 550～600 |
| 法　国 | | | | | 300 |

表7　各国主要硬质合金生产厂家（删）

1948年，大连大华电气冶金厂曾小批量生产钨钴类硬质合金，此前我国无硬质合金工业。1952年，上海灯泡厂研制成功钨钴类硬质合金。1958年大跃进的年代里，我国硬质合金工业基本建成。70年代初，我国已能生产YG、YT、YW三大类共十几个牌号，产品质量达到一定水平，产量具有一定规模；还试制或小批量生产TiC-Ni-Mo合金、涂层合金和钢结硬质合金等新材料。

## 4　20世纪50年代以来发展起来的新牌号和新材料

20世纪40年代以后，许多高强度难加工金属材料相继出现。为了提高加工效率、加工精度和降低成本，要求工具材料具有更高的耐用度和一定的通用性，以及对特殊工作条件良好的适应性。与此相应，对现有以碳化钨为主要组元的合金系列进行了改进，研制出一些新牌号，还研发了几种新型的工具材料。

### 4.1　现有硬质合金牌号的改进

改进主要在三个方面：加入碳化钽（铌）以提高合金的高温硬度和抗氧化性，变更碳化钨的粒度以改善其耐磨性或韧性，在黏结金属中加入添加剂以改善合金物理化学性能。

（1）加入碳化钽（铌）[11,13,14]。现在，美国、瑞典、西德等国的合金中均加有碳化钽（铌）。对其在硬质合金中的作用机理还没有形成一致的看法，大都认为这种碳化物提高了合金的高温硬度和抗氧化性。瑞典Sandvik Coromant公司通过严格控制碳化钨粒度和添加碳化钽（铌），制造了H1P、SM、HM等优秀牌号。H1P全名为H1 Premium(Premium意为“保险”)，1964年出品，是加工铸铁的通用牌号，还可以用来加工钢材和难加工钢材。据称H1P可将耐磨性和韧性较理想地结合，如图2所示（删）。SM、HM分别用于铣加工钢材和铸铁，据称具有高抗塑性变形能力和抗热交变能力。据国内分析，这两个牌号均含有较高比例的碳化钽（铌）。苏联近几年也增加了加有碳化钽（铌）的加工耐热合金的牌号，如 TT7K12、TT10K8B、BK8Ta、BK12Ta 等。西德特殊钢公司出产的 Titanic 耐磨合金加有 1% 的 TiC-TaC 固溶体。我国在 1965 年以后，试制了含有碳化钽（铌）的 YW、YW1、YW2 合金，除适于加工不锈钢、高强度合金钢、高锰钢以外，还可加工普通钢材和铸铁，具有一定的通用性。

图 2　H1P 耐磨性和韧性与其他牌号的比较（删）

（2）变更晶粒大小[11,37]。上述 H1P、SM、HM 牌号均属于细晶粒合金，其特性已如上述。苏联试验过顺氢还原法制取细钨粉，使合金如 T15K6 的质量有一定程度的提高。美国 Kennametal 公司通过以棒磨代替球磨，并严格控制粒度，研制了新牌号 K-40，具有较高的强度和耐磨性，通用性较好。我国在 1965 年发展了两个细晶粒合金牌号 YG6X 和 YG6A(后者加有少量碳化钽或碳化铌)，均具有很高的硬度和耐磨性，适于加工硬铸铁、不锈钢、耐热钢和有色金属。粗晶粒合金在第二次世界大战以后发展起来，已如前述。苏联除了已有三个粗晶粒矿山凿岩工具用牌号以外，还发展了用于模具的特粗晶粒的合金：BK10KC、BK20K 和 BK20KC，与同样钴含量的合金相比，用作冷镦模的寿命提高 3 ~ 10 倍。

（3）调整黏结金属成分和采用新的黏结金属[10,15 ~ 17]。为了加工宇航材料，美国受空军支持的几个研究所采用高熔点金属取代部分钴或镍作黏结剂，以提高合金的高温强度。美国 Dener 研究所研究了 Nb-Ni 合金和 Nb-Co 合金作黏结剂的热压 WC-TiC-TaC 合金，其性能达到：HRA93 ~ 94，抗弯强度 700 ~ 880N/mm$^2$；IIT(Illinois Institute of Technology）研究了以富铌、钼、铼和钨的合金作黏结剂的液相烧结合金，硬度达 HRA93 ~ 94。ZrC-V-Nb 合金刀具当切削速度增加时，其磨损增加很慢，即对切削速度敏感性低。以 Co-Cr 合金为黏结剂的硬质合金具有良好的耐热性，与被加工材料间的黏附性较低，在加工钛合金、超耐热合金等难加工材料方面前景看好。苏联在 BK6 中加入少量铼以细化碳化物晶粒，强化黏结相，其切削寿命提高 26. 5% 。合金中加入 0. 05% ~2% 的铈或含铈的混合稀土能使合金韧性提高 20% ，硬度 HRA 平均提高 0. 5 ~ 1。以含 2% 以上 $ThO_2$ 的铁族金属为黏结相的热压 WC 基和 TiC 基弥散型合金，适于高速切削镍基热强合金，其切削效率比普通合金高 1 ~ 2 倍。日本在 WC-Co 合金（含 10% ~15% Co）的黏结剂中加入 10% ~20% Zn，可使抗弯强度提高到 3700 ~ 3900N/mm$^2$。民主德国在黏结剂中加入 0. 05% ~0. 5% B 提高合金的耐磨性和韧性，成分为 88% WC、5% TiC、7% Co(加 0. 1% B）的合金，切削寿命比不含硼的合金高 35% 。

（4）采用表面处理。日本[18]采取熔盐电解的方法，对含 7% 和 10% Co 的 WC-Co 合金进行渗硼处理，使表面形成 40μm 厚的渗硼层，表面硬度可提高

40% ~70%。

## 4.2 碳化钛基硬质合金[11,19~26]

1958年以后，碳化钛基合金获得了迅速发展。这种合金基本上可分为两类：一类是以碳化钛为硬质相，以镍、钼为黏结相的TiC-Ni-Mo合金，用作金属切削刀具；另一类是以碳化钛为硬质相，以占体积比50%以上的合金钢为黏结相的合金。一般将前者称为碳化钛基硬质合金，而将后者称为钢结硬质合金另成一类。本小节介绍TiC-Ni-Mo硬质合金。

如前所述，1929年德国曾经制造过碳化钛基合金，以Titanit的商标进入欧洲市场。德国在第二次世界大战中制造过TiC-VC(NbC，$Mo_2C$)-Co合金。但当时这类合金脆性较大，强度大约只有WC-Co合金的一半，因而应用受到限制。第二次世界大战末，碳化钛基合金由于其良好的蠕变强度和抗氧化性能而被当作耐热材料重新受到重视，用于制作喷气发动机的蜗轮叶片和其他耐热零件。当时一般将这种材料称为“Cermet”，即后来所说的“金属陶瓷”。美国关于碳化钛基硬质合金的研究工作主要由空军和海军进行，在Kennametal公司生产。在德国称为WZ合金，其成分为35% ~75% TiC、0% ~10% TaC(NbC)、15% ~40% Ni、5% ~28% Co、5% ~11% Cr。但是，碳化钛金属陶瓷与镍钴基耐热合金相比，其抗冲击性较差，强度也只有WC-Co合金的50% ~60%，因而这方面的应用受到限制。

这类合金作为刀具材料最终由美国Ford汽车公司研究成功。20世纪50年代中期，这家公司对难熔化合物与液态金属之间的润湿性进行研究，发现镍中加入钼或碳化钼可以改善液相对碳化钛的润湿性，并使碳化钛晶粒细化，从而明显提高碳化钛基合金的强度和硬度。这是一个重要突破。在此基础上，Ford公司中央研究所Humenik于1959年研究成功碳化钛基合金，1961年获得专利。这种合金由于具有良好的抗氧化性及与被加工金属亲和力小等一系列优点而适于作为金属切削刀具。与一般硬质合金比较，TiC-Ni-Mo合金可以明显提高切削速度（适宜范围100 ~350m/min)、加工精度和光洁度。当切削速度相同时，TiC基合金用于精加工比一般硬质合金寿命高5 ~7倍；精加工钢材（SAE1045DC）的金属切除量为后者的5 ~10倍。

在保证高硬度和高耐磨性的前提下，这类合金目前强度已提高到可观的程度。用于精加工和半精加工的合金，当硬度为HRA 92.6时，抗弯强度可达$1400N/mm^2$；而用于粗加工的合金，当硬度为HRA 91 ~92时，抗弯强度可达$1650 \sim 1930N/mm^2$。因此，这种合金不仅起到填补碳化钨基合金与氧化铝陶瓷之间刀具材料带的作用，其应用范围还能扩大到粗加工甚至间断切削。碳化钛基合金加工材料范围包括一般钢材、合金钢、难加工钢材，但对淬火钢、特硬铸铁和高碳铁合金不甚适宜。

各国生产的碳化钛基合金牌号现在已有50个以上，其中美国的Titan80、Titan60、Titan50、WF、VR-65，瑞典的F02，日本的X407都是较好的牌号。值得注意的是日本东芝生产的X407合金，其中加有碳化钽和碳化钨，将耐磨性和强度结合较好（硬度HRA 91～92，抗弯强度1400～1600N/mm$^2$），使用范围较宽，据称可代替P10、P20、M10、M20和K10共5个牌号，适宜加工的材料包括碳素结构钢、合金钢、工具钢、不锈钢、铸铁、合金铸铁和耐热合金；不仅能够进行连续加工，而且还可用于断续切削加工。

R. Kieffer等人在碳化钛基合金的基础上，研究了以碳氮化钛为硬质相的合金。这种合金切削性能与TiC-Ni-Mo合金相同，而抗月牙洼磨损性能更为优越。表8列出其中4种成分合金的性能。R. Kieffer等人还报道了以Ni-Mo合金为黏结剂，以TiC-TiN复式碳化物为主要组元，加有TaC、NbC、NbN、VN、TaN等碳化物和氮化物的合金。

**表8　碳氮化钛基合金的力学性能**

| 组成/% | | | 硬度HV /kgf·mm$^{-2}$ | 抗弯强度 /kgf·mm$^{-2}$ |
|---|---|---|---|---|
| TiN | TiC | Ni-Mo | | |
| 72 | 18 | 10 | 1490 | 130 |
| 54 | 36 | 10 | 1700 | 110 |
| 51.5 | 34.5 | 14 | 1550 | 128 |
| 17 | 69 | 14 | 1720 | 125 |

注：1kgf＝9.80665N。

我国于1966年和1969年分别试制了TH7和TN10两个碳化钛基合金牌号，其韧性、可焊性、可刃磨性、耐磨性均优于YT30合金。TN10合金加工9Cr2、35CrMn、40Cr等钢材，无论强度和耐磨性方面，均超过瑞典同类合金F02牌号。

碳化钛基刀具材料有着宽广的发展前景。通过在其中加入某些硬质材料和改善黏结相组成，可以改善组元间的润湿性，细化碳化钛晶粒和改善合金组织，进一步提高性能，扩大应用范围，既向P类合金又向氧化铝刀具方向扩展。近几年来，由于采用多项有效措施，包括以真空碳化制得高质量的碳化钛、真空烧结、机夹不重磨式刀具结构（可避免焊接和刃磨的困难）以及提高机床刚性等，促进了碳化钛基合金的发展。

### 4.3　钢结硬质合金[27～35]

美国1953年最先对钢结硬质合金进行研究，1958年制成，称为“Steel bonded carbide”，其商标为Ferro-TiC。1962年美国铬合金公司烧结铸造分公司成吨生产，年综合增长率为35%。后来传到德国。最初由于其延展性和抗热震性高于其他金属陶瓷材料而引起人们注意，企图用来制作为汽轮机高温条件下工作的零件。当发现这种材料具有可加工性和可热处理性以后，便扩大应用到其他方面。

钢结硬质合金以碳化钛或碳化钨为硬质相，以占体积比一半以上的合金钢为黏结相，采用烧结法或浸渍法制成。按照钢的成分，钢结硬质合金可分成马氏体铬钼钢、马氏体高速钢、奥氏体或马氏体不锈钢三类，相应于这三类在初期有Ferro-TiC C、Ferro-TiC J和S45、S55四个牌号。近年来研制了高锰钢钢结硬质合金。

钢结硬质合金中合金钢体积含量高，在退火状态下硬度一般为HRC 35～45，可以进行切削加工，包括车、刨、铣、钻、锯和扩孔，还可以承受锻造和热挤加工，以及在保护气体中进行焊接（合金钢含量较低的品种除外）；而通过淬火可提高其硬度（一般可达HRC 68～73）和耐磨性（只有某些牌号不能进行热处理和切削加工）。虽然合金中黏结相数量显著超过高钴WC-Co合金，但淬火后作为黏结相的合金钢其硬度超过高钴WC-Co合金中的钴相，故可使材料整体硬度与WC-15% Co合金相近，而不致削弱材料的耐磨性。

钢结硬质合金的主要优点是在保证一定耐磨性的前提下具有可切削加工性，还具有淬火时变形小、淬火加热过程中钢基体晶粒不易长大、线膨胀系数小、弹性模量与钢相近、使用韧性高于WC-Co合金等优点。这种材料主要用在冲压模具和耐磨零件（铬钼钢钢结合金）、耐腐蚀耐磨零件（不锈钢钢结合金）、切削加工刀具（高速钢钢结合金）等方面，也可用作汪克尔发动机的密封材料。高锰钢钢结合金可用作钻探工具。由于钢结硬质合金具有较高的弹性模量，因而适合制作刚性好的磨削套筒轴、柄轴和镗杆，钢结硬质合金镗杆已成功用来加工“波音737”型飞机的起落架。

目前生产钢结硬质合金的国家，除美、西德以外，还有荷兰、日本、瑞典、法国、捷克和苏联等国家。美国铬合金公司已有14个牌号，西德特殊钢公司有9个牌号。西德自1960年开始研究与生产钢结硬质合金。西德合金中由于加有1.5% Cu而提高了材料的抗回火性、导热性和抗弯强度，降低了裂纹敏感性，改善了可加工性能，并且具有一定的自润滑性。我国株洲硬质合金厂和北京市机械研究所（即今北京市粉末冶金研究所）1963年开始研究这种合金材料，目前已研究成功碳化钛基和碳化钨基两种类型的钢结硬质合金（后者可以在氢中烧结），均已小批投入生产。我国钢结硬质合金试制和生产的牌号以碳化钛为基的有：GT35、L型、G型（以铬钼钢为黏结剂），D-1、T-1（以高速钢为黏结剂），ST60、R-5（以不锈钢为黏结剂）等；以碳化钨为基的有：TLMW35、TLMW50（用作模具和耐磨零件），TLMW60、TLMW67（用作刀具）等。

为了增加钢结硬质合金的硬度和耐磨性而又不损害其强度和韧性，国外已发展了表面渗硼和氮化两种表面扩散硬化的工艺，其表面层硬度分别达到HRC 80和HRC 72～74。北京市粉末冶金研究所开展了碳化钨基钢结硬质合金热挤压工艺的研究，这种工艺可进一步改善质量，制造尺寸较大和较长的制品。

钢结硬质合金是硬质材料与工具钢的复合材料，在一定程度上兼具有钢的可热处理、可切削加工性能与硬质合金的耐磨性，同时在工艺上结合了粉末冶金和钢铁热处理的原理。钢结硬质合金已形成一类用途广泛的工程材料体系。如果说TiC-Ni-Mo合金填补了氧化铝陶瓷与硬质合金之间的空间，那么在一定范围内，钢结硬质合金填补了硬质合金与工具钢之间的空间。

## 4.4 亚微细合金[11,22,36~38]

所谓亚微细合金（日本称为超微粒合金）是指其碳化物晶粒度为0.2~1μm的碳化钨基合金。将这种粒度的颗粒称为亚微细颗粒（submicron particle），是为了与超微细颗粒（suppermicron particle，0.01~0.1μm）相区别。1968年瑞典Sandvik Coromant公司首先制成这种合金，其牌号为R1P，硬度为HRA 92，抗弯强度为1950N/mm$^2$。这种合金牌号解决了耐热合金、高强度合金等难加工钢材的加工问题。随后美国Du Pont公司于1969年研发出Baxtron DBW合金，VR/Wesson公司研发出Ramet 1合金，Carmet公司研发出Carmet 300系列合金（牌号为CA310、CA315），这些合金除用作切削刀具外，其使用范围还扩大到冲压工具和模具，用途比RIP更广泛。日本东芝于1970年研发出亚微细合金，牌号有F、M、H。美国最近报道Chemetal公司生产一种不含钴和镍的CM-500合金，硬度为HV 21000N/mm$^2$（HRA 93），抗弯强度为3150N/mm$^2$，与钢材之间的摩擦系数很低，可制成小棒、小管和特殊涂层。

亚微细合金的硬度比相同成分的常规WC-Co合金高HRA 1.5~2，而且抗弯强度显著超过后者，与高速钢相近，在硬度和强度的结合方面是一项重要成就。例如：Ramet 1合金，硬度为HRA 91.5，抗弯强度为2800N/mm$^2$；Baxtron DBW分别为HRA 91.8和3800N/mm$^2$；Carmet CA-310和CA-315的抗弯强度均在3500N/mm$^2$以上；含10% Co的亚微细合金硬度为HV 14500~16000N/mm$^2$，抗弯强度为3400~3600N/mm$^2$；含6% Co的合金，硬度和抗弯强度分别为HV 17000N/mm$^2$和2800N/mm$^2$。

亚微细合金以细颗粒碳化钨粉为原料，采取特殊工艺以获得特殊组织。美国Ramet 1合金采用在钨粉碳化阶段加入胶态氧化铬以制取细晶粒碳化钨粉，所得合金为弥散型组织。Baxtron DBW合金制造方法之一是将碳化钨粉强化球磨，用沉降法提取0.01~0.06μm的粉末，与钴粉球磨混合，成形后经烧结使晶粒长大成特殊的三角形，然后热压（加压方向与[001]结晶面垂直）或热挤压（挤压方向与[001]面平行），使合金获得细长晶体定向排列的组织。Axel Johnson工业研究所以氢还原六氯化钨制得的超细钨粉为原材料，这种钨粉杂质含量低，不易氧化，特别是粒度分布窄。用其制成的碳化钨粉具有相同的粒度分布，而且在合金烧结时不易长大，所得合金组织均匀，不需采用添加剂或特殊的处理技术，便可得到碳化钨粒度小于0.5μm的合金组织。日本东芝采用复盐沉淀法，用化学方法制得钨和钴的复合氧化物粉末，再经碳化而制得WC+Co的复合粉末，用常规方法制造合金（烧结温度较低）。所得合金组织均匀，细粒度碳化钨颗粒被钴包覆，兼具高强度和较高的硬度。西柏林 Starck 公司采用金属卤化物为原料，与碳氢化合物和氢气的混合气在等离子束内进行反应，生成粒度为0.01～0.1μm的超细颗粒的金属碳化物。该公司生产的六氯化钨供应美国、欧洲及日本（三菱）等国硬质合金公司。

亚微细合金适于加工高强度钢、耐热合金、不锈钢等难加工材料，寿命比P01 或 K10 高 1 倍。Ramet 1 合金加工这些材料比标准硬质合金高 10 倍以上。Carmet300 系列寿命为某些工具钢的 150 倍。这种刀具材料具有很高的强度和极细的晶粒组织，抗剥落磨损性好，其重要价值在于，适用于高速钢和硬质合金之间的切削速度范围（5～50m/min），从而解决了低速切削情况下硬质合金常易黏附剥落而高速钢又不够耐用的问题。同时，这种刀具材料像高速钢一样容许较大的前角，可制作小截面刀具（如直径小于3.175mm 的端铣刀、钻头、仿型刀具）和间断切削刀具（如拉刀、螺纹铣刀、剃齿刀、立铣刀、圆齿锯等，比一般硬质合金寿命高 10 倍以上），还可作为拉丝模、冲压模、矿山凿岩工具、生产人造金刚石用顶锤，以及耐磨零件和耐腐蚀零件。目前美国、瑞典、日本等国生产这种合金。

### 4.5　涂层硬质合金[14,39～43]

涂层硬质合金的发展与可转位刀具的发展紧密相关。20 世纪 40 年代美国首先制成卡固式不重磨刀具，这种刀具可避免焊接和刃磨对合金强度的损害，延长刀片寿命，节约刀杆钢材。涂层刀片更加突出了机械夹固不重磨式刀具的优点，使切削寿命和切削速度进一步提高。

涂层或镀层的方法早在1890 年就已出现；最初用于灯泡工业，1893 年在加热的炭丝上涂覆钨；1935 年以后用于表面保护。20 世纪 50 年代前后西德 Metallgeseschft 公司为了提高工具钢的耐磨性而发明了碳化钛涂层。1962 年瑞典 Sandvik Coromant 公司开始研究气相沉积碳化钛涂层，产品于1969 年上市。西德 Krupp 公司于 1964 年试制成功碳化钛涂层刀片，于 1966 年发表专利，也在 1969 年上市。除切削刀片以外，目前涂层技术还应用在武器制造（穿甲弹芯）和无切削加工方面。

涂层的意义在于将刀具材料的耐磨性与韧性成功结合。20 世纪60 年代以前，西德、美、英等国曾经制造过多层硬质合金刀片，但为克服和避免各层碳化物成分不同产生热应力而使生产操作复杂，成本较高，故其生产和使用受到限制。自从涂层技术移植到硬质合金领域后，使此问题得到较好解决。在韧性较好的基体上涂覆一层耐磨性高的材料，很大程度上结合了基体的韧性和涂层的耐磨性。瑞典 Sandvik Coromant 公司生产三种碳化钛涂层刀片（称为 Gamma 涂层）：GC125、

GC135 和 GC315。前两种分别以 S4 和 S6 为基体，可以代替 P10、P15、P20、P25、P30、P35、P40，即整个钢材加工范围基本上可用这两个牌号覆盖；GC315 以 H20 为基体，可以代替 K10、K15、K20，也具有一定的通用性（图 3)(删))。

图 3 涂层硬质合金的使用范围（删）

涂层一般采用化学气相沉积法，也有用电泳法、离子镀层法或射频溅射法。涂层材料一般有两种：碳化钛和氮化钛。化学气相沉积的方法是通过四氯化钛、碳氢化合物（沉积碳化钛用，可以用甲烷、丙烷或甲苯）或氮气（沉积氮化钛用，也可以用分解氨)，与作为运载体的氢气，在一定的温度下发生热离解并相互作用，生成碳化钛或氮化钛而沉积在加热到 900 ~ 1000℃ 的硬质合金刀片上。

涂层厚度一般为 2 ~ 10μm，晶粒尺寸一般为 20 ~ 200nm，涂层与基体之间由于溶解和扩散而形成原子结合和冶金结合。涂层晶粒极细，结构缺陷极少，内应力很低，比同质整体材料性能好。据瑞典报道，涂层硬度可达 48000 ~ 51500N/$mm^2$（HV0. 05)，而块体碳化钛只有 28000N/$mm^2$。

涂层材料的硬度高，抗氧化性好，切削摩擦小，可降低切削力 10% ~20%，降低切削温度约 66℃；与被加工材料化学亲和力小，可减少与工件材料的扩散和黏附。因此，提高了刀片的耐磨性，特别是抗月牙洼磨损性能。涂层刀片与基体刀片相比，切削速度可提高 25% ~50%，据瑞典报道切削寿命可提高 4 ~5 倍，同时提高工件光洁度。

一般认为，氮化钛涂层较之碳化钛涂层有如下的优点：在与基体的结合面上不易生成脆性的 $\eta_1$ 相，与工件之间的摩擦系数更低，抗月牙洼性能更好，韧性较好，工艺易控制，其特有的金黄色容易鉴别。氮化钛涂层相比碳化钛涂层的缺点是：硬度较低，耐磨性较差，与基体间的粘结强度较弱。

目前计有美、瑞典、西德、英、法、日、奥等 14 个国家 42 个厂家生产涂层刀片。各主要生产厂涂层刀片的产量，已占不重磨式刀片的 30% ~50%，个别厂占 70%。瑞典 Sandvik Coromant 公司的三个牌号已如上述。其他国家比较著名的有：美国 Carboloy 的 516、523(碳化钛)，美国 Teledyne Firth Sterling 的 TC Plus (氮化钛)，西德特殊钢公司的 Titanit1150、1250、2150(氮化钛)，法国 Ugine Carbone 公司的 RD22M(氮化钛)。西德特殊钢公司被 Herti 公司合并后，生产 P2S、P3S(碳化钛）和 FS2(碳化钛和氮化钛）三个牌号，原先三个牌号不再生产。

涂层技术最近取得了明显进展，已有“第二代涂层刀片”出现。英国 Metro Cutanit 公司与奥地利 Plansee 公司合作，通过改进工艺制造出复合涂层刀片（牌号为Goldmaster GM15和GM35），比基体刀片寿命提高8倍，可替代P、M、K类中的部分牌号。涂层表面是氮化钛，内层是碳化钛，中间是过渡层，从而兼具有两种材料的优点。瑞典Sandvik Coromant公司通过改进沉积工艺和改善基体材质而获得涂层晶粒细且与基体结合强度高的GC1025刀片，金属切除率比一般涂层刀片高10%～20%，或寿命为后者的1.5～2.5倍。其使用范围宽，相当于P10～P35，不仅适用于普通铸铁和钢材的加工，还能加工高锰钢（12%～14% Mn）和冷硬铸铁。近年来出现氧化铝涂层刀片（在碳化钛层外再涂覆一层氧化铝）。美国Carboloy制造的545氧化铝涂层刀片，基体合金硬度为HRA92.4，抗弯强度为1400N/mm$^2$（为目前陶瓷刀具较高水平的2倍），而耐磨性和切削速度与陶瓷刀具相同甚至更高。加工铸铁时，氧化铝涂层刀片比整体陶瓷刀片寿命提高2～4倍。瑞典Sandvik Coromant公司在碳化钛涂层（4～5μm）外再涂覆一层氧化铝（厚1μm）而制成GC015刀片，通过中间层碳化钛改善氧化铝与基体的结合，其切削速度比GC1025提高30%～50%。

涂层刀片的使用仍存在一定的局限性，例如：只适用于可移位刀具；对带有表面夹杂和切削余量不均匀的锻铸毛坯，及冲击负荷大的加工条件，其使用效果较差；加工镍基和钴基高温合金特别是加工钛合金，也未得到满意的效果。

我国于70年代初开始试制涂层硬质合金，所试验的涂层材料有氮化钛和碳化钛，基体材料有YG8、YT5、YT14、YT15。在沉积工艺和涂层结构及基体材料的选择方面，均已取得某些成果。经使用试验证明：涂层刀片的寿命比基体提高1～5倍，YT5刀片经涂覆碳化钛后，切削速度可提高20%～30%。

化学气相沉积法以外的其他几种涂层方法简介如下：

（1）电泳法。这种方法由日本住友电工株式会社研制成功，其工艺是：将碳化钛和钴混合，分散于有机溶剂溶液中，通过直流电流的作用，使碳化钛和钴的颗粒沉积在作为阴极的刀片上，最后进行烧结。电泳沉积碳化钛刀片的特点是：避免化学气相沉积容易产生的$\eta_1$相，并且涂层中含有黏结金属，韧性较好，切削加工时不易崩刃。该公司生产了两种牌号：CG10（基体相当于P15）和CS30（基体相当于P30），分别用于铸铁和钢的加工，均比一般硬质合金寿命高2～4倍。

（2）离子蒸发涂层法（activated preactive evapovation process）。美国报道了这种方法，其原理是：在真空室内用电子束加热钛棒使其蒸发，通入乙炔使蒸气活化，然后施加高压电使形成的碳化钛沉积在基体上。1000℃左右沉积速率为1.85～2.6μm/min，涂层硬度可达45000～50000N/mm$^2$（Knoop显微硬度）。过程可以在600℃以下进行，明显低于化学沉积的温度；除碳化钛、氮化钛外，还可涂敷氧化铝等陶瓷材料。

（3）射频溅射法。美国采用此法在硬质合金刀片上涂敷碳化钛。其原理是：在真空中用电子轰击基体将其加热，涂层材料制成的靶受氩气离子的冲击而离子化，沉淀在作为基体的刀片上。沉积速率为3.5μm/h。涂层具有细晶粒结构，硬度为HV24000N/mm$^2$。此方法与化学气相沉积法比较具有如下的优点：过程中可避免副产品盐酸的腐蚀，过程时间较短，为4～5h（而化学气相沉积法为8～10h），温度较低，在500℃以下。

## 4.6 碳化铬硬质合金[44~48]

碳化铬硬质合金是适应对工程材料的耐腐触性和抗高温氧化性能的更高要求而发展起来的，于20世纪40年代出现，50年代以后获得迅速发展。我国在“文化大革命”期间也试制成功了这种合金。碳化铬硬质合金以二碳化三铬（$Cr_3C_2$）为基，以镍为黏结剂，有些牌号还加有少量钨或钼。其典型代表是1951年美国出现的Carboloy 600系列，其中608牌号的成分为：$Cr_3C_2$ 83%、Ni15%、W2%。这种合金抗氧化性高的原因是：在高温下其表面形成尖晶石型化合物$Cr_2O_3$ · NiO和氧化铬$Cr_2O_3$，构成致密的保护膜，阻止材料内部继续氧化。

碳化铬合金硬度为HRA88～93，与一般硬质合金相同；质量较轻，密度为7.0g/cm$^3$，约为一般硬质合金的一半；抗弯强度较低，为700～800N/mm$^2$；线膨胀系数与钢相近，20～800℃范围内为（11～12）×$10^{-6}$℃$^{-1}$；还有一个特殊的性能：无磁性。

虽然这种材料的强度较低，但其耐磨性与碳化钨基合金相近，更重要的是其抗腐蚀性和高温抗氧化性明显优于后者。例如，用作喷射盐酸（30% HCl）的喷嘴，经750h后仍保持其金属光泽，而碳化钨基合金对抗盐酸腐蚀却不能胜任；其高温抗氧化性不低于1000℃，在此温度下加热24h后仅稍微变色，而不锈钢和碳化钨基合金却完全毁坏；对于水蒸气的抗蚀能力为碳化钨基合金的50倍。表9列出Carboloy 600与碳化钨基合金及不锈钢的化学稳定性比较数据。

根据其特殊的性能，碳化铬合金应用在如下几方面：

（1）高温下抗氧化性能好并且强度几乎不下降，可用作高温下工作的零件，如轴承、夹持器、支座柱等；

（2）抗酸、碱、石油腐蚀的能力强，可用作在这些介质中工作的喷嘴、控制阀和唧筒；

（3）对有机酸抗腐触性好，在制药、食品加工中用作阀、喷嘴、密封装置、离心分离器的刮刀和叶片；

（4）耐磨性高，耐腐触性好，质轻，线膨胀系数与钢相近，可用作精密塞规、精密环规及其他精密量具；

表9　碳化铬合金、碳化钨基合金和不锈钢的化学稳定性①

| 介　质 | | 应用范围 | Carboloy 600 | WC-Co | WC-TaC-Co | WC-TaC-TiC-Co | 18-8 不锈钢 |
|---|---|---|---|---|---|---|---|
| $H_2SO_4$ | 10% | 电镀、电池 | 55 | 158 | 135 | 302 | 1650 |
| | 50% | 化学品、爆炸材料 | 31 | 100 | 81 | 120 | 7300 |
| HCl | 37% | 酸提纯、颜料、陶瓷 | 190 | 600 | 160 | 650 | 完全腐蚀掉 |
| $HNO_3$ | 35% | 爆炸材料、化学品、冶金 | 19 | 250 | 110 | 330 | 45 |
| $HNO_3$-HCl(王水) | | 冶金、腐蚀试验 | 810 | 2820 | 1550 | 4500 | 完全腐蚀掉 |
| NaCl(0.07$Cl_2$, pH=9) | | 海运、渔业 | 100 | 230 | 158 | 1000 | 11 |
| NaOH | 5% | 纺织 | 0.6 | 22 | 12 | 7 | 1.0 |
| | 50% | 石油、橡胶 | 1.0 | 3 | 4 | 3 | 2 |
| $CaCl_2$ | 5% | 制药 | 0.3 | 41 | 27 | 24 | 1.3 |
| 柠檬酸 | 1% | 食品 | 0.6 | 176 | 160 | 150 | 2.0 |
| 乳酸 | 5% | 食品、纺织 | 1.3 | 200 | 255 | 170 | 5.1 |

① 失重单位为 mg/($dm^2$·d)，平均浸蚀时间 10~24h。

(5) 能抵抗海水腐蚀，可用作海轮高压盐水泵轴承和密封器，以及海洋渔业工具；

(6) 由于对铜、银等有色金属黏附性低，可用作加工这些金属及其合金的模具；

(7) 此外，还可用作纺织机械导杆、测量仪器零件、切削钛合金的刀具、浇注玻璃的剪口刀、电影胶卷的切断刀、电磁装置的耐磨零件、高压水蒸气的阀门、烧结陶瓷用的内衬、人造丝喷嘴、玻璃制造用喷氯化铁的喷嘴、电磁火焰喷射器喷嘴等。

碳化铬合金原材料价格较便宜，也是其有利的一面。碳化铬合金质轻，成品按重量计价较低，为碳化钨基合金的1/4左右。

### 4.7　氧化铝陶瓷刀具材料[12,14,26,39,47~52]

氧化铝陶瓷刀具或简称陶瓷刀具，其材质为烧结微晶刚玉。氧化铝陶瓷刀具材料并不属于硬质合金的范畴，但与硬质合金同属于刀具材料，且工艺相近，所以在此作简略介绍。

在自然界中氧化铝单晶呈蓝宝石和红宝石形态存在。氧化铝硬度很高，其强度在氧化物中也是最高者，但应用为切削刀具是在烧结刚玉制成之后才成为可能。德国于1931年最先制成烧结刚玉（Siemens-Halske-Sinterkorund），当时的抗弯强度很低，不超过150N/mm$^2$。初期的烧结刚玉只是应用为电绝缘材料和耐火材料，如内燃机火花塞、坩埚及各种耐火制品。烧结刚玉1945年以前曾用于切削加工，但其强度不高，仅个别样品达到300N/mm$^2$。1950年，苏联莫斯科硬质合金联合厂在氧化铝粉末原料中添加氧化镁，后者在烧结时形成镁铝尖晶石（$Al_2O_3 \cdot MgO$）阻止氧化铝晶粒长大，获得微晶结构（晶粒1～3μm）的烧结刚玉，其抗弯强度达400～500N/mm$^2$，首次成功用作切削刀具，牌号为ЦМ332。“ЦМ”可能是取自苏联中央工艺及机器制造科学研究院（ЦНИИТМЩ）和莫斯科硬质合金联合厂（МКТС）的字头。以后，英、美、西德、日相继研究和制造成功了陶瓷刀。据美国1971年报道，两种陶瓷刀片CoorAD-999和Kendex的抗弯强度可达700N/mm$^2$以上。日本特殊陶业的HC1和HC2牌号，硬度可达HRA94.5，抗弯强度可达600～800N/mm$^2$。据R. Kieffer和P. Ettmayer报道，通过加入氧化铬、氟化镁、碳化钼+碳化钛，或采用超细颗粒的氧化铝粉末进行热压，可以将强度提高到700～900N/mm$^2$。我国中国科学院硅酸盐研究所于1956年开始研究和试制这种刀具材料，开展研制工作的还有北京市机械研究所（1959年）、沈阳陶瓷厂等单位，随后有几家工厂曾进行过小批量生产。

陶瓷刀具由于红硬性高（1200℃仍不变软）、抗蠕变性好、抗氧化性高、与被加工金属材料黏附倾向小等优点，因而提高了工件加工精度和表面光洁度，并适宜高速切削。据美国报道，加工HRC40的钢材其切削速度可达600m/min。氧化铝刀具与硬质合金刀具切削速度的比较列于表10中。氧化铝刀具除可加工铸铁和钢材以外，还特别适合加工某些非金属材料。另一突出优点是其成本低，为硬质合金刀片的23%～50%。氧化铝陶瓷刀具材料的缺点是其脆性较大，抗弯强度一般只有450～550N/mm$^2$；较高能达到700N/mm$^2$左右，仍不及WC-TiC-Co合金的下限，更不能与WC-Co合金相比。

**表10　陶瓷刀具和硬质合金刀具加工钢和铸铁切削速度的比较**

| 刀具材料 | 切削速度范围/m · min$^{-1}$ | |
|---|---|---|
| | 钢 $\sigma_b \leq 800N/mm^2$ | 灰铸铁HB200 |
| 硬质合金（P10、K10） | 50～150 | 50～100 |
| 烧结氧化铝 | 250～400 | 200～900 |

对氧化铝陶瓷刀具进一步的研究工作是设法提高其强度和韧性，一般采取的方案是加入金属组元制成金属陶瓷型材料。民主德国于50年代后期曾在氧化铝中加入碳化物，但对改善韧性却未见显著效果，其抗弯强度只能达到300～600N/mm$^2$。日本在HC2中添加有30%的金属，采取热压法生产，抗弯强度可提

高到700～800N/mm$^2$。制成氧化铝与碳化钛基之间的中间材料（例如$Al_2O_3$+30%TiC 和 TiC+10%$Al_2O_3$）是可行途径之一。据美国报道，加入氧化钛和碳化钛并严格控制工艺参数，可以使陶瓷刀具材料强度提高。目前关于陶瓷刀具材料所能达到的最高强度值，据美国报道为1050N/mm$^2$。上述涂层的方法，也是避免氧化铝脆性的一个有效措施。

## 5 现状和发展趋势(此节全部删除)

## 致 谢

本文编写过程中，得到株洲硬质合金厂同志们的大力协助，谨表谢忱。

## 参 考 文 献

[1] Kieffer R，Schwarzkopf P. Hartstoff und Hartmetalle[M]. 1953.
[2] 北京机床研究所．金属切削机床[M]．北京：机械工业出版社，1972.
[3] Baker，Kozacka. Carbide Cutting Tools[M]. 4th printing，1958：1～14.
[4] 日本粉末冶金技术协会．粉末冶金技术讲座第6卷[M]．日刊工业出版社：1～12.
[5] 望月照一．粉末和粉末冶金[J]. 1965，12(N1)：7～21.
[6] 日本粉末冶金技术协会．粉末冶金技术讲座第1卷[M]．日刊工业出版社：53～56.
[7] Третьяков В И. Металлокерамичесий Твердый Сплав[M]. Металлургиздат，1962：5～14.
[8] Witthoff Schanmann Siebei. Die Hartmetallwerkzenge in der Spanabhebende Formung[M]. 1961.
[9] 吉田邦彦．超硬工具[M]．日刊工业新闻社，昭和42年．
[10] Bentel H. Technische Mittillungen (Essen)[J]. 1959，52(N6)：218～220.
[11] 株洲硬质合金厂，硬质合金，1973，N4：1～28.
[12] 成都工具所．工具技术，1973，N3：7～12.
[13] 冶金部1973年瑞典硬质合金考察报告．
[14] Progress in Powder Metallurgy，1971.
[15] Hodson R L，Parikh N M. Inter. Journal of P/M，1966，2(4)：55～63.
[16] 铃木寿，等．粉末与粉末冶金，1974，20(N8)：285～286.
[17] Moskowitz D，et al. High-strength Carbides[C]//Hansner H H. Modern Developments in Powder Metallurgy，V5. 1971：225～234.
[18] 山村胜美，等．粉末和粉末冶金，1969，16(N5)：230～234.
[19] Moskowitz D，Humenik M. Cemented Titanium Carbide Cutting Tools[C]//Hansner H H. Modern Developments in Powder Metallurgy，V13. 1966：83～93.
[20] Pfaffinger K，Plansee Berichte F. P. M. 3(1955). 17.
[21] Egen E J. The Iron Age，1959，183(N12)：101.
[22] Feinberg B. Manufacturing Engineering and Management，1971，66(N1)：38～45.

[23] 后藤重喜，木曹弘隆．机械技术，1972，20(3):22 ~ 26.
[24] Manufacturing Engineering and Management. 1974，72(1)：40 ~ 41.
[25] Kieffer R，et al. About Nitrides and Carbonitrides and Nitride-based cemented Hard Alloys [C]//Modern Developments in Powder Metallurgy，V5. 1971：201 ~ 214.
[26] Kieffer R，Ettmayer P. Chemie Ingenieur Technik，1974，46(N20):843 ~ 851.
[27] 株洲硬质合金厂．硬质合金，1971(1):42 ~ 59.
[28] 株洲硬质合金厂．硬质合金，1972(2).
[29] 美国专利 . 2828202(1958).
[30] Technica，1970，19(12):1042.
[31] Epner M，Gregory. Trans. AIME，1960，218：117.
[32] Zeitschrift für Werkstofftechnik. 1972，3(8).
[33] 北京粉末冶金研究所第二研究室．钢结硬质合金在钢模中热压和热挤压的研究[J]. 粉末冶金，1974(1):1 ~ 18.
[34] 蔡进雄．用作工程材料的钢结硬质合金[J]. 粉末冶金，1974(1):34 ~ 37.
[35] 北京粉末冶金研究所第二研究室．碳化钨基钢结硬质合金模具材料研究试制[J]. 粉末冶金，1973(4):1 ~ 27.
[36] 株洲硬质合金厂．硬质合金，1970(6):2 ~ 5.
[37] Ramqvist L. A New Tungsten Powder for Producing Carbides[C]//Hausner H H. Modern Developments in powder Metallurgy，V4. 1971：75 ~ 84.
[38] Manufacturing Engineering and Management. 1974，72(2):11.
[39] Feinberg B. Manufacturing Engineering and Management，1974，72(1):27 ~ 33.
[40] Snell P O. Properties and Microstructure of TiC-coated Cemented Carbides[R]. 1972 年瑞典工业展览会资料 .
[41] 成都工具所．工具技术，1974，N3：24 ~ 28.
[42] Raghuram A C，Bunshah R F. The Journal of Vacuum Science and Technology，1972，V9 (N6):1389 ~ 1394.
[43] Mah G，et al. Sputter Coating of Titanium Carbide on Cutting Tools[M]. USAEC-RFP-1702.
[44] 北京粉末冶金研究所．碳化铬硬质合金[J]. 粉末冶金，1973，N1：5 ~ 7.
[45] Kennedy J D. Materials and Methods，1952，V 36：166.
[46] Hinnuber J，Rudiger O. Symposium on powder Metallurgy[M]. Iron and Stell Institute，1954，Group Ⅳ：53.
[47] Materials and Methods，1951，V34(N6):69.
[48] Tinklepungh J R，Crandal W B. Cermets[M]. 1960：150 ~ 153.
[49] Повлушкин Н М. Резание минераллокерамическми инструментами[М]. Москва，1957：37 ~ 38.
[50] Dawihl W. VDI Zeitschrift. 1971，Band 113(N13):1024 ~ 1027,(Nr 14):1123 ~ 1127.
[51] Agte C. Firtigungstechnik und Betrieb. 10 Jahrgang. Berlin，August. 1966. Heft 8：464 ~ 467.
[52] 铃木滋．机械技术[J]. 1972，20(3).

# 第三章 我国粉末冶金工业的兴起和发展

WOGUO FENMO YEJIN GONGYE DE XINGQI HE FAZHAN

# 我国粉末冶金工业的兴起和发展❶

抗日战争时期，我国军工生产曾涉及粉末冶金。1940 年，兵工署燃料试验所组织丘玉池等人在重庆研究试验以狼铁矿（即黑钨矿）为原料制取钨粉，供坩埚法炼制高速工具钢，用于抗日军工生产。翌年，月产钨酸达 2 ~ 3t。仇同参加了这项工作。

我国粉末冶金工业从无到有，走的是自力更生发展道路。20 世纪 50 年代逐步兴起粉末冶金各个门类产品的生产。60 年代产品门类基本齐全的粉末冶金工业初具雏形。70 年代在生产技术和产品开发方面取得进一步进展，至 80 年代初期粉末冶金工业粗具规模。80 年代中期以来，通过加强技术改造和引进、消化吸收国外先进生产技术，取得高速发展，生产工艺和装备水平以及生产规模登上新台阶。

与我国粉末冶金工业发展相适应，有关教学、科研、书刊出版、学术活动、行业活动和标准化工作逐步完善。1958 年中南矿冶学院（即中南工业大学和今中南大学）设置粉末冶金专业，50 年代中期开始编著出版粉末冶金专业书籍，50 年代末期至 60 年代中期建立专业研究机构，60 年代初期开始开展学术活动和行业活动，60 年代中期我国粉末冶金生产、科研、教学、学术活动和行业活动基本形成体系。

本文试将我国粉末冶金工业在 20 世纪兴起和发展的史料整理成文，其中以机械零件和硬质合金为主，供学界和业界参考。

## 1　粉末冶金工业创业时期[1 ~3]

20 世纪 50 年代初期，我国粉末冶金工业兴起。当时百业待兴，面临帝国主义的封锁，中国人民自力更生，靠自己的勤劳和智慧创业。1948 年，大连钢厂生产钨钴类硬质合金，为我国最早的粉末冶金产品。1953 年，上海拉制出我国第一盘钨丝，结束半殖民地中国钨丝只能靠进口却出口钨矿的历史。1958 年，第一机械工业部在北京召开全国粉末冶金铁基含油轴承推广会，苏联援建的株洲硬质合金厂投产，这两大事件成为我国粉末冶金工业发展史上的里程碑。稀有金

---

❶　本文原载于《粉末冶金手册》，冶金工业出版社，北京，2012：7 ~ 11。署名：李祖德。此次重载作了修改和补充。

属、电工合金、磁性材料及金属粉末均逐步形成规模生产。至50年代末，粉末冶金各个门类产品的生产逐步兴起。50年代初至60年代中期，是我国粉末冶金工业的创业时期。

我国最早形成粉末冶金产业的地区当是上海。上海粉末冶金工业于1949年起步。1954年以前全国除大连外，只有上海进行粉末冶金生产。20世纪50年代末，上海有十几家工厂和研究单位从事粉末冶金生产和科技开发，生产和试制的产品有：钨粉、钼粉（1949年），硬质合金、触头、铜基含油轴承（1952年），钨丝、电解铜粉、雾化锡粉、雾化铜粉（1953年），钼丝（1954年），青铜过滤器（1955年），还原铁粉、铜基摩擦片（1956年），铁基含油轴承、磁性材料（1958年），刚玉质陶瓷刀具（1956年）和氧化铝基金属陶瓷刀具（1959年前），已形成包括金属粉末、机械零件、难熔金属、硬质合金、触头、磁性材料、多孔材料和摩擦材料等产品的门类基本齐全的产业。上海最早形成粉末冶金工业基地，为促进全国粉末冶金工业的发展起了积极作用。

### 1.1　机械零件

我国粉末冶金机械零件最早产品是铜基含油轴承，随后是青铜过滤器、铁基含油轴承和铜基摩擦片。1952年，上海中国纺织机械厂朱建霞、谢行伟等用青铜锉屑制造铜基含油轴承。1953年，中国科学院冶金陶瓷研究所（即今冶金研究所）吴自良、沈邦儒、金大康等研究成功电解法制铜粉和雾化法制锡粉；与黄永书等用电解铜粉和雾化锡粉研制出青铜含油轴承。同年，上海中国纺织机械厂朱建霞、谢行伟等研制成功雾化6-6-3青铜粉，并用这种粉末制成铜基含油轴承，翌年投产。1955年，上海中国纺织机械厂以雾化法喷制出90-10球形青铜粉，研制成功青铜过滤器，翌年投产。1956年，中国科学院冶金陶瓷研究所金大康等研制成功还原铁粉；黄永书等以此铁粉研制成功铁基含油轴承。同年，中国纺织机械厂朱建霞、谢行伟研制成功粉末冶金铜基摩擦片，自行设计制造出钟罩式加压烧结炉；1957～1958年批量生产铜基干式摩擦片。1957年，北京华北无线电器材联合厂韩凤麟等研制成功取代滚动轴承的铁基含油轴承。同年，中国纺织机械厂研制成功还原铁粉和雾化铁粉，1959年，用本厂自产铁粉生产含油轴承。

1958年春，第一机械工业部在北京召开全国粉末冶金铁基含油轴承推广会。会后全国办起几十个铁基含油轴承生产点，包括上海合金轴瓦厂、宁波轴承厂、武汉辉煌轴承厂、长春第一汽车制造厂等，我国粉末冶金机械零件工业规模生产拉开帷幕。1961年，在一机部支持下，我国第一个粉末冶金机械零件专业化生产厂北京天桥粉末冶金厂成立。嗣后，武汉（1962年）、阳泉（1963年）、宁波（1964年）、上海（1965年）、青岛（1965年）、龙岩（1965年）及益阳、洛阳等地，相继建立粉末冶金机械零件专业化生产厂。长春第一汽车制造厂于1958

年建立粉末冶金试制组，1962 年建成粉末冶金车间，生产铜基和铁基汽车零件。当时生产厂点大多都类似作坊式工场，生产条件简陋。

50 年代后期，陕西秦岭机电公司（即华兴航空机轮公司）建立飞机用粉末冶金摩擦材料生产车间和模拟飞机着陆条件检验粉末冶金刹车片综合性能的试验台，生产歼击机用粉末冶金铁基摩擦材料。1963 年，杭州齿轮箱厂在一机部设计二院和中国纺织机械厂协助下，研制离合器粉末冶金铜基湿式摩擦片，翌年建立车间投产。北京航空材料研究所 1962 ~ 1965 年研制成功粉末冶金铁基刹车片并投产，用于歼 7 飞机；1965 ~ 1968 年研制成功歼 8 飞机用粉末冶金铜基摩擦片。中南矿冶学院于 60 年代开始进行飞机刹车材料的研制。

20 世纪 60 年代中期，我国粉末冶金机械零件工业初具雏形。在推广应用中，通过大量艰苦细致的宣传工作取得用户的信任和认可，使粉末冶金零件应用得以巩固和扩大。

## 1.2　硬质合金

1948 年，为支援解放战争，大连钢厂（原大华电气冶金厂）恢复生产，厂长李振南组织十几名工人，于 4 月开始小批量生产钨钴类硬质合金，当年产量 265. 8kg，1949 年年底月产达 100kg。主要产品为切削刀片和拉丝模，抗美援朝期间生产枪弹壳冲模。初期的生产条件简陋，碳化和烧结在自制炭粒电阻炉内进行，炉温凭经验以目测为准。根据重工业部副部长刘鼎布置的任务和重工业部关于改造扩建报告的批复，1952 年春，大连钢厂仇同、王德礼在东北科学研究所大连分所刘国钰等协助下，开始进行硬质合金车间技术改造和钨钛钴类合金试制。1953 年，由苏联进口的真空感应炉投入生产，用于碳化钛粉制造和钨钛钴类硬质合金烧结。1954 年，钨钴类和钨钛钴类合金月产 5 ~ 6t，其中钨钛钴类合金 1t。1955 年，自制炭管炉投产，用于碳化钨粉、复式碳化物粉制造和合金烧结。至 1957 年，两类合金总年产量 135t。1959 年产能达到年产 300t。当时在大连钢厂工作的还有于尧明、王顺干、刘清平等人。上海灯泡厂郑良永等 1952 年研制成功钨钴类硬质合金。牡丹江 121 厂（北方工具厂）1954 年建立硬质合金车间，钨粉和钴粉自制。该厂章简家、黄勇庆等于 1955 年研制成功苏联硬质合金标准中的全部牌号，钨钴类合金主要用于制作枪炮弹壳冲拔模，单件模坯最大重量达 5kg 以上。1957 年合金产量达 41t，其中钨钛钴类 27t。1958 年生产整体端铣刀和以挤压工艺生产异型材。

50 年代中期，按大连钢厂生产模式建立硬质合金生产线的厂家有：牡丹江 121 厂和重庆 791 厂（即长江电工厂），主要生产军用产品。由于朝鲜战争爆发，1950 年年底大连钢厂硬质合金车间将部分人员和设备内迁至大冶钢厂成立硬质合金车间，于尧明任车间主任，主要生产民用产品。该车间于 1955 年初撤销，于尧明等人调入株洲厂。“一五”期间，全国有大连、上海、牡丹江、重庆、大冶共5家工厂生产硬质合金，总年产量150t左右。

1958年，苏联援建的株洲硬质合金厂投产，标志我国硬质合金工业进入规模化生产。该厂设计能力年产500t，产品为钨钴类、钨钛钴类硬质合金及钨镍合金3大类，6个牌号，502个规格型号。投产后，对苏联原工艺进行完善和改进，包括湿法冶炼、碳化钨的碳含量控制、合金烧结工艺等。并且自主研发了一系列新牌号，包括：细晶粒硬质合金牌号YG6X（1962年）、钨钛钽钴类合金牌号YW1和YW2（1964年）、TiC基硬质合金牌号TH7和TH10（1967年），以及碳化钛基钢结硬质合金。该厂以其雄厚的实力，成为全国硬质合金行业生产技术、应用技术、产品开发和情报信息中心，带动了我国硬质合金工业的发展。60年代初，株洲硬质合金厂、上海材料研究所和北京市粉末冶金研究所等单位研制成功铁镍黏结剂硬质合金，株洲硬质合金厂将其投产，北京市粉末冶金研究所协助北京天桥硬质合金厂生产铁镍黏结剂硬质合金TN8和TN15。1967年，北京市粉末冶金研究所研制成功碳化钨基钢结硬质合金。

## 1.3　钨、钼及其他稀有金属

1949年，上海利培化工厂小批量生产钨粉和钼粉。1953年，上海灯泡厂（原美商奇异爱迪生公司属下）郑良永、邬奉先、萧敬修等，从钨矿开始，经湿法冶炼、制粉、烧结和拉丝，研制成功直径$\phi$0.18mm钨丝并投产，翌年研制成功钼丝。1956年，苏联援建的北京电子管厂投产，其钨钼车间生产能力为年产300Mm钨丝和20t钨材。50年代末，北京广内合金厂（今北京高熔金属材料厂）开始建厂生产钨、钼丝材。1965年，成都东方电子材料厂建成投产，设计规模年产200Mm钨丝，成为我国电真空和电光源用钨钼材料主要生产基地。1965年，中南矿冶学院和株洲硬质合金厂研制成功W-Ni-Cu重合金。

1958年，冶金部有色金属研究院（今北京有色金属研究总院）研制成功钽、铌、铼、钛、锆、铪、铍、钍、稀土等金属；对铍粉末冶金工艺所进行的研究，为我国建立铍材工业奠定了基础；同时研制成功弥散强化铝（SAP）。1963年，冶金部有色金属研究院研制成功镍、不锈钢和蒙乃尔合金多孔过滤器，1965年投产，同期开展了氧化钍弥散强化镍的研究。60年代中后期，冶金部有色金属研究院在陕西、宁夏等地负责建成钨、钼、钽、铌、钛、锆、铪、铍等金属的现代化产业基地。

## 1.4　电工合金

1952年，上海灯泡厂郑良永等研制成功Ag-W、Cu-W、Ag-CdO合金触头材料，并小批量生产。1957年上海华通开关厂触头车间投产，生产Cu-W触头材料。1958 年，一机部北京电器科学研究院以机械混合法研制成功 Ag-W 合金触头。1959 年，中南矿冶学院与北京电器科学研究院以熔渗法研制成功 Ag-W 合金触头，中南矿冶学院为上海华通开关厂供应触头产品。1963 年，上海华通开关厂研制成功 Ag-Ni、Ag-石墨触头材料。1964 年，北京航空材料研究所研制成功航空用 Pt-Ir 合金触头。1966 年，北京天桥硬质合金厂以浸渍法生产高钨 Cu-W、Ag-W 触头，以混合法生产低钨 Cu-W、Ag-W 和 Ag-CdO 触头。

### 1.5 磁性材料

1956 年，北京华北无线电器材联合厂引进民主德国技术和装备，建成粉末冶金 AlNiCo 磁性材料及铁氧体磁性元件生产线。1958 年，上海磁性材料厂钡铁氧体材料投入生产。1962 年，航天部二院研制成功大功率 10cm 波段微波隔离器用微波铁氧体材料并投产，用于导弹控制雷达。1966 年，上海磁钢厂烧结铝镍钴磁钢投入生产。

### 1.6 金属粉末

（1）还原铁粉：1956 年，中国科学院冶金陶瓷研究所金大康等以低灰分乌钢炭和低硅沸腾钢铁鳞为原料，研制成功总铁高于 98.5% 的铁粉。1957 年，中国纺织机械厂研制成功还原铁粉和雾化铁粉。1958 年，一机部上海材料研究所仲文治、沈树亭等研究成功木炭与轧钢铁鳞分层装罐制取还原铁粉的工艺，随后在上海、宁波、武汉、重庆等地投产。至 60 年代初，铁粉生产都是采用装罐在倒焰窑内还原的方式。1965 年，上海粉末冶金厂建成长 38.5m 隧道窑还原铁粉生产线。

（2）铜粉和有色金属粉末：1953 年，中国科学院冶金陶瓷研究所吴自良、沈邦儒、金大康等研究成功电解法制铜粉和雾化法制锡粉，上海中国纺织机械厂朱建霞、谢行伟研制成功雾化 6-6-3 青铜粉。1955 年，上海中国纺织机械厂以雾化法喷制出 90-10 球形青铜粉。上海中南制铜厂和重庆冶炼厂（原 103 厂）先后于 1957 年和 1958 年进行生产电解铜粉的试验。1958 年上海中南制铜厂电解铜粉投入生产。1960 年上海第二冶炼厂将上海中南制铜厂并入成为分厂，生产铜、银、钴、镍、锡、铅、硅粉。1964 年，重庆冶炼厂建立粉末冶金车间（由上海第二冶炼厂内迁组建），生产铜、镍、铝、锡、钴和银粉，年生产能力 200t。

（3）羰基镍粉和羰基铁粉：1960 年，冶金部钢铁研究院为制造核工业用分离膜，研制成功羰基镍粉。1961 年，上海硫酸厂研制成功羰基镍粉并投入生产。1965 年，857 厂建立羰基镍粉生产车间。856 厂羰基镍粉车间于 60 年代投产，产能 10t 以上。20 世纪 50 年代末，北京化工研究院研制出羰基铁粉，1969 年，陕西兴平化肥厂羰基铁粉投产。

# 2　粉末冶金工业的发展时期[1~23]

20 世纪 70 年代，我国粉末冶金事业进一步发展。至 80 年代初，粉末冶金工业粗具规模。国家实行改革开放政策，为我国粉末冶金工业创造良好的发展机遇，粉末冶金工业各个门类的生产水平和规模明显提升。至 90 年代，我国粉末冶金工业不少门类，已跻身世界生产强国或大国之列。

## 2.1　机械零件

1976 年 12 月，国家计划委员会、一机部、冶金部在青岛召开全国粉末冶金工作座谈会，有力推动了全国粉末冶金机械零件工业的发展。国家计委 1977 年发文（计生字 98 号），要求各省、市、自治区把发展粉末冶金工业纳入正常管理渠道。1982 年一机部组建机械通用基础件工业局，将粉末冶金机械零件行业正式纳入国家管理体制。

20 世纪 70 年代，粉末冶金机械零件新材料和新工艺取得重大进展，高密度和复杂形状结构零件逐渐增多，复合减摩材料开发取得重大进展。70 年代初，中国科学院金属研究所研究成功粉末锻造技术。1976 年和 1977 年，沈阳汽车齿轮厂和益阳粉末冶金研究所粉末锻造生产线相继投产。1980 年，北京航空材料研究所与北京摩擦材料厂合作，研制投产粉末冶金铁基摩擦片，用于进口苏制民航飞机。复合减摩材料方面，粉末冶金金属-塑料复合材料、烧结青铜浸塑料-钢背复合材料和三层复合材料自润滑轴承，分别由北京市粉末冶金研究所（1972 年）、一机部上海材料研究所（1976 年）和东风汽车公司技术中心（1979 年）研制成功。

进入 80 年代以后，汽车、家用电器、电子通讯和办公机械等行业的快速发展，特别是引进主机上粉末冶金零件的国产化，强有力地拉动了粉末冶金零件的升级换代。1982 ~ 1989 年，北京粉末冶金二厂、杭州粉末冶金研究所、宁波粉末冶金厂、上海粉末冶金厂和厦门粉末冶金厂等厂引进项目相继投产。自 80 年代中期始，不少厂家通过加强技术改造和消化吸收引进国外先进生产技术，自主开发出多种高强度、高精度、复杂形状零件，生产水平跃上新台阶。至 80 年代末，沈阳粉末冶金厂粉末锻造生产线共生产行星齿轮 300 万只以上。中南矿冶学院先后开发成功歼 7、歼 8、直 8、三叉戟、图-154、波音-737、麦道-82、苏-27、雅克-42 等机型的刹车材料。北京市粉末冶金研究所 1986 年研制成功坦克用粉末冶金铜基摩擦片和铁基摩擦片；1986 ~ 1987 年研制成功外径 610 湿式铜基摩擦片，用于 68t 重型自卸汽车。

1982 年、1985 年和 1987 年，分别有 3 个厂家 2 种产品、7 个厂家 5 种产品和 5 个厂家 6 个产品获部优产品称号，包括：还原铁粉、雾化青铜粉、内燃机气门导管、机油泵齿轮、粉末热锻行星齿轮、摩擦片和金属基嵌镶型固体自润滑轴承。1988 年，武汉粉末冶金厂金属基嵌镶型固体自润滑轴承获国优产品银质奖。

80 年代以后，粉末冶金零件生产发展迅猛。据 136 家粉末冶金制品厂统计，1989 年全年机械零件产量 16476t/63431 万件。铁基结构零件相对于含油轴承（不含微型精密含油轴承）产量之比上升，按重量为 38∶62，按件数为 42∶58；铁、铜基含油轴承产量总和 30361 万件，接近我国滚动轴承的产量。据粉末冶金零件主要厂家统计，1981～1990 年间，总产值全员劳动生产率和工业增加值劳动生产率均保持 19% 左右的年增长率。1991～2000 年间，零件产量年均递增率 16.5%。2000 年，据 34 家零件生产厂统计，全年零件产量（按重量）30210t，居亚洲及太平洋地区第二位。2009 年，据 53 家零件生产厂统计，全年零件产量（按重量）117369t，超过日本而居地区首位。

## 2.2　硬质合金

20 世纪 70 年代，我国自主设计的硬质合金和钨钼制品大型生产厂自贡硬质合金厂建成投产。设计规模为年产 450t。翌年，综合产量达 490t，其中硬质合金 302t。

我国硬质合金工业在 20 世纪 80 年代以后的发展令世界瞩目。1982 年 11 月，国务院副总理兼国家科委主任方毅在株洲主持召开第二次全国钨业科技工作会议，加速了我国钨业科技进步和将钨资源优势变为产业优势的进程。1988 年，株洲硬质合金厂引进瑞典 Sandvik 硬质合金及涂层刀片生产线投产，生产技术具有国际先进水平。同年，外贸部批准株洲硬质合金厂成立株洲硬质合金进出口公司。自贡硬质合金厂和其他硬质合金厂也引进了国外先进生产技术。1993 年外贸部批准自贡硬质合金厂拥有自营进出口经营权。1994 年全国硬质合金生产厂家共 150 家以上，株洲硬质合金厂和自贡硬质合金厂年生产能力分别超过 3000t 和 2000t，两厂年生产能力之和占全国生产能力的 60%～70%，形成我国硬质合金生产两大基地。

80 年代以来，株洲硬质合金厂取得多项研究成果并投产，包括：仲钨酸铵制取兰钨和钨粉、紫钨还原制取细钨粉工艺、黑钨精矿碱压煮-离子交换工艺、稀土在硬质合金中的应用、钨-钴复合粉末制取工艺及以其制取合金的工艺、硬质合金热处理工艺、网状结构硬质合金制造技术和产品应用及产业化、矿山潜孔钻具等。

1990 年全年硬质合金产量 4740t，居世界第三位。1993 年，我国硬质合金产量为 7100t，居世界首位。1984～1993 年产量增长近 2.1 倍。2000 年，全年硬质合金产量 8740t，占当年世界总产量的 1/4；产品牌号 320 个以上，品种与型号

40000 个。2003 年产量约 11900t，占世界总产量的 1/3 左右。

## 2.3　磁性材料

1975 年，我国全年铁氧体产量 6500t，其中永磁 4000t，软磁 2500t。1990 年，我国铁氧体永磁材料产量 35000t（其中出口 4000t）。1998 年，我国软磁铁氧体产量为 46000t，永磁铁氧体 243000t，成为铁氧体主要生产国。

我国是稀土资源大国，稀土储量丰富。1969 年，我国开始稀土永磁材料的开发。冶金部有色金属研究院 20 世纪 60 年代研制成功 $SmCo_5$ 稀土永磁材料，70 年代后期研制成功 $Sm_2Co_{17}$ 稀土永磁材料。70 年代末 80 年代初我国已能批量生产高质量的第一代和第二代稀土永磁体。1982 年，北京有色金属研究总院协助上海跃龙化工厂建成钐钴永磁粉末生产线。1983 年底，钢铁研究总院研制成功第三代稀土永磁材料 Nd-Fe-B 永磁材料。90 年代，我国逐步发展为稀土永磁材料主要生产国。1999 年，我国烧结 Nd-Fe-B 和 Sm-Co 永磁材料产量合计达 5477t；其中 Nd-Fe-B 产量 5180t，占世界产量 12910t 的 40%，居世界之首。2000 年，烧结钕铁硼产量 6600t，占世界产量的 40.2%。

## 2.4　钨、钼及其他稀有金属

1974 年，上海钢铁研究所建成难熔金属粉末冶金工段，先后研制成功 W-Fe-Ni 重合金和难熔金属丝、管型材和制品。1975 年，宝鸡有色金属加工厂钨钼生产线建成投产。70 年代初，先后建立十几家钨钼材料厂，钨钼丝产能达 1000Mm。1979 年结束灯用钨丝长期进口的历史。我国钨加工材产量 1976 年为 60t，1981 年突破 100t。1991 年钨加工材产量达 250t，产品品种包括丝材、棒材、板材、箔材、带材和管材。90 年代初，重合金产能在 300t 以上，钨基触头产量接近 200t。20 世纪末，我国形成 2500t 钨制品产能，1998 年产量 2000t 左右，占世界总产量 30%。2007 年钨制品产量 5000t（其中钨丝 21200Mm），约占世界总产量 35%。1998 年钼产量 36800t 左右，形成 2200t 钼制品产能。2007 年钼产量 63000t，占世界总产量 33% 左右，成为全球最大的钼生产国和第二大消费国。

60 ~ 70 年代研制成功多种钽、铌、钼、铼、铍、钛等金属及其合金的粉末冶金制品和加工材，以及用于核工业的镍-稀土功能材料和锆基吸气剂材料。

70 年代上海灯泡厂研制成功铈钨（替代钍钨）电极材料。冶金部有色金属研究院与北京广内合金厂合作研制与生产了铈钨、钇钨、镧钨等钨-稀土电极材料。

## 2.5　高温合金

1981 年，北京航空材料研究所、北京航空学院、冶金部钢铁研究院、北京钢铁学院（现北京科技大学）合作，研制高性能发动机用粉末冶金涡轮盘。“六五”期间，钢铁研究总院建成氩气雾化制粉和粉末处理系统及大型热等静压机，航空材料研究所建成实验研究装备；以热等静压法制得 $\phi$200mm 成形盘坯，以热等静压法加热模锻法制得 $\phi$400mm 盘坯；FGH95 粉末高温合金性能接近和达到美国 GE 公司 René95 合金的指标。“七五”期间，航空材料研究所以热等静压法和热等静压法加等温锻造法研制成功小型发动机用 $\phi$220mm 盘件，性能达到美国 GE 公司技术指标。1992 年，从俄罗斯引进等离子旋转电极制粉设备。1994 年钢铁研究总院建立 PREP 制粉高温合金生产线，自主开发符合我国国情的工艺路线；研制成功第一代高强型合金，以牌号 FGH95 为代表，用于制造涡轮盘和承力环件等转动零件；第二代以 FGH96 为代表，经梯度热处理后可获得典型的双组织双性能。

## 2.6　铁粉

70 年代中期，铁粉生产厂家加大了扩大生产规模和提高产品质量的工作力度。1974 年全国建成 10 座还原铁粉隧道窑，隧道窑产铁粉所占份额超过土窑，还原铁粉生产开始由土窑逐步转为隧道窑。1978 年隧道窑铁粉生产线增加到 17 条。冶金部钢铁研究院、北京冶金设计院与天津粉末冶金厂于 1972～1978 年合作，进行还原铁粉精还原工艺的研究，1980 年在天津粉末冶金厂投产。还原铁粉精还原工艺在全国范围取代焖罐退火和水蒸气退火工艺。

80 年代，武钢和鞍钢形成我国两大铁粉生产基地，其主要产品性能达到国外同类牌号铁粉水平。水雾化法生产铁粉工艺于 80 年代初在我国兴起。1987 年，鞍钢冶金粉材厂引进德国 Mannesmann Demag 水雾化铁粉生产线投产，年生产能力 4500t；同时完成还原铁粉生产线技术改造，年生产能力达 2500t。1990 年武钢粉末冶金公司万吨级还原铁粉工程建成投产。90 年代，莱芜粉末冶金厂建成我国第三大铁粉生产基地，1996 年达到万吨级产能。

80 年代至 90 年代，铁粉生产发展迅猛。1982 年据 38 家铁粉生产厂统计，全年还原铁粉产量 7170t；产量大于 500t 的厂家有 5 家，产量占全国 66.5%，铁粉生产由分散开始走向集中。1989 年据 24 家铁粉厂统计，全年铁粉产量 30431t，其中还原铁粉 28455t，水雾化铁粉 455t。铁粉生产进一步集中化，形成专业化生产。2000 年据 22 家铁粉厂统计，全年铁粉产量 73800t，年增长率达 11%，其中还原铁粉 58620t，水雾化铁粉 11500t，出口 2500t。21 世纪铁粉生产发展势头居高不下：2005 年铁基粉末产量 22.5 万吨，超过欧洲和日本，仅次于北美，成为铁粉生产和应用大国。2008 年我国 28 家铁粉厂产量和为 29.2 万吨，约占世界总产量 20%；生产已走向集中，产量过万吨企业产量和为 20.73 万吨，占国内总产量的 79.9%。2010 年铁粉产量 32.13 万吨。

## 2.7　铜粉

1980 年，上海第二冶炼厂建立气雾化青铜粉生产线，年产 300t。1986 年，该厂开发出低噪声高性能含油轴承用铜粉。1993 年，我国铜粉产量 1761t。2003 年，北京有色金属研究总院研制成功 CuSn10 扩散合金化粉末，用于制造高精度、低噪声微型含油轴承，年产 1000t；2005 年铜包铁粉大量应用，起到取代铜粉、青铜粉和铁-铜混合粉的效果。重庆华浩冶炼公司 2004 年和 2005 年陆续新建铁青铜复合粉生产线和铁黄铜复合粉生产线，其产品为铜合金包覆铁粉颗粒，不含铅，符合环保要求；2007 年开始生产铜锡扩散合金粉，用于制造精密含油轴承和小型含油轴承。我国铜和铜合金粉末产量 2002 年为 8500t，2005 年为 1.12 万吨，2009 年 4.05 万吨。2009 年铜和铜合金粉末产量为 1957 年的 600 倍，居世界第一；2011 年为 4.3 万吨，占当年世界总产量 11 万吨的 39.9%。

### 2.8 羰基镍粉

70 年代中期，857 厂（西南金属制品厂）以微米级羰基镍粉为载体，研究成功气相沉积制取镍壳包覆粉末，生产镍包铝粉、镍包石墨粉、镍包硅藻土粉、镍包二硫化钼粉。80 年代，857 厂生产微米级羰基镍粉，上海第二冶炼厂研制成功铝包镍复合粉。

## 3 科研机构和研发[1~3,24~30]

上海和北京较早建立粉末冶金专业研究机构。1957 年，一机部上海材料所建立粉末冶金研究室，一机部北京电器科学研究院成立粉末冶金研究组。1958 年冶金部钢铁研究院建立粉末冶金研究室。1960 年中南矿冶学院建立新材料研究室，从事粉末冶金研究工作。1961 年冶金部有色金属研究院建立粉末冶金研究室。北京市机械研究所 1961 年建立粉末冶金研究室，以此为基础于 1964 年成立北京市粉末冶金研究所。1966 年株洲硬质合金厂成立硬质合金研究所。较早建立粉末冶金研究机构的还有北京航空材料研究所和八机部粉末冶金研究室。

专业研究机构、有关高等院校和工厂有效开展了包括材料、工艺和产品开发等方面的研究开发，应用领域分民用和军用两个方面。这些成果发展了粉末冶金产品品种，开拓了应用新领域，很多成果为尖端科学领域提供承担关键功能的部件或材料。现将 60 年代以来取得的研发成果简介如下。50 年代成果及 60 年代以来部分成果已如上述。

20 世纪 60 年代，冶金部钢铁研究院、冶金部有色金属研究院、一机部上海材料研究所、中国科学院冶金研究所、中国科学院金属研究所、北京航空材料研究所、中南矿冶学院以及北京市粉末冶金研究所等单位，开展了粉末冶金材料和制品的研究工作，取得了一批重要研究成果并投入生产，包括：羰基镍粉（1961 年），弥散强化烧结铝（1962 年），镍、不锈钢和蒙乃尔合金多孔性过滤器

(1963年)，烧结铜铅合金-钢背双金属轴瓦（1964年），金刚石-金属修整工具(1964年)，弥散强化镍基合金TD-Ni（1965年），飞机用铁基刹车片（1965年)，W-Ni-Cu重合金（1965年)，碳化钨基钢结硬质合金（1967年)，飞机用铜基刹车片（1968年)，人造金刚石地质钻头（1969年)，高性能发动机轴承金属-石墨密封环（1969年)，等等。1964年，中国科学院冶金研究所、中国科学院金属研究所、核工业部原子能研究所和复旦大学合作，研制成功原子能工业同位素分离用甲种微孔分离膜；冶金部钢铁研究院研制成功乙种微孔分离膜。

20世纪70年代和80年代，各研究单位的研发工作在更宽广的范围取得成果。西北有色金属研究院（原宝鸡有色金属研究所）研制成功用于大功率发射管的钡钨阴极（1970年)，$\phi$90mm×800mm无缝多孔钛管和宽200mm长30m多孔钛带及焊接多孔钛管（1974年)，可用于制取优质球形钛粉和钛合金粉的大型等离子旋转电极制粉设备（1980年)，医用球形钛粉发泡板、粉末热挤压钛和钛合金材料（1985年)，钨铱流口（1985年)。北京有色金属研究总院研制成功GW-1型W-Ni-Fe多组元合金（1975年)，锆石墨和锆铝消气剂（1983年)，GW-2、GW-3高性能高密度钨合金（1984年)。北京航空材料研究所研制成功涡轮发动机导向叶片锁板密封件（1979年)。冶金部钢铁研究院1964～1973年制成投产固体燃料火箭钨渗铜喷管，1977年制成我国第一台预应力钢丝缠绕式热等静压设备，1980年研制成功粉末高速钢，1982年研制成功TZM钼合金和高温高真空自润滑轴承保持架。1981年，北京航空材料研究所与钢铁研究总院合作，研发成功René95合金涡轮盘。中南矿冶学院研制成功粉末冶金钼喷管和导管(1978年)、三叉戟飞机用粉末冶金刹车副（1979年)、宇航用滑动电接触材料、Ni-Co-$MoS_2$和Co-Ag-$MoS_2$固体自润滑材料（1984年)。一机部桂林电器科学研究所通过配对定向转移提高粉末冶金Ag-氧化物触头材料的使用性能和节银效果(1982年)。上海华通开关厂研究成功挤压法制取Ag-石墨纤维节银触头材料(1984年)。上海电器科学研究所采用烧结挤压法研制成功Ag-ZnO触头材料(1987年)，并与上海人民电器厂合作，研制成功节银型Ag-CdO触头（1979年)。上海材料研究所研制成功不锈钢磁粉00Cr13、00Cr13NiMo、00Cr13CuMo磁粉（1979年)。1982年，核工业部第八研究所用羰基法制成镍磁流体和铁磁流体。北京市粉末冶金研究所研制成功金属塑料复合减摩材料（1972年)；研究成功坐滴法测定液态金属浸润性试验方法，制造出浸润角测定仪；可被氢还原氧测定法得到进一步完善和改进，并制成微机控制的全自动测氧仪。上海钢铁研究所研制成功Ni80Mo4高频磁粉芯（1981年)、快淬Nd-Fe-B黏结磁体（1988年)和黏结非晶高频磁粉芯（1989年)。

20世纪80年代，粉末冶金前沿技术的研究工作取得了许多新成果，包括：快速凝固、燃烧合成、机械合金化、喷射成形、粉末注射成形、稀土永磁材料、粉末冶金高温合金、非晶态合金粉末材料、纳米粉末材料等。1983 年底，钢铁研究总院研制成功 Nd-Fe-B 材料，其最大磁能积（$(BH)_{max}$）达 240kJ/m³ 左右；1987 年将（$(BH)_{max}$）提高到 415kJ/m³ 以上，使我国成为世界上能制造（$(BH)_{max}$）达 400kJ/m³（50MGOe）的 Nd-Fe-B 永磁材料的三个国家之一。粉末冶金高温合金的研究工作始于 20 世纪 80 年代初期，90 年代进入实用化阶段，生产了压气机盘、涡轮盘、涡轮轴和涡轮挡板等多种零件。1987 年钢铁研究总院采用常规冷却速率气雾化法制得 M80S20 和 FCP 两种铁基非晶态合金粉末材料。1989 年，上海钢铁研究所以非晶态带材破碎球磨获得 $Fe_{47}Ni_{29}V_2Si_8B_{14}$ 粉末，制成高频磁粉芯。90 年代中期，燃烧合成陶瓷内衬复合钢管已产业化，产品用于输送煤灰渣、矿粉和焦炭等；粉末注射成形技术形成生产。采用喷射成形研制成功 Zn-27Al-1Cu 合金滑动轴承；喷射成形 Pb-Al 滑动轴承及复合减摩带材、冷轧轧辊等进入商品化阶段。

在理论方面，我国学者对压制理论和烧结理论开展了研究工作。黄培云自 1958 年开始研究烧结理论，1961 年 10 月发表了综合作用烧结理论，根据扩散、流动、物理化学反应三个基本过程引起烧结物质浓度变化的数理关系建立综合烧结理论方程，探明其密度变化的双对数值与烧结温度倒数呈线性关系的规律。从 60 年代中期到 80 年代初期，黄培云对粉末压制理论进行了研究，提出粉末体应变推迟、应力松弛、粉末体变形充分弛豫、粉末体非线性流变模型、粉末体变形的对数应变表示方式、粉末压制功的计算方法、粉末动压理论等一系列新概念和新理论。有学者将黄培云双对数粉体压制方程转换为非对数形式，以 11 种粉末的等静压实验数据进行了验证。

80 年代对粉末冶金实用性理论进行了研究。1981 年，北京市粉末冶金研究所研究了 Fe-C 系和 Fe-Cu-C 系材料套类零件径向压溃强度系数 $K$ 值与材料抗拉强度 $\sigma_b$、抗弯强度 $\sigma_{bb}$ 间的关系，导出 $\sigma_b$-$K$、$\sigma_{bb}$-$K$ 的函数关系，根据套类零件 $K$ 值预报材料 $\sigma_b$、$\sigma_{bb}$ 数值范围，或根据材料 $\sigma_b$、$\sigma_{bb}$ 值预报零件 $K$ 值范围。据 1981 年报道，北京钢铁学院对 γ-Fe 烧结机理进行了研究，探明 γ-Fe 烧结机理为混合扩散机理，其中体积扩散、表面扩散和晶界扩散都起到重要作用，在烧结温度低和颗粒细的条件下，表面扩散和晶界扩散的作用更大。该校对 Fe-P-C 三元系合金组织和性能进行了研究，指出采取铁磷合金化是改善和提高铁基材料强度和韧性的有效途径之一。据 1981 年报道，中南矿冶学院的研究指出，铁粉侧压系数随压坯相对密度增加而增加，可用线性方程拟合；压坯密度低时混入硬脂酸锌对致密化有利；而高密度条件下模壁润滑有利；卸载后摩擦系数随相对密度增加而降低，其规律可用线性方程拟合。据 1982 年报道，中南矿冶学院对 WC-Co 合金中界面效应进行了分析和研究，指出黏结相强度随黏结相中钨浓度升高而增加，是导致合金强度增加的主要因素。据 1987 年报道，哈尔滨工业大学通过多孔体致密化和变形机理的研究，提出了与应力状态相关的多孔体塑性泊松比及表达式，以及与应力状态相关的多孔体塑性致密化方程；提出了粉末体的屈服准则基本形式和泊松比与相对密度的关系，以及相对密度与屈服应力的关系，并对屈服准则进行实验验证；研究了铜粉末体的高温塑性变形。据1987年报道，西安交通大学与北京市粉末冶金研究所合作，对高强度烧结钢疲劳特性进行研究，发现疲劳强度受控于疲劳裂纹的萌生；孔隙对应力集中有宏观分散而微观加剧的作用，可作为烧结钢对缺口敏感性较低的解释；孔隙对裂纹尖端有钝化作用，孔隙的存在和热处理可以提高疲劳门槛值。

# 4　教学、书刊出版、学术活动和行业活动[1~3]

## 4.1　教学

1955年9月，中南矿冶学院为配合我国硬质合金工业上马，在有色金属冶金专业设置硬质合金专门化，分56届（25名学生）和57届（29名学生）两个班；同时，建立粉末冶金教研室，由黄培云、赵维澄、徐润泽、曹明德四人组成，副院长黄培云兼主任，负责硬质合金班的教学。两个班毕业生大都分配到株洲硬质合金厂。1958年9月，中南矿冶学院设置粉末冶金专业。1958年9月至1961年4月，先后聘请两位苏联专家来校任教。1960年首批本科生15名毕业；至1990年，培养本科生近1600名，研究生53名。1960年北京钢铁学院（现北京科技大学）和东北工学院（现东北大学）、1978年上海工业大学、1979年合肥工业大学相继设置粉末冶金专业。

## 4.2　书刊出版

### 4.2.1　书籍

我国第一本公开出版的粉末冶金专业书籍译自前苏联：韩凤麟译《粉末冶金学普通教程》，1955年11月由机械工业出版社出版，为大学教学用书。以后我国自编自著粉末冶金专业书籍陆续出版，其中有：黄勇庆、李祖德、王亚辉、陈蓉贞、陈瑞泽编著的《硬质合金工具制造（上册）》（国防工业出版社，1965年10月），张荆门、陆远明、王良、李世琼、周国成、张贻代编著的《硬质合金生产》（冶金工业出版社，1974年6月），北京市粉末冶金研究所、上海粉末冶金厂等七单位合编的《粉末冶金模具设计手册》（机械工业出版社，1978年6月），西北有色金属研究院编著的《粉末冶金多孔材料》（冶金工业出版社，1978年11月出版上册，翌年4月出版下册），韩凤麟、葛昌纯著的《钢铁粉末生产》（机械工业出版社，1981年5月），肖玉麟、周国成、陈兆盈、黄成通、陈福初、李沐山著的《钢结硬质合金》(冶金工业出版社，1982 年 8 月)，黄培云主编的《粉末冶金原理》(冶金工业出版社，1982 年 11 月)，刘传习、周作平、解子章、陈希圣主编的《粉末冶金工艺学》(科学普及出版社，1987 年 9 月)，韩凤麟著的《粉末冶金机械零件》(机械工业出版社，1987 年 12 月)，徐润泽编著的《粉末冶金结构材料学》(中南工业大学出版社，1998 年 12 月)。截至 2013 年，出版的粉末冶金专业书籍和文集超过百本，其中自编著占 3/4。1955 年以来我国出版的粉末冶金专业书籍见本书附录二。

#### 4.2.2 专业期刊

1982 年以前，我国有几种内部出版发行的粉末冶金专业期刊。此外，相关科技刊物也登载粉末冶金论文。早期的粉末冶金论文有周志宏、丘玉池、仇同在中华化学工业会会刊《化学工业》1949 年 21 卷 3-4 期上发表的论文《试制纯钨粉之研究》。

1982 年 2 月，《粉末冶金技术》期刊编辑委员会成立，8 月创刊。该刊由中国机械工程学会粉末冶金学会、中国金属学会粉末冶金学术委员会合办，黄培云任名誉主编，赖和怡任主编，仇同、韩凤麟、李策、李献璐任副主编，李祖德任编辑部主任。1988 年，该刊改由中国机械工程学会粉末冶金学会、中国金属学会粉末冶金学会、中国有色金属学会粉末冶金暨金属陶瓷学术委员会合办。《硬质合金》于 1984 年 1 月正式出版发行，该刊由株洲硬质合金集团公司主办，硬质合金国家重点实验室和中国钨协硬质合金分会协办。中国钢结构协会粉末冶金协会与中国机械零部件工业协会粉末冶金专业协会合办《粉末冶金工业》于 1991 年创刊。中国有色金属学会与粉末冶金国家重点实验室合办的《粉末冶金材料科学与工程》于 1996 年创刊。至此，我国有四种公开出版发行的粉末冶金专业期刊。

### 4.3 学术活动

1962 年，中国机械工程学会与北京机械工程学会在北京联合举办第一次全国粉末冶金学术会议，会议期间成立了中国机械工程学会粉末冶金学会筹备委员会，王甦任主任委员，黄培云、蔡叔厚、仇同任副主任委员，李策任秘书长，章简家、赖和怡、仲文治、韩凤麟任副秘书长。1964 年学会正式成立。1981 年，中国金属学会成立粉末冶金学术委员会。1985 年，中国金属学会成立粉末冶金学会，中国有色金属学会成立粉末冶金暨金属陶瓷学术委员会。至此，我国有三个全国性粉末冶金学会（二级学会）。大多数省市成立了地方分会或学组。最先成立的粉末冶金学术组织是上海市机械工程学会粉末冶金学组（1959 年），由仲文治任组长，谢行伟任副组长。自 1962 年始，各级学会独自或联合举办了各种学术活动。1995 年，在武汉召开了首届海峡两岸粉末冶金技术研讨会。硬质合金方面的学术活动首先由冶金部硬质合金情报网组织，于1980年在无锡召开了第一次学术会议，以后由中国钨协硬质合金分会负责。早期行业活动和标准化活动由学会组织。1962年受一机部工艺司委托，上海市机械工程学会年会讨论通过一机部材料研究所提出的“粉末冶金技术标准试行检验方法及技术条件”，共12项。

学会活动形式是多样的。除定期举办全国综合性学术会议以外，还召开专题交流会，以及开展技术培训、技术咨询、调查研究、论证技术方案、协助政府制订发展规划等多种形式的活动，为发展我国粉末冶金事业贡献正能量。通过学术交流，以文会友，促进科技人员扩大眼界，明确开发方向，增加专业知识，借鉴先进经验，启发攻坚思路，完善科技成果；通过技术培训这项经常性活动，为企业培训了大批技术人员和检测人员；通过组织调查研究和参与制订发展规划，向国家提出技术政策建议；通过论证和审查技术改造方案，协助政府部门和企业工作，为其当好顾问。

## 参考文献

[1] 中国机械工程学会粉末冶金分会．国内粉末冶金史料汇编(内部)[R]．北京：1992.
[2] 金大康．上海粉末冶金工业的发展历史和现状[J]．粉末冶金技术，1987，5(3)：129～136.
[3] 赵慕岳，等．有色金属进展粉末冶金分册[M]．长沙：中南大学出版社，1985.
[4] 韩凤麟．我国粉末冶金工业现状[J]．粉末冶金技术，1983，1(6)：44～46.
[5] 韩凤麟．我国粉末冶金机械零件现状[J]．粉末冶金技术，1992，10(增刊)：19～28.
[6] 楚天舒（李祖德）．我国粉末冶金零件制造业取得高速发展[J]．粉末冶金技术，1995，13(3)：191.
[7] 韩凤麟．2000年中国粉末冶金零件工业进展[J]．粉末冶金工业，2002，12(1)：7～12.
[8] 李绍忠．在东风系列载货汽车上使用的三层复合材料轴承[J]．粉末冶金工业，1996，6(5)：16～19.
[9] 李溪滨．固体自润滑材料的研究及应用[J]．粉末冶金技术，1984，2(4)：28～33.
[10] 李念辛，李森蓉．我国铁基粉末冶金锻造技术的发展[J]．粉末冶金技术，1996，14(1)：58～62.
[11] 吕海波，张兆森．我国粉末冶金摩擦材料工业的发展[J]．粉末冶金工业，1997，7(增刊)：20～24.
[12] 李献璐．我国铁粉工业的发展[J]．粉末冶金工业，1992，2(3)：13～17.
[13] 张义印．二次还原——提高铁粉质量的有效途径[J]．粉末冶金技术，1984，2(2)：20～24.
[14] 王善春．鞍钢粉末冶金的发展[J]．粉末冶金工业，1997，7(增刊)：45～51.
[15] 敖自立．铜粉及有色金属粉末的发展与技术进步[J]．粉末冶金工业，1997，7(增刊)：52～59.

[16] 屈子梅，侯开泰．我国羰基镍粉工业的发展[J]．粉末冶金工业，1997，7(增刊)：113～117.
[17] 中国钢协粉末冶金协会秘书处．2000年全国铁粉及主要金属粉末生产状况[J]．粉末冶金工业，2001，11(3)：58.
[18] 陆远明．硬质合金的现状和发展[J]．粉末冶金技术，1992，10(增刊)：52～64.
[19] 张荆门．我国硬质合金工业的进展[C]//2004年上海粉末冶金学术会议论文集：18～20.
[20] 王声宏．热等静压技术国内外发展概况[C]//第三次全国等静压学术会议论文集，1992：1～10.
[21] 林河成．我国稀土永磁材料的新进展[J]．粉末冶金工业，2001，11(2)：35～39.
[22] 唐与谌．稀土永磁开发近况[J]．粉末冶金工业，1997，7(增刊)：83～94.
[23] 罗阳．中国NdFeB磁体产业的进一步发展[J]．粉末冶金工业，1999，9(6)：7～17.
[24] 黄钢祥．真空快淬永磁合金研究课题通过局级鉴定[J]．上钢科研，1989(1)：46.
[25] 邹志强，殷为宏．中国钨材加工业的发展[C]//1994年全国粉末冶金学术会议论文集，1994：24～29.
[26] 黄培云，金展鹏，陈振华．粉末冶金基础理论与新技术[M]．长沙：中南工业大学出版社，1995：1～5.
[27] 胡久智．黄培云双对数粉体压制方程的应用[J]．粉末冶金技术，1987，5(3)：137～146.
[28] 王尔德，张连洪，霍文灿．粉末多孔体的塑性泊松比与致密化方程[J]．粉末冶金技术，1987，5(1)：1～5.
[29] 王振常，徐永琴．粉末冶金铁基套类零件$K$值与材料$\sigma_b$和$\sigma_{bb}$的关系[R]．会议资料，1983，3.
[30] 刘建新，吴荣伟．粉末冶金高强度烧结钢的疲劳特性[J]．粉末冶金技术，1987，5(2)：73～77.
[31] 吴荣伟，刘建新．表面滚压强化对粉末冶金烧结钢疲劳强度的影响[J]．粉末冶金技术，1987，5(4)：207～209.

# 1940～2000年我国粉末冶金记事[1]

## 1940年

兵工署燃料试验所组织丘玉池等人在重庆研究试验以狼铁矿（即黑钨矿）为原料制取钨粉，供坩埚法炼制高速工具钢，用于抗日军工生产。翌年，钨酸产量达月产2～3t。仇同参加了这项工作。

## 1948年

4月，大连钢厂（原大华电气冶金厂）钨钴类硬质合金恢复生产，当年产量265.8kg，主要产品为焊接刀片和拉丝模。在抗美援朝期间生产枪弹壳冲模。

## 1949年

上海利培化工厂周志宏、丘玉池、仇同在中华化学工业会会刊《化学工业》1949年21卷3-4期上发表论文《试制纯钨粉之研究》。

## 1952年

上海灯泡厂郑良永等研制成功钨钴类硬质合金和Ag-W、Cu-W、Ag-CdO合金触头材料，并小批量生产。

上海中国纺织机械厂朱建霞、谢行伟等用青铜锉屑制造铜基含油轴承。

## 1953年

9月，上海灯泡厂郑良永、邬奉先、萧敬修等研制成功直径$\phi 0.18$mm钨丝并投产，结束了半殖民地中国钨丝只能进口而出口钨矿的历史。翌年，研制成功

---

[1] 原载于《2004年上海粉末冶金年会论文集》，上海：5～10。署名：李祖德。此次重载作了修改和补充。

钼丝。

中国科学院冶金陶瓷研究所（现冶金研究所）吴自良、沈邦儒、金大康等研究成功电解法制铜粉和雾化法制锡粉；与黄永书等用电解铜粉和雾化锡粉研制出青铜含油轴承。研究成果发表于《1954 年全国金属研究工作报告会文集》。

中国纺织机械厂朱建霞、谢行伟等研制成功雾化 6-6-3 青铜粉，并用这种粉末制成铜基含油轴承，翌年投入生产。

## 1954 年

牡丹江北方工具厂建立硬质合金车间。

## 1955 年

大连钢厂仇同、王德礼在东北科学研究所大连分所刘国钰协助下，完成硬质合金车间技术改造，开始生产钨钛钴类硬质合金，月产 1t。至 1957 年，钨钴和钨钛钴两类合金总年产量 135t。

中国纺织机械厂以雾化法喷制出 90-10 球形青铜粉，研制成功青铜过滤器，翌年投产。

9 月，中南矿冶学院为配合我国硬质合金工业上马，设置硬质合金专门化，分 56 届和 57 届两个班。同时成立粉末冶金教研室，由黄培云、徐润泽、赵维澄、曹明德四人组成，副院长黄培云主管，负责硬质合金班教学。

韩凤麟翻译的《粉末冶金学普通教程》一书由机械工业出版社出版。

## 1956 年

北京华北无线电器材联合厂以引进民主德国技术和装备，建成粉末冶金 AlNiCo磁性材料及铁氧体磁性元件生产线并投产。用 Hametag 磨粉机生产铁粉、镍粉和钴粉。

苏联援建北京电子管厂建成投产，其钨钼车间生产能力为年产 300Mm 钨丝和 20t 钨材。

中国科学院冶金陶瓷研究所金大康等以低灰分乌钢炭和低硅沸腾钢铁鳞为原料，研制成功总铁高于 98.5% 的铁粉；黄永书等以此铁粉研制成功铁基含油轴承。研究成果发表于 1958 年一机部新技术推广所编《铁基含油轴承文集》。

中国纺织机械厂朱建霞、谢行伟研制成功舰艇用粉末冶金铜基干式摩擦片，设计制造钟罩式加压烧结炉。1957 ~ 1958 年投产。

## 1957 年

年初，第二机械工业部在北京召开粉末冶金技术会议，提出研制粉末冶金铁基含油轴承课题。

北京华北无线电器材联合厂韩凤麟等研制成功铁基含油轴承。

中国纺织机械厂研制成功还原铁粉和雾化铁粉，并以自产铁粉制造含油轴承。

上海华通开关厂触头车间投产，生产 Cu-W 触头材料。

第一机械工业部上海材料研究所成立粉末冶金研究室。仲文治、沈树亭等参照 Höganäs 法研究用木炭还原轧钢铁鳞制造还原铁粉。

第一机械工业部北京电器科学研究院成立粉末冶金研究组，研发电触头材料。

## 1958 年

第一机械工业部在北京召开全国粉末冶金铁基含油轴承推广会。会后全国办起几十个铁基含油轴承生产点，包括上海合金轴瓦厂、宁波轴承厂、武汉辉煌轴承厂等。

苏联援建株洲硬质合金厂建成投产（1954 年开始筹建）。设计规模为年产合金 500t，计钨钴、钨钛钴、钨镍系 3 大类合金，6 个牌号，502 个规格型号。

北方工具厂研制成功整体螺旋斜齿硬质合金端铣刀，并投入生产。用挤压法生产棒、管等硬质合金异型产品。

一机部材料研究所仲文治、沈树亭等，在中国科学院冶金研究所木炭还原沸腾钢铁鳞制取铁粉工艺的基础上，研究成功木炭与铁鳞分层装罐制取铁粉的工艺，随后在上海、宁波、武汉、重庆等地投产。

长春第一汽车制造厂成立粉末冶金试制组，研制红旗牌轿车铜基零件。翌年，开发出 10 种铜基零件并投入生产。

北京电器科学研究院以机械混合法研制成功 Ag-W 合金触头。翌年，研究成功浸渍法。

冶金部有色金属研究院研制成功钽、铌、铼、钛、锆、铪、铍、钍、稀土等金属及型材。对铍粉末冶金工艺的研究，为我国铍材工业奠定基础。

上海中南制铜厂电解铜粉投入生产。

上海磁性材料厂钡铁氧体材料投入生产。

中南矿冶学院设置粉末冶金专业。

冶金部钢铁研究院成立粉末冶金研究室。

## 1959 年

中国纺织机械厂冲床式压机实现单机自动化，生产效率提高 3 ~ 10 倍。

9 月，全国陶瓷刀具学术会议在上海召开。会上，中国科学院硅酸盐研究所报告了该所刚玉质陶瓷刀具及氧化铝基金属陶瓷刀具的研究成果。

上海市机械工程学会成立粉末冶金学组，组长仲文治，副组长谢行伟。学组除开展学术活动外，还参与上海粉末冶金厂和上海硬质合金厂的筹建。

## 1960 年

上海第二冶炼厂将上海中南制铜厂并入成为分厂，生产有色金属及其合金粉末。

中国纺织机械厂谢行伟与上海第二纺织机械厂朱巧根研制成功纺纱机含油纲领。

中南矿冶学院建立新材料研究室。

北京钢铁学院（现北京科技大学）、东北工学院（现东北大学）设置粉末冶金专业。

## 1961 年

在一机部支持下，北京天桥粉末冶金厂成立，当年生产 5 万 ~ 6 万件零件，主要产品为钢板销衬套。翌年，达 20 万件。第三年，达 60 万件。

上海轴瓦厂建 1020m$^2$ 含油轴承车间，与华东汽配站签订 10 万件气门导管和钢板销衬套供销合同。

上海硫酸厂成功合成羰基镍并投入生产。

全国多个单位成立粉末冶金研究机构。

## 1962 年

株洲硬质合金厂研制成功细晶粒硬质合金牌号 YG6X，取代进口同类合金牌号。

冶金部有色金属研究院和北京航空材料研究所研制成功弥散强化烧结铝，用于制造飞机零件。

受第一机械工业部委托，上海市机械工程学会年会讨论通过一机部上海材料研究所提出的“粉末冶金技术标准试行检验方法及技术条件”，共12项。

中国机械工程学会与北京机械工程学会在北京联合举办第一次全国粉末冶金学术会议，会上成立中国机械工程学会粉末冶金学会筹备委员会，王甦任主任委员，黄培云、蔡叔厚、仇同任副主任委员，李策任秘书长，章简家、赖和怡、仲文治、韩凤麟任副秘书长。会议交流论文65篇，举办了小型展览会，讨论了“支援农业和扩大粉末冶金产品应用”的议题。

一机部洛阳轴承研究所胡祖训编的《土法生产含油轴承经验》一书由机械工业出版社出版。

## 1963年

冶金部有色金属研究院研制成功镍、不锈钢和蒙乃尔合金多孔过滤器，1965年投产，用于核工业。

纺织工业部颁布由中国纺织机械厂提出的FJ 173—63《含油轴衬尺寸》、FJ 174—63《含油轴衬技术条件》、FJ/Z 110—63《含油轴衬选用、加工、装配与维修》三项粉末冶金含油轴承标准和指导性文件。

中国机械工程学会粉末冶金学会筹备委员会与武汉市机械工程学会在武汉联合召开粉末冶金铁基制品专业会议，会上讨论了武汉市粉末冶金发展规划。

地质部北京勘探技术研究所与株洲硬质合金厂合作试制成功镶天然金刚石的地质钻头。

## 1964年

中国科学院冶金研究所、中国科学院金属研究所、核工业部原子能研究所和复旦大学合作，研制成功原子能工业同位素分离用甲种微孔分离膜，1984年获国家发明一等奖。

冶金部钢铁研究院研制成功原子能工业同位素分离用乙种微孔分离膜，1984年获国家发明一等奖。

杭州齿轮箱厂程文耿、洪子华等在一机部设计二院和中国纺织机械厂协助下，研制成功中、小马力船舶倒顺车变速箱离合器用粉末冶金铜基湿式摩擦片，翌年建立车间投产。

北京市机械研究所（北京市粉末冶金研究所前身）采用热压法研制成功金刚石-金属修整工具并投产。

北京市机械研究所采用粉末轧制工艺研制成功烧结铜铅合金-钢背双金属轴瓦。翌年在北京和武汉投产。

长春第一汽车制造厂开始在主机中采用铁基粉末冶金零件。

株洲硬质合金厂全面修订苏联生产工艺规程，研制成功钨钛钽钴类合金牌号 YW1 和 YW2。

5 月，北京市粉末冶金研究所在北京市机械研究所粉末冶金研究室基础上成立。

宁波粉末冶金厂在宁波轴承厂基础上成立。

重庆冶炼厂建立粉末冶金车间（由上海第二冶炼厂内迁组建），生产有色金属粉末。

由李献璐、黄勇庆、孙文川等人组团，冶金部科技司司长国际带队，参加在巴黎召开的国际粉末冶金会议，这是我国粉末冶金界首次参加国际学术活动。

## 1965 年

成都东方电子材料厂建成投产，设计规模年产 200Mm 钨丝，成为我国电真空和电光源用钨钼材料主要生产基地。

上海粉末冶金厂在上海合金轴瓦厂含油轴承车间基础上建立。

上海粉末冶金厂建成长 38.5m 隧道窑还原铁粉生产线。

857 厂建立羰基镍粉生产车间。

北京航空材料研究所研制成功粉末冶金铁基刹车片并投产，用于歼 7 飞机。

中南矿冶学院和株洲硬质合金厂研制成功 W-Ni-Cu 重合金，用于人造卫星、洲际导弹和核潜艇。

黄勇庆、李祖德、王亚辉、陈蓉贞、陈瑞泽编著《硬质合金工具制造(上册)》一书由国防工业出版社出版。

5 月，一机部推广新技术先进经验办公室与中国机械工程学会粉末冶金学会筹备委员会在阳泉召开铁粉生产经验交流会。

## 1966 年

上海磁钢厂烧结铝镍钴磁钢投入生产。

冶金部批准成立株洲硬质合金研究所。

全国钨加工材产量 6t。

中国机械工程学会粉末冶金学会筹备委员会在宁波召开全国第一次学术会议，学会正式成立。

## 1967 年

株洲硬质合金厂研制成功碳化钛基硬质合金牌号 TH7 和 TH10。

北京市粉末冶金研究所研制成功碳化钨基钢结硬质合金，随后在北京和上海投产。项目获 1978 年全国科学大会奖。

宝鸡有色金属研究所（现西北有色金属研究院）成立，设有粉末冶金研究室和多孔金属材料生产线。

## 1968 年

一机部颁布 JB 1106—68《汽车钢板弹簧销铁基粉末冶金衬套》、JB 1107—68《汽车转向节主销铁基粉末冶金衬套》、JB 1108—68《汽车发动机铁基粉末冶金气门导管》三项产品标准。

北京航空材料研究所研制成功歼 8 飞机用粉末冶金铜基摩擦片，获全国科学大会奖。

## 1969 年

陕西兴平化肥厂羰基铁粉投产。

北京市粉末冶金研究所与冶金部桂林地质研究所合作，研制成功人造金刚石地质钻头。

北京天桥硬质合金厂研制成功用于东方红 1 号人造卫星的触头和炭刷。

北京航空材料研究所研制成功高性能发动机轴承金属-石墨密封环。

## 1970 年

我国自主设计的硬质合金和钨钼制品大型生产厂自贡硬质合金厂建成投产。设计规模为年产 450t。翌年，综合产量达 490t，其中硬质合金 302t。

一机部上海电器科学研究所建立电触头材料研发生产基地。

宝鸡有色金属研究所研制成功钡钨阴极，用于大功率发射管。

## 1972 年

北京市粉末冶金研究所研制成功粉末冶金金属-塑料复合材料，1975 年在衢州投产。

上海粉末冶金厂斜齿轮（45°螺旋角）全自动成形模具（架）投入生产。

株洲硬质合金厂研制成功 $\phi$72/$\phi$81mm × 166mm 硬质合金薄壁圆筒切辊，带 351 个 $\phi$0.8mm 小孔。

## 1974 年

宝鸡有色金属研究所研制成功 $\phi$90mm × 800mm 无缝多孔钛管和宽 200mm、长 30m 多孔钛带和焊接多孔钛管。

上海钢铁研究所建成难熔金属粉末冶金工段，随后研制成功 W-Ni-Fe 重合金、W-Mo 复合靶、钨铼丝、钼毛细管（最小直径 $\phi$2.0mm，壁厚 0.35mm）和无缝薄壁钨管。

中国科学院金属研究所与武汉钢铁公司粉末冶金厂研制成功 Fe-Mo 共还原粉。

857 厂研制成功微米级羰基镍粉，并于 70 年代中期研制成功以镍包铝复合粉末为代表的镍壳复合粉末系列产品。

北京市粉末冶金研究所研制成功针状硬质合金钻头，获全国科学大会奖，翌年在保定投产。

张荆门、陆远明、王良、李世琼、周国成、张贻代合著《硬质合金生产》一书由冶金工业出版社出版。

## 1975 年

我国综合性稀有金属材料生产基地宝鸡有色金属加工厂建成投产。

北京有色金属研究总院研制成功 GW-1 型 W-Ni-Fe 多组元合金和锆铝吸气剂，均获全国科学大会奖。

北京航空材料研究所研制成功水上飞机用粉末冶金铜基刹车片，获全国科学大会奖。

10 月，一机部在南宁召开粉末冶金制品推广应用经验交流会，国家计委增产节约办公室，一机部所属科技局、农机局、汽车局、调度局、情报所及全国 28 省市政府机关、生产厂家、用户、有关科研院所和高等院校派代表参加。会议交流了农机、汽车和机床产品上 344 种粉末冶金制品的应用经验，讨论了粉末冶金制品扩大应用项目，座谈了 1976 ~ 1985 年粉末冶金技术发展规划草案。

## 1976 年

12 月，国家计划委员会、一机部、冶金部在青岛召开全国粉末冶金工作座谈会。1977 年，国家计委发文（计生字 98 号），明确“冶金部归口生产的铁粉和一机部归口生产的制品，分别由两部负责规划，安排年度生产计划，制订产品标准”。要求各省、市、自治区把发展粉末冶金工业纳入正常管理渠道。

上海材料研究所研制成功钢背-烧结青铜浸氟塑料复合材料，并投入生产。

中国科学院金属研究所与沈阳汽车齿轮厂合作，用 Fe-Mo 共还原粉末研制成功粉末锻造汽车行星齿轮，并投入生产。

全国铁粉产量 20000t。

全国钨加工材产量 60t。

## 1977 年

中南矿冶学院研制成功弥散强化无氧铜材料，获 1978 年全国科学大会奖。

中南矿冶学院与益阳粉末冶金研究所合作，用雾化 Cu-Mo 低合金钢粉研制成功拖拉机末端传动齿轮，随后投产，年产 10 万件。

武汉钢铁公司粉末冶金厂李森蓉、曹建基与武汉工学院李念辛等采用粉末锻造制成用于轧钢辊道的大型伞齿轮，重 25kg，项目获冶金部重大科技成果奖。

## 1978 年

全国建成 17 条隧道窑铁粉生产线，倒焰窑逐渐淘汰。

中南矿冶学院研制成功粉末冶金钼喷管和导管，用于反坦克导弹。项目于 1980 年获国防科工委科技进步三等奖和全国科学技术大会奖。

株洲硬质合金厂生产 $\phi80mm \times 1327mm$ 大柱塞。

我国钨钼丝年生产能力达 1000Mm，结束灯用钨丝长期进口的历史。

北京市粉末冶金研究所、上海粉末冶金厂等七单位合编的《粉末冶金模具设计手册》由机械工业出版社出版。

西北有色金属研究院编著《粉末冶金多孔材料（上册）》由冶金工业出版社出版。翌年出版下册。

6 月，中国机械工程学会粉末冶金学会在成都召开第三次全国粉末冶金学术会议，受“文化大革命”冲击而停止的学会活动重新启动。大会提出关于发展我国粉末冶金的建议书，上报国务院。

上海工业大学设置粉末冶金专业。

## 1979 年

中南矿冶学院研制成功三叉戟飞机粉末冶金刹车副，1985 年获国家科技进步三等奖。

上海材料研究所研制成功00Cr13、FeCo23Ni9、00Cr13NiMo、00Cr13CuMo磁粉，并投入生产。

东风汽车公司技术中心研制成功EQGS-1型三层复合材料自润滑轴承。后于1986年研制成功EQGS-2型。

上海电器科学研究所与上海人民电器厂合作，以Ag-CdO触头取代纯银触头用于交流接触器上，节银40%。

合肥工业大学设置粉末冶金专业。

中南矿冶学院成立粉末冶金研究所。

## 1980年

钢铁研究总院、北京冶金设计院与天津粉末冶金厂合作，研究成功大型隧道窑加二次精还原铁粉生产工艺，在天津粉末冶金厂投产，并取得万吨级铁粉厂设计参数和工艺配套经验。

宝鸡有色金属研究所研制成功大型等离子旋转电极制粉设备，并用于制取优质球形钛粉和钛合金粉。

据38家铁粉生产厂统计，全年铁粉产量5490t。

据103家粉末冶金制品厂统计，全年共生产机械零件13210万件。

据6家硬质合金厂统计，全年硬质合金产量2358t。

## 1981年

钢铁研究总院以氮气雾化制粉结合热挤压致密化工艺，研制成功粉末高速钢FT15。

钢铁研究总院研制成功钼顶头，用于不锈钢管穿孔，该项目获全国科学大会奖。

北京航空材料研究所与钢铁研究总院合作，研发成功René95合金涡轮盘。

上海钢铁研究所研制成功Ni80Mo4高频磁粉芯。

川西机器厂开发成功LDS-6000型冷等静压机。

全国钨加工材产量超过100t。

中国金属学会成立粉末冶金学术委员会。

## 1982年

机械部组建机械通用基础件工业局，将粉末冶金机械零件行业正式纳入国家管理体制。

11 月，国务院副总理兼国家科委主任方毅在株洲主持召开第二次全国钨业科技工作会议，会议主题是：推进我国钨业科技进步，将钨资源优势变为产业优势。

上海粉末冶金厂（还原铁粉、内燃机气门导管）、宁波粉末冶金厂（内燃机气门导管）、南京粉末冶金厂（内燃机气门导管）生产的 2 种产品首批获得部优质产品称号。

钢铁研究总院研制成功 TZM 钼合金和高温高真空自润滑轴承保持架，后者用于捷变频雷达磁控管，项目获国家科技进步一等奖。

核工业部第八研究所用羰基法制成镍磁流体和铁磁流体。

一机部桂林电器科学研究所研究通过配对定向转移提高粉末冶金 Ag-氧化物触头材料的使用性能，节银效果显著。

一机部上海材料研究所研制成功加工硬齿面齿轮的硬质合金滚刀材料。

一机部上海材料研究所采用水雾化制粉加冷压烧结法研制成功烧结高速钢，1986 年投产。

北京航空材料研究所研制成功直 8 飞机用粉末冶金刹车片。

北京有色金属研究总院研究成功钙热还原工艺，协助上海跃龙化工厂建成 Sm-Co 粉末永磁材料生产线。

2 月，《粉末冶金技术》期刊编辑委员会成立，由中国机械工程学会粉末冶金学会、中国金属学会粉末冶金学术委员会合办，黄培云任名誉主编，赖和怡任主编，仇同、韩凤麟、李策、李献璐任副主编，李祖德任编辑部主任，8 月创刊。后由中国机械工程学会粉末冶金学会、中国金属学会粉末冶金学会、中国有色金属学会粉末冶金暨金属陶瓷学术委员会合办。

11 月，黄培云主编的《粉末冶金原理》由冶金工业出版社出版。

全年还原铁粉产量 7170t（据 38 家厂统计），电解铜粉 600t。1980～1982 年铁粉产量平均增长率 14.4%，电解铜粉 5.2%。铁粉生产由分散趋向集中，产量大于 500t 的有 5 家，产量占全国 66.5%。

据 103 家粉末冶金制品厂统计，机械零件产量 18531 万件，1980～1982 年平均年增长率 18.4%。

全年触头合金产量 200t 以上。

## 1983 年

上海材料研究所研制成功 600nm 超细晶硬质合金并建厂投产，用作薄片铣刀和涤纶丝切断刀。

北京有色金属研究总院研制成功锆-石墨消气剂，建成锆铝消气剂生产线。

宝鸡有色金属研究所研制成功特种过滤器，用于导弹和卫星伺服系统。

钢铁研究总院研制成功钕铁硼永磁材料，最大磁能积（$BH$）$_{max}$ 达到 240kJ/m$^3$。

据 20 家粉末冶金生产厂统计，农机用粉末冶金零件中，衬套类减摩零件占 93.7%，结构零件占 6.3%。

## 1984 年

北京有色金属研究总院研制成功用于军工的高性能高密度钨合金，获国家科技进步奖。

北京粉末冶金二厂引进日本住友电工株式会社高精度铜基含油轴承制造技术和关键设备投产。

杭州粉末冶金研究所引进奥地利 Miba 公司撒粉法粉末冶金摩擦片生产线投产。

中南矿冶学院研制成功 Ni-Co-$MoS_2$ 和 Co-Ag-$MoS_2$ 固体自润滑材料。

上海华通开关厂研究成功挤压法制取 Ag-石墨纤维触头材料，节银效果明显。

川西机器厂开发成功大型热等静压机。

8 月，南京粉末冶金专用设备厂建立。

9 月，录像片《粉末冶金制品在汽车和拖拉机上的应用》摄制完成，由北京市粉末冶金研究所、上海材料研究所、杭州粉末冶金研究所和机械部情报所编剧，北京市粉末冶金所监制，机械部情报所摄制。

10 月，机械部通用基础件局、中国汽车工业公司、机械部农机局在武汉召开粉末冶金制品在汽车农机上推广应用座谈会。会议总结了二十多年来我国粉末冶金工业为汽车、农机工业服务的成绩，研究了新形势下汽车、农机工业发展对粉末冶金工业提出的要求，讨论了新车型和引进车型所需高强度、高精度结构零件的开发，举办了展览会，放映了录像片《粉末冶金制品在汽车和拖拉机上的应用》。

## 1985 年

1 月，武汉粉末冶金厂金属基镶嵌型固体自润滑轴承通过鉴定。

上海粉末冶金厂引进西德压机和烧结炉投入生产。考核产品机油泵内、外转子和真空制动泵转子，技术性能指标超过某些工业先进国家 80 年代同类产品水平。

10 月，宁波粉末冶金厂引进日本住友电工株式会社铁基粉末冶金零件生产技术和关键设备投产，建成年产 260 万件铁基零件生产线，产品中汽车减震零件和油泵零件技术性能达到国外同类产品先进水平。

西北有色金属研究院研制成功钨铱流口。用粉末热挤压成功制取钛和钛合金材。

北京航空材料研究所、钢铁研究总院、北京航空学院、北京科技大学合作，研制成功高性能发动机粉末冶金涡轮盘。

阳泉粉末冶金厂（还原铁粉)、武汉粉末冶金厂（气门导管)、北京粉末冶金一厂（气门导管)、益阳粉末冶金厂（机油泵齿轮)、沈阳粉末冶金厂（粉末锻造行星齿轮)、厦门粉末冶金厂（铜基摩擦片)、杭州齿轮箱厂（铜基摩擦片）生产的5种产品获得部优质产品称号。

硬质合金全年产量3134t。

中国金属学会成立粉末冶金学会。

中国有色金属学会成立粉末冶金暨金属陶瓷学术委员会。

## 1986 年

7月7～11日，国际标准化组织粉末冶金技术委员会（ISO/TC119）召开会议，接纳由北京市粉末冶金研究所提出的GB 4164—84《金属粉末中可被氢还原氧含量的测定》为国际标准，标准号为ISO 4491-3。这是国际标准化组织首次接纳我国提案。

厦门粉末冶金厂引进西德多孔性烧结青铜元件生产线投产。

北京市粉末冶金研究所研制成功坦克用粉末冶金铜基片和铁基片，项目分别获兵器部一等奖和二等奖。

## 1987 年

10月，鞍钢冶金粉末厂引进西德 Mannesmann Demag 水雾化铁粉生产线投产，年生产能力4500t。同时完成还原铁粉生产线技术改造，年生产能力达2500t。

武汉钢铁公司粉末冶金厂完成现代化铁粉工程第一期建设，建有105m隧道窑1座，引进美国 Drever 钢带式精还原炉1台。

钢铁研究总院将钕铁硼永磁材料最大磁能积 $(BH)_{max}$ 提高到 $415kJ/m^3$ 以上，使我国成为世界上能制造 $(BH)_{max}$ 达 $400kJ/m^3$ 钕铁硼永磁材料的三个国家之一。

钢铁研究总院采用常规冷却速率气雾化法制得非晶态合金粉末材料M80S20。

引进主机一批粉末冶金零件实现国产化，包括冰箱旋转式压缩机粉末冶金汽缸、洗衣机电机用铁基含油轴承等零件。

北京市粉末冶金研究所研制成功大型湿式铜基摩擦片（外径 $\phi$610mm），用于68t重型自卸汽车。

株洲硬质合金厂、中南工业大学、北京有色金属研究总院和北京科技大学合作研究成功仲钨酸铵制取蓝钨、钨粉工艺，获中国有色金属工业总公司科技进步一等奖和国家科技进步一等奖。

武汉粉末冶金厂（金属基嵌镶型固体自润滑轴承）、黄石摩擦材料厂（铜基摩擦片）、北京摩擦材料厂（安-24 飞机摩擦副盘）、晋江粉末冶金制品厂（刹车带）、龙岩粉末冶金厂（雾化青铜粉）生产的 5 种产品获得部优质产品称号。

11 月，中国机械工程学会粉末冶金专业学会在南京召开成立二十五周年暨第五次全国粉末冶金学术会议，交流了研究和应用成果，总结了我国粉末冶金事业发展的历史经验，讨论了新技术革命对粉末冶金工业的需求。到会三个全国性粉末冶金学会负责人就三个学会联合举办活动取得一致意见，决定成立三学会秘书长协调组。

韩凤麟著《粉末冶金机械零件》一书由机械工业出版社出版。

## 1988 年

全国拥有热等静压机 26 台。

株洲硬质合金厂引进瑞典 Sandvik 硬质合金及涂层刀片生产线并投产，生产线具有国际先进水平。

外贸部批准株洲硬质合金厂成立株洲硬质合金进出口公司。

上海钢铁研究所研制成功快淬 Nd-Fe-B 黏结磁体。快淬 $Nd_{13.5}Fe_{81.74}B_{4.76}$ 黏结磁体磁性能达到美国通用汽车公司 MQ-1 的指标。

武汉粉末冶金厂生产的金属基嵌镶型固体自润滑轴承获国优产品银质奖。

机电部批准晋江粉末冶金制品厂和宁波粉末冶金厂为国家二级企业。

中国机械零部件工业协会粉末冶金专业协会成立。

## 1989 年

厦门粉末冶金厂引进西德雾化球形青铜粉末生产线投产。

857 厂“羰基镍气相沉积法制备镍壳包覆粉末的设备与工艺”获国家发明奖。

上海钢铁研究所研制成功黏结非晶高频磁粉芯，制作光通信用光端机的高频扼流圈。

钢铁研究总院研制成功铜铬真空触头材料。

中国钢结构工业协会粉末冶金协会成立。

据 24 家铁粉生产厂统计，全年铁粉产量 30431t。铁粉生产进一步趋向集中，专业化生产形成。

据 14 家铜粉和铜合金粉生产厂统计，全年铜粉和铜合金粉产量 4651t。

据136家粉末冶金制品厂统计，全年机械零件产量16476t/63431万件。铁基结构零件与含油轴承（不含微型精密含油轴承）产量之比，按重量为38∶62，按件数为42∶58，结构零件比例增加。铁、铜基含油轴承产量总和（不含微型精密含油轴承）30361万件，接近我国滚动轴承的产量。

据9家生产厂统计，全年粉末冶金摩擦材料制品产量306万件。

据6家生产厂统计，全年复合减摩材料制品产量804万件，包括铜合金-钢背零件674万件、DU和DX制品130万件，以及固体润滑材料制品。

全年铜合金过滤元件产量118万件，不锈钢过滤元件3.39万件，镍、钛过滤元件1.21万件。

据4家生产厂统计，全年电触头合金产量385t。

全年软磁元件产量3282万件，硬磁元件42686万件。

## 1990年

武钢粉末冶金公司万吨级现代化铁粉工程建成投产，生产3个系列22个牌号的产品。

由川西机器厂与钢铁研究总院联合设计、川西机器厂制造的“双2000”小型热等静压机面市。该机工作压力200MPa，工作温度2000℃。

全年硬质合金产量4740t，居世界第三位。

全年钨丝产量近3000Mm。

据粉末冶金零件主要厂家统计，1981～1990年间，总产值全员劳动生产率和工业增加值劳动生产率均保持19%左右的年增长率。

全年铁氧体产量50000t，其中永磁35000t，软磁15000t。成为世界铁氧体主要生产国。

## 1991年

中国钢结构协会粉末冶金协会和中国机械零部件工业协会粉末冶金专业协会合办的《粉末冶金工业》创刊。

中南工业大学粉末冶金研究所获中国民航局颁发的摩擦材料制造人批准书。

## 1992年

3月，国家粉末冶金制品质量监督检测中心在北京市粉末冶金所建成验收。

3月，国家钢铁产品质量监督检测中心钢铁粉末实验室在钢铁研究总院建成验收。

## 1993年

硬质合金产量达7100t，居世界第一。

## 1994年

株洲硬质合金厂和自贡硬质合金厂年生产能力分别超过3000t和2000t，两厂年生产能力之和占全国60%～70%，形成我国硬质合金生产两大基地。

瑞典Höganäs公司在上海建成3000t水雾化铁粉生产线。

黄培云教授被选为中国工程院首批院士。

## 1995年

粉末冶金国家重点实验室在中南工业大学建成。

中南工业大学粉末冶金研究所获俄罗斯图波列夫设计局颁发的俄罗斯航空技术协会认可的“图-154”飞机刹车盘（副）制造许可证。

## 1996年

莱芜粉末冶金厂铁粉生产达万吨级产能，建成我国第三大铁粉生产基地。

中国有色金属学会和粉末冶金国家重点实验室合办的《粉末冶金材料科学与工程》创刊。

中南工业大学全面启动粉末冶金国家工程研究中心建设工程。

## 1997年

北京有色金属研究总院在北京怀柔建立有色金属粉末厂，成为我国有色金属粉末生产基地。

## 1998年

我国钨制品产量2000t左右，占世界总产量的30%。钼产量36800t左右，形成2200t钼制品产能。

## 1999年

我国Nd-Fe-B和Sm-Co烧结永磁材料产量合计达5477t；其中Nd-Fe-B产量

5180t，占全球产量12910t的40%，居全球之冠。

## 2000年

全年硬质合金产量8740t，占世界总产量的25%。

钨精矿出口率降至0.0%。钨制品以中间产品、再加工产品和深加工产品出口。

武钢集团粉末冶金公司、莱芜粉末冶金厂和瑞典Höganäs公司（中国）三家企业铁粉年生产能力超过万吨。

据22家铁粉主要生产厂统计，全年铁粉产量73800t，其中出口铁粉2500t。

据4家铜粉主要生产厂统计，全年电解铜粉产量3100t；5家铜合金粉生产厂统计，铜合金粉产量2100t。

据34家机械零件厂统计，全年零件产量30210t，我国粉末冶金机械零件产量在亚洲及大洋洲地区超过韩国，跃居第二位，仅次于日本。

烧结钕铁硼产量6600t，占世界产量的40.2%。

## 致　谢

这份材料承蒙金大康、谢行伟、黄勇庆、李策、吴菊清、张荆门、赵慕岳、程文耿、李森蓉、廖际常、羊建高等学界和业界同仁修改和补充，及上海粉末冶金学会讨论修改，谨表谢忱。

### 参考文献

[1] 中国机械工程学会粉末冶金分会．国内粉末冶金史料汇编[R]．北京，1992.

[2] 金大康．上海粉末冶金工业的发展历史和现状[J]．粉末冶金技术，1987，5(3)：129～136.

[3] 赵慕岳，等．有色金属进展粉末冶金分册[M]．长沙，1985.

[4] 邹志强，殷为宏．中国钨材加工业的发展[C]//1994年全国粉末冶金学术会议论文集．北京：地震出版社，1994：24～29.

[5] 敖自立．铜粉等有色金属粉末的发展与技术进步[J]．粉末冶金工业，1997，7(增刊)：52～61.

[6] 屈子梅，侯开泰．我国羰基镍粉末工业的发展[J]．粉末冶金工业，1997，7(增刊)：113～117.

[7] 屈子梅，曹晓华．努力加速羰基镍国产化进程[J]．粉末冶金工业，1992，2(6)：8～10.

[8] 李友浩．磁性材料和器件的发展[J]．粉末冶金工业，1997，7(增刊)：95～100.

[9] 许元福，史久熙．银氧化镉触头应用在CJ10-60交流接触器上的节银效果[C]//中国电机工程学会低压电器学术讨论会论文集，无锡，1982.

[10] 李绍忠．在东风系列载货汽车上使用的三层复合材料轴承[J]．粉末冶金工业，1996，6

(5):16~19.

[11] 李献璐，孙向东，黄腾政．国内外铁粉工业的现状及发展[C]//第三次全国金属粉末学术会议论文集，1982：1~9.

[12] 李献璐．我国铁粉工业的发展[J]．粉末冶金工业，1992，2(3):13~17.

[13] 韩凤麟．我国粉末冶金工业现状[J]．粉末冶金技术，1983，1(6):44~46.

[14] 王振宇，郭绍博，吴力智．Ni80Mo4 高频磁粉芯[J]．粉末冶金技术，1982，1(1):37~39.

[15] 邓子叨．通过配对定向转移提高粉末冶金触头材料的使用性能[J]．粉末冶金技术，1982，1(2):33~35.

[16] 吴文华，张瑀．加工硬齿面齿轮硬质合金滚刀材料的探索[C]//中国机械工程学会粉末冶金学会 20 周年学术会议论文集，北京，1982.

[17] 戴行仪，严建肃，仲守亮，刘云美．烧结高速钢及其应用[J]．粉末冶金技术，1988，6(1):52~57.

[18] 陈宏，陈桂泉．我国农机行业应用粉末冶金制品的情况[J]．粉末冶金技术，1985，3(3):27~29.

[19] 光明日报．1983-04-29.

[20] 唐与谌．稀土永磁开发近况[J]．粉末冶金工业，1997，7(增刊):83~94.

[21] 李溪滨．固体自润滑材料的研究及应用[J]．粉末冶金技术，1984，2(4):28~33.

[22] 张家鼎．挤压法制取银-石墨纤维触头材料[J]．粉末冶金技术，1984，2(3):21~25.

[23] 祝修盛．我国钨品生产和贸易[J]．中国金属通报，2003，36：4~9.

[24] 舒正平．宁波粉末冶金厂引进工作初见成效[J]．粉末冶金技术，1986，4(2):110.

[25] 薄雅贤．国际标准化组织通过我国测氧标准提案[J]．粉末冶金技术，1986，4(3):封三.

[26] 王善春．鞍钢粉末冶金的发展[J]．粉末冶金工业，1997，7(增刊):45~51.

[27] 王声宏．热等静压技术国内外发展概况[C]//第三次全国等静压学术会议论文集，1992：1~10.

[28] 黄钢祥．真空快淬永磁合金研究课题通过局级鉴定[J]．上钢科研，1989(1):46.

[29] 中国机协粉末冶金专业协会，中国钢协粉末冶金协会．粉末冶金行业基本情况调查报告[J]．粉末冶金工业，1991，1(6):10~11.

[30] 韩凤麟．我国粉末冶金机械零件现状[J]．粉末冶金技术，1992，10(增刊):19~28.

[31] 姚中，姚丽姜，虞维扬．非晶态高频磁粉芯研究[J]．粉末冶金技术，1989，7(4):227~232.

[32] 陆远明．硬质合金的现状和发展[J]．粉末冶金技术，1992，10(增刊):52~64.

[33] 胡扬中．川西机器厂开发等静压设备的回顾与展望[C]//第三次全国等静压学术会议论文集，1992：134~139.

[34] 陈绪南．钨的供需现状、趋势与资源保护[J]．硬质合金，2003，20(1):61~63.

[35] 中国钢协粉末冶金协会秘书处．2000 年全国铁粉及主要金属粉末生产状况[J]．粉末冶金工业，2001，11(3):58.

[36] 韩凤麟．2000 年中国粉末冶金零件工业进展[J]．粉末冶金工业，2002，12(1):7~12.

[37] 孙世杰．我国硬磁材料现状[J]．粉末冶金工业，2002，12(4):47.

# 从《粉末冶金技术》十年看我国粉末冶金技术的进展[1]

**摘　要**　科学技术期刊作为科学技术研究成果的印刷载体，在很大程度上反映所属专业领域的科学技术水平。本刊作为我国三个粉末冶金学会的会刊，为科技人员发表科研论文提供了广阔的园地。本文根据《粉末冶金技术》创刊十年来所发表的文章，对我国同期粉末冶金科学技术的发展进行评述。

## 1　引　言

《粉末冶金技术》为中国机械工程学会粉末冶金分会、中国金属学会粉末冶金学会、中国有色金属学会粉末冶金及金属陶瓷学术委员会共同主办的专业技术期刊，属中央级刊物。自1982年8月创刊以来，已有十年的历史。由于三个学会的成功合作，挂靠单位北京市粉末冶金研究所在人力物力上的大力支持，全国粉末冶金工作者的关心和爱护，以及全体编委和编辑的努力，刊物质量逐年提高，为粉末冶金事业和国民经济发展做出了一定的贡献。

《粉末冶金技术》在国内已为《中国机械工程文摘》、《中国冶金文摘》、《机械制造文摘—粉末冶金分册索引》及《汽车文摘》等主要检索刊物所收录，入选为核心期刊，载入北京高校期刊工作研究会与北京大学图书馆合编的《中文核心期刊要目总览》。自1989年起，被中国科学技术情报所《中国科学技术论文统计与分析》列为统计用刊。1984年起，为了面向世界介绍中国粉末冶金科学技术成就，《粉末冶金技术》开始对国外发行，并由此跻身于国际粉末冶金专业技术刊物之林。先后为世界索引刊物美国《工程索引》(EI)、《化学文摘》(CA)、《金属成形文摘》(Metal Forming Digest)、苏联《文摘杂志》(РЖ Металлургия 15E Порошковая металлргия)、英国《金属文摘》(MA）和美国 Fraklin 研究所出版的《粉末冶金科学与技术》(Powder Metallurgy Science and Technology）文摘月刊所收录，由此纳入国际三大检索中心 DIALOG、ORBIT 和 ESA-IRS 有关文档。

《粉末冶金技术》的十年，是我国粉末冶金技术取得明显进展的十年。科学技术期刊作为科学技术研究成果的载体，基本上反映出同期所属专业领域的科学

[1] 本文原载于《粉末冶金技术》，1992，10（增刊）：128～133。由编辑部刘彦如署名。

技术水平。综合分析本刊十年来所发表的文章，对这个时期我国粉末冶金科技的发展情况，可以窥见一斑，知其大略。

# 2 机械零件生产水平显著提高

## 2.1 铁粉生产技术取得重大进展

铁粉作为粉末冶金机械零件的主要原料，其质量日益受到重视。80 年代对铁粉制造工艺及质量控制等方面进行了大量研究，对国产铁粉与瑞典、日本铁粉的性能进行全面对比，找出差距，制订了提高铁粉质量的有效措施；研究了铁粉粒度组成对其压缩性的影响，提出通过调整粒度组成提高铁粉工艺性能的三角图形法。采用二次还原工艺以提高铁粉质量，为粉末冶金行业人士所共识，已逐步在国内铁粉生产厂家推广应用。为提高铁粉的均匀性，研制成功铁粉分级合批装置。对 Fe-Cu-Ni、Fe-Cu-P、Fe-MC（母合金）系和部分扩散合金化铁粉进行了研究，表明这几种铁粉压缩性较好，所制材料中合金均匀化程度高，可以达到较高的强度。武汉钢铁公司 80 · 230Cu3 预扩散合金粉末已投入生产。对水雾化纯铁粉进行了研制，这种铁粉具有优良的物理工艺性能，可为中、高强度结构零件生产提供原料。还研制成功静电复印用铁粉载体和铁氧体载体。

1989 年我国粉末冶金用铁粉产量为 30426t，其中还原铁粉为 28455t。我国铁粉产量摆脱了十几年来在 1 万 ~2 万吨之间的徘徊，突破了 3 万吨大关。铁粉生产逐渐趋于集中化的势态喜人，武钢粉末冶金厂已发展成为我国生产各种牌号铁粉的大型企业，以 156m、105m、38.5m 三条隧道窑及两座 DREVE 钢带连续式精还原炉为主体组成生产线，年生产能力达 1 万吨。

开展了金属粉末制造工艺原理的研究。应用高速摄影研究了金属雾化制粉过程，查明颗粒形成的规律，以及水雾化金属粉末形状与粒度间的关系。

## 2.2 研发成功制造机械零件用多种材料

通过合金化的研究，发展了铁基材料系列。研究成功的材料有 Fe-P-Cu-C 系、Fe-P-Cu-C-Mo 系、Fe-Cr-Cu-Mo-C 系、Fe-Ni-Mo-C 系、Fe-Re-C 系和 Fe-Mo-Re-C 系等。母合金加入方式有利于合金元素均匀化，促进烧结，提高强度和硬度。采用烧结钢熔渗铜工艺可提高材料密度和强度，为大量生产重载荷结构零件提供可行工艺方案。

铅青铜材料和不锈钢材料得到发展。开发了铅青铜基结构零件和减摩零件；马氏体基和奥氏体基不锈钢研究成功，不锈钢零件开始获得大量应用。

复合减摩材料方面，金属塑料复合材料应用进一步扩大，塑料-青铜-钢背三层复合润滑材料研制成功并投入生产，研制成功 $Ta\text{-}MoS_2$、$Ta\text{-}Mo\text{-}Re\text{-}Ni\text{-}MoS_2$、$Ni\text{-}Co\text{-}MoS_2$ 高温自润滑材料、Cu-石墨-$LiF_3$（$CaF_2$）气液密封材料和磷青铜纤维增强固体润滑材料。

摩擦材料方面，对材料成分和结构设计进行了研究。应用进一步扩大，三叉戟喷气式客机和直 8 式直升飞机已正式使用粉末冶金刹车材料。

由于主机对所用粉末冶金零件材料提出更高要求和粉末冶金零件使用范围日益扩大，对其使用性能的研究越来越得到重视。从本刊发表的文章看，进行的研究和试验有：青铜基含油轴承使用性能、高石墨青铜含油轴承使用性能、磨床主轴铁基含油轴承运转性能、含油轴承摩擦系数和 PV 值测定、湿式摩擦片使用性能、离合器热负荷性能、刹车片抗剪强度等。研究工作加深了对粉末冶金材料的特殊性和性能潜力的认识。80 年代初期，已经注意到含油轴承润滑油的重要性，可惜以后未见研究成果报道。

## 2.3　制造技术有长足进步

本刊发表的关于机械零件成形技术的文章较多，包括手动模、自动模和模架的结构设计，模具加工，等静压制工艺，组合连接工艺，工装和全自动压机设计，压机改造以及实际操作经验等，反映出结构零件已成为我国粉末冶金机械零件工业开发的重点。为了解决各种各样零件的成形，发展了多种成形方法，提出了许多行之有效的措施。80 年代后期，设计水平和成形技术有明显进步，压机制造、工装改进、精密复杂形状零件成形模及精整模设计、高精度复杂通用型自动模架设计等方面，均取得了许多成果，已有先进水平的成形压机和精整压机供应市场。国外 80 年代早期开发出来的注射成形技术，国内已在 80 年代后期进行研究并取得较好的成果，制造出形状复杂的高精度零件。粉末热锻技术用于高强度结构零件的制造，国内已经投产。

烧结气氛方面，进行了多种气氛的研究，包括氮基气氛、分解氨、放热型气氛。对这些气氛的发生、净化和应用取得研究成果，表明我国烧结技术水平有所提高。特别是氮基气氛新技术取得成功，已有发生装置和净化装置的商品供应市场。

铁基制品热处理越来越受到生产厂家的重视。根据使用条件进行了多种化学热处理的研究和试验工作，包括渗碳、碳氮共渗、渗硼以及电镀等，不少工作结合生产进行。

变密度含油轴承是新开发出来的值得重视的产品，根据实际使用工况设计轴承内孔表面密度分布的构思是合理的，实践证明使用性能良好。

我国粉末冶金机械零件制造技术取得长足进步，可从机电部粉末冶金行业优秀产品的评选得到明显反映。本刊 1986 ~ 1991 年报道了行业 4 次评选的粉末冶金机械零件优秀产品共 19 项。这些产品具有一定的代表性，表明我国粉末冶金机械零件制造技术已登上新的台阶。

机械零件制造技术的进步推动了产品应用领域的扩大，在机械、农机、冶金、化工、汽车、船舶、仪器、仪表、家用电器、石油、地质钻探、矿山机械、轻纺、日用五金、航空、航天、原子能等工业部门和技术领域得到广泛应用，本刊均有报道。

# 3　粉末冶金材料研究取得进展

80 年代，我国开展了常规粉末冶金材料包括机械零件材料、硬质合金、难熔金属、电工合金、高温合金、多孔金属等在材质、性能、制造工艺方面的研究和应用，取得了大量成果，涌现出不少新材料。机械零件材料已如上述。

## 3.1　硬质合金

已开发出不少新牌号，特别是用于淬火钢、难加工金属材料精加工的合金牌号和超细晶粒合金牌号。高韧性硬质合金电子打印针研制成功，表明在材质和制造工艺上有所突破。研制成功规格繁多的异形制品并获得广泛应用。我国对稀土元素在硬质合金中作用的研究开展较早，已研究成功性能优异的材料。热挤压成形、热等静压、真空烧结、石蜡成形剂、表面处理、电火花加工等目前生产上关注的工艺技术均有新成果。为了提高合金的使用性能，进行了钴相性能、固溶体配比、抗热冲击、断裂韧性、抗蚀性、组织缺陷等方面的研究。研究了硬质合金饱和磁化强度影响因素，这项技术对合金生产质量控制具有实用价值。碳化铬硬质合金正形成牌号系列。$Al_2O_3$-TiC 金属陶瓷材料研制成功，提供了精加工刀具新材料。

## 3.2　难熔金属

研究了 W-Ni-Cu 重合金的断裂行为，查明断裂韧性的影响因素，提出以断裂韧性指标评价合金的见解。对钨基重合金进行热等静压和真空热处理，证明是提高合金强度和伸长率的有效方式。加入锡（1%）能提高 W-Ni-Cu 合金的强度，降低烧结温度。研究成功施压法制造无缝钨管工艺及粉坯挤压法制造钨合金棒材工艺。变形钨靶和钨-石墨复合钯已在 X 射线旋转阳极管上获得应用。W-Mo-Ni-Fe 合金在轴承电铆合模上应用成功。研究证明，钯、镍和钴对钼的烧结起到活化作用，开发了新的应用领域：钼基 TZMC 合金可用于电阻焊接模块；钼基 TZM 合金经卷筒铆接制成热等静压隔热屏，以光刻卷筒制成大功率陶瓷发射管；加有钴、镁的钼合金用作电子管栅丝；用 Mo-30W 合金制成耐锌液腐蚀的热电偶套管；Nb-Ti-Al 合金用于制造耐氯气腐蚀的仪表零件。

### 3.3　电工合金

80 年代中期，用于大功率真空断路器的 Cu-Cr 合金触头材料研制成功，是粉末冶金触头材料方面一项重要成就。采用挤压法制造的 Ag-石墨纤维材料、固体扩散法制造的 Ag-CdO 材料、共沉积烧结挤压法和烧结热挤压拉丝法制造的 AgNi10材料，性能优良，节银效果明显。以化学共沉淀法制成 Ag-ZnO 触头材料；以包覆制粉新工艺制成 Ag-Fe7 触点材料。为提高 Cu-W 材料性能，研究了铜钨触头材料的热等静压处理及钨基体的制造条件和溶渗铜工艺。通过配对定向转移和非对称性配对，提高了触头使用性能。可喜的是，用户对铜钨触头质量进行了分析，指出显微组织是影响质量的关键因素。在 $Sm_2Co_{17}$ 永磁合金中加入合金元素形成液相，能提高成品率，改善性能。在克服 NdFeB 永磁合金居里点较低和温度系数较高两个主要缺点方面，进行了有成效的工作，通过加入钴将居里点提高到 500℃，温度系数降至 0.05%/℃。80 年代初期开发的 Ni80Mo4 高频磁芯有较宽的使用频率，而后期研制成功的非晶态高频磁粉芯具有极好的频率特性，已在光通讯光端机中应用。

### 3.4　多孔金属

80 年代研制成功多种多孔金属制品。大型多孔钛板已在废水处理、湿法冶金及反渗透技术中应用。髋关节复合多孔钛股骨头已用于临床。球形钛粉发泡板已用于体外循环心脏直视手术。研制成功不锈钢纤维多孔材料和多孔不锈钢薄壁管（长 500mm、壁厚 0.8 ~1.2mm）。钡钨阴极多孔钨基体用于电子探针扫描电镜和光透射粒度测定仪。粉末轧制多孔镍箔储存式氧化物阴极材料用于行波管。采用制粒新工艺制造出 Ti-30Mo 合金多孔材料和 W-Ni-Fe 合金多孔材料。青铜多孔显示板用于静电显像仪，显示图像效果在 95% 以上。青铜过滤元件在铸造工艺装备上获得新用途。

### 3.5　高温合金

虽然本刊发表高温合金论文较少，但从中亦可看出，对这种合金的组织和性能的研究正在深入。为控制粉末质量，探明了 René95 超合金粉末粒度分布函数关系；发现预处理可以明显改善 HIP René95 合金 PPB 碳化物的聚集程度，增加合金 $\gamma'$ 相含量而不改变合金的晶粒度；研究了等静压加模锻处理制造的合金的低周疲劳性能，分析了疲劳破坏的宏观和微观组织特征，找出了影响低周疲劳性能的控制因素。

### 3.6　金刚石-金属材料

80 年代粉末冶金金刚石工具的重大成就之一是胎体改进和研究成功金刚石

表面金属化技术。通过胎体中加入强碳化物形成元素或进行金刚石表面涂覆金属处理，使金刚石表面形成碳化物层，提高胎体与金刚石颗粒的黏结力。含钛黏结材料用于金刚石拉丝模模芯获得成功。采用纤维冶金工艺将金刚石固结在铸铁短纤维网络结构中，制成金刚石砂轮。以轧制烧结法制成铜合金基体金刚石薄刀片，用于切割电子晶片和基片。用于修整大砂轮的金刚石-金属修整笔制造成功。采用掺杂硅钛硼烧结金刚石，制成高质量的金刚石聚晶体。

## 3.7 工程陶瓷

工程陶瓷在我国于80年代取得迅速发展，虽然本刊发表的文章不多，但也可以反映某些重要情况。在 $Si_3N_4$ 材料中加入复合非氧化物 AlN + ZrN，可有效减少晶粒玻璃相，提高高温性能。为提高材料的强度，研究了 $Si_3N_4 + 5Y_2O_3 + 2Al_2O_3$ 热压过程中促使 α-β 相变的条件和 $ZrO_2/\beta''$-$Al_2O_3$ 中 $ZrO_2$ 韧化机制。通过添加硼、铝、碳，改善了热压碳化硅致密化性能，抑制晶界相形成。研制成功用于电解铝节能惰性电极的 $TiB_2$-$MoSi_2$-Fe 系材料。生物相容性良好的多孔钙磷生物陶瓷材料已用于临床治疗。

## 3.8 喷涂喷焊合金粉末

以黏结法、雾化法、湿法冶金 + 固相热扩散法、高压氧还原法和料浆喷干法等方法制造成功多种喷涂喷焊合金粉末，包括：镍基钎焊粉末，镍铬合金包覆硅藻土粉末，镍包覆铝粉末，自黏性一次喷涂镍基、铁基、铜基复合粉末，$Al_2O_3$-$TiO_2$ 复合粉末，镍基自熔合金加铝粉末，WC-Ni 基自熔合金组合粉末，钴包覆碳化物粉末和 WC 基钢结硬质合金粉末。用于各种耐磨、耐腐蚀零部件的热喷涂、喷焊、等离子喷焊和钎焊，以及用作抗磨耗封严零部件的涂层。研究了增效喷涂材料的镍铝放热反应，制定了制造这种材料的喷涂工艺参数，并提供参考数据。

## 3.9 超微粒材料

具有特殊性能、用途广泛的超微粒材料引起国内的重视，80年代中期已有不少成果。以工业级碱式碳酸盐为原料，采用湿法冶金加压氧还原，制得微细镍粉（最细达0.2μm）。以硫酸亚铁盐为原料，采用氢还原法制得针状铁磁合金超微粒子（<0.1μm），用于高密度、高质量磁记录。将亚铁在强碱性溶液中氧化沉淀析出 α-FeOOH 微晶，然后在高温下还原制得粒度为0.2μm、长径比大于5的棒形超微铁粉。用电弧等离子体制成最大几率直径5.29nm、平均几何直径21.0nm 的超细 AlN 粉末。以超细金属粉末为原料的磁流体作为密封材料和润滑材料已在扬声器、旋转轴真空泵、织布机上应用。开展了超细金属粉末的测试研究。

### 3.10　快速冷凝和机械合金化材料

80年代快速冷凝和机械合金化这两项粉末冶金新技术的研究在我国取得进展，其中包括：以离心雾化成功制取快速冷凝Al-Si微晶粉末；以旋转叶片法制取快速冷凝粉末，然后经热挤压成形制得Al-Fe-Ce-Ti-Si微晶耐热合金；以Al-Fe-V-Si快速冷凝粉末，经真空热压和热挤压制得的微晶结构耐热合金，具有优异的室温强度和高温强度；以机械合金化+冷等静压+热挤压制得弥散强化铝镁合金棒材；用机械合金化制出非晶态Cu-Ti合金粉末，再以爆炸密实法制成块状非晶合金。

## 4　测试技术

在粉末粒度和多孔体比表面测定技术方面，提出了多种方法，或对已有方法提出改进。根据颗粒光散射原理，综合应用Fraunhofer衍射理论和Mie散射理论，制成FAM激光测粒仪。此仪器精度高，应用范围广，适用于各种两相介质中的粉末粒度测量。为研究烧结动力学，提出用阳极氧化法测定阀金属烧结多孔体表面积。为适应超细金属粉末研制工作的需要，提出X射线小角度散射分割分布函数法计算超细粉末粒度的方法，并验定了其稳定性。采用高分辨电镜对超细铁粉的组成、形态、表面状态、晶粒结构和高分辨点阵图像进行了研究。

可被氢还原氧测定法在80年代得到进一步完善和改进，此法被颁布为国家标准GB 416—84，并被纳入国际标准ISO 4491之中。制成微机控制的全自动测氧仪，精度高，重现性好，试验效率高。坐滴法测定金属浸润性的浸润仪研制成功，用于测量液-固浸润性并直接观察浸润动态过程，为液相烧结多组元材料设计成分和制定烧结制度提供依据。为研究材料和制品的物理力学性能和使用性能，提出了一些测定方法并设计了专用仪器，对含油轴承PV值特性的研究及采用MPV-1500型摩擦试验机测量含油轴承摩擦系数和PV值，为正确选用含油轴承材料和类型提供参考。离合器热负荷性能惯性试验台可模拟离合器接合过程，测定摩擦材料的热负荷极限，为选择离合器设计参数提供依据。

## 5　理论研究

80年代对粉末冶金基本理论进行了有效的研究工作。

对多孔体致密化和变形机理进行了研究，提出了与应力状态相关的多孔体塑性泊松比和表达式，以及与应力状态相关的多孔体塑性致密化方程，具有实际意义。提出了粉末体的屈服准则基本形式和泊松比与相对密度的关系，以及相对密度与屈服应力的关系，并对屈服准则进行实验验证。还对铜粉末体的高温塑性变形进行了研究。

将黄培云双对数粉体压制方程转换为非对数形式，对11种粉末的等静压实验数据进行了验证。非对数式对推广应用双对数粉体压制方程有一定意义。

对烧结钢疲劳特性进行了研究，发现疲劳强度受控于疲劳裂纹的萌生。孔隙对应力集中有宏观分散而微观加剧的作用，可作为烧结钢对缺口敏感性较低的解释。孔隙对裂纹尖端有钝化作用，材料中孔隙的存在和对材料进行热处理可以提高疲劳门槛值。

## 6 结束语

综上所述，我国粉末冶金科学技术十年来取得了迅速发展，在材料、工艺、生产、检测及应用方面的研究成绩显著。制造技术的进步促使粉末冶金材料和产品水平不断提高，新工艺、新材料、新产品和新工装设备不断涌现，产品应用领域进一步扩大。粉末冶金技术和制品正在向高技术领域渗透，某些研究工作已涉足现代粉末冶金科学技术的前沿。

过去的十年，是我国粉末冶金事业稳步发展的十年，也是《粉末冶金技术》成长和进步的十年。总的来说，本刊十年所刊登的论文，就研究的深度和广度而言，后期高于前期。回顾过去，展望未来，下一个十年将是我国粉末冶金科学技术腾飞的十年。作为反映和代表我国粉末冶金科学技术水平的学术期刊《粉末冶金技术》，将担负着更为艰巨的任务。让我们与全国粉末冶金生产、使用、科研和教学单位，以及全国粉末冶金工作者一起携手前进，共创我国粉末冶金的美好未来，以卓著的成绩迎接21世纪的到来。

# 第四章 我国粉末冶金机械零件工业的兴起和发展

WOGUO FENMO YEJIN JIXIE LINGJIAN GONGYE DE XINGQI HE FAZHAN

# 我国粉末冶金机械零件工业六十年[1]

## 1 引　言

我国粉末冶金机械零件工业萌生于20世纪50年代初。粉末冶金机械零件工业服务于大机械工业。新中国成立不久，国家即着手进行工业建设，粉末冶金机械零件工业应运而生。六十年来，我国粉末冶金机械零件工业从无到有，从小到大，从低级到高级，经历了艰难而漫长的发展过程。在前三十年开创成长的基础上，通过改革开放以来三十年的快速发展，我国粉末冶金机械零件工业取得了巨大成就。图1和图2分别展现了宁波粉末冶金厂创业时期和东睦新材料集团公司2010年的生产条件，印证了六十年的跨度。

将我国粉末冶金机械零件工业六十年来的发展史整理成文，以弘扬成绩，借鉴经验，缅怀前贤，晓谕后继，已成为业内同仁的共识。鉴此，协会秘书处组织编写了本文，分阶段对行业重大事件及历史沿革梗概予以记叙。同时，以此为基础，继续广泛收集意见，再进一步修改完善，力求为行业提供一份有价值的文献。

## 2　兴起阶段——20世纪50年代初至60年代末

1952年，上海中国纺织机械厂朱建霞、谢行伟等为解决建国前留下的英、美纺织机械维修所需粉末冶金配件问题，用青铜锉屑制成含油轴承；1953年，研制成功雾化6-6-3青铜粉，并用这种粉末制成含油轴承，翌年投产，产品用于纺织机械新产品1332型自动络筒机（每台6种）和出口家用台式电扇。1953年，中国科学院上海冶金陶瓷研究所（即上海冶金研究所）吴自良、沈邦儒、金大康等研究成功电解法制铜粉和雾化法制锡粉；与黄永书等用电解铜粉和雾化锡粉研制出青铜含油轴承。1955年，朱建霞、谢行伟等研制成功雾化球形90-10青铜粉和青铜过滤器，用于军工项目柴油机，翌年投产并供应其他行业。1956年，上海冶金陶瓷研究所沈邦儒、金大康、吴自良研究成功用木炭还原沸腾钢铁

[1] 本文原载于中国机械通用零部件工业协会粉末冶金分会编《中国机械粉末冶金工业总览(2012年版)》。由分会秘书处组织编写，李祖德执笔，陈越、李策、韩凤麟审核。此次重载作了修改和补充。

鳞制取铁粉的方法，所得铁粉总铁含量高于98.5%；随后，黄永书等用这种铁粉研制成功铁基含油轴承。同年，朱建霞、谢行伟等设计制造钟罩式加压烧结炉，研制成功粉末冶金铜基干式摩擦片，用于舰艇，翌年投产。1957年，第一机械工业部机械科学研究院上海材料研究所成立粉末冶金研究室，仲文治、沈树亭等参照瑞典 Höganäs 法研究用木炭还原轧钢铁鳞制取还原铁粉；中国纺织机械厂研制成功还原铁粉和雾化铁粉。年底，北京华北无线电器材联合厂韩凤麟等在研制粉末冶金弹带的基础上，研制成功铁基含油轴承并投入生产，在电机、摩托车、自行车、汽车上试用。清华大学机械系这一时期以北京轧钢厂铁鳞为原料，用土窑制取还原铁粉，研制成功含油轴承。

图1　宁波粉末冶金厂创业时期的简陋工棚和设备

a—自制粉碎机；b—竹棚中包装产品；c—竹棚中检验产品

铁基含油轴承制作过程较简单易行，成本低廉，使用方便，可以部分代替当时供应紧张的滚珠轴承。这项新产品一出现，便得到中央部门，特别是先后任第

图 2　东睦新材料集团公司生产车间压机和烧结炉
（李策摄，2010 年）

二机械工业部和第一机械工业部副部长刘鼎同志的重视。1957 年初，第二机械工业部在北京召开粉末冶金技术会议，提出研制铁基含油轴承的课题。1958 年春，第一机械工业部在北京召开含油轴承推广大会，由汽车轴承局工艺处吴正若处长主持。大会介绍了木炭还原铁粉、雾化铜合金粉、铁基含油轴承和青铜含油轴承等生产技术，号召全国大办含油轴承生产。代表中之后仍从事粉末冶金领域技术工作有上海的谢行伟、仲文治、沈邦儒、徐联华和北京的韩凤麟、陈蓉贞（当时是清华大学学生）等人。当年上半年，第一机械工业部汽车轴承局下发关于发展粉末冶金铁基含油轴承的文件。6 月 20 日《人民日报》发表文章《第一机械部决定推广含油轴承》，同时刊登署名孔桑的短评《地方也要办轴承工厂》。第一机械工业部和《人民日报》进行的动员，成为创建我国粉末冶金机械零件工业的肇端。随后掀起大搞含油轴承的热潮，如雨后春笋一般，在全国很快出现了许多含油轴承生产点，形势很好。至 1958 年底，大约六、七十家中小型轴承厂办起铁基含油轴承生产，其中有上海合金轴瓦厂、宁波轴承厂、武汉辉煌轴承厂等。1958 年，中国纺织机械厂建立粉末冶金车间。同年，长春第一汽车制造厂成立粉末冶金试制组，研制红旗牌轿车铜基零件；翌年开发出 10 种铜基零件并投入生产；1960 年试制生产铁基零件。1959 年，上海合金轴瓦厂建成含油轴承车间，研制成功上海 58-Ⅰ型三轮卡汽车小功率柴油发动机粉末冶金摇臂衬套和手扶拖拉机含油轴承。同年，中国纺织机械厂用本厂自产铁粉生产含油轴承，与本厂产品 1511、1515 型棉纺机和 4212 型毛纺机配套，每台 314 件。

当时生产厂点大多都是土法上马，类似作坊式工场，生产条件简陋。铁粉各厂自产自用，以轧钢铁鳞为原料，用木炭作还原剂，在倒焰窑中加热还原；球磨机、混料机均为自制；没有专用压制设备，粉末成形用通用塑料压机、冲床甚至手搬压力机；烧结在倒焰窑中进行，用炭屑保护压坯。

“全国大办含油轴承”带有较重的盲目性。当时无论是生产厂家还是用户，大都对含油轴承生产工艺及其特性缺乏科学认识。一方面，生产厂家并未完全掌握含油轴承的生产技术，技术力量缺乏，生产设备简陋，工艺控制不严，质量意识薄弱，因而产品质量得不到保证；另一方面，用户大多习惯于传统工艺生产的产品，对这种用粉末制造出来的新产品怀有疑虑，如何正确使用也不得要领，以致使用效果不好而对粉末冶金产品失去信心，甚至对含油轴承有诸如“烂泥轴承”和“豆腐渣轴承”的贬称。结果，销售缩减，生产下滑，红红火火刚在全国兴起的“大办含油轴承”高潮便迅速跌落，至 20 世纪 60 年代初，坚持含油轴承生产的厂家就只剩下上海合金轴瓦厂粉末冶金车间、宁波轴承厂粉末冶金车间、武汉辉煌轴承厂粉末冶金车间、北京天桥化工厂和北京第一通用机械厂粉末冶金小组等几家了。当时将粉末冶金作为一项“少无切削新工艺”在全国推广，缺乏根基，兴起快，跌落也快。

面对这种形势，在“调整，巩固，充实，提高”方针指引下，一机部认真总结 50 年代末期推广铁基含油轴承的教训，积极采取措施阻止下滑；认识到必须摒弃“推广新工艺”的简单方式，建立专业队伍，形成独立产业，粉末冶金工业才能正常发展和巩固。在国家当时处于经济困难的情况下，一机部首先着手专业队伍建设，积极扶持一批专业生产厂，建立专业研究单位，以形成我国机械系统粉末冶金产业的基础和骨干。一机部技术司许绍高处长和章简家工程师为这项重大举措付诸实施做了大量工作。1960 年，一机部确定上海合金轴瓦厂、宁波轴承厂、武汉辉煌轴承厂和北京天桥化工厂四家为发展重点，标志我国粉末冶金机械零件形成产业正式起步。在一机部支持下，北京市决定在北京天桥化工厂的基础上建立北京天桥粉末冶金厂，生产还原铁粉和铁基零件。北京天桥化工厂原是生产氧化铁的街道工厂，条件简陋。在北京华北无线电器材联合厂工作的韩凤麟被调往该厂，参加筹建工作。通过艰苦创业，1961年3月，我国第一家粉末冶金机械零件专业生产厂建成投产，当年产品近6万件。这家被一机部主管工程师吴正若誉为“鸡窝里飞出了凤凰”的小厂引起中央首长的重视，1964年秋，国务院余秋里副总理带团莅厂参观。

一机部重视产品质量和产品推广应用，积极组织产品质量评比和技术交流活动，要求试点厂认真对待新产品试制，进行PV值试验、台架试验和装车试验，并通过正式鉴定。生产厂家加强了对用户的技术服务和质量调查工作，耐心讲解产品正确使用要领，甚至在订货会上和用户面前用铁锤猛击产品进行破坏性试验。宁波轴承厂1963～1964年对浙江省内20个生产队无偿提供打稻机用含油轴承供装车试用；走访了粤、闽、赣、皖、苏、鲁、黔、陕、豫、冀、辽等16个省市75个单位，无偿提供产品，在汽车、柴油机、纺织机械和农业机械等179台设备中装机试用。1962～1963年，北京市机械研究所派出技术员王振常、陈蓉贞、王俊民协助北京天桥粉末冶金厂进行含油轴承生产工艺研究，并建立*PV*值测试装置测定轴套*PV*值，为用户提供可靠数据。几家试点厂通过大量细致周密的工作，使粉末冶金产品逐步获得用户的信任和欢迎。各级政府重视产品推广应用。1962年8月，北京市机电局提出用粉末冶金轴套替代原用铜套的建议。1963年，国家计委、经委、科委联合下发《禁止汽车钢板销衬套用铜》的通知。在政府大力推动下，通过生产厂和用户共同努力，粉末冶金机械零件推广应用形势很快好转，订货量不断增加，生产复苏。

这一时期，我国粉末冶金机械零件工业生产走入正轨并得到发展。60年代初，一机部上海材料所仲文治、沈树亭改进还原铁粉的生产工艺，提出铁鳞-木炭分层装罐法，在上海、宁波、武汉、重庆等地生产厂实现产业化，为粉末冶金机械零件生产提供合格原料。行业相继开发了汽车钢板弹簧销衬套、转向节衬套、摇臂衬套和气门导管等第一批粉末冶金铁基零件。1961年，上海合金轴瓦厂率先研制成功SH141型4t载重汽车发动机铁基气门导管、汽车钢板弹簧销衬套、转向节衬套和204双环球面含油轴承，其中转向节衬套用于上海交通局汽车厂主机生产配套；同年，中国纺织机械厂与上海第二纺织机械厂合作研制成功纺纱机含油钢领，1964年投产。1962年，上海合金轴瓦厂与华东汽配站签订10万件气门导管和钢板弹簧销衬套的试销合同，粉末冶金机械零件产品第一次纳入国家计划。武汉辉煌轴承厂到上海合金轴瓦厂参观学习后，1962年开发了汽车钢板销衬套和转向节主销衬套。同年，福建龙溪机器厂雾化6-6-3青铜粉和青铜球形粉投产，并以这两种铜粉分别生产含油轴承和过滤元件。北京天桥粉末冶金厂从1963年起，汽车钢板销衬套、转向节衬套和气门导管逐步纳入国家计划，1966年产量达480万件。大连粉末冶金厂自1967年始，为本地区9种型号机床供应粉末冶金减磨零件，用于主机装配。摩擦材料方面，杭州齿轮箱厂程文耿、洪子华等1962年开始研制中、小马力船舶倒顺车变速箱离合器用粉末冶金铜基湿式摩擦片，在一机部设计二院和中国纺织机械厂的协助下，1964年研制成功并建立车间投产。60年代中期，结构零件和复合材料制品的研发起步。1964年，北京市机械研究所采用粉末轧制研制成功铜铅合金-钢背复合材料轴瓦，于1964年和1965年先后在北京广外粉末冶金厂和武汉汽车配件厂投产。60年代中期首批应用的粉末冶金结构零件有：北京市粉末冶金研究所与农机部第二设计院（即机械部第五设计院，天津）合作研发的手摇喷粉器齿轮（1965年），上海粉末冶金厂与上海材料所合作研发的轿车发动机和农机机油泵摆线内外转子（1964年）、载重汽车和工矿机械机油泵齿轮（1966～1967年），宁波粉末冶金厂与汉江油泵油嘴厂合作研发的柴油机喷油泵挺柱体（1967年）。

这一时期，专业生产厂点迅速增加。1962年，长春第一汽车制造厂建立粉末冶金车间，武汉辉煌轴承厂更名为武汉粉末冶金厂。1963年，阳泉粉末冶金厂建立；同年上海合金轴瓦厂含油轴承车间与恒茂汽车材料厂合并，筹建上海粉末冶金厂。1964年，宁波粉末冶金厂在宁波轴承厂基础上建立，洛阳粉末冶金厂建立，洛阳轴承厂建立粉末冶金轴承车间。同年，北京市粉末冶金研究所在北京市机械研究所粉末冶金研究室基础上建立，除从事科研以外，该所还承担一机部粉末冶金行业技术归口、标准化技术归口和国家粉末冶金制品质量监督检测中心的工作，以及中国机械工程学会粉末冶金专业协会秘书处工作。1965年，上海粉末冶金厂、青岛粉末冶金研究所实验厂和龙岩粉末冶金厂（前身为龙溪机器厂粉末冶金车间）成立，北京已发展到11家粉末冶金厂。1970年，专业生产铣床用粉末冶金机械零件的北京天桥粉末冶金机床配件厂投产，产品直接应用于主机配套。

国家和地方政府十分重视提高生产厂的生产能力和技术水平。1963年初，国家经委下达上海合金轴瓦厂粉末冶金技术改造项目经费25万元，其中以2万美元用于购置日本100t粉末冶金全自动液压机。1965年，上海市投资180万元扩建上海合金轴瓦厂含油轴承车间。1965年5月1日正式挂牌的上海粉末冶金厂，成为60年代中期我国技术最先进的样板厂，拥有我国第一座生产还原铁粉的38.5m隧道窑（设计年生产能力700t），4台第一批仿日100t粉末冶金全自动压机（上海第二锻压机床厂制造）和2台以转化煤气作保护气氛的推杆式烧结炉，并且，在提高铁粉质量和开发零件新产品方面得到上海材料所和上海冶金陶瓷研究所大力支持。1965～1970年，一机部和地方政府向宁波粉末冶金厂拨款共132万元进行基本建设；天津锻压设备制造厂生产的仿日粉末冶金全自动压机1968年在该厂投产。上海中国纺织机械厂是实现压机自动化的先行者，1959年起对含油轴承压制和整形工序着手自动化改造，实现冲床单机自动化，将生产率提高3～10倍。60年代末期，不少厂家将通用压机改造为自动或半自动压机，生产能力和技术水平得到提高。1964年，北京天桥粉末冶金厂采用发生炉煤气保护的连续烧结电炉，淘汰倒焰窑。1970年，上海粉末冶金厂建立专业生产粉末冶金齿轮的车间。全国铁粉生产以隧道窑取代土窑在60年代末期起步。

标准化工作在60年代初期起步。受一机部工艺司委托，1962年上海市机械工程学会年会讨论通过一机部上海材料研究所提出的《粉末冶金技术标准试行检验方法及技术条件（草案)》，共12项。1963年，纺织工业部颁布由中国纺织机械厂提出的FJ173—63《含油轴承尺寸》、FJ174—63《含油轴衬技术条件》和FJ/Z110—63《含油轴衬选用、加工、装配与维修》三项标准和指导性文件。1968年，一机部颁布由上海粉末冶金厂起草的JB 1106—68《汽车钢板弹簧销铁基粉末冶金衬套》、JB 1107—68《汽车转向节主销铁基粉末冶金衬套》和JB 1108—63《汽车发动机铁基粉末冶金气门导管》三项产品标准。

据不完全统计，我国粉末冶金机械零件生产厂1965年有22家，1966年有59家。1964～1967年四年的生产量分别为302万件、667万件、1975万件、2952万件，增长率为127%（1965年)、188%（1966年)、49%（1967年)。据60年代末期60多家统计，产量达1900万件以上。60年代中、后期，我国粉末冶金机械零件工业重新呈现欣欣向荣的景象，产业渐具雏形。但是，总体上仍然处于生产规模小、工艺装备落后、生产技术水平低、产品品种少、专业技术力量薄弱、缺乏新产品自主开发能力的状态，致使我国粉末冶金机械零件长期未能走出品种少、水平低的困境，很多厂家的主导产品总是重复汽车钢板销衬套、含油轴承、气门导管和机油泵转子等三五种产品。随着国民经济的发展，这一矛盾日益突出。

## 3　成长阶段——20世纪70年代至80年代初

70年代国民经济处于困难时期，工业原料缺乏，严重制约国民经济的恢复与发展。面对这种情况，国家提出了开源节流的方针。粉末冶金生产具有节材、节能、成本低廉的优势，引起政府对发展粉末冶金机械零件工业的高度重视。国家计划委员会成立增产节约办公室，领导全国增产节约工作。一机部生产调度局于1972年成立增产节约办公室，将推广粉末冶金技术列为重点。1975年10月，一机部在南宁召开粉末冶金推广应用经验交流会，国家计委增产节约办公室，一机部科技局、农机局、调度局、情报所，以及全国28个省级政府机关派人参加会议。1976年12月，国家计委、一机部、冶金部在青岛联合召开全国粉末冶金工作座谈会，共同起草《关于发展粉末冶金技术的报告》，建议将发展粉末冶金工业纳入国家从中央到地方各级计划，粉末冶金零件生产和原料铁粉生产分别由一机部和冶金部归口管理。国家计委1977年发文（计生字98号），要求各省、市、自治区把发展粉末冶金工业纳入管理正常渠道。一机部将粉末冶金行业由科技局、农机局等多头管理改为由生产调度局下设的增产节约办公室统一管理。南宁会议和青岛会议后，国家对粉末冶金工业的管理得以加强，粉末冶金被列入全国40项重点推广项目。

70年代初期，各生产厂家在提高粉末冶金机械零件各个门类包括含油轴承、结构零件、摩擦片产品质量方面取得了成绩：产量占主要份额的普通轴套类产品水平有很大提高；以机油泵转子、机油泵齿轮为代表的异形零件的生产已很普遍；通过合金化改善产品使用性能；中、高强度齿轮开发也已起步；摩擦材料、双金属材料、磁性材料等都有较快发展。粉末冶金制品已广泛应用于农机、汽车、机床、仪表、纺织机械、缝纫机、工程机械、火车、轮船等领域，在节约金属材料特别是节约铜材、降低能耗和提高主机质量方面发挥了重要作用。

70年代，我国粉末冶金机械零件工业的产品开发取得明显进展。随着成形技术的进步，高密度和复杂形状结构零件逐渐增多，一些特殊形状如薄壁、细长、多台阶、内外球面、碗形（热挤压成形）、带斜齿或螺旋键的零件开发取得新成绩。上海粉末冶金厂1973年设计制造斜齿轮全自动模具（架）投入生产，年产喷粉器斜齿轮100万件。宁波粉末冶金厂1974年试制成功粉末冶金曲轴正时齿轮和平衡轴齿轮并投入生产。复合减摩材料的开发投产是另一项重大成果，包括：金属塑料复合材料制品（1972年）、烧结青铜浸渍塑料-钢背复合材料制品（1976年）、三层复合材料自润滑轴承（1979年）等。

粉末冶金热锻技术的研发从1971年开始，前后开发的产品包括滚动轴承环、刀杆、行星齿轮、中间传动齿轮、密封环等高密度高强度零件。主要研发单位有：中国科学院金属研究所、北京市粉末冶金研究所、农机部第二设计院、天津内燃机齿轮厂、益阳粉末冶金研究所、沈阳汽车齿轮厂、武钢粉末冶金车间等。中国科学院金属研究所与沈阳汽车齿轮厂合作建立我国第一条粉末锻造行星齿轮生产线，于1976年通过鉴定。北京市粉末冶金研究所、农机部第二设计院、天津市内燃机齿轮厂与北京第二汽车制造厂合作，研发拖拉机和汽车用齿轮，1976年，天津市内燃机齿轮厂建成粉末冶金锻造齿轮生产线。1979年，益阳粉末冶金研究所开发成功拖拉机支重轮密封环并投入生产。1983年，沈阳粉末冶金厂在沈阳汽车齿轮厂粉末锻造行星齿轮生产线基础上建立，1989年前使用835t合金钢粉生产汽车行星齿轮累计达300万只以上。

70年代，北京市粉末冶金研究所等单位研制成功引进矿山重型载重汽车离合器和制动器粉末冶金摩擦片并投产。为实现民航引进客机用粉末冶金摩擦片国产化，北京航空材料研究所、609研究所、中南矿冶学院、北京市粉末冶金研究所、民航101厂、北京摩擦材料厂等单位研制成功波音707、伊尔62、伊尔18、安24和三叉戟共5种机型用粉末冶金摩擦材料。

企业加强了技术改造，并得到专用设备生产厂家大力支持，粉末冶金厂家装备条件改善，生产技术水平提高。70年代初添置了不少全自动压机，很多厂家采用自制气门导管专用自动压机，成形工序向单机自动化方向继续发展；大吨位(1250t)压机投入使用；阴模浮动技术已在生产中推广应用。1973年，上海粉末冶金厂与上海第二锻压机床厂合作仿制粉末冶金全自动液压机，形成YA-79系列(125t、250t、630t)，拥有25台YA-79系列压机。同年，上海粉末冶金厂自主研发的气门导管成形专用30t全自动液压机和斜齿轮全自动模具（架）投产。第一汽车厂自1970年起着手压机自动化改造，通过购置和自主设计制造全自动压机和全自动压模，1974年成形工序有一半实现自动化，1978年成形工序全部实现自动化。北京粉末冶金一厂1978年实现60t双功能冲床自动化，1979年自主设计制造的100t气门导管成形专用压机投产。烧结由土窑转为电炉，很多厂采用发生炉煤气为保护气氛。1977年，一机部电工局派出调查组对部分粉末冶金厂家烧结炉进行调研，并向南京电炉厂下达新产品试制任务。1978年，该厂设计制造出RST型液压推送式烧结炉，交付用户使用。此外，后续热处理和表面处理（如渗碳淬火、碳氮共渗、硫化）得到应用；仪器仪表用粉末冶金零件生产的三大难关即精度、强度、电镀逐步得到解决；部分厂家已拥有成形磨床、电火花机床和齿轮磨床等模具加工设备。

70年代中期，全国铁粉生产厂家有一百多家，生产模式仍处于“小土群”状态，生产能力小（100~500t），技术水平低。在这种背景下，铁粉生产厂家加强扩大生产规模和提高产品质量的工作力度。1973年，全国建成隧道窑10座，其中上海、鞍山、天津、青岛、阳泉、沈阳6家投产，合计产量4913t，约占全国产量一半，全国隧道窑产铁粉份额超过土窑。此后，还原铁粉生产由土窑转为以隧道窑为主，同时，还原铁粉精还原工艺开始取代焖罐退火和水蒸气退火工艺。1977年，上海粉末冶金厂将60年代建隧道窑产能由设计700t提高到2000t。1978年，全国建成17条铁粉生产线，隧道窑长度达68m。1972年，我国铁粉产量由1962年的2000t增加到12000t；1976年达20000t；处于质量整顿调整阶段的1980年降低到5490t。

标准化工作在70年代纳入政府管理，1970年前共制订标准6项，至1980年达到24项。

1974年6月，一机部农机局在南京召开农机粉末冶金技术座谈会，会上成立农机粉末冶金行业组，开展包括行业产品质量检查评比的行业活动，随后确定三项受检产品。1975年前，全国六大区先后成立大区行业组，开展行业技术活动。1980~1984年半官方的行业组织共举办全国行检四次，1984年后分大区进行。在一机部领导下，行业归口所组织开展了部优产品评选，1982年，宁波粉末冶金厂、上海粉末冶金厂、南京粉末冶金厂生产的内燃机气门导管共 6 种型号首批获得一机部优质产品称号。行业技术活动、行业产品质量检查评比和部优产品评选，对推动行业产品质量提高和高水平零件开发起到促进作用。

70 年代初期，全国机械系统的粉末冶金厂、点已超过二百家。1971 年机械零件产量为 6600 万件，1973 年跃至 12000 万件，增长 82%。我国 1974 年粉末冶金铁基零件生产量（件数）增长率为 25%。从 1964 年至 1977 年 13 年间，铁粉由 284t 增至 16518t，铁基粉末冶金零件由 302 万件增至 20274 万件，分别增长 58 倍和 67 倍，平均年增长率相应约为 36.5% 和 38%。而同期日本铁基粉末冶金零件产量增长 15 倍，美国铁基粉末冶金零件铁粉耗用量增长约 10 倍。据 107 家粉末冶金制品厂统计，1980 年生产粉末冶金机械零件 13210 万件，铁氧体 11500t（其中永磁 8000t，软磁 3500t）。

1977 年粉末冶金机械零件生产厂增加到三百多家。我国粉末冶金机械零件工业自 50 年代初期兴起，经过近三十年的努力，至 70 年代末、80 年代初已初具规模，达到了一定水平。但是，生产发展很不平衡：有些厂家生产方向不明，任务不足；有的厂家工艺落后，产品质量不稳定。十年动乱期间，行政领导部门处于半瘫痪状态，各地的粉末冶金生产带有较大的盲目性。1967～1978 年间，农机用粉末冶金零件需求量大，其产量一直占粉末冶金零件总产量的主要份额。面对市场的诱惑，盲目上马很多管理水平低、技术力量薄弱、工装落后、检验手段缺乏的生产厂家，片面重产值和产量而忽视质量，致使大量粗制滥造的农机用粉末冶金产品流入市场，用户退货时有发生。这种情况严重影响粉末冶金机械零件工业，导致生产量下滑，由 1977～1979 年年产 2 亿件跌至 1980 年 1.3 亿件。这是发生在 70 年代后期我国粉末冶金机械零件工业的第二次滑坡。我国粉末冶金机械零件工业历史上两次滑坡，都是对办工业缺乏科学态度造成的恶果。

## 4 80 年代大发展，跃上新台阶

在国民经济调整中，粉末冶金机械零件工业重新走上健康发展道路。80 年代初，产量迅速回升。据 107 家粉末冶金制品厂统计，1980 年产量共 13210 万件，1981 年 16215 万件，1982 年 18531 万件；另据对 19 家粉末冶金厂的调查统计，1980 年粉末冶金零件总产量仅相当于 1978 年的 68%，而 1983 年总产量达到 1978 年的 110%。更为可喜的是，进入 80 年代以后，国家实行改革开放政策，为我国粉末冶金机械零件工业创造了良好的发展机遇。汽车、家用电器、电子通讯和办公机械等行业迅速发展，特别是引进主机机型上粉末冶金零件的国产化，对粉末冶金零件生产提出更高、更迫切的需求，强有力地拉动了我国粉末冶金机械零件工业。我国机械系统的粉末冶金生产虽然已经形成一个行业，但尚未纳入国家计划，原材料要用高价购买计划外“议价材料”，产品大都自找销路。这种自生自灭状态严重阻碍粉末冶金工业向更高层次发展。粉末冶金零件生产不能满足国民经济发展要求，滞后于主机工业发展的现状，引起国家重视。

1982 年 5 月，机械工业部组建通用基础件工业局，正式将粉末冶金零件生产作为一个行业纳入国家计划管理。这对于机械通用基础件行业包括粉末冶金行业的发展，均具有重大意义。从此我国粉末冶金机械零件工业正式纳入国家体制的归口管理，政府对这个行业包括规划、投资、技术改造和技术引进、标准、质量、科研等方面的管理职能得以加强，使之步入正规发展道路。

粉末冶金项目自“六五”规划开始列入国家发展规划。机械部积极组织实施 1981 ~ 1985 年“六五”规划和 1986 ~ 1990 年“七五”规划，目的在于促进行业技术进步，关键措施是将技术改造与技术引进相结合。1982 ~ 1990 年国家和地方累计投资 7000 万元。机械通用基础件工业局李晓山局长积极策划组织了技术改造与技术引进项目。国家和地方支持的技术引进项目主要有：

| | |
|---|---|
| 铁基结构零件制造技术及关键设备 | 上海粉末冶金厂 |
| 铁粉精还原技术 | 上海粉末冶金厂 |
| 铁基结构零件制造技术及关键设备 | 宁波粉末冶金厂 |
| 青铜基含油轴承制造技术及关键设备 | 北京粉末冶金二厂 |
| 双金属带材与 DU 带材制造技术及关键设备 | 北京双金属轴瓦厂 |
| 电力机车受电弓滑板制造技术及关键设备 | 北京粉末冶金一厂 |
| 青铜过滤器制造技术及关键设备 | 厦门粉末冶金厂 |
| 铜基摩擦片喷撒技术及关键设备 | 杭州粉末冶金研究所 |
| 烧结铝基、铜基零件及软磁材料制造技术 | 上海仪表粉末冶金厂 |
| 不锈钢结构零件和铁基结构零件制造技术 | 南京粉末冶金厂 |

先进技术和设备引自德、美、日、奥等工业发达国家，引进项目向生产高密度、高强度、高精度、复杂形状机械零件方面倾斜，主要为汽车、家用电器等主机产品配套服务。东风汽车公司粉末冶金厂、成都平和粉末冶金公司、韶关粉末冶金厂、北京市粉末冶金研究所也引进了相应的工艺设备和加工机床。1984 ~ 1989 年期间，引进项目相继投产，包括：铁粉精还原炉、卧式雾化铜粉装置、机械式全自动压机、液压式全自动压机、网带式烧结炉、推杆式烧结炉、步进梁式烧结炉、氨分解装置、水蒸气处理炉等设备和装置，连续式双金属带材和 CM（DU）带材、撒粉法铜基摩擦片、多孔性烧结青铜元件等制品的生产线，以及铁基结构零件、微型高精度铜基含油轴承、电力机车受电弓滑板、铜基摩擦材料、铜基过滤元件等制品的制造技术。宁波粉末冶金厂“六五”期间投资 90 万美元，

“七五”期间投资650万元，形成异型复杂形状零件生产能力，结构零件产品份额明显增加，产品品种有50%替代进口件；开发了夏利汽车发动机零件和变速箱零件，以及冰箱压缩机零件，其中冰箱压缩机活塞、连杆和阀板迅速取代进口件，国内市场占有率曾达90%以上。

另一方面，利用国内技术成就进行技术改造取得突出成果。武汉粉末冶金厂“七五”期间加强设备更新，压机实现PC机控制，提升模具制造能力，改善烧结条件，使复杂形状零件生产技术配套。该厂1990年由技术进步带来的产值份额和利润份额均比1989年提高20%。

规划成功实施，使我国粉末冶金机械零件工业无论是生产规模还是技术水平都跃升上新台阶，拉近了我国与国外先进水平间的差距。重点企业的技术改造和引进项目取得成效，拥有80年代初期世界水平的主体生产设备和生产技术、模具制造技术和检测仪器，形成行业技术先进、生产能力强的骨干。

80年代，引进技术消化吸收和制造技术自主开发这两方面均收到成效，我国粉末冶金机械零件产品技术水平迅速提高，高强度、高精度、复杂形状机械零件的制造技术取得明显进展，某些特殊制造技术如组合连接和注射成形研究成功。已能批量生产高精度低噪声铜基含油轴承、电冰箱压缩机缸体和缸盖、汽车电机真空泵转子、汽车齿形皮带轮、摩托车变挡凸轮、全自动大功率洗衣机太阳轮、电气机车受电弓滑板、重负荷铜基摩擦片、金属基镶嵌型固体自润滑轴承、双金属带材与DU带材、无模烧结多孔零件、全致密粉末冶金高速钢零件、全致密粉末冶金不锈钢零件等高水平机械零件和制品。引进主机有一批粉末冶金零件实现国产化。1982～1988年，共有14家企业的11种产品、21个品种获部优产品称号；1988年，武汉粉末冶金厂生产的嵌镶型固体润滑轴承获国优产品称号，并获国家银质奖。1986～1990年，行业组织了四次优秀产品评选，共19种产品获优秀产品称号（见175、176页表2）。但是，行业内发展不平衡，其中包括不少企业质量管理尚未到位。1988年2季度，国家机械委粉末冶金质量监督检测中心对13家企业铁基含油轴承产品质量进行抽查，结果表明：骨干企业合格率在90%以上，这些企业都建立了质量管理体系；约2/3企业未设立正规的质量管理机构，产品质量波动较大。

80年代，大多数厂家生产工艺装备情况普遍有所改善，专用设备技术开发大有起色。据中国机械通用零部件工业协会粉末冶金专业协会和中国钢结构工业协会粉末冶金协会1989年统计，132家粉末冶金结构零件和含油轴承生产厂共拥有压机1094台，烧结炉435台；9家摩擦材料生产厂共拥有压机36台，加压烧结炉40台；6家粉末冶金复合减摩材料生产厂共拥有压机33台，烧结炉26台。不少厂家在消化吸收引进先进技术装备的基础上，着手自主开发。微机程序控制在压机上应用进一步扩大。一部分锻压机床厂加大力度，试制生产新型粉末压机。1984 年 8 月，南京粉末冶金专用设备厂建立，开始供应粉末冶金专用烧结炉。1988 年，晋江粉末冶金厂与北京工业设计院合作，试制出小型钢带连续还原炉，钢带宽度 200mm。1990 年开发了钢带宽度 500mm 的连续还原炉。80 年代末、90 年代初，开发的烧结设备和后处理设备有：连续还原炉、钟罩式加压烧结炉、各种网带炉和推杆炉、高温钼丝炉、中空膜制氮装置、AX 气氛发生器、蒸汽处理炉、真空浸油机、网带式热处理生产线等。但是，发展不平衡的状况尚未消除，有不少厂家仍在使用普通油压机和结构简单的推杆式烧结炉，以及较简陋的自制设备。

80 年代标准化工作取得突出成绩。1983 年 5 月，一机部召开粉末冶金专业第一次标准化工作会议，加快了标准化工作进程。1980 年制订标准 24 项，1985 年达 76 项，1990 年上百项，测试方法标准内容均等同或参照 ISO 国际标准。1986 年 7 月，国际标准化组织粉末冶金技术委员会 ISO/TC119 会议，接纳由北京市粉末冶金研究所提出的 GB 4164—84《金属粉末中可被氢还原氧含量的测定》为国际标准，标准号为 ISO 4491—3。这是国际标准化组织接纳的第一个中国提案。与原用标准 ISO 4493 相比，可排除碳干扰，扩大应用范围。

80 年代，我国粉末冶金机械零件产量增加很快，产品技术水平跃升。据两协会 1989 年统计：136 家结构零件和含油轴承生产厂产量为 63431 万件/16476t，其中铁基零件 28156 万件/14393t，铜基零件 15275 万件/1983t，微型精密含油轴承 20000 万件/100t（铁基和铜基各半）。9 家摩擦材料制品厂全年产量 306 万件。6 家复合减摩材料制品全年产量 804 万件。4 家电触头合金生产厂全年产量 385t。全年铜合金过滤元件产量 118 万件，不锈钢过滤元件 3.39 万件，镍、钛过滤元件 1.21 万件。全年铁氧体软磁元件产量 3282 万件，铁氧体硬磁元件 42686 万件。据统计，铁、铜基含油轴承产量总和（不含微型精密含油轴承）30361 万件，已接近我国滚动轴承的产量。技术水平跃升的标志之一是产品结构发生质的变化，结构零件比例逐步增加。80 年代以前，结构零件产量所占份额很低，比例上升缓慢。1983 年据 20 家粉末冶金生产厂统计，农机用粉末冶金零件中，结构零件占 6.3%，衬套类减摩零件占 93.7%；1985 年汽车用结构零件与套类零件分别占 23% 和 77%，拖拉机为 12% 和 88%；1989 年据 136 家粉末冶金制品厂统计，铁基结构零件与含油轴承（不含微型精密含油轴承），按重量各占 38% 和 62%，按件数各占 42% 和 58%；1990 年，结构零件产量份额明显超过套类零件，少数生产厂家已占 80% 以上。农机和汽车一直是我国粉末冶金机械零件的主要市场。1985 年统计，我国生产粉末冶金机械零件约 2 亿件，350 个品种，应用构成比为：农机 35%、汽车 31%、轻工 9%、仪表 5%、纺机 4%、其他 16%。

1981～1990 年 10 年间我国粉末冶金机械零件工业主要经济指标迅速飙升：1989 年 50 家工业总产值为 34953 万元，比 1982 年 54 家 8210 万元增加 3.3 倍，年递增率平均 36%；利润总额为 2631 万元，比 1982 年 848 万元增加 2.1 倍；全员劳动生产率为 16836 元/(人·年)，比 1982 年 5335 元/(人·年)增加 2.1 倍。据 54 家统计，1990 年固定资产总额为 15950 万元，比 1982 年 7022 万元增加 1.3 倍。80 年代初期，我国粉末冶金机械零件基本没有出口；而据 1989 年 13 家粉末冶金厂统计出口产值共 2861 万元，据 1990 年 17 家粉末冶金厂统计出口产值共 5684 万元，比 1989 年约增加 1 倍。江门粉末冶金厂 1990 年出口产品 1069t，全部采用国产原料制造。80 年代，部分骨干企业和主要企业向专业化规模生产发展，行业生产开始走向集中：1990 年固定资产原值超过 800 万元的企业有 9 家，其固定资产原值和为 1.1 亿元，占 51 家总和 2.4 亿元的 46%。

80 年代至 90 年代，铁粉和铜粉生产发展迅猛。1982 年据 38 家铁粉生产厂统计，全年还原铁粉产量 7170t。1989 年我国铁粉产量突破 3 万吨大关。1989 年据两协会统计，24 家铁粉厂产量 30426 万吨，其中还原铁粉 28455t，含钛铁粉 1521t，水雾化铁粉 450t。80 年代全国建有隧道窑近 30 座，武钢和鞍钢形成我国两大铁粉生产基地，其主要产品性能达到国外同类牌号铁粉水平。1988 年，武钢铁合金厂粉末冶金分厂包括长 105m、断面宽度 1.5m 隧道窑的铁粉生产一期工程投产，形成 5 千吨还原铁粉产能；1990 年，长 154m、断面宽度 2.4m 隧道窑投产，形成万吨还原铁粉产能。水雾化法生产铁粉工艺于 80 年代初在我国兴起。鞍钢冶金粉材厂 1984 年引进西德 Mannesmann Demag 水雾化铁粉生产技术和设备，1987 年建成年产 4500t 生产线，同时完成还原铁粉生产线技术改造，年生产能力达 2500t。铁粉生产进一步趋向于规模化集中：1982 年产量大于 500t 的厂家有 5 家，产量占全国 66.5%；1989 年企业规模扩大，产能 1000t 以下的企业其产量和只占总产量的 21%。采用精矿粉为原料制取粉末冶金用铁粉的工艺方案开始实施。据两协会 1989 年统计，14 家企业共生产铜粉和铜合金粉 4638t，其中电解铜粉 1201t，6-6-3 青铜粉 3241t，Cu-Pb-Sn 青铜粉 78t，球形 8-3 铜合金粉 118t，62 黄铜粉 10t。1986 年，上海第二冶炼厂开发低噪声高性能含油轴承用铜粉，达到引进同类铜粉水平。

80 年代，我国粉末冶金机械零件工业生产已具有一定规模，技术提升到一定先进水平，众多厂家摆脱了作坊式的生产方式，取得长足进步，跃上新台阶，在汽车、家用电器、农业机械和办公机械等主机行业的配套、维修，特别是引进主机零件国产化方面，显示出强劲的发展势头。在大好形势下，中国机械通用零部件工业协会粉末冶金专业协会和中国钢结构工业协会粉末冶金协会先后于 1988 年 10 月和 1989 年 12 月相继成立。我国粉末冶金机械零件工业在 80 年代为其后高速发展奠定了坚实的基础，创造了良好的环境。

## 5　世纪之交的高速发展——1991 年至 2010 年

我国粉末冶金机械零件工业进入 20 世纪 90 年代的开局不佳：一是受全国经济滑坡影响，资金周转不灵；二是粉末冶金项目未列入 1991～1995 年“八五”规划，资金投入遇到困难。企业经济效益明显下降，净产值劳动生产率和人均利税出现负增长，不少企业亏损。据统计，1990 年净产值全员劳动生产率为 5406 元/(人·年)，与 1988 年的 5332 元/(人·年)相当，低于 1989 年 7236 元/(人·年)，增长率为 -25.3%；1990 年人均利税额为 2095 元/(人·年)，与 1988 年的 1998 元/(人·年)相当，低于 1989 年的 2154 元/(人·年)，增长率为 -2.7%；54 家企业中，亏损 8 家，占 17%。我国粉末冶金机械零件工业第三次陷入困境。

在这种情况下，中国机械通用零部件工业协会粉末冶金专业协会配合企业，积极多方寻找渠道，筹集发展资金，协助企业走出困境。中国能源投资公司对 12 个企业下达节材示范项目：宁波粉末冶金厂、一汽散热器厂、扬州粉末冶金厂、南京粉末冶金厂、重庆华孚粉末冶金厂、黄石摩擦材料厂、韶关粉末冶金厂、长春粉末冶金厂、青岛粉末冶金厂、武钢粉末冶金公司、马钢铁粉厂、武汉粉末冶金厂；国家计委节约司对上海粉末冶金厂和武进粉末冶金厂 2 个企业下达节材项目。以上 14 个项目计划投资 1.8 亿元以上。此外，江洲粉末冶金厂争取地方投资 6000 多万元新建技术先进的生产线，设计能力 1000t 以上。90 年代即“八五”计划和“九五”计划实施期间，总投资（含地方投资和企业自筹）达 7 亿元，投资较大的企业约有 20 家。1993 年以前，有 24 家企业引进国外先进设备和先进技术，包括压机 43 台、烧结炉 10 台、可控气氛装置 10 套，以及模具、模具加工、后续加工和检测等高档设备和工装，进一步缩小与国外先进水平的差距。企业根据各自的情况，分别采取内涵式（晋江粉末冶金厂）、外延式（江洲粉末冶金厂）和滚动式（宁波粉末冶金厂）的发展模式，集中资金进行技术改造，加速新产品的研制与开发，提高产能和经济效益。

“八五”末期，引进车型桑塔纳、夏利、大发的发动机和长安、东安的发动机及变速箱粉末冶金零件实现国产化并批量供货。“九五”期间，产品水平进一步提高，高密度、高强度、高精度、复杂形状零件开发取得突出成果。机械电子部机械基础产品司 1990 年开始实施“机械基础产品行业 1990～1995 年重点技术进步及成果推广计划”即“泰山计划”，包括粉末冶金项目“引进轿车粉末冶金结构件国产化”5 个子项。至 1993 年已开发出 6 种车型（桑塔纳、奥迪、高尔夫、大发、标致、切诺基）的粉末冶金结构件 65 种 88 件，并开始供货。以汽车凸轮轴正时齿轮为代表的部分产品已达到世界 80 年代中、后期水平，产品构成比中结构零件份额明显增加，我国粉末冶金机械零件工业已基本上能满足我国汽车、摩托车和家用电器生产的配套需求。

1993 年，中国机协粉末冶金专业协会会长周开礼在期刊《粉末冶金技术》上发表的专论《抓契机，促发展，振兴我国粉末冶金机械零件工业》中总结行业同仁的共识，指出："要抓住引进车型国产化急需配套粉末冶金机械零件这个千载难逢的契机，推动粉末冶金机械零件生产上水平、迈大步。我国引进车型国产化必得胜利，粉末冶金机械零件工业必得振兴。一箭双雕，切勿坐失。"90 年代初，我国汽车工业成为我国粉末冶金机械零件第一大用户，正是抓住引进汽车车型及其他主机机型国产化急需配套粉末冶金机械零件的契机，通过多方面的努力，粉末冶金机械零件工业在 90 年代才得以长足发展，制造技术水平跃上新台阶。1996 年初，德国 Krebsöge 烧结钢公司总裁 Lothar Albano Müner 博士访问上海粉末冶金厂时惊叹："想不到时隔 15 年，汽车上不少复杂的粉末冶金结构零件，中国已能大批量生产"。由此可见一斑。

90 年代，铁粉生产进一步发展，武汉、鞍山、莱芜、阳泉、马鞍山、北票、巩义等地的铁粉生产企业，生产条件大为改善，产品质量提高，品种增加，基本满足国内机械零件工业发展需要，仅中高强度零件生产用铁粉仍需少量进口。1994 年，我国钢铁粉末产量 47220t。1998 年产量 63500t，为 1989 年 27600t 的 2.3 倍，其中水雾化铁粉产量达 17000t，占全国铁粉产量的 26.8%。2000 年，据 22 家铁粉生产主要厂家统计，合计生产铁粉 73800t，年增长率 11%；其中还原铁粉 58620t，精矿粉还原铁粉 3650t，水雾化铁粉 11500t，羰基铁粉 80t。出口铁粉 2500t。莱芜粉末冶金厂 1992 年 54m 隧道窑投产，1995 年 69m 隧道窑投产，1996 年达到万吨级产能，1999 年自主开发建成水雾化铁粉生产线，2000 年产能达 15000t，建成我国第三大铁粉生产基地。瑞典 Höganäs 公司 1994 年在上海建成 3000t 水雾化铁粉生产线。20 世纪末，我国有武钢集团粉末冶金公司、莱芜粉末冶金厂和瑞典 Höganäs 公司（中国）三家铁粉年生产能力超过万吨的企业。

90 年代，铜和铜合金粉生产进一步发展。1993 年全国铜粉产量达 1761t。2000 年，据 4 家铜粉主要生产厂统计，全年电解铜粉产量 3100t，年增长率 20%。5 家铜合金粉生产厂统计，铜合金粉产量 2100t。

企业改制和合资企业兴起，是 90 年代行业的重要事件。企业体制改革始于 80 年代后期，90 年代大多数企业成为股份制企业和民营企业。国家对中小型企业实行扶持政策，为其营造出良好的生存和发展环境。粉末冶金产业已经形成外资、合资、民营、股份和国有等所有制并存的多元化资本结构。"八五"、"九五"期间，共吸收外资 3500 万美元，成立与国外（地区）合资的企业共 7 家。江门粉末冶金厂 1994 年由国营企业改制为股份制，至 2000 年，通过新建、收购、扩建和引入台资，将经营地域扩大到湘、赣、豫。扬州粉末冶金厂与我国香港保来得公司合资建立扬州保来得工业公司，总投资1400万美元，1994年开业，1996年产量1400t，1998年3210t，1999年3500t。宁波粉末冶金厂自改革开放以来，以机制创新和技术创新为推动企业发展的基本策略。为提升模具和模架技术，与日本良塚精机（株）合资建立宁波良塚粉末冶金公司；1994年，宁波粉末冶金厂与日本东睦特殊金属工业（株）合资建立宁波东睦粉末冶金公司；从1995年起全面引进外资，5年内投资8110万元，2000年生产能力达5000t。2000年，宁波东睦粉末冶金公司由企业核心管理团队与员工成立投资公司，受让全部国有股权，使企业长期稳定发展与广大员工利益保持一致，合理安排股权分配，避免平均主义，保护员工的工作积极性。

90年代我国粉末冶金机械零件工业发展的突出特点是：一批技术装备先进的主体企业的生产能力进一步增加，行业整体生产能力和技术水平进一步提升；合资企业的生产能力和效益处于领先，在技术水平和产品质量方面起到示范作用；尤其是随着资本结构的演变，企业专业化和规模化生产发展在90年代步伐加快，生产集中度明显提高。1994年统计41家企业中，总产值超过2000万元的企业有7家，为41家的17.1%即约1/6，其产值总和占41家的63.1%即几乎2/3；固定资产原值大于1000万元的企业有15家，为41家的36.9%即1/3强，其固定资产原值总和占41家的76.3%即3/4。90年代末，有10家企业的年生产能力达3000～5000t，有几家企业的总产值超过亿元。

在市场竞争大潮中，企业将通过ISO 9000质量体系认证作为促进产品顺利进入主机配套市场和走向国际市场的重大举措。到2000年通过认证的企业有：杭州粉末冶金研究所、宁波东睦粉末冶金公司、上海汽车公司粉末冶金厂、江洲粉末冶金厂、东风汽车公司粉末冶金厂、武钢粉末冶金公司、海安鹰球粉末冶金公司、江门粉末冶金厂、莱阳粉末冶金厂、重庆华孚工业公司、扬州保来得工业公司、浙江中平粉末冶金公司等。

据1995年全国工业普查，全国粉末冶金企业404家。我国粉末冶金机械零件工业在国家实施改革开放政策后进入快速发展时期。90年代，基本建成具有一定规模、达到一定水平的现代粉末冶金机械零件工业。1981～2000年20年间，工业总产值由6171万元增到78036万元，增长11.6倍；固定资产由5585万元增到69058万元，增长11.4倍；利润总额由323万元增到7235万元，增长21.4倍。1991～2000年10年间主要经济指标，在高基数上继续增长：2000年统计33家企业与1991年统计50家相比，固定资产净值增加2.79倍，产品产量增加近1倍，工业总产值增加1.06倍，利润总额增加4.28倍，劳动生产率增加54%。就在这一年即20世纪最后一年，我国（大陆）粉末冶金机械零件产量达3万吨左右，在亚洲及大洋洲地区超过韩国，跃居第二位，仅次于日本。

我国粉末冶金机械零件工业以骄人的成绩进入新的纪元。由于市场需求尤其是汽车和摩托车市场需求骤增的拉动，进入新世纪的生产形势继续走好。据粉末冶金商务网2008年统计，具有一定规模的粉末冶金机械零件生产企业增至540家。在长三角、珠三角、中部、川渝地区已形成较发达的产业带，西北、东北地区的行业也正在崛起。

据34家企业统计，2000～2006年产量年递增率平均为17.6%。2007年我国粉末冶金机械零件年产量突破10万吨大关，按53家企业统计达110843t，较前一年56家企业统计和88089t递增25.8%；净增量22754t，相当于20世纪末全国一年的产量。然而，2008年我国粉末冶金机械零件工业却因受到全球金融危机的冲击而严重滑坡，按53家企业统计产量为107913t，下降2.6%。由于国家采取有效应对措施，众多企业通过调整产品结构、降低内部成本、开辟新的市场，使生产重新回升。2009年按53家企业统计，产量达117369t，递增率为8.8%；产量为“十五”末期2005年56家企业统计74974t的1.57倍；工业总产值362592万元，为2005年56家241944万元的1.5倍，较“八五”末期1990年54家39184万元增加8.25倍。时隔9年，我国（大陆）粉末冶金机械零件产量再次跃升，超过日本而跃居亚洲及大洋洲地区首位。此后，产量继续增长不衰。2012年据34家企业统计，产品产量为139496t，其中铁基129485t，铜基10011t。2014年据34家企业统计，产品产量为179038t，其中铁基166865t，铜基12173t。

新产品产值对工业总产值的贡献不断增加，2003～2009年新产品产值平均占工业总产值14.5%。我国粉末冶金机械零件产品研发目标直指世界先进水平。众多厂家通过优选粉末材料、改进模具设计、提高模具精度、优化压制工艺参数、补偿装粉等措施，采用CNC压机及相应技术，或结合多种工艺如温压、熔渗、烧结硬化、激光烧结-热挤压、组合连接、烧结后表面滚压、烧结后高频淬火、烧结后蒸汽处理等，研发出多项高端产品，其中不少产品基本上挡住进口，并有部分出口美、德、日、加、韩等工业发达国家。

“九五”至“十一五”期间，我国粉末冶金机械零件销售量和销售收入增势一直强劲不衰，而且产能集中度进一步提高，产品生产档次分工逐渐形成。表1中数据说明，前10位的销售量和销售收入占统计企业55家合计的比例，为68.6%～76.5%，即不到1/5的企业，其销售量和销售收入，约占统计企业总和的3/4。表1中数据还反映出前10位企业的销售量所占比例逐期减少，但由于其产品档次较高，附加值贡献更大，而保持销售收入比基本不变，说明由于硬实力和软实力的差异，高、中、低三类档次产品生产分工逐渐形成。另据2004年55家统计，产量大于3500t的企业有6家，约为统计企业的1/9，而产量和约占总和的3/5；其中1家企业产量达17437t，接近总和的1/4。据2011年统计，销售量和销售收入居前10位的企业，其销售量和销售收入分别占统计企业的66.2%和71.4%；销售量超过4000t和销售收入超过亿元的企业均增加到13家。

**表1　1996～2010年我国粉末冶金机械零件销售量和销售收入**

| 期　间 | 1996～2000年 | 2001～2005年 | 2006～2010年 |
|---|---|---|---|
| 年平均销售量/t | 27122 | 64009 | 101926 |
| 年平均销售收入/万元 | 73457 | 179176 | 311637 |
| | 协会统计前10名企业占55家会员合计数比例/% | | |
| 销售量 | 76.5 | 75.1 | 68.6 |
| 销售收入 | 72.7 | 73.7 | 72.2 |

在新世纪，运输机械（汽车、摩托车）已成为粉末冶金机械零件主要应用领域。据协会2012年统计，产品市场分布为：运输机械58%，农业机械2%，电工机械（家电、电动工具）30%，其他10%。据2014年统计，运输机械61%，农业机械2%，电工机械26%，其他11%。

在新世纪，多元化资本结构的演变方兴未艾。2001年，东睦新材料集团股份有限公司在宁波东睦粉末冶金公司基础上成立，通过并购和直接投资，陆续设立和组建11家控股子公司，形成专业化生产和就近配套服务网络，同时，以总部为管理中心和技术中心，为各子公司和客户提供支持和服务，开发高端市场。2004年，东睦新材料公司IPO募集资金投资项目“建设汽车、摩托车用新材料粉末冶金制品生产线技术改造”启动，总投资2.98亿元；2013年，东睦通过非公开发行股票募集资金，实施“汽车用高效节能粉末冶金关键零件生产线”项目。近十年借助资本市场融资平台的融资，公司对汽车用粉末冶金零件研发生产的投入增加，汽车用粉末冶金零件销售额由2004年0.39亿元（占公司粉末冶金零件销售总额3.49亿元的11.22%），增加到2014年6.43亿元（占销售总额12.08亿元的53.26%），增长了15.5倍。2004年，东睦新材料公司在上海证券交易所上市“东睦股份”，成功发行4500万股人民币普通股（A股），成为国内首家外资控股的上市公司和国内首家粉末冶金机械零件专业制造企业上市公司。截至2014年，东睦新材料公司的注册资本由上市前的7000万股增至37720万股。世界著名粉末冶金厂家纷纷登陆中国，美、加、日、韩、瑞典及中国台湾在中国大陆合资或独资建厂。

在新世纪，企业在经营管理中不断引入新的理念，加大自主创新力度，注重塑造品牌，提升核心竞争力。东睦新材料公司致力于整合集团资源，打造集团大团队，大力塑造行业中的“东睦”品牌。包括：提升各控股子公司核心技术，实现专业化生产和就近配套，形成统一的管理水平、技术水平、质量水平和服务水平，构成专业化和标准化服务网络，并夯实研发中心和模具制造中心两大支撑集团发展的基础。

我国粉末冶金相关行业与零件生产业同步发展。

粉末冶金用钢铁粉末、铜和铜合金粉末产量猛增，并开发出多个系列品种，基本满足国内生产需要。2000～2011年铁基粉末产量年增长率达18%。2005年铁基粉末产量22.5万吨（为2000年的3倍），超过欧洲和日本，仅次于北美，成为铁粉生产和应用大国。2008年我国28家铁粉厂产量和为29.2万吨，约占世界总产量20%。2010年铁粉产量32.13万吨，占世界总产量（约150万吨）25%以上。2011年34家铁粉生产企业统计，铁粉总产量34.78万吨，为2000年4.7倍。超万吨级9家企业2000～2011年产量和占全国总产量85%以上，生产已完成由分散走向集中。2012年32家企业统计，铁粉产量37.7万吨。2014年34家企业统计，铁粉产量38.97万吨，万吨级规模企业10家产量和33.64万吨，占总产量86.3%，生产已形成高度集中。我国铜和铜合金粉末产量年增长率一直在25%以上。2002年、2005年我国铜和铜合金粉末产量分别为8500t和11200t。2009年我国铜和铜合金粉末产量达4.05万吨，为1957年的600倍，居世界第一。2011年铜和铜合金粉末产量4.3万吨，占当年世界总产量11万吨的39.1%。2014年全国铜和铜合金粉末产量为4.67万吨，其中化学包覆法铁铜复合粉占总量10%，增长速度较快。全国30多家企业年总产能超过5万吨，其中年产能超过2000t的企业约10家（以上数据取自协会统计资料）。

专用设备制造业经过多年的改进和创新，粉末冶金专用压机和烧结炉整体水平不断提高，性价比优势突出，已基本满足我国粉末冶金零件工业生产的需求，并供应美、法、日、英、德等国在我国的粉末冶金独资和合资企业，而且还出口美国及其他发达国家。国内粉末成形专用压机制造厂有40家以上，产品吨位至1250t，年产量超过1000台，已有出口值超过总产值1/3的压机生产厂。压机类型有成形压机、整形压机、整形/精整两用压机、快速压机、旋转压机、数控压机、HVC高速压机等，技术性能基本达到了国外同类产品的水平。成功应用了精整压机影像定位及测量控制、HVC高速压制、高密度压制、伺服仿形、移粉技术、浮动成形、双向脱模、浮动精整、双固定板模架结构、专用多关节机器人、专用开放式数控及嵌入式PC运动浮点控制、一键定位、电液比例控制系统等先进技术。烧结炉制造厂10家以上，产品已形成自主品种和规格系列，功能、工艺适应性和可靠性方面有很大的改善和提高，RBO快速脱蜡、快速冷却、烧结硬化装置、吸热式碳势可控AX气氛等先进技术得到了应用。烧结炉炉型有网带式、推杆式、步进梁式及连续加压式。连续还原炉炉型有钢带式和推杆式；钢带式还原炉采用先进的全波纹金属炉胆，明显延长使用寿命，提高产品品质，降低能耗。2000年前后，开发出新型网带式烧结炉和钢带宽度1000mm的连续还原炉、井式和钢带式蒸汽处理炉，以及用于金属粉末注射成形零件生产的步进梁式高温烧结炉。

## 6　结束语

从冲床到CNC压机，从倒焰窑到温度和气氛精确控制的连续烧结炉，从简陋作坊到先进车间，从生产形状简单、性能不高的产品到高密度、高强度、高精度、复杂形状的结构件，以及门类繁多的特殊功能的制品，我国粉末冶金机械零件工业发端于微末，坚持于逆难，成业于众志。六十年来，三代同仁为祖国的繁荣昌盛，为行业的兴旺发达，筚路蓝缕，殚精竭虑，付出了艰苦卓绝的努力，取得令人瞩目的成就。

在检阅我们既得成就的同时，还应该看到，一直存在的整体实力不强和技术发展不平衡的问题，仍为约束我国粉末冶金机械零件工业进一步发展的桎梏。诸如：中、低档产品产能相对过剩，重复投资较多，市场中价格竞争激烈；行业内大多数企业自主创新能力较弱，在制造能力和质量保证体系方面，参与国际市场高、中端产品领域竞争的实力不足，出口产品技术附加值普遍不高；行业内优势互补、强强联合的兼并重组远未完成，缺少大型企业集团；粉末冶金机械零件产业与上下游产业的资源未充分整合；等等。

新世纪伊始，我国已跻身于粉末冶金机械零件生产和应用大国之列。粉末冶金机械零件工业已奠定了坚实的基础，营造出良好的氛围。在继续前进的道路上，全体同仁以科学发展观为指导，走自主创新之路，克服前进中的困难，必将取得更加辉煌的成就。

## 参考文献


[1] 第一机械部决定推广含油轴承[N]. 人民日报，1959-06-25(3).

[2] 孔桑. 地方也要办轴承工厂[N]. 人民日报，1959-06-25(3).

[3] 孙世恺. 凭自己的双手[N]. 人民日报，1964-02-27(2).

[4] 中国机械工程学会粉末冶金专业学会. 国内粉末冶金史料汇编（内部资料）[R]. 北京：1992.

[5] 中国机械通用零部件工业协会粉末冶金专业协会. 粉末冶金制品行业发展史（内部资料）[R]. 北京，2001.

[6] 中国机械通用零部件工业协会粉末冶金专业协会. 粉末冶金制品行业大事记（内部资料）[R]. 北京，2010.

[7] 陈越，韩凤麟，等. 粉末冶金制品[C]//李健，黄开亮. 中国机械工业技术发展史. 北京：机械工业出版社，2001：805～815.

[8] 韩凤麟. 我国粉末冶金工业现状[J]. 粉末冶金技术，1983，1(6)：44～46.

[9] 金大康. 上海粉末冶金工业的发展历史与现状 [J] . 粉末冶金技术，1987，7(3)：129～136.

[10] 吴菊清. 上海粉末冶金产业的回顾、现状与展望[C]//第十二届华东五省一市粉末冶金技术交流会论文集. 上海，2009：3～6.

[11] 北京市粉末冶金研究所. 我国粉末冶金机械零件简况[J]. 华北粉末冶金通讯（内），1974(1)：10～20.

[12] 吕海波，张兆森. 我国粉末冶金摩擦材料工业的发展[J]. 粉末冶金工业，1999，9(增

刊):21 ~ 24.
[13] 韩凤麟. 北京天桥粉末冶金厂的诞生与发展[J]. 粉末冶金技术, 1986, 6(2):104 ~ 106.
[14] 韩凤麟. 北京粉末冶金公司实验厂二十五年[J]. 粉末冶金技术, 2000, 18(1):56 ~ 69.
[15] 王振常, 徐永琴. 我国粉末冶金标准化概况[J]. 粉末冶金技术, 1986, 6(3):177 ~ 180.
[16] 罗志健, 洪子华, 赵士达, 程文耿. 我国粉末冶金机械零件在农业机械上的应用[J]. 粉末冶金科技（内）, 1981(1):1 ~ 14.
[17] 陈宏, 陈桂泉. 我国农机行业应用粉末冶金制品的情况[J]. 粉末冶金技术, 1985, 3(3):27 ~ 29.
[18] 李祖德, 常镕桥. 我国粉末冶金制品在汽车与农机上的应用[J]. 机械工程材料, 1987, 5(4):1 ~ 4.
[19] 李祖德, 常镕桥, 赵其璞. 气门导管历次行业质量检查结果分析[J]. 粉末冶金技术, 1985, 3(1):42 ~ 47.
[20] 王崇琳. 汽车粉末锻造行星齿轮的研制历程[C]//粉末冶金产业技术创新战略联盟论坛文集. 北京, 2010: 104 ~ 116.
[21] 张志英. 依靠科技进步, 加速粉末冶金工业的发展[C]//机电部粉末冶金行业工作会议文件汇编. 北京, 1992: 1 ~ 9.
[22] 周开礼. 改革开放十年, 我国粉末冶金工业迅速发展[C]//机电部粉末冶金行业工作会议文件汇编. 北京, 1992: 60 ~ 63.
[23] 倪冠曹, 张华诚. 上海地区汽车粉末冶金零件的发展及其趋势[J]. 粉末冶金工业, 1999, 9(增刊):1 ~ 4.
[24] 张华诚. 上海汽车工业与粉末冶金发展[J]. 粉末冶金工业, 2005, 15(2):15 ~ 19.
[25] 李森蓉. 我国钢铁粉末工业的现状及发展[J]. 粉末冶金工业, 1997, 7(增刊):1 ~ 8.
[26] 王善春. 鞍钢粉末冶金的发展[J]. 粉末冶金工业, 1997, 7(增刊):45 ~ 51.
[27] 卢德宝. 抓住机遇 迎接挑战 推进粉末冶金行业健康发展[C]//中国机协粉末冶金专业协会年会暨产业发展论坛. 南京, 2009: 1 ~ 6.
[28] 徐哲之, 徐同. 金融风暴对企业生产的影响和应对措施[C]//中国机协粉末冶金专业协会年会暨产业发展论坛. 南京, 2009: 157 ~ 159.
[29] 韩凤麟. 中国粉末冶金零件工业现状与发展展望[C]//2004 年粉末冶金与汽车工业国际研讨会报告论文集. 青岛, 2004: 14 ~ 21.
[30] 倪冠曹. 我国粉末冶金结构件行业发展的趋势与思考[C]//2005 全国粉末冶金学术及应用会议论文集. 莱芜, 2005: 67 ~ 71.
[31] 曹阳. 中国粉末冶金零件工业现状[C]//粉末冶金产业技术创新战略联盟论坛文集. 北京, 2010: 259 ~ 264.
[32] 汪礼敏, 王林山. 国内铜及铜合金粉末的发展现状[C]//粉末冶金产业技术创新战略联盟论坛文集. 北京, 2010: 265 ~ 272.
[33] 曹阳. 中国粉末冶金零件工业发展现状[C]//粉末冶金技术创新战略联盟 2012 年中国粉末冶金产业发展论坛论文集. 上海, 2012: 8 ~ 12.
[34] 崔建民, 袁勇. 二十一世纪钢铁粉末工业的发展现状[C]//粉末冶金技术创新战略联盟 2012 年中国粉末冶金产业发展论坛论文集. 上海, 2012: 3 ~ 7.

[35] 汪礼敏，张敬国，王林山．国内外铜及铜合金粉末发展现状[C]//粉末冶金技术创新战略联盟2012年中国粉末冶金产业发展论坛论文集．上海，2012：18~26.

[36] 孙克云．我国粉末冶金工业炉的发展现状[C]//2008年粉末冶金产业发展论坛文集．武汉，2008：66~69.

[37] 张宏才．烧结设备三十年[C]//2010年华东五省一市粉末冶金技术交流大会论文集．南京，2010：28~32.

[38] 许云灿．我国机械式粉末压机的发展历程[C]//2010年华东五省一市粉末冶金技术交流大会论文集．南京，2010：33~36.

[39] 许桂生．我国粉末冶金专用成形液压机发展报告[C]//2010年华东五省一市粉末冶金技术交流大会论文集．南京，2010：37~38.

# 我国粉末冶金机械零件制造技术的进步[1]

**摘　要**　六十年来，我国粉末冶金机械零件产品水平从低级逐步提升到高级。面对不利的条件，我国粉末冶金机械零件行业努力创造条件，积极进行技术革新和产品开发，促使生产技术水平不断提高，产品不断升级。本文试图对我国粉末冶金机械零件工业产品开发和制造技术的进步过程，做出简略的梳理，记载业内同仁攻克技术难关的成功业绩，总结经验，为行业提供有参考价值的史料。

1952～1958 年，随着铜基含油轴承、青铜过滤器、铜基摩擦片和铁基含油轴承相继研制成功并投入生产，我国粉末冶金机械零件工业兴起。六十年来我国粉末冶金零件工业的发展历程是，从无到有，规模从小到大，生产条件从简陋到正规，产品在性能、精度及形状复杂程度等方面，从低级到高级，水平不断跃升。20 世纪 60 年代末期，我国粉末冶金机械零件生产厂家主导产品大都是形状简单、对尺寸精度和性能要求不高的套类零件，结构零件品种寥寥无几。70 年代，产量占主要份额的轴套类产品水平有很大提高，结构零件产品开发取得明显进展。80 年代，通过在消化吸收引进国外先进技术基础上的自主开发，产品制造技术水平跃上新台阶，部分产品达到或接近世界先进水平。90 年代以来，大多数企业已有一定的技术储备，高端零件开发创新有突出进展。表 1 列出的各个时期典型零件及其性能水平，可大略反映出粉末冶金机械零件产品水平逐步跃升的过程。

我国粉末冶金机械零件工业起点低。原苏联援建的北京电子管厂（设钨钼车间）和株洲硬质合金厂先后于 1956 年和 1958 年投产，我国难熔金属和硬质合金产业一开始就建有正规专业生产厂，有现成的生产工艺技术可依。与之相比，粉末冶金机械零件工业情况截然不同，最初建立的粉末冶金机械零件生产点都是白手起家，生产条件简陋，技术力量薄弱，生产工艺无章可循。不利的历史条件给我国粉末冶金机械零件工业发展造成严重困难，致使无论在发展生产规模方面还是提高技术水平方面，都经历了艰难的过程。

面对不利的条件和环境，我国粉末冶金机械零件行业同仁，秉承中华民族自强不息的精神，发挥聪明才智，努力创造条件，在组织生产的同时，积极进行技

---

[1] 本文原载于《2014 中国机协粉末冶金行业年会暨汽车粉末冶金零件技术研讨会报告文集》，宁波：95～101。署名：李祖德、张华诚、倪冠曹。此次重载作了补充和修改。

术革新和产品开发。六十年来，全体同仁为振兴我国粉末冶金机械零件工业，付出了辛劳和心血。本文试图对我国粉末冶金机械零件工业制造技术的进步历程，做出简略的梳理，记载业内同仁攻克技术难关的成功业绩，总结经验，为行业提供有参考价值的史料。本文涉及年代跨度大，面对的资料浩瀚，难免有史实失误和观点偏颇之处，恳请同行指正。

**表1　我国粉末冶金机械零件工业各年代的典型零件**

| 年　代 | 零件名称 | 性能水平评价[①] |
| --- | --- | --- |
| 20世纪50年代 | 含油轴承 | 替代低转速、低负载的铜轴承<br>径向压溃强度$K$值≥200MPa |
| 20世纪60年代 | 含油轴承、钢板销衬套、气门导管、机油泵转子、机油泵齿轮、铜铅合金-钢背双金属轴瓦、摩擦片 | 承受中等负载的结构零件<br>抗拉强度$\sigma_b$200～300MPa<br>几何尺寸精度IT8～IT7级 |
| 20世纪70年代 | 曲轴正时齿轮、平衡轴正时齿轮、斜齿轮、粉末锻造行星齿轮、飞机用摩擦片、金属-塑料复合材料 | 承受中等负载、复杂形状的结构零件<br>抗拉强度$\sigma_b$300～400MPa<br>几何尺寸精度IT8～IT7级 |
| 20世纪80年代 | 曲轴（凸轮轴）正时齿形带轮和链轮、电冰箱旋转式压缩机缸体和缸盖、进排气门阀座、高精度铜基含油轴承、撒粉法制摩擦片、飞机用摩擦片 | 多台阶、复杂形状、较高强度结构零件<br>抗拉强度$\sigma_b$400～600MPa<br>几何尺寸精度IT7～IT6级 |
| 20世纪90年代～2010年 | 同步器齿毂、变速器齿毂、VCT皮带轮、螺旋齿轮、渐开线椭圆齿轮、锥齿轮、组合齿轮、中空含油轴承、飞机用摩擦片 | 多台阶、复杂形状、高强度结构零件<br>抗拉强度$\sigma_b$500～800MPa<br>几何尺寸精度IT7～IT5级 |

① 为泛评，不涉及某些较特殊零件。

## 1　20世纪50年代至60年代<br>——从作坊式生产起步兴业[1～4]

1952年，上海中国纺织机械厂沿袭19世纪美国最初制造铜基多孔轴承的方法，用青铜锉屑制成含油轴承，开发出我国最早的粉末冶金机械零件。20世纪50年代末60年代初，不少省市大约六七十家中小型轴承厂办起铁基含油轴承生产，曾经制造双环粉末冶金含油轴承，以取代当时供应紧张的滚珠轴承。这些生产厂点大多都类似土法上马的作坊式工场。各厂铁粉自产自用，用木炭作轧钢铁鳞的还原剂在倒焰窑中加热还原制造铁粉；破碎海绵铁的设备、球磨机、混料机均为自制，甚至采用手工操作的中药材碾槽；没有专用压制设备，粉末成形采用通用塑料压机、摩擦压机甚至手搬压机；烧结在倒焰窑中进行，用炭屑保护压坯。

60 年代初期，行业相继开发了汽车钢板销衬套、转向节衬套、摇臂衬套、气门导管和双环球面含油轴承等一批粉末冶金铁基零件（气门导管生产早于日本十年），一些厂家开发了铜基零件，如雁石机械厂于 1962 年和 1964 年先后投产柴油滤清器和连杆小头衬套。摩擦材料和复合材料制品的开发起步。1964 年初，北京市机械研究所（北京市粉末冶金研究所前身）采用粉末轧制研制成功铜铅合金-钢背复合材料轴瓦，1964 年和 1965 年先后在北京广外粉末冶金厂和武汉汽车配件厂投产，开粉末冶金双金属材料和制品的先河。1962 ~ 1965 年，北京航空材料研究所研制并投产铁基刹车片，用于歼 7 飞机。1964 年，杭州齿轮箱厂在一机部设计二院和中国纺织机械厂的协助下，研制成功中、小马力船舶倒顺车变速箱离合器用粉末冶金铜基湿式摩擦片，并建立车间投产。铁粉方面，上海材料研究所在上海冶金陶瓷研究所采用木炭还原沸腾钢制取铁粉的基础上，提出铁鳞和木炭分层装罐法，并在生产厂进行产业化。

60 年代中、后期机械零件产品水平有所提高，结构零件开始出现。1964 年，中国纺织机械厂与上海第二纺织机械厂合作研制投产含油钢领，工艺有所创新，采用成形冷滚轧提高产品密度与精度，气体碳氮共渗提高硬度与耐磨性。1965 年，北京市粉末冶金研究所研制成功卡尺尺框及缝纫机高精度零件；通过改进整形模导向装置将缝纫机用高精度抬牙滚柱内外圆不同心度改善到 0. 01 ~ 0. 02mm；还研制成功用于红外线单板干燥机使用温度 150 ~ 300℃的高温轴承（87Fe-10 石墨-3$MoS_2$），以及推土机主离合器片、制动片、转向离合器片三种摩擦片（性能赶上英国样机同类摩擦片水平）。60 年代中期，北京市粉末冶金研究所摒弃切削加工制造拼装阴模的方案，采用铜钨电极电火花加工制造整体模具，研制投产手摇喷粉器齿轮。1964 ~ 1967 年，上海粉末冶金厂与上海材料所合作，研发了轿车发动机和农机机油泵内外转子、载重汽车和工矿机械机油泵齿轮；上海粉末冶金厂 1968 年采用螺旋压制法制造成功手摇喷粉器斜齿轮，并于 1970 年建立专业生产粉末冶金齿轮的车间。1967 年，宁波粉末冶金厂与汉江油泵油嘴厂合作，研发了柴油机喷油泵挺柱体。1965 ~ 1966 年，北京航空材料研究所研制成功歼 8 飞机用铜基刹车片。1969 年，长春第一汽车制造厂对粉末冶金零件进行氰化处理，将硬度提高到 HRC50 以上。

企业努力改善自身的工装条件以提高生产效率和扩大开发领域。中国纺织机械厂 1959 年率先将冲床式压机实现单机自动化。1963 年，上海合金轴瓦厂（上海粉末冶金厂前身）购置日本 100t 粉末冶金全自动液压机。1964 年，北京天桥粉末冶金厂采用发生炉煤气保护的连续烧结电炉，淘汰倒焰窑。60 年代中期，上海粉末冶金厂拥有我国第一座生产还原铁粉的 38. 5m 隧道窑、4 台我国第一批仿日 100t 粉末冶金全自动压机和 2 台以转化煤气作保护气氛的推杆式烧结炉。该厂在上海冶金陶瓷研究所协助下，改进还原工艺，将还原温度从 950℃提高到

1050℃，使产量翻番；同时，采用低灰分木炭还原低硅量沸腾钢铁鳞、分层装罐、精还原退火等措施，将产品铁含量提高到98.5%，长期保持国内领先水平。1968年，天津锻压设备制造厂仿日粉末冶金全自动压机在宁波粉末冶金厂投产。60年代末期，不少厂家把通用压机改造为自动或半自动压机，生产能力和技术水平得到提高。

标准化工作在60年代初期起步。受一机部工艺司委托，在1962年上海市机械工程学会年会上，讨论通过由一机部上海材料研究所代表上海粉末冶金学组起草的《粉末冶金技术标准试行检验方法及技术条件（草案）》，包括铁粉及金属粉末、烧结条件、轴承性能共12项。1963年纺织工业部颁布由中国纺织机械厂提出的FJ 173—63《含油轴衬尺寸》、FJ 174—63《含油轴衬技术条件》、FJ/Z 110—63《含油轴衬选用、加工、装配与维修》三项粉末冶金含油轴承标准和指导性文件。1968年，一机部颁布由上海粉末冶金厂起草的JB 1106—68《汽车钢板弹簧销铁基粉末冶金衬套》、JB 1107—68《汽车转向节主销铁基粉末冶金衬套》、JB 1108—68《汽车发动机铁基粉末冶金气门导管》三项产品标准。

60年代末期，我国粉末冶金机械零件工业生产逐渐走入正轨并得到发展，但总体上仍处于生产规模小、工艺装备落后、专业技术力量薄弱的状态，制造技术水平低，产品品种少。很多厂家缺乏新产品自主开发能力，主导产品彼此重复，限于汽车钢板销衬套、含油轴承、气门导管和机油泵转子等三五种零件。产品大多形状较简单，对精度和性能的要求不高。

## 2　20世纪70年代至80年代初——生产条件改善，产品门类增加，水平有所提高[1,5~34]

20世纪70年代，粉末冶金厂家加强技术改造，在设备生产厂家大力支持下，装备条件改善。至80年代初，我国粉末冶金机械零件生产技术水平明显提升，多数厂家逐步摆脱作坊式的生产方式，行业初具规模。粉末冶金机械零件生产厂家在产品开发和扩大门类品种方面取得成绩：产量占主要份额的轴套类零件产品质量得到提高，尺寸精度普遍达到2~3级，不同心度达0.05~0.06mm；以机油泵转子、机油泵齿轮为代表的异型零件，生产已较普遍，机油泵齿轮精度达7~8级（齿形误差除外）；中、高强度传动齿轮在一些厂家投产；后续处理已在生产中应用。尤其是，随着成形技术、烧结技术和后续处理技术的进步，高密度、高性能、高精度复杂形状结构零件的开发崭露头角。然而，行业总体生产技术水平仍然不高，与世界先进水平尚有很大差距。这一时期，形状简单的衬套类减摩零件仍占产品主要份额，1983年据20家粉末冶金生产厂统计，农机用粉末冶金零件中，衬套类减摩零件占93.7%，结构零件只占6.3%，而同期工业先进国家结构零件份额已超过60%。

历次行业检查评比结果较真实地反映了当时粉末冶金零件主导产品的技术水平。机械部和农机部1979年决定开展行业产品质量检查评比活动，成立全国粉末冶金行业产品质量检查评比小组，确定3项受检产品，即还原铁粉、气门导管和机油泵转子。1981～1984年，组织了4次全国粉末冶金产品质量检查评比（当年评比前一年产品），1980～1983年气门导管产品一级品率分别为30%、81%、79%和86%。气门导管于60年代初研发投产，是大多数厂家的主导产品，行业归口研究所以内燃机气门导管为例进行分析，指出：产品质量提高较快；产品质量的主要问题是内在质量尚差；影响产品质量的因素有铁粉质量不稳定、压机精度差、模具结构不合理、烧结气氛碳势波动大、压制和烧结工艺参数不当等。质量问题引起生产厂家的重视，并采取了相应改进措施。一汽散热器厂采用摩擦芯杆和单向反压的措施，使产品密度差和硬度差达到行检要求，产品耐磨性比灰铸铁高5倍以上。

农机行业一直是粉末冶金机械零件的主要市场。农机部于70年代末组织了粉末冶金制品在农业机械上应用的调查，进行了分析和总结，指出：衬套类减摩零件，油泵零件，低、中、高强度齿轮及摩擦材料的应用均收到良好效果；对于在恶劣工况条件运转的衬套，采用不同材质和密度并进行热处理，以及调整工作间隙，即可满足使用要求。手扶拖拉机倒挡中间齿轮属于高强度齿轮，采用粉末锻造制造，其小能量多次冲击疲劳性能明显超过18CrMnTi钢，更适应工况条件；拖拉机7种高强度齿轮装车试验效果很好。

这一时期我国粉末冶金机械零件产品开发和制造技术的进步，包括以下四个方面：

（1）各门类产品开发成绩显著。

70年代，高强度异型结构零件开发崭露头角。开发的齿轮产品有：上海粉末冶金厂1971年试制成功电钻传动齿轮，高频淬火后硬度达HRC40，1972年试制成功BC系列油泵齿轮；宁波粉末冶金厂1974年试制成功粉末冶金曲轴正时齿轮和平衡轴齿轮；北京市粉末冶金研究所试制成功拖拉机37215传动齿轮，硬度达HRC42～52，单齿扳断强度40～55kN。开发的其他结构件有：1972年南京粉末冶金厂与上海机床厂合作，试制成功6等分摆线转子，转子流量为25L/min、50L/min、100L/min，取代了机油泵齿轮；螺旋螺母是凿岩机上一种易损件，工作条件恶劣，对材质要求高，在沈阳风动工具厂（1972年生产13万件）和宁波粉末冶金厂投产；汽轮机隔叶片形状复杂，南京粉末冶金厂采用铁基材料渗铜工艺试制成功这种零件，密度达7.5～7.6g/cm$^3$，具有良好的力学性能和抗蒸汽腐蚀性能；1979年，上海粉末冶金厂与上海针织机械二厂合作，开发针织机断面凸轮三角，密度为7.0g/cm$^3$，硬度为HRC45，耐磨性与Cr12MoV钢相同；减摩零件有：1976 年，电子部所属工厂研发出低噪声铜基含油轴承并小量生产。70 年代还开发了性能优异的复合减摩材料和制品，包括：金属-塑料复合材料和制品（1972 年）、烧结青铜浸渍塑料-钢背复合材料和制品（1976 年）、塑料-青铜-钢背三层复合自润滑材料和制品（1979 年），等等。1972 年，北京市粉末冶金研究所研制成功金属-塑料复合材料，1975 年在衢州化工厂投产。东风汽车公司 1979 年开发 EQGS 型三层复合材料自润滑轴承，80 年代大量应用于东风系列载重汽车及其他汽车。摩擦材料方面，龙岩粉末冶金厂 1973 年研发成功 $\phi$450mm 大型铜基摩擦片，用于 400t 冲床；中南矿冶学院与北京市粉末冶金研究所分别研制成功三叉戟飞机粉末冶金铁基刹车片材料，并投产供货，全部取代进口。

80 年代初，产品开发取得新进展。上海纺织轴承一厂、上海粉末冶金厂、华东纺织工学院采用热复压和渗碳淬火开发皮辊轴承外圈，密度达 7.5g/cm$^3$。宁波粉末冶金厂开发自行车转铃粉末冶金撑牙齿轮，成为该产品最大供应厂。北京市粉末冶金研究所、上海粉末冶金厂和上海工业大学开发组合烧结技术，试验了过盈法、熔渗法和钎焊法，研制成功高压柱塞泵双金属缸体、自行车变速轴内齿轮和全封闭制冷压缩机阀板。上海材料所开发成功粉末不锈钢 410L、304L 及粉末高速钢 SM2 材料和制品。减摩材料方面：北京钢铁学院与北京粉末冶金公司合作，成都电机厂与电子部第十一研究设计院合作，研制成功低噪声铜基含油轴承，分别达到台架寿命 1100h 和寿命 1200h，噪声不超过 35dB 的水平；东新电碳厂开发了高石墨青铜含油轴承，具有液-固、固-固复合润滑效应；洛阳轴承研究所开发了轴承保持架用 $MoS_2$ 固体润滑材料；中南矿冶学院开发了高温高真空条件下使用的固体自润滑材料和惯性导航仪表陀螺马达用碳化硼气体轴承材料。摩擦材料方面，中南矿冶学院开发了三叉戟 3B 型飞机使用的 FC-3 材料和多用直升飞机旋翼刹车材料；621 所开发了安-24 民航机和直升机刹车材料。

（2）生产工艺水平大幅度提升。

压制操作自动化程度有较大提高，成形工序继续向单机自动化方向发展，普遍将冲床改装成自动化压机，不少厂家自制气门导管专用自动压机，添置全自动油压机和大吨位压机。常德纺织机械厂 1971 年将 600kN 冲床改造成全自动粉末压机，生产多台阶零件，工效提高 5 倍。一汽散热器厂 1972 年自行设计制造全自动卧式整形机，将工效提高 4 倍，整形操作 70% 实现自动化；1974 年前后，购置 2 台全自动压机，仿制 2 台 160t 和自主设计制造 2 台 50t、4 台 20t 全自动压机，自主设计制造 10 套全自动压模，成形操作有一半实现自动化。1978 年前后，改造 4 台四柱式油压机实现全自动运行，成形工序全部实现自动化。上海粉末冶金厂 1973 年已拥有 25 台系列规格的粉末冶金全自动压机；1976 年自主研发投产气门导管 30t 全自动液压机，可成形细长比大于 3 的零件，功效提高 3 倍；1981 年自主研发投产气门导管半自动整形压机，功效提高 3 倍。1978 年，北京天桥粉末冶金厂实现60t双功能冲床自动化，1979年自行设计制造100t气门导管专用压机投产。1980年，洛阳轴承厂开发出ZYA79-70全自动粉末压机。有些厂家添置大吨位压机，生产大型产品，1974年沈阳市投产3台吨位超过1000t的粉末冶金用油压机，沈阳粉末冶金厂（1250t）、沈阳粉末冶金二厂（1200t）、沈阳齿轮厂（1250t）各1台。

压机制造厂加大对粉末冶金行业支持力度：1973年，上海粉末冶金厂与上海第二锻压机床厂合作仿制粉末冶金全自动液压机，形成YA-79系列（125t、250t、630t），并拥有25台YA-79系列压机；天津锻压机床厂1978年制造出Y79Z-63全自动粉末压机，1979年制造出Y79Z-250型全自动粉末压机。

对模具和模架结构进行改进并开发新的成形技术，以改善压坯密度均匀性，提高压坯精度，成形复杂形状零件，实现自动化，提高生产效率。开发了浮动模、机内模，以及压制薄壁、细长、多台阶、带斜齿（或螺旋键）和内外球面等各种异型零件的模具。采用硬质合金材料制作自动压机压模和整形模较为普遍。很多厂家已拥有成形磨床、电火花机床和齿轮磨床等模具加工设备。1973年，上海粉末冶金厂设计制造全自动斜齿轮模具（架），将喷雾器斜齿轮投入生产，年产100万件。同年，北京天桥粉末冶金一厂开发大长径比零件成形技术，将船用柴油机气门导管（$\phi30\times\phi20\times215$）投产。1982年，北京市粉末冶金研究所研发成功组合烧结技术，制造制冷压缩机阀座和高压泵双金属缸体。80年代初，武汉粉末冶金厂开发了两头小、中间大、内外均有台阶的自行车转铃齿轮的自动成形技术；大连粉末冶金厂采用旋转压模成形具有内斜齿的零件；青岛粉末冶金厂采用球面垫圈消除压机和模具角度误差，通过模冲的平移或游动消除压机和模具位置误差，提高产品精度。

电炉烧结逐渐普及，土窑基本淘汰。很多厂采用了保护气氛（几乎全是木炭发生炉煤气），但缺乏碳势控制意识。1978年，南京电炉厂设计制造出RST型液压推送式烧结炉，交付用户使用。上海仪表粉末冶金厂自行设计制造履带式铜基零件烧结炉1978年投产。北京市粉末冶金研究所80年代初对氮基烧结气氛进行了研究，研究成功的$N_2$-$H_2$系氮基气氛具有准确控制烧结件碳含量、节约能源、安全、环境友好的优点，1984年在宁波粉末冶金厂投产。

后续处理包括热处理、化学热处理、水蒸气处理，在70年代初期已得到应用；热处理铁基零件产品增加。热处理一般有三种方式：（1）碳含量较高零件如拖拉机传动齿轮、链条套等，经炉内加热或感应加热后进行油淬或水淬；（2）低碳纯铁零件，烧结后进行渗碳淬火；（3）表面处理，如铁基零件碳氮共渗（上海缝纫机二厂），锁芯渗锌（苏州粉末冶金厂），机床分度盘镀铬（沈阳粉末冶金二厂），浸硫处理（鞍钢中型厂，取代在水介质中工作的树脂轴瓦），仪器仪表和照相机用铁基和铜基零件镀锌、渗锌、镀铬和铜镍铬多层镀，蒸汽处理以及表面激光热处理（第一汽车厂与中国科学院长春光学精密机械所）等。80年代初，北京市粉末冶金研究所对铁基结构材料Fe-C、Fe-Cu-C、Fe-Cu-Mo-C、Fe-Ni-Mo-C系热处理工艺进行了研究。

（3）粉末热锻开发成功。

粉末热锻技术开发初期，一些厂家生产了滚动轴承环、刀杆、活顶尖等产品的毛坯，以后逐步开发了几种高强度结构零件。中国科学院金属研究所1971年开始研究粉末热锻工艺，与刘家河凤城轴承厂合作生产了6万套大车用3984型斜面滚动轴承外环（1973年通过鉴定）；随后，研制汽车后桥行星齿轮，协助沈阳汽车齿轮厂建立我国第一条粉末锻造行星齿轮生产线（1976年通过鉴定）。1972年，北京市粉末冶金研究所、农机部第二设计院和上海拖拉机厂合作研制成功手扶拖拉机中间传动齿轮。同年，武钢粉末冶金车间采用热锻工艺生产7315滚动轴承的外环和滚柱，在烧结台车上使用，寿命达半年左右（进口滚动轴承1年）。1973年北京市粉末冶金所、农机部第二设计院、天津内燃机齿轮厂等单位合作，试制出130汽车和212吉普车用两种行星锥齿轮，以及东方红-20型拖拉机二倒挡直齿轮，直接出孔，实现无飞边锻造，成品单齿扳断强度为70～80kN（30Mo铁钼共还原粉）和70～85kN（Fe-Ni-Mo-C材料），与原设计20CrMnTi锻钢75～100kN相当，而耐磨性高于20CrMnTi锻钢，且噪声较低。1977年武汉钢铁公司粉末冶金厂与武汉工学院合作采用粉末锻造制成用于轧钢辊道的大型伞齿轮，重25kg。1979年，益阳粉末冶金研究所与中南矿冶学院合作，采用热锻工艺开发预合金钢高强度零件，成功研制出东方红-75型拖拉机支重轮密封环并投入生产。至1989年前，沈阳粉末冶金厂累计生产汽车行星齿轮达300万只以上。此外，杭州粉末冶金所采用热锻工艺试制出手扶拖拉机一挡直齿轮，上海粉末冶金厂试制出汽车齿轮，云南省电影机械修配厂试制出小型发动机连杆。

（4）铁粉生产面貌改观，开发成功多种低合金烧结钢材料。

70年代中期，铁粉生产厂家加强扩大生产规模和提高产品质量的工作力度。1973年全国建成10座还原铁粉隧道窑，隧道窑产铁粉产量所占份额超过土窑，还原铁粉生产开始由土窑转为隧道窑。上海粉末冶金厂设计制造用于破碎海绵铁的高速粉碎机，取代原用振动球磨机，降低能耗和噪声，提高出粉率和铁粉质量；1977年，通过提高还原温度和采用内壁涂釉单层装料罐，将隧道窑产量由设计年产700t提高到2000t。1978年，全国隧道窑铁粉生产线增加到17条，大型隧道窑长度达68m，断面宽度达1.5m；还原铁粉精还原工艺开始取代焖罐退火和水蒸气退火工艺。冶金部钢铁研究院、北京冶金设计院与天津粉末冶金厂于1972～1978年合作，进行大型隧道窑加二次精还原生产工艺的研究，随后投产；1980年取得万吨级铁粉厂设计参数和工艺配套经验，工业化试生产铁粉质量明显提高，由总铁97%、碳0.2%、氧2%提高到总铁98.5%～99.2%、碳≤0.02%、氧≤0.2%。

70年代末80年代初，我国铁粉质量明显提高，还原铁粉化学成分较高水平达到：总铁≥98.5%，碳≤0.05%，氢损≤0.5%，可还原氧≤0.4%；但仍存在物理化学性能稳定性差和一致性差的问题。围绕我国粉末冶金用铁粉质量问题，《粉末冶金技术》期刊从1982年第2期至1985年第1期，组织开展了“如何提高我国粉末冶金用铁粉质量”的专题讨论，取得五点共识，为铁粉业制定发展规划提供重要参考：1）我国粉末冶金用铁粉的主要生产方法是隧道窑固体碳还原法和水雾化法；2）当务之急是提高铁粉质量的稳定性和一致性；3）二次精还原是提高铁粉质量的关键措施；4）增加铁粉品种，研制适用不同用途的“专用”铁粉；5）加强技术改造，向集中化生产发展。

70年代，粉末冶金机械零件主要采用Fe-C和Fe-Cu-C系合金材料制造。70年代后期至80年代初，对铁基材料中合金元素磷的作用进行了研究，确认磷对促进烧结、球化孔隙和提高力学性能的有利作用，开发了Fe-P-C、Fe-P-Cu-C系合金材料；对铁基材料中合金元素镍、钼的作用进行了研究，开发了烧结高强度铁基结构零件用的Fe-Ni-Mo-C系合金材料，拉伸强度高于1060MPa，冲击韧性高于15.6J/cm$^2$；还开发了Fe-Mn-Mo-C、Fe-Cu-Mn-Mo-C系合金材料和粉末热锻专用的Fe-Mo共还原粉。1980～1983年，北京市粉末冶金研究所研究成功烧结铁和烧结钢系列，并根据研究结果，形成一机部部颁标准JB 2797—81《粉末冶金铁基结构材料》和机械部部颁标准JB 3593—84《热处理状态粉末冶金铁基结构材料》。北京钢铁学院研究成功加磷的铁基材料，1984年在北京粉末冶金公司实验厂和宁波粉末冶金厂投产。80年代初，东北工业大学研究了含锰、铬、钒的母合金粉对烧结钢的强化作用，指出：母合金中的钼在烧结材料中均匀化程度高，加入母合金可明显提高铁基材料的抗拉强度和硬度。

## 3　20世纪80年代<br>——消化吸收引进技术与自主研发相结合，<br>制造技术水平加速提升[1,35～54]

国家于20世纪80年代实行改革开放政策，给我国粉末冶金机械零件工业发展带来契机。引进技术消化吸收和自主开发这两个方面均取得成效，促使我国粉末冶金机械零件工业无论是生产规模还是技术水平都跃升新台阶。重点企业拥有80年代初期世界水平的主体生产设备和生产技术、模具制造技术和检测仪器，形成一批技术先进、生产能力强的骨干企业，拉近了我国与国外先进水平间的差距。但是，行业总体技术水平仍然较低，不少厂家的压机多是普通油压机，烧结炉也大都是结构简单的推杆式烧结炉，还有较简陋的自制设备。大部分产品形状简单，限于高度方向带一个台阶，截面一两个孔；精度较低，一般为ISO 9～10级。

产品结构发生质的变化是80年代我国粉末冶金机械零件产品技术水平跃升的重要标志。直到80年代初期，结构零件产量所占份额仍然很低，且上升缓慢。80年代中后期，结构零件比例不断增加。据1985年统计，汽车粉末冶金结构零件与套类零件，分别占23%和77%，拖拉机为15%和85%。1989年，据136家粉末冶金制品厂统计，铁基结构零件与含油轴承（不含微型精密含油轴承），按重量各占38%和62%，按件数各占42%和58%。至1990年，结构零件产量比率明显超过套类零件，少数生产厂家已占80%以上。

行业组织四次评选，评选出的1986～1989年优秀产品，基本上展示了我国粉末冶金零件的技术水平。优秀产品共19项，列于表2。这些产品多数形状复杂，要求精度和性能高，有的使用工况条件恶劣。应该指出，制造这些产品大都未采用引进技术，完全是靠参加人员的智慧和勤劳攻克技术难关取得的成果，如抽油泵衬套长径比大，汽缸涨圈呈细长弧形，生产这两个零件必须掌握成形和控制烧结变形的关键技术。

**表2　1986～1989年行业优秀产品**

| 年度 | 名　称 | 生产厂家 | 特　点 |
|---|---|---|---|
| 1986 | 汽车电机真空制动泵转子 | 上海粉末冶金厂 | 形状复杂，精度高，性能达到日本80年代初期水平 |
| | 割草机左右齿轮 | 上海粉末冶金厂 | 公法线长度变动量0.05mm，达到西德80年代水平 |
| | 自行车转铃撑牙齿轮 | 宁波粉末冶金厂 | 形状复杂，多台阶，热处理硬度HRA 54～70 |
| | 热锻浮动油封密封环 | 韶关粉末冶金厂 | 平面度低于0.005mm，渗碳淬火硬度高于HRC 63 |
| | 铁磷导磁体定子 | 上海仪表粉末冶金厂 | 密度6.8～7.0g/cm$^3$，电磁性能达到D42硅钢片使用性能要求 |
| 1987 | 录音机用青铜基含油轴承 | 北京粉末冶金二厂 | 采用国产粉末原料，性能和精度（H 6～7）达到日本80年代初期水平 |
| | $H_2A$ 涡轮增压器止推轴承 | 杭州粉末冶金研究所 | 形状复杂，使用工况苛严，性能达到英国水平 |
| | 传动轴内外套 | 杭州粉末冶金研究所 | 采用Fe-Cu-W-Mo-Sn-C制造，形状复杂，密度高于6.88g/cm$^3$，硬度高于HRB80，强度高于490MPa，冲击韧性高于4.9J/cm$^2$ |
| | 平挡三角 | 南京粉末冶金厂 | 形状复杂，精度高，密度高于6.7g/cm$^3$，硬度$HV_{0.2}$高于500 |
| | 粉末不锈钢止火管 | 上海材料研究所 | 以球形粉末为原料，采用无填料烧结工艺制造，使用性能达到国外先进水平 |

续表2

| 年度 | 名　称 | 生产厂家 | 特　点 |
|---|---|---|---|
| 1988 | 压缩机汽缸 | 上海粉末冶金厂 | 形状复杂，精度高，性能达到日本80年代水平，为引进主机国产化配套 |
| | 压缩机汽缸 | 宁波粉末冶金厂 | 形状复杂，精度高，性能达到日本80年代水平，为引进主机国产化配套 |
| | 汽缸涨圈 | 长春市粉末冶金厂 | 形状特殊，工艺难度高，采用合金化和液相烧结工艺，寿命为铸铁涨圈2倍 |
| | 汽缸盖 | 宁波粉末冶金厂 | 形状复杂，耐磨性和气密性较高，性能达到日本80年代水平 |
| 1989 | 金属基嵌镶型固体自润滑轴承 | 武汉粉末冶金厂 | 耐磨、抗腐蚀，使用温度范围宽（-150～+250℃），能耗低，无污染，适用于重载、工况恶劣条件 |
| | 摩托车油泵转子 | 自贡粉末冶金厂 | 内外转子配合间隙小于0.14mm，性能达到进口同类产品水平 |
| | 汽车用控制臂球头销 | 一汽散热器厂 | 密度7.0～7.4g/cm³，强度500～700MPa，硬度HRA60～80，尺寸、位置精度IT8～IT10级 |
| | 抽油泵衬套 | 牡丹江粉末冶金厂 | 长径比大（$\phi56 \times \phi44 \times 300$），耐磨、耐压、减震和抗腐蚀性较高 |
| | 大功率洗衣机太阳轮 | 青岛粉末冶金厂 | 外轮廓为渐开线圆柱小模数变位齿轮，内轮廓为圆柱直齿渐开线花键，内外径精度高 |

注：资料来源：《粉末冶金技术》，1986，4(4):254；1987，5(3):191～192；1988，6(4):250；1991，9(1):60～61。

80年代，我国粉末冶金标准化工作进展较快，1980年制订标准达24项，1985年76项，1990年上百项，测试方法标准内容均等同或参照ISO国际标准。1986年7月，国际标准化组织粉末冶金技术委员会ISO/TC119会议，接纳由北京市粉末冶金研究所提出的GB 4164—84《金属粉末中可被氢还原氧含量的测定》为国际标准，标准号为ISO 4491—3。这是国际标准化组织接纳的第一个中国提案。与原用标准ISO 4493相比，可排除碳干扰，扩大应用范围。

80年代我国粉末冶金机械零件制造技术水平明显跃升，是多种因数综合作用的结果，主要反映在以下五个方面：

（1）引进技术消化吸收收到成效，一批高水平产品问世。

10个厂家分别从日本、原西德、美国和奥地利共引进成形压机13台、烧结炉10台、制粉设备1套、热处理炉2台、气氛发生装置1台。1983～1989年期间引进项目相继投产，包括：铁粉精还原炉、卧式雾化铜粉装置、机械式全自动压机、液压式全自动压机、网带式烧结炉、推进式烧结炉、步进梁式烧结炉、氨分解装置、水蒸气处理炉等设备和装置，双金属带材和CM（DU）带材、撒粉法铜基摩擦片、多孔性烧结青铜元件等制品的生产线，以及铁基结构零件、微型高精度低噪声铜基含油轴承、电力机车受电弓滑板、铜基摩擦材料、铜基过滤元件等制品的制造技术。北京粉末冶金二厂生产低噪声精密铜基含油轴承，替代部分进口并出口日本（1984 年）。成都平和粉末冶金公司生产的高速精密含油轴承有70%返销日本，进入国际市场。宁波粉末冶金厂引进生产技术和关键设备投产(1985 年)，铁基粉末冶金零件产品质量达到国外同类产品先进水平，开发了夏利汽车发动机零件和变速箱零件，以及冰箱压缩机零件（图 1）。80 年代后期，包括冰箱旋转式压缩机缸体和缸盖、洗衣机电机用铁基含油轴承等引进主机机型上一批粉末冶金零件实现国产化，并批量供货；宁波粉末冶金厂等厂汽车曲轴正时带轮和凸轮轴正时带轮投入批量生产；上海粉末冶金厂开发投产有为桑塔纳汽车配套的曲轴齿形带轮、水泵凸缘、油封法兰等 13 种零件。杭州粉末冶金研究所喷撒法铜基摩擦片生产线投产，是我国粉末冶金摩擦材料生产工艺重大革新，产品性能好，生产效率高，节约能耗和有色金属，降低成本，减少污染。北京摩擦材料厂利用引进的 1200t 压机，生产 $\phi$500mm 整体铜基摩擦片。

图 1 宁波粉末冶金厂生产的冰箱压缩机零件

（2）自主开发成绩突出。

武汉粉末冶金厂自主开发的金属基镶嵌型固体自润滑轴承投产，1988 年获国家质量银质奖；这项产品在机械设备、军用天线上使用，均取得明显技术经济效果。北京市粉末冶金研究所 1982 年开发成功 Fe-2Cr-0.5Mo-1Cu-0.4C 材料，热处理态抗拉强度 1050～1110MPa，硬度 HRC47～50，冲击韧性 13J/cm$^2$。公主岭粉末冶金厂与吉林工业大学合作，开发成功微电机用高精度含油轴承。淄博粉末冶金厂采用冷等静压开发了三维尺寸相差大的零件铁基粉末冶金导轨板（500mm×112mm×10mm）。洛阳轴承厂开发了滚动轴承粉末冶金零件，包括中挡圈、保持架、内圈、外圈及含固体润滑剂的轴承滚珠架。洛阳轴承研究所、洛阳轴承厂与益阳粉末冶金总厂合作开发了高精度、薄壁零件轴承中隔圈。安阳大学、洛阳轴承研究所和安阳粉末冶金厂对自行车轴挡滚道进行滚压处理，提高局部密度（≥7.6g/cm$^3$），热处理后表面硬度达 HRA 80～83，而其他部位仍保留孔隙，具有良好的退让性和减震性。广州粉末冶金厂对铁基零件开发了急冷发黑处理新技术，广西大学与南宁粉末冶金厂开发了膏剂渗硼技术，均适宜中小型厂采用。中南工业大学和洛阳轴承研究所应用液-固、固-固复合润滑效应，加入固体润滑剂并浸油，分别研制成功航空用金属陶瓷减摩材料和吸尘器电机用高速精密铜基含油轴承，后者产品满足20000～25000r/min运转要求。洛阳轴承研究所采用热压工艺开发成功 $Ta\text{-}MoS_2$ 固体自润滑材料，用于空间飞行器高温高真空工作的滚动轴承保持架。中南工业大学开发了高密度石墨青铜轴承，应用于精密自动车床、高速摄影机等精密设备。钢铁研究总院开发了金属纤维增强固体润滑材料，断裂强度极限和冲击韧度大幅度提高。青岛粉末冶金厂开发了 Fe-Cu 基双金属含油轴承，外层为铁基材料，内层为铜基材料，节约铜50%。新华粉末冶金厂研发了含铅、铜的铁基轴承材料，可节约铜、锡。琅琊山铜矿粉末冶金厂开发成功聚甲醛-青铜-钢背三层复合材料轴套、轴瓦和轴衬。1987 年和 1988 年，第二汽车制造厂技术中心先后研发出EQ140-I 和 EQ140-Ⅱ烧结合金钢阀座，比高铬合金铸铁寿命高5倍左右；80 年代还开发生产出双金属套类零件。80 年代末，重庆华孚粉末冶金厂开发了 JL462Q发动机凸轮轴和曲轴正时皮带轮。自主开发的产品还有全致密粉末冶金不锈钢零件和无模烧结多孔零件。某些特殊制造技术如组合连接和注射成形得到发展，扩大了高精度、复杂形状机械零件品种。摩擦材料方面：北京市粉末冶金研究所与674 厂、617 厂、618 厂合作，开发了装甲履带车辆用粉末冶金制动瓦；中南工业大学开发了直8型多用直升机旋翼铁基刹车片；晋江粉末冶金制品厂采用正交设计改进了摩擦材料成分配方；大连粉末冶金厂开发成功千吨级多工位压力机用摩擦片，直径为：离合器片 $\phi$1410mm、制动器片 $\phi$1000mm，寿命5000h以上。

（3）加大力度提升成形技术，生产工艺装备普遍改善。

常德纺织机械厂将 J23-100 型冲床改装成全自动三冲头压机，提高工效 2～3倍。上海粉末冶金厂与兄弟厂合作制造了630t压机用模架，达到德国模架水平，确保了桑塔纳轿车发动机凸轮轴齿形带轮等大型、高水平产品的开发和批量生产。宁波粉末冶金厂在125t粉末制品液压机上采用阴模、芯棒和压模套均可浮动的拉下式压模，利用机械定位控制压坯密度和轴向高度，实现多台阶零件成形。上海粉末冶金厂采用带摩擦芯杆的双向压制法成形厚 1.5mm 薄壁衬套，压件密度差不大于 0.2g/cm$^3$。青岛粉末冶金厂采用球垫结构，消除压制和整形模具系统积累误差，提高产品精度，降低模具制造费用。一些中小型厂开发了多种生产不同复杂形状零件（如带 6 个直径 $\phi$1.6mm 小孔的活塞体）的成形模具。1985 年，宁波粉末冶金厂在引进技术基础上开发了结构复杂的 B 型和 C 型模架，实现上2段下3段、横截面多个孔的典型异型结构零件一次成形，形位公差达GB 1184—80 标准7级水平。第一汽车制造厂1987年前后改进全自动压机动作以适合 M-DPf 压制法，满足产品密度差和硬度差要求；1990 年前后，改造机械压机以成形带台阶零件，提高效率 7 倍多。北京粉末冶金公司于 80 年代末开发了YA32-200 型液压机通用型模架，用于成形带内外台阶、盘状多孔的复杂形状、高精度零件，并实现自动化，提高效率10倍。80年代中、后期，行业中在压机上应用微机程序控制进一步扩大：1985年，一汽散热器厂在油压机上应用微机程序控制，实现一机多种程序自动控制；青岛粉末冶金厂、韶关粉末冶金厂和武汉粉末冶金厂，于1986～1988年在YA79-125型压机上采用PC机控制。

（4）粉末冶金专用设备制造大有起色。

1987年，北京锻压机床厂开发了机械-液压混合式200kN粉末成形压机和机械式200kN粉末精整压机。1981～1982年，钢铁研究总院、北京冶金工业设计院、晋江粉末冶金厂合作，建造钢带式连续还原炉，提高产品还原铁粉性能。1984年8月，南京粉末冶金专用设备厂建立，开始供应粉末冶金专用烧结炉。1986年，机械部第五设计院与南京粉末冶金专用设备厂合作，开发出带富化气的氨分解装置。晋江粉末冶金厂与北京工业设计院合作，1988年开发了钢带宽度200mm小型钢带连续还原炉，1900年开发了钢带宽度500mm的连续还原炉。80年代末至90年代初，开发的烧结设备、还原设备和后处理设备有：连续还原炉、钟罩式加压烧结炉、各种网带炉和推杆炉、高温钼丝炉、中空膜制氮装置、AX气氛发生器、蒸汽处理炉、真空浸油机、网带式热处理生产线等。重庆四方汽车钢板厂自主研制L形粉末冶金连续烧结炉，通过设置烧除室、炉温分段控制、分解氨碳势可控和冷却水温自动控制，使产品合格率大幅度提高，能耗降低12.3%。

（5）80年代是我国铁粉生产发展重要历史时期，开始形成现代化生产。

武钢和鞍钢形成我国两大铁粉生产基地，其主要产品性能达到国外同类牌号铁粉水平。1988年，武钢铁合金厂粉末冶金分厂包括长105m、断面宽度1.5m隧道窑的铁粉生产一期工程投产，引进美国Drever公司5000t钢带式精还原炉1台；1990年，武钢长154m、断面宽度2.4m隧道窑投产，引进日本双辊海绵铁细粉碎机1台，与美国Drever公司联合制造5000t钢带式精还原炉1台；生产3个系列22个牌号，主要性能指标达到：总铁含量不小于99%，碳含量为0.006%～0.02%，氢损不大于0.3%，压缩性6.7g/cm$^3$（500MPa以下）。开发的新牌号包括：Fe-Mo共还原合金粉、3%～30%Cu铁铜粉、含Ni及其他元素的部分扩散粉及预合金粉、含MnS易切削钢粉等；与南方含油轴承厂合作，开发WHF80.230含铜预合金扩散铁粉，成功取代铜基合金制造含油轴承。水雾化法生产铁粉工艺于80年代初在我国兴起。鞍钢冶金粉材厂1984年引进西德Mannesmann Demag水雾化铁粉生产技术和设备，1987年建成生产线，生产水雾化铁粉引进牌号WPL200和WP300；开发出－100目水雾化铁粉；以水雾化铁粉为基体，开发出低合金钢粉、无偏析混合粉、易切削合金钢粉、烧结贝氏体钢粉和阀座用合金钢粉等新品种。水雾化铁粉开发和投产，为制造高密度、高强度、高精度零件创造条件。80年代初，铁粉业开始探寻采用精矿粉为原料制取粉末冶金用铁粉的工艺方案，钢铁研究总院1985年报道了采用安徽霍邱和本溪南芬铁精矿粉制取还原铁粉的研究成果，认为此两地原矿粉适合作为制取还原铁粉的原料。

1986 年，上海第二冶炼厂开发了低噪声高性能含油轴承用铜粉，达到引进同类铜粉水平。

## 4 20 世纪 90 年代 ——制造技术水平在高起点上继续攀升，自主创新硕果累累[1,55~74]

90 年代，各企业已经具有一定的技术储备，以此为基础加大自主创新力度，在材质和高端零件开发上均有突出进展，多数企业在 90 年代强化了材料和产品内在质量的检测和分析手段，行业整体制造技术水平进一步提升。

“机械基础产品行业 1990~1995 年重点技术进步及成果推广计划”即“泰山计划”列入粉末冶金行业项目“引进轿车粉末冶金结构件国产化”。“泰山计划”实施，推动了高水平粉末冶金零件的开发。90 年代初开发出 6 种车型（桑塔纳、奥迪、高尔夫、大发、标致、切诺基）粉末冶金结构件 65 种 88 件。以汽车凸轮轴正时齿轮为代表的部分产品已达到世界 80 年代中、后期水平。益阳粉末冶金厂完成 19 种 35 件，其中标致车齿轮获得广州标致公司认可。上海粉末冶金厂为桑塔纳 30000 台套配套，所开发的 16 种零件得到上海大众公司认可。90 年代中期，引进车型发动机及变速箱用粉末冶金零件实现国产化并批量供货。引进汽车车型及其他主机机型国产化配套粉末冶金机械零件开发投产，拉动我国粉末冶金零件产品档次全面升级。

90 年代初期，通过优选材料和提高压制、烧结、精整、热处理工艺水平，将粉末冶金结构零件的精度和抗拉强度提高。表 3 所列为 90 年代中后期上海地区汽车摩托车粉末冶金零件技术数据，可以代表同期我国粉末冶金机械零件的水平。表中数据已达到和超过国家 1991 年颁布的《粉末冶金制品工业振兴发展纲要（1990~1995 年）》所提出的指标。

**表 3 90 年代中后期上海地区汽车摩托车粉末冶金零件技术数据**

| 项 目 | 纲要目标 | 产品水平 | 产品举例 |
|---|---|---|---|
| 密度/g · cm$^{-3}$ | 7.0 | 7.0~7.2 | 离合器齿轮 |
| 烧结态强度/MPa | 600 | 650 | 离合器齿轮 |
| 热处理态强度/MPa | 1000 | 1200 | 离合器齿轮 |
| 尺寸精度 | IT6 级 | IT6 级 | 离合器齿轮 |
| 形位精度 | IT8 级<br>IT6 级 | IT8 级<br>IT6 级 | 离合器齿轮<br>轴承齿轮 |

90年代我国粉末冶金机械零件制造技术的进步，在如下四个方面：

（1）新工艺、新材料、新产品开发成果显著。

吉林工业大学开展了铜基、铁基粉末压坯和铁-铜基梯度复合粉末压坯激光烧结的研究。吉林工业大学与中国第一汽车集团公司合作，研究通过激光烧结提高汽车粉末冶金零件密度和硬度。东风汽车公司与武汉粉末冶金厂合作，以烧结合金钢开发出无铅汽油发动机整体型和双层复合型气门阀座。东睦新材料集团公司融入多项自主创新技术，开发出空调压缩机零件和摩托车零件（图2和图3），取代进口件，其中，五羊本田摩托车离合器从动齿轮被列为主流摩托车离合器“标配”，成为我国摩托车市场的著名品牌；借助计算机辅助设计，选择合理配合间隙和生产工艺，开发出大批量可互换的摆线内外转子。南京理工大学采用凸焊法将分配泵飞块座与齿轮焊成一体。东风汽车公司粉末冶金厂采用组合烧结，制成具有4个轴向封闭槽的转向机轴套，经渗铜提高结合强度和防泄漏性能，再经深冷处理保持尺寸精度稳定性。中南工业大学提出非同轴坯件的成形方法和模具，用于制造常规模压方法不能成形的零件。

图2　东睦公司生产的部分空调压缩机零件

图3　东睦公司生产的部分摩托车零件

减摩材料制品方面，开发了几种新型材料和产品，包括节铜材料和产品。常德纺织机械厂开发出Fe-Cu-Pb-C系含油轴承，性能好，成本低。泰兴合金粉末厂开发了青铜-铁轴承材料。中南工业大学开发出用于高精度自动车床轴承、电度表磁力轴承的石墨青铜固体减摩材料，以及可节约6-6-3青铜的烧结铁-青铜材料。长沙新型含油轴承厂采用特殊结构模具，以适用于高负荷条件的Fe-Cu-Me材料生产$\phi257 \times \phi237 \times 28$大型含油轴承，取代ZQSn6-6-3锡青铜。龙岩粉末冶金厂采用回转碾压工艺制造CuPbSnZn合金-钢背双金属复合减摩材料。琅琊山铜矿粉末冶金厂开发了聚甲醛-青铜-钢背三层复合材料。钢铁研究总院开发了耐热耐磨铁基固体润滑材料，工作温度达400℃，适宜制造高温作业机械及装备的轴承或轴套。

摩擦材料制品方面，经过几十年的努力，我国已形成性能稳定、实用性广、成本低的铁基、铜基和铁-铜基烧结金属摩擦材料系列，并不断研发出新型材料。中南工业大学粉末冶金研究所开发成功“图-154”飞机刹车片，1991 年获中国民航局颁发的航空材料生产人许可证；1993 年起出口“图-154”飞机刹车片，长期批量销往俄罗斯和乌克兰；1995 年获俄罗斯图波列夫设计局颁发的俄罗斯航空技术协会认可的“图-154”飞机刹车盘（副）制造许可证。该所开发的“波音”机型用铜基刹车材料平均使用寿命达 800 ~ 1000 次起落，最高 1500 次起落，达到并超过国外同类产品的先进水平。877 厂开发出金属纤维与非金属材料组成的半金属材料制动片。华兴航空机轮公司研制成功多用途小型民用运输机铁基刹车材料，适宜低速、中能载、高比压使用条件；研制成功运 7 飞机用铁基刹车片，使用寿命比原用铜基片提高 3 倍以上。

（2）生产厂家继续加大技术改造力度。

不少厂家提高模具、模架设计和制作水平或改造原有压机，生产多台阶复杂形状零件；少数企业开始采用 CNC 压机开发复杂形状零件。90 年代初期到中期，通过优化模具和模架设计及成形工艺，或结合组合技术，开发出大量高水平零件。扬州粉末冶金厂开发出汽车气泵阀板，在 75cm$^2$ 截面上分布大小孔 16 个，侧面呈弧形。上海粉末冶金厂成形工艺采用粉末移动措施，开发出汽车悬挂系统上球头，球面尺寸精度 $\pm 0.025$mm；该厂采用阴模浮动、下模冲下置平面球轴承和凸台部位密度补偿措施，生产双凸台半圆周斜齿轮。常德纺织机械厂优化模具设计，采用组合模冲（6 件组成）和组合芯棒（4 件组成），开发出复杂形状零件汽车压缩阀底座，该零件带外台阶和内台阶，内孔带球面和锥度，外圆一端有斜角，两侧有斜面槽。常德纺织机械厂设计制造了 4 缸气体浮动压模，适宜安装在功能简单的油压机上，通过调节气压和变换气路，控制工艺参数和动作，定位精度高，压件密度均匀，可生产细长、厚壁、高大、多台阶制品，压坯密度均匀（如 $\phi$80mm × $\phi$65mm × 78mm 的产品，密度差仅 0.16g/cm$^3$），减少操作人员，提高工效 4 倍。宝鸡车辆厂将普通双柱可倾曲柄式 800kN 冲床改装成自动压机，开发具有内台阶和外台阶、上端面凹台的零件。莱州粉末冶金厂对天津锻压机床厂产 YB32-100A 四柱万能液压机进行改造，采用浮动模架及斗式送料器，实现单机自动化，改善压坯精度和密度均匀性，提高工效 1 倍，操作人员由 2 人减至 1 人。上海合金材料总厂开发了无级调节恒量双向新型自动粉末成形压机，实现复杂形状包括阶梯形制品的优质高效成形。南京理工大学设计用于 400 ~ 5000kN 普通压机的半自动双模架制造复杂形状结构件，如摩托车变速凸轮。常州轴承总厂在普通冲床上使用特殊结构的模架，成形带盲孔、外台阶制品。龙岩粉末冶金厂对 YA79-125 型液压机进行改造，优化模具和模架结构，开发了国外订货的双面齿轮（带有上 3 下 3 台阶）。东风汽车公司粉末冶金厂对进口德国 ST-HB-2000 型步进梁式烧结炉进行了改造，提高设备性能，保证烧结工序正常进行。

（3）专业设备生产厂家先进产品相继面世。

粉末冶金专用设备制造厂家在消化吸收引进先进技术装备的基础上，自主开发继续取得明显进展。天津锻压机床总厂1991年开发了YT79Z-250型2500kN全自动液压式粉末成形压机。1993年南通锻压机床厂开发了NPH-100粉末成形液压机和NTD-Y79Z-63A/100A自动粉末成形液压压机。华南理工大学与两家公司合作，1996年开发了YA62-630全自动粉末成形压机，采用PC机控制，适宜成形高密度齿轮零件。华中理工大学与一汽散热器厂、南通锻压机床厂合作，开发了YT630全自动智能型粉末成形液压机，采用CNC控制，适宜生产多台面、高精度、形状复杂零件。广州有色金属研究院开发出适用于具有外台阶零件的成形模架，具有通用性。南京玉川工业炉公司1997年开发的推杆式高温烧结炉，经使用证明达到国际90年代中期先进水平。

（4）铁粉生产厂家继续扩大规模，开发出多种铁粉牌号，积极配合零件工业快速发展。

鞍钢90年代中期生产5类19个牌号27个规格水雾化铁粉，4类18个牌号21个规格还原铁粉；1997年开发出适宜制造高密度、高强度、高精度零件的8个新牌号，包括低碳钢轻型粉、低碳钢重型粉与Fe-2Ni-0.5Mo合金粉。莱芜粉末冶金厂建成我国第三大铁粉生产基地，1996年达到万吨级产能，1998年与有关单位合作完成国家“863”高科技工业化试制项目，开发出水雾化纯铁粉、水雾化预合金粉、水雾化扩散型合金粉3个系列，1999年建成自主开发的水雾化铁粉生产线。瑞典Höganäs公司1994年在上海建成3000t水雾化铁粉生产线。90年代，我国武汉、鞍山、莱芜、阳泉、马鞍山、北票、巩义等地的铁粉生产企业，生产条件大为改善，产品质量提高，品种增加，可基本满足国内机械零件工业发展的需要，仅中、高强度零件生产用铁粉，尚需少量进口。

## 5　2001年至2010年<br>——研发高端产品，向世界先进水平看齐[1,75~96]

进入新世纪，我国粉末冶金机械零件产品研发目标直指世界先进水平。企业不断加大自主创新力度，新产品产值对工业总产值的贡献明显增加，2003~2009年新产品产值平均占工业总产值14.5%。骨干企业继续引进具有国际先进水平的工艺装备及检测设备，采用CNC压机及相应技术，提高产品档次。东睦新材料集团公司引进具有90年代国际先进水平的工艺装备及检测设备，包括350t九轴联动CNC压机、600t十一轴联动CNC压机、计算机控制碳势节能型网带烧结炉。自主创新采用多项方案开发高端产品：采用CAD计算机辅助设计，包括复杂形面生成、合理配合间隙和阴模逃粉装置设计；采取改进模具和模架设计、提高模具精度、优化压制工艺参数、附加补偿装粉等措施；采用或结合多种工艺，包括温压、熔渗、烧结硬化、激光烧结-热挤压、组合烧结、焊接组合，以及烧结后表面滚压、高频淬火、表面激光淬火、蒸汽处理、化学镀镍等。不少产品基本上替代进口，并有部分出口美、德、日、加、韩等工业发达国家。图4、图5为东睦新材料集团公司开发生产的部分汽车零件。

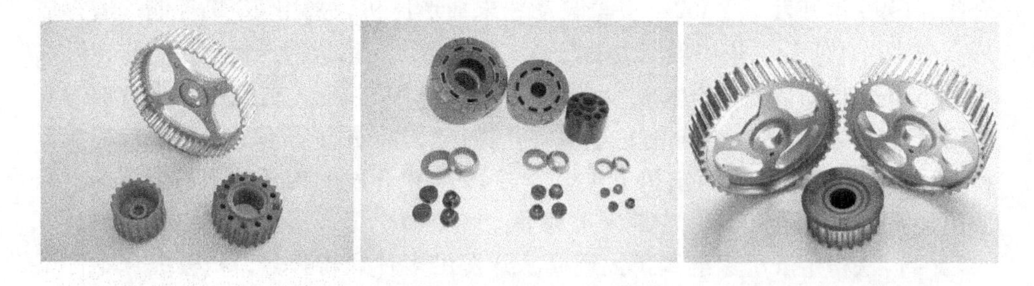

图4　东睦新材料集团公司生产的上海通用汽车发动机零件

图5　东睦新材料集团公司生产的汽车 VVT/VCT 零件

中国机械通用零部件工业协会自2000年度始，开展技术创新优秀新产品评选活动。至2010年度，粉末冶金行业有85件机械零件和7台专用设备获优秀新产品奖。获奖粉末冶金机械零件新产品，通过有效技术措施克服制造难度，均有所创新，充分彰显粉末冶金技术节材、节能和低碳环保上的优势，代表当今我国粉末冶金机械零件产品的先进水平；获奖粉末冶金专用设备新产品是消化吸收引进国外先进设备的成果，在原有基础上均有重大改进和自主创新。机械零件和专用设备部分获奖产品简介见本章附录4（257 ~ 267页）。

进入21世纪，我国粉末冶金机械零件制造技术开发和产品开发主要在以下五个方面取得成绩：

（1）采用CNC压机，实现高难度成形，开发复杂形状产品。

采用CNC压机成形的零件包括：1）超多台阶零件，需要上3下4模冲结构，如凸轮轴减震带轮、排气凸轮轴带轮；2）成形时需长距离粉末移动，如凸轮轴正时带轮；3）多台阶，模具易损，如电动窗帘机轮出轴齿轮；4）超大直径零件精密成形，如同步器锥环、ABS激励环。东睦新材料集团公司与宁波明州东睦粉末冶金公司采用CNC压机生产的多台阶产品有：正时齿轮系列、同步器齿毂系列、斜齿轮、柱塞泵泵体、行星齿轮座。东睦新材料公司开发凸轮轴皮带轮（获中国机协2007年度特等奖）的制作程序是，在CNC压机上以上3下4完全可控模冲和补偿装粉结构，大行程粉末移动方法压制成形，烧结后进行切削加工除去工艺结构。重庆华孚工业股份有限公司采用CNC压机，通过模冲回弹补偿装置，优化模具设计，开发出VCT皮带轮，此零件多台阶，上2下3结构，内孔异型，内腔深，壁薄（2.1mm），并带6个边孔。重庆华孚公司开发的曲轴带轮总成（获中国机协2008年度特等奖），其带轮内孔花键未贯穿，齿形两端均有挡板；将零件分解成两体，带齿分体用上2下2特殊结构模具在CNC压机上成形，然后整形保证精度；将带齿分体与车加工法兰盘焊接，而成最终零件形状；经蒸汽处理后，两分体间压脱力达1000N以上。重庆华孚公司开发的C50三号齿毂（获中国机协2009年度特等奖），在CNC压机上采用上3下4结构模具成形，精确设计粉末填充量及位移量，实现多模冲成形及压坯顺利脱模。

（2）改进模具和模架设计，优化成形工艺，在普通压机上生产高档产品。

东风汽车公司粉末冶金厂提出粉末冶金齿轮阴模变模数设计法，采用计算机软件和精密数控设备加工高精度阴模，生产机油泵齿轮和曲轴渐开线正时齿带轮；在国产普通压机上，采用精度高、刚性好、特殊结构的模具和模架，对锥孔补充装粉，实现高密度、大长径比、具有多个平行带台阶细长孔的异型结构件（汽车发动机摇臂轴支座，获中国机械工业科学技术奖2003年度三等奖）的全自动成形。上海汽车公司粉末冶金厂在国产200t液压机上安装阴模-浮动模板结构，利用其移粉和上模后压功能，实现双向压制，精确控制成形位置，成形高强度锥齿轮，齿部密度与整体仅差0.03g/cm³；设计假芯杆模具消除阀座压坯锥面裂纹，使其密度高于整体0.2～0.3g/cm³。南京理工大学在普通液压机上，采用芯棒移动法，实现装粉-移粉-反向压制过程，成形复杂结构件。扬州保来得粉末冶金公司采用封闭模腔对烧结坯双向挤压的精整技术，制造出中段内径逃空的中空含油轴承。诸城华日粉末冶金公司采取吸入式充填装粉、提高压坯下部密度的措施，开发出高精度渐开线椭圆齿轮。上海汽车公司粉末冶金厂生产的D16/D20汽车变速器齿毂系列（获中国机协2007年度特等奖）精度要求高：一二挡外齿$M$值$87.843^{+0.066}$mm，一二挡内齿$M$值$30.717^{+0.04}$mm，厚度$13_{-0.05}$mm，垂直度不大于0.03mm，通过合理设计模具结构和精确参数，并优选阴模材料，保证零件成形。东睦新材料公司与宁波明州东睦公司利用压机回程力脱模自动精整系统，将国产 JZ21 系列开式固定台冲床改装成高精度精整压机。晋江粉末冶金制品厂优化成形方案，开发成功汽车空调器斜盘，该产品工作面与内孔夹角 21°，成形难度大。

（3）采用新工艺或结合不同工艺，研发复杂形状零件和特殊要求的零件。

东睦新材料公司采用不同的工艺方案开发多项高强度齿轮产品：曲轴正时齿轮（获中国机协 2010 年度特等奖）以温压成形，保证压坯密度高于 7.25g/cm³，控制热处理参数保证齿部表面高硬度与芯部高韧性相结合；采用烧结硬化制造齿轮（FLNC-4405），密度高于 7.0g/cm³，硬度高于 HRC40，冲击能 17J，强度 1250MPa；采用高温烧结偏心齿轮（FLNC-4405），密度 7.25g/cm³，硬度高于 HRC40，冲击能 20J，强度 1270MPa；采用 CNC 成形-熔渗铜制造越野车齿轮，总体密度 7.3g/cm³，硬度 HRB85；采用熔渗铜-热处理制造齿轮，密度 7.4g/cm³，硬度高于 HRC35；采用高频热处理制造发动机链轮（FD0205），宏观硬度高于 HRA60，$HV_{0.1}$ 650～800；采用表面致密化制造从动齿轮，表面致密化深度大于 0.7mm，齿形误差在 0.01mm 以内，齿向误差在 0.015mm 以内。东睦还采用电弧焊、点焊、钎焊、激光焊、摩擦焊及组合烧结相结合的方法开发了多种复杂形状产品。其中组合齿轮（获中国机协 2009 年度特等奖）由 3 件齿轮组成，两端齿轮大，中间小；粉末加入特殊润滑剂在加热阴模中成形 3 件齿轮，以达到高密度要求；采用组合烧结技术将 3 件齿轮分体装配成一体。扬州保来得公司的碎纸切刀（获中国机协 2001 年度特等奖），采取烧结硬化工艺使产品达到高硬度、高强度和高耐磨性要求；汽车 ABS 检知盘（获中国机协 2010 年度特等奖）以独创的粉末冶金达克罗工艺制造，使产品达到高耐锈蚀性、端面面齿高耐磨性要求；汽车自动变速箱烧结焊支架（获中国机协 2009 年度特等奖），由两个复杂形状的分体即圆形底盘和带有支撑的圆形顶盖构成，具有中空结构，采用烧结焊工艺制造，研发了焊料，解决了分体位置选择、分体形状设计、成形工艺、烧结焊工艺、焊料形状及用量等问题。扬州意得机械公司用摩擦片结构小型旋转系统与温压系统结合，一次压制得到密度高于 7.2g/cm³ 的螺旋齿轮压坯。

温压技术进一步发展。有关院校研究了温压过程中模壁润滑的有利作用，在混粉工序中应用正交设计优化粒度组成，提高混合粉松装密度。华南理工大学自主开发 100t 和 200t 温压设备。多家公司采用温压技术生产高密度、高性能、高精度、复杂形状零件。将温压成形技术应用于铁氧体成形可减少压坯变形，改善烧结活性，提高产品磁性能；应用于制备钕铁硼黏结磁体，可提高性价比。

金属注射成形技术发展取得新成果。中南大学进行了基础理论研究，开发了新型增塑剂，建成年产值 5000 万元的生产线。山东金珠粉末注射制造有限公司利用三维造形及 CAM、CAD 技术改进模具精度和结构，采用具有低收缩率和高效脱黏的新型黏结剂，以及控碳烧结和限位干涉烧结等新技术，开发了各种军事用途的零件140余种。重庆长风机器厂采用金属注射成形技术开发多种手枪零件。清华大学和广州有色金属研究院用金属注射成形开发了钛基合金零件。北京科技大学开发了微粉注射成形技术，制造出齿顶圆200～900μm微型齿轮系列。

激光烧结-热挤压工艺是我国自主研发的生产高性能粉末冶金材料和制品的先进技术。兴城粉末冶金有限公司和吉林大学采用激光烧结-热挤压工艺，研发发动机进、排气门阀座（获中国机协2009年度特等奖），并将这项新技术产业化。产品综合性能好，性能优于常规复压复烧工艺，能承受强烈冲击载荷，磨损小，已用于大功率柴油机。

（4）粉末冶金自润滑材料和摩擦材料开发有所扩展和创新。

广东南方粉末冶金厂采用节能、环保、价廉且性能优良的Fe-3(Sn35Cu65)材料生产了100多种含油轴承，取代昂贵的CuSn10合金和含铅的6-6-3青铜，2005～2006年两年中生产2000万件以上，累计超过200t，至2008年产量占全厂一半。合肥波林新材料公司和合肥工业大学合作开发的无铅自润滑Cu/Fe基层状复合材料，有望取代传统含铅自润滑材料。海安鹰球集团有限公司稀土铜包铁合金含油轴承（获中国机协2008年度特等奖），其材料属于无铅新材料系列，兼具有铁基含油轴承和铜基含油轴承的优点，强度和表观硬度高，耐磨性和耐腐蚀性好，运转噪声低。洛阳轴研科技公司研发高速自润滑含油轴承材料，以青铜为基，磷为合金化元素，并加入少量固体润滑剂，适宜25000～27200r/min高速工况使用。中南大学采用快凝Al-Si-Cu-Cr合金粉末，通过添加固体润滑剂铅并控制材料孔隙度及孔径，开发出Al-Si基减摩材料，具有固-固润滑和固-液润滑复合效应。

杭州粉末冶金研究所开发的99-13高效能喷撒摩擦材料（获中国机协2001年度优秀奖），以铜锌合金为基体，锡为强化元素，加入具有一定粒度的矿物硬质点和固体润滑剂，产品动、静摩擦系数高而稳定且彼此接近，能量载荷许用值高。该所对引进MibaD211配方作出改进，自主开发了新配方09-03，基本消除了石墨严重悬浮的缺陷。北京摩擦材料厂通过加入多元少量合金元素，改善材料组织均匀性，研发出粉末冶金铁基摩擦材料BM-218G，用作苏-30飞机KT156Д210刹车装置刹车副（获中国机协2002年度特等奖），平均力矩、制动距离和制动时间三项性能均优于俄罗斯同类产品。黄石赛福摩擦材料有限公司开发的风电联轴器摩擦片（获中国机协2008年度特等奖），通过优化材料配方，实现摩擦层与不锈钢芯板的有效粘结，建立摩擦系数、磨耗量与使用寿命间的协调关系，产品用于与国产第一台风力发电机配套。

（5）相关行业与零件生产行业同步发展。

粉末冶金用钢铁粉末、铜和铜合金粉末已开发出多个系列品种，包括粘结处理的预合金钢粉，基本满足国内生产需要。还原铁粉品质不断提高，松装密度

2.6～2.7g/cm³、压缩性6.7～6.8g/cm³（600MPa）的还原铁粉大量上市，其性能接近国际先进水平，可部分取代水雾化铁粉用于制造高强度结构零件。2002年，开发了无偏析合金钢粉和Fe-Ni-Mo-Cu系扩散型合金钢粉。2006年采用铁精矿粉生产的还原铁粉已超过2.9万吨。我国铜和铜合金粉末产品有十几个系列，上百个规格，包括电解铜粉、雾化铜及铜合金粉、铜包铁粉、超细铜粉及扩散型铜合金粉等。北京有色金属研究总院2003年研制成功CuSn10扩散合金化粉末，成分均匀，达到国外SCM、Nippon等公司同类产品水平，用于制造高精度、低噪声微型含油轴承；该院采用氧化还原工艺生产的纯铜粉，流动性和压缩性好，生坯强度高，烧结尺寸变化率低；2005年生产铜包铁粉，这种新产品可取代铜粉、青铜粉和铁-铜混合粉。重庆华浩冶炼公司2004年和2005年陆续新建铁青铜复合粉生产线和铁黄铜复合粉生产线，不含铅，符合环保要求；2007年开始生产铜锡扩散合金粉，用于制造精密含油轴承和小型含油轴承。

专用设备制造业经过多年的改进和创新，产品整体水平不断提高，性价比优势突出，已基本满足我国粉末冶金零件工业生产的需求，并供应美、法、日、英、德等国在我国的粉末冶金独资、合资企业。不仅挡住进口，而且还出口美国等发达国家。

粉末成形专用压机制造厂能生产成形压机、整形压机、整形/精整两用压机、快速压机、旋转压机、数控压机、HVC高速压机等门类，技术性能基本达到了国外同类产品的水平。成功应用了自主开发的精整压机影像定位及测量控制、高速冲击压制（HVC）、高密度压制、伺服仿形、移粉技术、比例浮动成形、双向脱模、浮动精整、双固定板模架结构、压机专用多关节机器人、压机专用开放式数控及嵌入式PC运动浮点控制、一键定位、电液比例控制系统等先进技术。南京希顿东部精密机械公司开发成功高速冲击压制压机，达到或接近同期国际压机行业前沿技术水平。该公司开发的C35500-1干粉压机（获2002年度国家级新产品奖）为机、电、液一体化的新型机械式全自动压机，可编程序控制，具有气压、油压、油过滤、超压、欠压保护等功能，采用强制双向浮动拉下压制的曲柄连杆机构，辅以气压装置，实现模具动作和工艺参数精确自动调整。宁波汇众粉末机械制造有限公司开发的FY40型粉末成形机（获中国机械工业科学技术奖2004年度二等奖），实现机电一体化设计、人机对话和计算机自动控制；可储存和调用64个产品的工艺数据，实时显示压力变化曲线；上2下3模架能成形台阶结构复杂零件；阴模实现上下有控运动，消除特殊形状压制件的成形缺陷；计算机设定压力上、下限，保证压制品密度和高度一致性。南通富士液压机床有限公司的FS79Z系列干粉自动成形机及模架（获中国机协2010年度优秀奖），采用液压、气压传动和机械定位综合传动；下缸微调，无级控制装粉高度；液压移粉装置确保上、下台阶高度差大的压坯密度均匀、无断痕；浮动板微调机构对各浮动模冲成形位置进行微调。山东液压机械制造总公司将机械机构与液压结合，构成液压缸可调式行程刚性定位系统，实现主液缸和下拉缸行程高精度定位，已在630kN 和 1000kN 粉末成形液压机上应用，与进口液压机相比，具有性价比优势。

烧结炉制造厂产品已形成自主品种和规格系列，功能、工艺适应性和可靠性方面有很大的改善和提高，RBO 快速脱蜡、快速冷却、烧结硬化装置、吸热式碳势可控气氛等先进技术得到应用。开发了用于金属粉末注射成形零件生产的步进梁式 1600℃ 高温烧结炉。钢带式还原炉采用先进的全波纹金属炉胆，明显延长使用寿命，提高产品品质，降低能耗。2000 年前后，国内工业炉制造企业开发出新型网带式烧结炉和钢带宽度 1000mm 的铁粉精还原连续还原炉。南京玉川公司生产的 SFED24-6WRBO 网带烧结炉（获中国机协 2004 年度特等奖），实现快速脱蜡，对燃气、保护气氛、冷却水压力和流量、温度采用可编程序全自动控制，设有安全智能化保护系统。宁波东方加热设备公司首创钢带传送 RHD-3A 型 3000t/a 大型还原炉（获中国机协 2005 年度特等奖），在吸收国外引进网带加热炉先进技术的基础上，根据国内铁粉生产工艺具体要求进行设计，使用可靠，保温性好，能耗低，效率高，可替代进口。湖南顶立科技公司的超细粉体材料专用无舟皿带式炉（获中国机协 2010 年度优秀奖），采用全波纹管炉膛，寿命比常用炉膛高 2 ~ 3 倍；保温性好，能耗低，节能 10% ~ 25%；设有快冷装置，保证特殊产品性能要求；温度均匀，横截面温度偏差不大于 ±5℃，适宜处理对炉温均匀性要求严格的超细粉、纳米粉等特殊粉末；以 PCL 控制，自动化程度高。

## 6　结束语

六十年来，我国粉末冶金机械零件工业，从冲床到 CNC 压机，从倒焰窑到温度和气氛精确控制的连续烧结炉，从手工作坊到现代化车间，从生产形状简单、性能不高的产品到高密度、高强度、高精度、复杂形状的结构件，以及门类繁多具有特殊性能的制品，取得了巨大成就。在前三十年创业成长时期的基础上，通过改革开放以来三十年的努力，制造技术水平不断攀升新台阶，自主创新硕果累累。当今我国粉末冶金机械零件工业日趋繁荣，制造技术目标直指世界先进水平。

应该着重指出的是：

第一，所取得的成就完全是行业同仁自力更生、奋发图强、充分发挥聪明才智、积极自主创新开发的结果；

第二，善于学习国外先进技术，并在此基础上迅速转化为以自主创新为主，是我国粉末冶金机械零件生产技术进步取得成功的途径；

第三，我国粉末冶金机械零件产品开发的出发点，一开始就不是亦步亦趋简单追随工业发达国家，而是自主选择能够充分发挥粉末冶金工艺优越性的适宜零件为开发对象（例如粉末冶金气门导管和连杆小头衬套的生产和应用先于国外）。

在继续前进的道路上，粉末冶金行业一定会运用成功的经验和吸取失败的教训，不断努力提升自主创新开发能力，登临世界最高水平。我国已经成为粉末冶金机械零件生产和应用大国，不久必将成为粉末冶金机械零件生产和应用强国。

## 参考文献

[1] 中国机协粉末冶金分会．我国粉末冶金机械零件工业六十年[C]//中国机械粉末冶金工业总览（2012 年版）:31 ~ 48.

[2] 韩凤麟．单缸内燃机用粉末冶金零件——生产与应用[J]．粉末冶金技术，1993，11(4)：271 ~ 282.

[3] 北京市粉末冶金研究所．粉末冶金机械零件的应用（内部资料）[R]. 1966，2.

[4] 舒正平，吴金贵，沈周强．粉末冶金挺柱体在柴油机喷油泵上的应用[J]．粉末冶金技术，1982，1(1):40 ~ 42.

[5] 北京市粉末冶金研究所．粉末冶金机械零件工业现状[J]．华北粉末冶金通讯（内部刊物），1974(1).

[6] 陈宏，陈桂泉．我国农机行业应用粉末冶金制品的情况[J]．粉末冶金技术，1985，3(3):27 ~ 29.

[7] 李祖德，常镕桥，赵其璞．气门导管历次行业质量检查结果分析[J]．粉末冶金技术，1985，3(1):42 ~ 47.

[8] 宁波粉末冶金厂．粉末冶金曲轴正时齿轮和平衡轴齿轮试制情况[J]．华东粉末冶金通讯（内部刊物），1977(1):38 ~ 62.

[9] 北京市粉末冶金研究所．三叉戟飞机粉末冶金刹车片 T54 材料的研制[J]．粉末冶金（内部刊物），1979(2):9 ~ 16.

[10] 刘承烈．低噪音铜基含油轴承[J]．粉末冶金技术，1983，1(4):28 ~ 31.

[11] 管伟．塑料-青铜-钢背三层复合自润滑材料的应用[J]．粉末冶金技术，1989，7(4)：241 ~ 246.

[12] 李绍忠．在东风系列载货汽车上使用的三层复合材料轴承[J]．粉末冶金工业，1996，6(5):16 ~ 19.

[13] 朱巧根，徐联华，张振东，范宝江．粉末冶金皮辊轴承外圈[J]．粉末冶金技术，1984，2(1):28 ~ 32.

[14] 戴行仪，严建肃．烧结 SM2 粉末高速钢凸轮轴[C]//上海市粉末冶金年会论文集．上海，1985：49 ~ 53.

[15] 北京市粉末冶金研究所．粉末冶金铁基零件组合烧结工艺的研究（内部资料）[R]. 1983：12.

[16] 金忠茂，王雷，张学珍．烧结扩散法制取高压轴向柱塞泵双金属缸体[J]．粉末冶金技术，1984，2(1):33 ~ 38.

[17] 谭端明．F5Q 全封闭制冷机缸体滑板[C]//上海市粉末冶金年会论文集．上海，1982：63 ~ 66.

[18] 李溪滨．固体自润滑材料的研究和应用[J]．粉末冶金技术，1984，2(4):28~33.
[19] 廖鹏飞，谭明福，王汉和，等．FC-2 飞机刹车材料[J]．粉末冶金技术，1984，2(3):26~31.
[20] 郭兴家，胡秀荣，张志强．直升飞机刹车材料的研究[C]//1981 年中国金属学会粉末冶金学术委员会年会论文摘要．长沙：49.
[21] 李东生．安-24 民航机的新型刹车副[C]//1981 年中国金属学会粉末冶金学术委员会年会论文摘要．长沙：52.
[22] 沈周强．粉末冶金导管专用液压机简介[J]．华东粉末冶金通讯（内部刊物），1979(1):48~52.
[23] 周喜生．自行设计改造压机不断提高质量效益[J]．粉末冶金工业，1993，3(2):5~6.
[24] 秦维文，尹功明．自行车转铃齿轮自动压模的设计[J]．粉末冶金技术，1982，1(1):18~21.
[25] 赵增任．内斜齿微型工程塑料注射模具的制作[J]．粉末冶金技术，1982，1(2):24.
[26] 濮贵德．仪器仪表和照相机用粉末冶金零件及其电镀处理[J]．粉末冶金技术，1983，1(6):53.
[27] 云南省电影机械修配厂．LD-75 发动机连杆粉末锻造[J]．成都机械（内），1976(1):26~32.
[28] 全国粉末热锻座谈会在大连举行[J]．粉末冶金（内部刊物），1980(3):62~63.
[29] 刘彦如．用粉末冶金热锻法制造汽车、拖拉机用齿轮和密封环[J]．粉末冶金技术，1985，3(3):30~31.
[30] 周作平．我国铁基粉末冶金技术（1978-1987 年）的进展[C]//1987 年中国机械工程学会粉末冶金专业学会学术会议论文集．南京：28~32.
[31] 刘传习，赖和怡．Fe-P-C 三元系合金的组织与性能[J]．北京钢铁学院学报，1981(3):35~43，143~150.
[32] 张义印．二次还原——提高铁粉质量的有效途径[J]．粉末冶金技术，1984，2(2):20~24.
[33] 李献璐．国内外钢铁粉末的发展及主要成就[C]//第四届全国金属粉末学术会议论文集．成都，1985：270~275.
[34] 吴荣伟，曹宝兴，周美珍．Fe-Ni-Mo-C 系粉末冶金材料的研究[C]//1987 年中国机械工程学会粉末冶金专业学会学术会议论文集．南京：279~285.
[35] 杨宗坡，宫声凯．MCM 母合金对铁基材料性能的影响[J]．粉末冶金技术，1983，1(4):1~5.
[36] 杨永连，鲁乃光．用喷撒技术生产粉末冶金摩擦材料[C]//1987 年中国机械工程学会粉末冶金专业学会学术会议论文集．南京：391~394.
[37] 印红羽．合金元素对 Fe-Cr-Cu-Mo-C 合金机械性能和组织的影响[C]//1991 年全国粉末冶金学术会议论文集．桂林，1991：201~203.
[38] 甄德高．铁基粉末冶金导轨板的试制[J]．粉末冶金技术，1986，4(2):87~89.
[39] 郎传孝．粉末冶金滚动轴承零件[C]//1991 年全国粉末冶金学术会议论文集．桂林，1991：296~297.

[40] 瞿永兴，邱国年．热压 TM 自润滑复合材料[C]//1987 中国机械工程学会粉末冶金专业学会学术会议论文集．南京：372 ~ 378.
[41] 李溪滨，苏春明，谭林英，等．航空用金属陶瓷减摩材料的研究[C]//1991 年全国粉末冶金学术会议论文集．桂林，1991：328 ~ 330.
[42] 邬祖梁，李明先．吸尘器用高速含油轴承的研究[C]//1991 年全国粉末冶金学术会议论文集．桂林，1991：289 ~ 291.
[43] 刘英华．金属纤维增强作用对固体润滑材料性能的影响[J]．粉末冶金技术，1989，7(4)：203 ~ 208.
[44] 王鸿灏，徐炳随，郑恩皋．粉末冶金 Fe-Cu 基双金属含油轴承[C]//1987 中国机械工程学会粉末冶金专业学会学术会议论文集．南京：426 ~ 428.
[45] 孙学广．装甲履带车辆粉末冶金制动瓦的研制和应用[C]//1987 中国机械工程学会粉末冶金专业学会学术会议论文集．南京：395 ~ 400.
[46] 谭明福，黄尚文，刘先交，傅兴龙．直 8 型多用直升机旋翼刹车材料[J]．粉末冶金技术，1989，7(3)：149 ~ 155.
[47] 徐盛浩，寇双周．100t 冲床改装成全自动三冲头粉末冶金压机[J]．粉末冶金技术，1986，4(4)：195 ~ 199.
[48] 钱德贤，傅志强，舒正平．阴模、芯棒和压模套均可浮动的拉下式压模设计实例[J]．粉末冶金技术，1986，4(4)：210 ~ 212.
[49] 舒小方．用带摩擦芯杆双向压制法成形薄壁衬套[J]．粉末冶金技术，1989，7(3)：134 ~ 137.
[50] 徐炳随．消除压制和整形设备模具系统积累误差的球垫结构[J]．粉末冶金技术，1985，3(2)：149 ~ 155.
[51] 李占武．YA32-200 型液压机通用型模架的设计与应用[J]．粉末冶金技术，1991，9(3)：151 ~ 155.
[52] 金永佑，徐丽雅，南仁珠，赵金光．微机在粉末冶金油压机上的应用[J]．粉末冶金技术，1986，4(4)：204 ~ 208.
[53] 王怡范，王鸿灏．PC 机在 YA79-125 型粉末压机上的应用[C]//1987 中国机械工程学会粉末冶金专业学会学术会议论文集．南京：190 ~ 192.
[54] 罗厚智．铁粉生产发展近况[C]//金属粉末技术进展．北京：冶金工业出版社，1990：55 ~ 60.
[55] 李森蓉，李品，吴昌仁．我国铁粉生产与建设[C]//1991 年全国粉末冶金学术会议论文集．桂林，1991：14 ~ 16.
[56] 倪冠曹，张华诚．上海地区汽车粉末冶金零件的发展及其趋势[J]．粉末冶金工业，1999，9(增刊)：1 ~ 4.
[57] 李玉龙，关庆丰，郭作兴，等．粉末冶金压坯激光整体烧结后的组织与性能[J]．粉末冶金技术，1995，13(3)：192 ~ 195.
[58] 胡建东，周喜生，等．汽车粉末冶金零件激光烧结及其应用[C]//1997 年粉末冶金学术会议论文集．北京：机械工业出版社．1997：312 ~ 315.
[59] 李绍忠．无铅汽油发动机高性能烧结合金钢气门阀座的研制[J]．粉末冶金工业，1994，

4(1):24~27.

[60] 陈爱华，杨德统，王继业．高强度粉末冶金零件的电阻凸焊组合[J]．粉末冶金技术，1995，13(3):196~201.

[61] 卢伟民，杨宣增．非同轴坯件的成形方法[J]．粉末冶金技术，1997，15(2):113~116.

[62] 徐辉．聚甲醛-青铜-钢背三层复合材料性能和应用[J]．粉末冶金工业，1993，17(5):26~28.

[63] 丁华堂．碾压工艺因素对双金属复合减摩材料物理力学性能的影响[J]．粉末冶金技术，1995，13(2):116~120.

[64] 杨凤环，谭益钦，何志，等．耐热耐磨铁基自润滑材料[J]．粉末冶金工业，1996，36(6):10~13.

[65] 赵春芳，曲德全．低速高比压飞机刹车材料的研制[C]//第六届全国金属粉末专业学术会议论文选集．黄山，1993：92~95.

[66] 舒小方．$\phi$32 双凸台半圆周斜齿轮的成形方法[J]．粉末冶金技术，1991，9(4):206~208.

[67] 刘多俊，余湘美．压缩阀底座模具的结构设计[J]．粉末冶金技术，1993，11(3):227~229.

[68] 寇双周，吉志宏．四缸气体浮动压模的设计[J]．粉末冶金技术，1992，10(3):194~197.

[69] 马生荣．几种带台阶粉末制品在普通冲床上成形[J]．粉末冶金技术，1997，15(4):304~307.

[70] 龚立波．普通液压机实现粉末压制自动化[C]//1995 年华东五省一市粉末冶金技术交流会论文集．无锡，1995：45~49.

[71] 朱锦忠．阶梯形粉末冶金制品的压制——介绍无级调速恒量双向新型自动粉末成形压机[C]//上海市粉末冶金年会论文摘要．上海，1993：51.

[72] 申小平，陈爱华，王继业，杨德统．用半自动双模架制造多台阶复杂结构件[J]．粉末冶金技术，1997，15(1):18~22.

[73] 董向东，熊晓红，黄树槐．粉末冶金压机的应用与进展[J]．粉末冶金工业，1998，8(2):29~31.

[74] 王善春．我国钢铁粉末的发展和展望[J]．粉末冶金工业，2000，10(2):25~31.

[75] 舒正平，沈周强．技改创新　促进企业发展[C]//2003 年全国粉末冶金学术会议论文集．长沙，2003：485~487.

[76] 叶汉龙．汽车空调器斜盘的研制[C]//华东五省一市第 9 届粉末冶金技术交流会论文集．马鞍山，2002：74~76.

[77] 王劲松．高难度铁基粉末冶金零件成形实例介绍[C]//第 13 届华东五省一市粉末冶金技术交流会论文集．南京，2010：266~271.

[78] 曹红斌，王平，等．汽车用行星齿轮座的开发[C]//粉末冶金与汽车工业国际研讨会报告论文集．青岛，2004：95~98.

[79] 彭永，雷相兵，蒋政．薄壁多台阶零件的模具设计及成形技术的应用[C]//粉末冶金成形技术研讨会论文集．苏州，2011：66~68.

[80] 郭显威，李善太．粉末冶金齿轮阴模的变模数设计方法[J]．粉末冶金工业，2001，11(2):28～30.

[81] 蒋叶琴，张志勇，谢维仁．粉末冶金高强度锥齿轮成形模具结构[J]．粉末冶金技术，2006，24(4):295～298.

[82] 官劲松，乐瑞绚，胡青卿，等．粉末冶金中空含油轴承技术研究[C]//2005 年全国粉末冶金学术及应用技术会议论文集．莱芜，2005：186～188.

[83] 包崇玺，毛增光，沈周强，舒正平．高强度粉末冶金齿轮的开发与应用[C]//2007 年粉末冶金与汽车产业发展国际研讨会文集．天津，2007：60～68.

[84] 李元元，肖志瑜，倪东会，等．粉末冶金温压技术及其装备的研究进展[C]//2003 年全国粉末冶金学术会议论文集．长沙，2003：8～15.

[85] 蔡一湘，陈强，丁燕．注射成形钛零件的研究[J]．粉末冶金技术，2005，23(6):449～455.

[86] 金华涛，曾繁同，孙宗君，等．金属注射成形技术的发展及其在军工行业的应用[C]//中国机协粉末冶金专业协会年会暨产业发展论坛文集．南京，2009：139～146.

[87] 胡启祥．积极推进 Fe-Sn-Cu 轴承材系应用[C]//烧结金属含油轴承技术研讨会文集．北京，2006：57～58.

[88] 徐伟，解挺，周海山，等．无铅自润滑铜铁基层状复合材料设计与研究[J]．粉末冶金技术，2011，29(2):137～141.

[89] 李溪滨，肖仲文，杨慧敏，等．铅在快凝 Al-Si 基减摩材料中的应用[J]．粉末冶金技术，2003，21(5):278～281.

[90] 韩建国，鲁乃光．烧结金属摩擦材料发展探讨[C]//2007 全国粉末冶金学术及应用会议与海峡两岸粉末冶金技术研讨会论文集．北京，2007：75～78.

[91] 崔建民，葛立强，袁勇．我国铁粉和铜粉生产状况分析[C]//2007 全国粉末冶金学术及应用会议与海峡两岸粉末冶金技术研讨会论文集．北京，2007：3～10.

[92] 汪礼敏，张敬国，王林山．国内外铜及铜合金粉末发展现状[C]//2012 年粉末冶金产业技术创新战略联盟论坛论文集．上海，2012：18～26.

[93] 王绪其，孟庆芳．从重庆华浩冶炼公司看国内铜粉及有色金属粉末行业的发展[C]//粉末冶金产业技术创新战略联盟论坛暨粉末冶金协会二十周年纪念文集．北京，2010：293～298.

[94] 许桂生．我国粉末冶金专用成形液压机发展报告[C]//第 13 届华东五省一市粉末冶金技术交流会论文集．南京，2010：37～38.

[95] 孙克云．我国粉末冶金工业炉的发展现状[C]//2008 年粉末冶金产业发展论坛文集．武汉，2008：66～69.

[96] 中国机协粉末冶金分会．获奖优秀新产品[C]//中国机械粉末冶金工业总览（2012 年版）:87～96.

# 气门导管历次行业质量检查结果分析❶

**摘　要**　应用质量管理学对气门导管历次行检结果进行了统计分析。对项次不合格率的分析表明，物理力学性能和金相组织属于主要问题；频率分布曲线和工程能力系数计算表明，物理力学性能项目的工程能力系数或不足，或严重不足。对于气门导管的分析原则上适用于一般粉末冶金铁基产品。

1964 年，我国粉末冶金行业首次举办产品质量全国评比活动，评比产品为汽车钢板销衬套，参评主要厂家有北京天桥粉末冶金厂、宁波粉末冶金厂、上海合金轴瓦厂（上海粉末冶金厂前身）和武汉粉末冶金厂。1979 年 9 月，第一机械工业部和农业机械部为了提高粉末冶金行业的产品质量，在宁波联合召开粉末冶金产品质量工作座谈会，决定开展行业产品质量检查评比活动，并成立了全国粉末冶金行业产品质量检查评比小组。随后，工作小组确定了三项受检产品。自 1980 年开始，行业检查评比活动每年一次，迄今已进行四次。1984 年以后，行业检查评比改为按各大区分区进行。行业检查活动对于促进产品质量的提高，起了积极作用。

内燃机用气门导管是主要受检产品。该产品投产时间较长，是绝大多数厂家的主要产品，量大面广，形状、尺寸精度要求和性能要求具有代表性。鉴此，本文拟通过气门导管历次行业检查结果分析，找出质量问题所在，为各生产厂家制订提高产品质量的措施提供参考。

## 1　历次行检结果的一般情况

气门导管历次行检的一级品率和项次合格率列于表 1。表中关键项目为径向压溃强度系数，主要项目包括密度、硬度、含油率、金相组织及尺寸精度，一般项目包括硬度差及表面外观质量。

由表 1 可见，第 1 次行检的一级品率很低，只有不到 1/3 的受检产品达到一级品的指标。这个结果激发起参检厂家对产品质量管理工作的重视，促使产品质量提高。因而第 2、3 次行检一级品率明显提高，达到一级品的受检产品数量占

---

❶　本文原载于《粉末冶金技术》，1985，3(1)：42～47。署名：李祖德、常镕桥、赵其璞。此次重载作了少量修改。

3/4 左右；并且，1982 年有三个厂家的三项产品荣获部优产品的称号。第 4 次行检与第 2、3 次比较，在平均项次合格率不降低的情况下，受检产品超过 4/5 达到一级品水平，一级品率进一步提高。

**表 1　历次行检气门导管一级品率和项次合格率**

| 行检次序 | 产品年份 | 受检产品数 | 一级品数 | 一级品率/% | 平均项次合格率/% | | |
|---|---|---|---|---|---|---|---|
| | | | | | 关键项目 | 主要项目 | 一般项目 |
| 第 1 次 | 1980 | 10 | 3 | 30 | 100 | 84 | |
| 第 2 次 | 1981 | 21 | 17 | 81 | 98 | 97 | 95 |
| 第 3 次 | 1982 | 28 | 22 | 79 | 100 | 98 | 92 |
| 第 4 次 | 1983 | 29 | 25 | 86 | 100 | 98 | 96 |

## 2　项次不合格率的排列图分析

为找出气门导管质量问题所在，对气门导管历次行检中检查项目的不合格项次进行了统计分析。现将第 2 ~ 4 次行检检查项目的不合格项次、分布率及项次不合格率列于表 2 ~ 表 4(项目以不合格率累计比例为序)。表中不合格项次分布状态指具有不合格项次的产品数，不合格项次分布率为具有不合格项次产品数占受检产品数的百分率，项次不合格率为不合格项次数占该项目检查项次数的百分率。将表 2 ~ 表 4 中主要项目和一般项目不合格率及其累计比例画成排列图并作出 Pareto 曲线，如图 1、图 2 所示。第 1 次行检属于试检，第 2 次行检中一般项次未作统一规定，均未示出。

**表 2　第 2 次行检气门导管不合格项次分布及不合格率**

| 项目 | 项目名称 | 检查项次 | 不合格项次 | 不合格项次分布状态 | 分布率/% | 不合格率/% | 不合格率累计比例/% |
|---|---|---|---|---|---|---|---|
| 关键项目 | 压溃强度系数 | 60 | 1 | 1 | 5 | 1.6 | 0 |
| 主要项目 | 密　度 | 60 | 9 | 8 | 40 | 15.0 | 32.0 |
| | 同轴度 | 200 | 14 | 3 | 15 | 7.0 | 46.6 |
| | 金相组织 | 60 | 4 | 3 | 15 | 6.7 | 60.4 |
| | 含油率 | 60 | 3 | 2 | 10 | 5.0 | 70.9 |
| | 硬　度 | 180 | 8 | 5 | 25 | 4.4 | 80.1 |
| | 内圆锥度 | 200 | 7 | 1 | 5 | 3.5 | 87.4 |
| | 内　径 | 200 | 7 | 1 | 5 | 3.5 | 94.7 |
| | 外　径 | 200 | 5 | 2 | 10 | 2.5 | 100.0 |
| | 内圆圆度 | 200 | 0 | 0 | 0 | 0 | 100.0 |
| | 外圆圆度 | 200 | 0 | 0 | 0 | 0 | 100.0 |
| | 外圆锥度 | 200 | 0 | 0 | 0 | 0 | 100.0 |
| | 合　计 | 1760 | 57 | | | 3.1 | |

表3　第3次行检气门导管不合格项次分布及不合格率

| 项目 | 项目名称 | 检查项次 | 不合格项次 | 不合格项次分布状态 | 分布率/% | 不合格率/% | 不合格率累计比例/% |
|---|---|---|---|---|---|---|---|
| 关键项目 | 压溃强度系数 | 87 | 0 | 0 | 0 | 0 | 0 |
| 主要项目 | 金相组织 | 87 | 16 | 9 | 31.0 | 18.4 | 55.6 |
| | 密　度 | 87 | 4 | 4 | 13.8 | 4.6 | 69.5 |
| | 硬　度 | 261 | 6 | 3 | 10.3 | 2.3 | 76.5 |
| | 含油率 | 87 | 2 | 1 | 3.4 | 2.3 | 83.5 |
| | 同轴度 | 280 | 6 | 5 | 17.2 | 2.1 | 89.8 |
| | 内　径 | 290 | 4 | 3 | 10.2 | 1.4 | 94.0 |
| | 内圆圆度 | 290 | 2 | 2 | 16.9 | 1.0 | 97.0 |
| | 直线度 | 290 | 2 | 2 | 6.9 | 0.7 | 99.1 |
| | 外　径 | 290 | 1 | 1 | 3.4 | 0.3 | 100.0 |
| | 外圆圆度 | 290 | 0 | 0 | 0 | 0 | 100.0 |
| | 外圆锥度 | 290 | 0 | 0 | 0 | 0 | 100.0 |
| | 合　计 | 2542 | 43 | | | 1.7 | |
| 一般项目 | 硬度差 | 87 | 13 | 7 | 24.1 | 14.9 | 30.0 |
| | 磕碰伤 | 290 | 40 | 13 | 44.8 | 13.8 | 58.5 |
| | 内表面质量 | 290 | 29 | 15 | 51.7 | 10.0 | 78.9 |
| | 外表面质量 | 290 | 19 | 7 | 24.1 | 6.6 | 92.4 |
| | 长　度 | 290 | 2 | 2 | 6.9 | 0.7 | 98.6 |
| | 内表面光洁度 | 290 | 1 | 1 | 3.4 | 0.3 | 99.3 |
| | 外表面光洁度 | 290 | 1 | 1 | 3.4 | 0.3 | 100.0 |
| | 压入端导角 | 290 | 0 | 0 | 0 | 0 | 100.0 |
| | 合　计 | 2117 | 105 | | | 5.0 | |

从表2~表4看出：

（1）关键项目径向压溃强度系数不合格率第2次行检为1.6%，而以后两次降到0；

（2）第2、3、4次行检主要项目的项次不合格率分别为3.1%、1.7%和2.3%，呈降低趋势；

（3）第2、3、4次行检的几何尺寸和形位精度的项次不合格率之和递减，分别为16.5%、5.5%和2.4%。

以上结果说明，气门导管的质量总的说来逐年有所提高，这主要是各生产厂家重视产品质量的结果。就控制几何尺寸的形位公差而言，各厂做了不少改进工作。我国铁粉压缩性不稳定，烧结尺寸变化难以控制，很多厂家采取诸如严格控制初压工序和整形工序，或精整后穿芯轴磨外圆等相应措施，提高了同轴度和外径尺寸精度。由表2～表4可见，同轴度项次不合格率由7.0%下降到2.1%，再降到0.7%；外径尺寸精度由2.5%降到0.3%，再降到0。

**表4　第4次行检气门导管不合格项次分布及不合格率**

| 项目 | 项目名称 | 检查项次 | 不合格项次 | 不合格项次分布状态 | 分布率/% | 不合格率/% | 不合格率累计比例/% |
|---|---|---|---|---|---|---|---|
| 关键项目 | 压溃强度系数 | 87 | 0 | 0 | 0 | 0 | 0 |
| 主要项目 | 密　度 | 87 | 25 | 7 | 24.1 | 26.7 | 49.1 |
| | 金相组织 | 87 | 14 | 7 | 24.1 | 16.1 | 78.7 |
| | 含油率 | 87 | 6 | 4 | 13.8 | 6.9 | 91.4 |
| | 硬　度 | 261 | 6 | 5 | 17.2 | 2.3 | 95.6 |
| | 直线度 | 290 | 3 | 2 | 0.7 | 1.0 | 97.4 |
| | 同轴度 | 290 | 2 | 1 | 0.3 | 0.7 | 98.7 |
| | 内　径 | 290 | 2 | 1 | 0.3 | 0.7 | 100.0 |
| | 外　径 | 290 | 0 | 0 | 0 | 0 | 100.0 |
| | 内圆圆度 | 290 | 0 | 0 | 0 | 0 | 100.0 |
| | 外圆圆度 | 290 | 0 | 0 | 0 | 0 | 100.0 |
| | 外圆锥度 | 290 | 0 | 0 | 0 | 0 | 100.0 |
| | 合　计 | 2552 | 58 | | | 2.3 | |
| 一般项目 | 硬度差 | 87 | 26 | 17 | 58.6 | 29.9 | 62.0 |
| | 磕碰伤 | 290 | 18 | 13 | 44.6 | 6.2 | 74.9 |
| | 外表面质量 | 290 | 15 | 8 | 27.6 | 5.2 | 85.7 |
| | 内表面质量 | 290 | 11 | 6 | 20.7 | 3.8 | 93.6 |
| | 压入端导角 | 290 | 5 | 4 | 13.8 | 1.7 | 97.1 |
| | 外表面光洁度 | 290 | 4 | 2 | 6.9 | 1.4 | 100.0 |
| | 长　度 | 290 | 0 | 0 | 0 | 0 | 100.0 |
| | 内表面光洁度 | 290 | 0 | 0 | 0 | 0 | 100.0 |
| | 合　计 | 2117 | 79 | | | 3.7 | |

按照质量管理学的概念，不合格率累计百分比在0～80%范围内的项目属于A类，为质量管理工作的重点。根据表2～表4和图1、图2，将属于A类的项目列于表5。由表5可见，属于A类的主要项目几乎全都是物理力学性能，而一般项目中也是以硬度差不合格率居首位。这就是说，气门导管的质量问题主要在于内在质量，这应是今后各生产厂家的主攻方向。

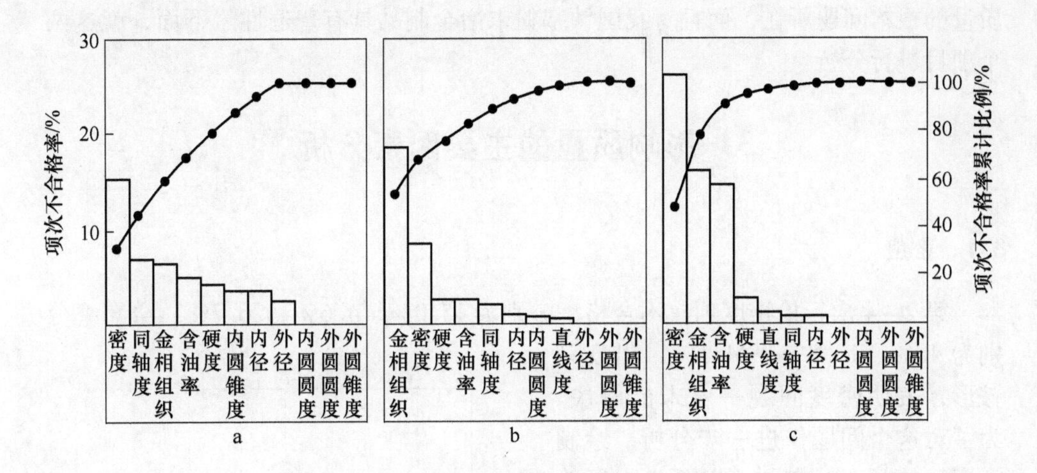


图1　主要项次排列图

a—第2次行检；b—第3次行检；c—第4次行检

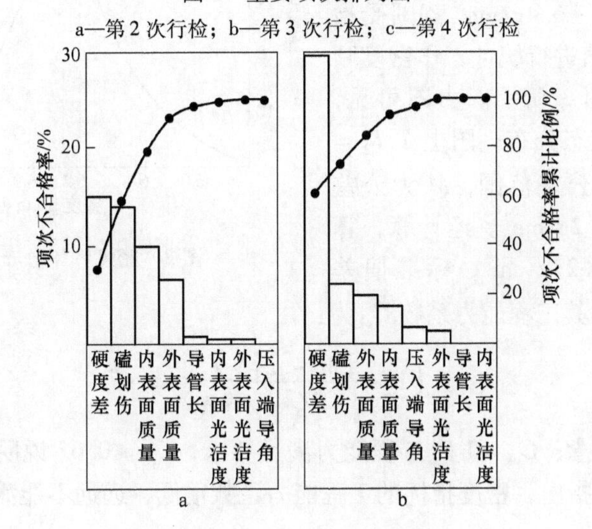


图2　一般项次排列图

a—第3次行检；b—第4次行检

**表5　三次行检中的A类项目**

| 行检次序 | 主要项目 | | | | | 一般项目 | | | |
|---|---|---|---|---|---|---|---|---|---|
| | 密度 | 硬度 | 含油率 | 金相组织 | 同轴度 | 硬度差 | 磕碰伤 | 内表面质量 | 外表面质量 |
| 第2次 | + | + | + | + | + | 未列一般项目 | | | |
| 第3次 | + | + | + | + | | + | + | + | |
| 第4次 | + | | | + | | + | + | | + |

对物理力学性能项目再以分层排列图进行分析，可以看出，密度和金相组织属于物理力学性能项目的A类问题（排列图从略）。这两个项目是目前气门导管

质量的根本问题所在，而且对我国铁基粉末冶金制品具有普遍性。下面，就这两个项目进行分析。

## 3　影响质量的主要因素分析

### 3.1　密度

第2～4次行检密度项次不合格率分别为15.0%、4.6%、26.7%，分布率分别为40%、13.8%、24.1%，出现马鞍形，表明密度问题一直未能解决。为了对这个问题作进一步分析，绘制密度值的频率分布图。以第3次行检为例，对按6.0～6.4g/cm³范围受检产品75个密度值进行统计，作密度频率分布曲线如图3所示。由图可见，分布曲线接近正态分布。图上 $T_1T_2 = T = 0.4$g/cm³ 为公差范围，$M$ 为公差中心，其值为6.2g/cm³。经计算，算术平均值 $\mu = 6.23$g/cm³，标准偏差 $\sigma = 0.12$g/cm³。其工程能力系数 $C_{pk}$ 为：

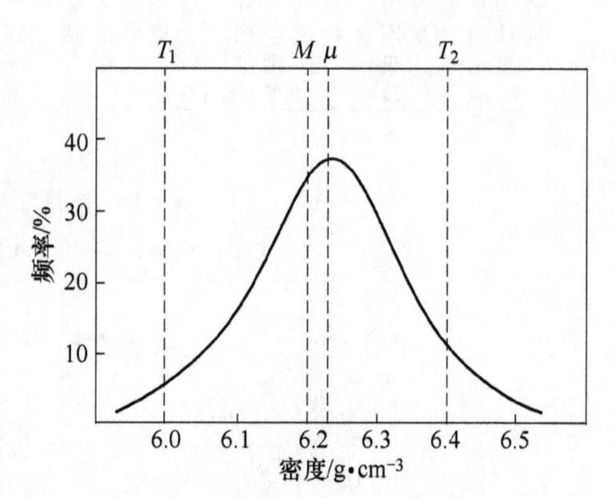


图3　密度频率分布曲线

$$C_{pk} = \left(1 - \frac{|M - \mu|}{T/2}\right)\frac{T}{6\sigma} = 0.47$$

据质量管理学概念：$C_{pk} = 1$ 时工程能力满足要求，$C_{pk} \leqslant 0.67$ 说明工程能力明显不足。上述结果指出，密度指标的工程能力系数很低，远远不能满足要求，必须采取有效对策。

在产品尺寸一定的前提下，密度取决于单件重量，因而影响产品单件重量的因素就会影响密度。应该指出，许多生产厂家对密度波动范围的控制是不严格的，有的单件重量波动甚至达5%。国外某公司标准规定高度在50mm以上的零件，其压坯高度公差在0.08～0.16mm范围内；重量100g以上者，单件重量公差在±0.5g范围内。国内情况与之相比，差距甚大。

造成产品单件重量波动范围大的一个重要原因是铁粉质量较差。虽然近年来我国铁粉的化学纯度和压缩性这两项指标均有所提高，但仍未按用途分类提供相应的牌号；同时，批料之间松装密度常有波动。这种情况对自动压制产品重量控制极为不利。国产自动压机均未设计下充填装置，粉末冶金生产厂只能通过调整模腔装粉高度来保证产品规定重量。而这种调整方式精度低，难以保证产品密度的一致性。目前，在铁粉质量不够稳定的情况下，只有采用如下办法来保证产品单重：加强生产过程中的检查，特别是换料后的首批检查，并随时根据检查结果作相应的调整。

气门导管长度公差未加严格控制是造成密度波动范围大的另一个重要原因。我国生产气门导管采用的自动压机和自行设计的导管专用压机，大部分是液压型，其定位以限压和行程开关控制，重复精度差，加上铁粉压缩性不稳定，结果，造成产品高度偏差范围较大，有的甚至达到1mm。在模具中附加机械限位，同时采用压缩性稳定的铁粉，是缩小产品长度偏差的措施。

## 3.2　金相组织

影响金相组织的主要因素是原材料成分、烧结气氛和烧结后制品的冷却速率。不少厂家对原料铁粉的氧含量和投料的配碳量不够重视，甚至很多厂家对铁粉投料前不化验氧含量。我国烧结工序中大都以发生炉煤气保护，由于其成分难以控制和炉子结构不合理而使炉内气氛受到干扰，致使碳势波动范围很大。至于冷却速率，仍有不少厂家未引起注意，烧结炉结构也无相应的设计。

金相组织对导管使用性能的影响很大。例如，第一汽车制造厂1982年进行了气门导管1000h强化台架试验，发现珠光体含量高于70%的产品其耐磨性超过铸铁，但珠光体含量低于50%者，其磨损量比铸铁高0.008mm。

生产厂家必须重视产品金相组织的控制。这个问题，不仅对当前产品，而且对于我国发展中、高强度铁基零件也是亟须解决的。因此，行业应将烧结炉和保护气氛的技术改造提到日程上来。

## 3.3　硬度和硬度差

属于主要项目的硬度和属于一般项目的硬度差在两次行检中均属于A类问题。第4次行检中，硬度差项次不合格率为29.9%，分布率为58.6%，即近3/5的产品有硬度差不合格项次。绘制硬度的频率分布曲线作进一步分析。以第3次行检为例，对长度不大于100mm、密度按6.0～6.4g/cm$^3$范围受检的26个产品234个硬度值进行统计，作频率分布见图4。图示分布曲线接近正态分布，$T_1T_2 = T =$ HB50为公差范围，$M$为公差中心HB85。经计算，算术平均

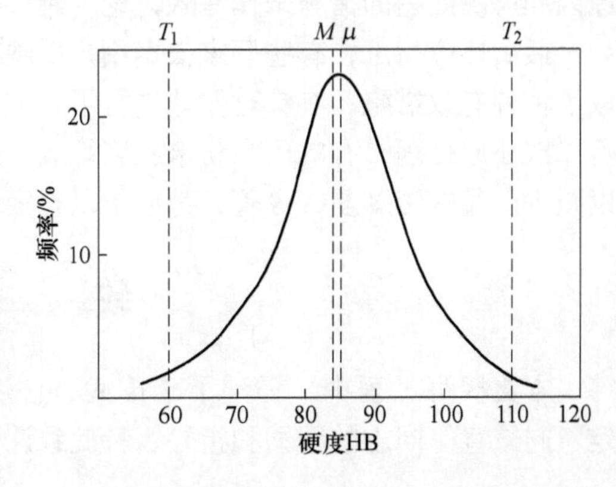

图4　硬度频率分布曲线

值 $\mu$ = HB84，标准偏差 $\sigma$ = HB10.0。工程能力系数 $C_{pk}$ 为：

$$C_{pk} = \left(1 - \frac{|M - \mu|}{T/2}\right)\frac{T}{6\sigma} = 0.8$$

此处 $C_{pk} < 1$，说明工程能力系数不足。造成硬度和硬度差不合格率高的主要原因是制品各部位的密度和组织不均匀。控制金相组织的措施已如上述。减少产品各部位密度差的措施是采用适当松装密度的铁粉、改进模具设计和压制工艺，例如：双向压制、阴模强制拉下、浮动芯棒、增加模壁润滑和制订合理的压制工艺参数等。

在一般项目中属于 A 类的还有磕划伤及内、外表面质量。第 3、4 次行检中磕划伤分布率达到45%，第 3 次行检内表面质量有一半以上的产品出现不合格项次，有的产品竟由于外观质量不合格而失去了评比资格。事实说明，管理工作的重要性并不亚于技术工作，这一点，各生产厂家应有足够的认识。生产厂家应健全管理制度，严格工艺纪律，注意文明生产及产品包装，改进工位器具。

## 4 结束语

通过以上分析，可以看出：

（1）对历次气门导管行检结果的统计分析表明，气门导管质量逐年有所提高；

（2）气门导管目前质量问题的症结所在是其内在质量，主要是密度和金相组织，必须予以重视；

（3）属于 A 类问题的物理力学性能项目，其工程能力或不足，或严重不足，必须从原料、工艺、设备及管理等几个方面综合解决。

对行业检查结果进行统计分析而找出来的质量问题所在，无疑在一定程度上反映出目前生产的实际质量状况。因此，本文作者希望所作的分析对全国生产厂家提高产品质量具有参考价值。另外，本文只着重于找出问题，而对问题出现的原因和解决问题的措施未作深入讨论，希望全国同行共同关心这项课题。

最后还应指出，有些厂家根据用户反映和行检结果，在提高产品质量方面采取了种种有效措施，有针对性地进行了研究和试验，例如，有的厂对购进铁粉进行二次还原处理，有的厂在粉末粒度组成、压模结构和压制操作上作出相应改进以减少产品的密度差，等等，都应予以肯定。

## 致　谢

本文撰写过程中，得到了于茂武、鲁焕民、李策、谢蕴瑜、尹功明、闵正定、赵秉宣等同志的帮助和指导，特此致谢。

（文献略）

# 我国粉末冶金零件在汽车和农机上应用概况❶

**摘　要**　介绍了我国粉末冶金零件在汽车和农机上的应用概况，对进一步发展汽车和农机用粉末冶金零件提出了建议。我国粉末冶金零件大约有65%用于汽车和农机。每辆汽车和拖拉机上一般采用3~5kg粉末冶金零件，其中衬套类零件居多。粉末冶金工业必须适应汽车和农机工业大发展的形势，扩大应用，开发新产品，特别是高强度、高精度、复杂形状的结构零件。

## 1　引　　言

汽车和农机上采用的粉末冶金零件种类很多，据1978年统计，我国农机用粉末冶金零件占粉末冶金零件总产量的40%，汽车用零件为24%[1]。作者统计了47家粉末冶金厂近年的产品构成，示于表1。由表可见，农机和汽车用粉末冶金零件所占比例分别为35.2%和31.1%，共66.3%。

**表1　47家粉末冶金厂近年产品构成**

| 产品分类 | 农机 | 汽车 | 轻工 | 仪器仪表 | 纺织机械 | 矿山机械 | 运输机械 | 其他 | 总计 |
|---|---|---|---|---|---|---|---|---|---|
| 产量/万件 | 2529 | 2232 | 643 | 386 | 258 | 195 | 48 | 893 | 7184 |
| 构成比/% | 35.2 | 31.1 | 8.9 | 5.4 | 3.6 | 2.7 | 0.7 | 12.4 | 100 |

我国汽车和农机用粉末冶金零件的研制工作起于50年代，经历了从无到有、由低级逐渐提高的发展阶段。粉末冶金制品的生产和应用从套类零件开始，经过不断开发和提高，已有不少结构零件问世，60年代初，经试制投产的有：铜基衬套、汽车钢板销衬套、气门导管以及其他套类零件。60年代中、后期，铜铅合金-钢背双金属轴瓦、机油泵转子和齿轮，离合器和制动器用摩擦片研制成功。70年代中、后期，研制了曲轴正时齿轮、斜齿轮等结构零件。粉末热锻的研究工作开始于1971年，1973年研制成功汽车差速器行星齿轮和拖拉机二倒挡齿轮。现在，粉末冶金行业正在进行高精度、高强度、复杂形状零件的开发。

❶　本文原载于《机械工程材料》，1986，10(1)：1~4。署名：李祖德、常镕桥。此次重载作了少量修改。

我国汽车、农机用粉末冶金零件用作维修配件，一般早于在主机生产中应用。目前，用作维修配件的零件数量仍超过后者。在汽车主机生产中采用，始于1959年第一汽车制造厂生产的红旗牌轿车，主要为铜基套类零件；在拖拉机主机生产中应用则始于1966年。几个主要厂家主机生产正式采用粉末冶金零件的年代为：

| | | |
|---|---|---|
| 第一汽车制造厂 | 解放牌汽车 | 1964年 |
| 第二汽车制造厂 | 东风牌汽车 | 1968年 |
| 洛阳拖拉机制造厂 | 东方红75型拖拉机 | 1966年 |
| 沈阳拖拉机制造厂 | 东风28型拖拉机 | 1966年 |
| 常州柴油机厂 | 195柴油机 | 1968年 |
| 常州拖拉机制造厂 | 东风12型拖拉机 | 1970年 |
| 湖北拖拉机制造厂 | 神牛25型拖拉机 | 1970年 |

二十多年来，我国粉末冶金工业为汽车和农机的发展作出了贡献，在保证主机性能、降低成本、节约原材料及能源等方面均收到了明显效果。本文概略介绍了我国粉末冶金产品在汽车、农机上应用情况；同时，根据汽车和农机的发展对粉末冶金零件工业的新要求，提出应采取对策的建议。

## 2　应用概况[1~5]

我国粉末冶金工业为汽车和农机主机装配和维修提供零件，有些是关键性零件。除气门导管和大量套类零件外，尚有不少结构零件，包括：机油泵齿轮（主动和从动）、传动齿轮、半轴齿轮、曲轴正时齿轮、差速器行星齿轮、摇窗机齿轮、链轮、控制凸轮、机油泵（内、外）转子、滚轮体、拨叉、密封环、调节臂、进排气门阀座、进排气导向座、减震器活塞、减震器导向座、压缩阀座、拉杆球座、调速器飞块等。摩擦材料如离合器片和刹车片已有铁基和铜基共11种材料牌号，从$\phi$18mm到$\phi$2650mm共一百多种规格，供不同类型的汽车、拖拉机、推土机及战车使用。炭基摩擦材料正在研制之中。双金属制品有16个品种，供汽车、拖拉机底盘和9种柴油机配套用。磁性材料已用作刮雨器电机定子、分电器磁环及汽车仪表器件。金属-塑料复合材料已在汽车上用作主销轴衬套。此外，还有各种规格的磁性材料，例如电机用永磁定子。图1为汽车和农机用几种粉末冶金结构零件，图2为汽车用粉末冶金摩擦片（部件）。

现在，已在载重汽车和轿车共10多种车型上采用粉末冶金制品，据10种车型统计，有64个品种165个规格。拖拉机已有30多种机型采用粉末冶金制品，据10种车型统计，共82个品种209个规格。第一汽车制造厂CA-10B汽车每年采用粉末冶金制品达200多万件，约200t；第二汽车制造厂EQ型汽车每年采用

a　　　　　　　　b

图1　汽车和农机用粉末冶金结构零件

a—行星齿轮和半轴齿轮；b—油泵滚轮体

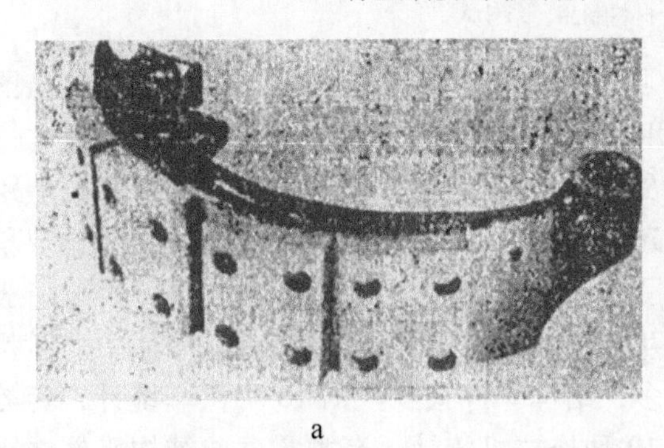

a　　　　　　　　b

图2　粉末冶金摩擦片

a—解放牌汽车刹车片；b—玛斯牌汽车离合器片

400万件以上；洛阳拖拉机厂东方红75型拖拉机平均年装车量为70多万件，最高达150万件；常州拖拉机厂年装车量为75万件。近年几种主机采用粉末冶金制品情况列于表2。主机装配采用的粉末冶金制品数量，最多为每辆10kg，一般在5kg以下。

**表2　几种汽车和拖拉机采用粉末冶金制品的数量**

| 车型 | | 品种 | 件数 | 总重/kg |
|---|---|---|---|---|
| 汽车 | CA-10B | 10 | 26 | 2.6 |
| | CA-30 | 13 | 28 | 8.1 |
| | CA-772 | 16 | 37 | 3.2 |
| | EQ-140① | 24 | 74 | 5 |
| | EQ-240① | 32 | 93 | 8.5 |
| | EQ-245① | 34 | 97 | 10 |
| | BJ-130 | 26 | 60 | 3 |
| | NJ-130 | 13 | 33 | — |

续表2

| 车型 | | 品种 | 件数 | 总重/kg |
|---|---|---|---|---|
| 拖拉机 | 红旗100A | 13 | 23 | 2.8 |
| | 东方红75 | 29 | 71 | 8 |
| | 东方红28 | 26 | 47 | 4.1 |
| | 神牛25 | 17 | 39 | 2.0 |
| | 泰山25 | 20 | 49 | — |
| | 东风12 | 21 | 25 | 2.2 |

① 还采用了摩擦材料和金属-塑料复合材料制品，未计入。

与主机中应用相比，在维修中采用的粉末冶金零件品种和数量更多，全国粉末冶金厂家所生产的汽车和农机用粉末冶金零件上亿件，大部分用于维修。

我国粉末冶金制品在汽车和农机上应用的水平，与国外先进水平相比差距甚大。美、日、英、西德有60%～70%的粉末冶金零件用于汽车工业。我国仅稍高于30%（表1）；美国汽车每辆平均用粉末冶金零件为10～15kg，我国一般为3～8kg(表2)。而且，我国目前生产的汽车和农机用粉末冶金零件中，形状简单、性能要求不高的套类零件居多，结构零件很少。据10种汽车统计，套类零件与结构零件之比为77∶23；据10种拖拉机统计，套类零件与结构零件之比为85∶15。另据20家粉末冶金厂生产量统计，1985年农机用粉末冶金零件中，套类零件与结构零件之比为93.7∶6.3。1982年日本用于汽车和摩托车的套类零件与结构零件之比约为7∶93。与之相比，我国结构零件所占比例太低，而且，许多高强度、复杂形状的结构零件，在我国尚属空白。

## 3 技术经济效益[2]

### 3.1 技术效果

（1）气门导管。对CA-141粉末冶金导管与合金铸铁导管进行强化台架试验对比，发动机转速为3000r/min，采用14号稠化机油润滑，排气温度约700℃，进入导管温度约500℃。经500h后，粉末冶金导管与合金铸铁导管平均磨损量分别为0.006mm和0.012mm，对偶件阀杆磨损量分别为0.004mm和0.005mm，表明：前者不但耐磨性好，而且有利于对偶件的工作。

（2）机油泵齿轮。对粉末冶金机油泵齿轮和钢制机油泵齿轮进行1200h台架试验（相当于行程10万公里），转速1400r/min，油压0～600kN。结果为：粉末冶金齿轮的泵油量比钢齿轮高12.4%～24.4%，而且随着油压提高，泵油量增加的幅度更大。

(3) 减震器零件。400 万次台架试验结果表明：粉末冶金减震器活塞和导向器耐磨性好，磨损量仅分别为0.000mm 和0.010mm，S30-19A 汽车减震器粉末冶金活塞、导向器和阀座，经台架试验412 万次后示功图正常，复原阻力和压缩阻力的衰减率均低于20%，按汽车行业标准达到优质品水平。

(4) 双金属衬套。BJS322 双金属小头衬套在 S195 柴油机上进行了3500h 循环强化耐久试验，磨损量为 0.005mm。BJS3 双金属小头衬套在 X3105 柴油机上进行 3000h 试验，最大磨损量为 0.021mm。在 CA10 载重汽车 6100B22 柴油机使用 2000h(相当于 8 万千米) 后，连杆小头衬套内径公差仍在要求范围之内。双金属轴瓦载重能力高于3500MPa，是开发大马力发动机不可缺少的重要零件。

(5) 进、排气门阀座。以烧结钢制成的汽油发动机进、排气门阀座，在载重汽车和越野汽车上使用，100km 耗油量降低 15%，可保证气门的严密配合，促使燃料完全燃烧，防止废气污染，并为使用无铅汽油提供了条件。

(6) 摩擦片。2811 铁基刹车片用于解放牌汽车，制动性能、制动效率和热稳定性均优于石棉刹车片，特别是在山区行驶更显示出其优越性。经 100 车次山区行驶试验，万里磨损为 1mm (对偶件铸铁鼓为 0.4mm)，寿命比石棉树脂片高 5 倍；用作 Moз 汽车主离合器片的使用寿命 4.8 万千米 (单面磨损 0.5mm)，比石棉树脂片高 5 ~ 10 倍。铜基摩擦片用作集材 80 拖拉机和红旗 100 推土机主离合器片，寿命比石棉树脂片提高 5 ~ 8 倍；用作水田拖拉机制动片，其寿命显著高于铜丝石棉片，同时使主机操作更为方便。国内生产厂家为某些进口车辆提供的摩擦片配件，其性能均达到或超过原用粉末冶金片。我国生产的摩擦片，经西德洛曼公司2.5 万次接排试验，磨损仅 0.008 ~ 0.010mm，该公司对此极为满意。

### 3.2　经济收益

第一汽车厂年产粉末冶金制品 200 多万件，除利润外，每年为国家节约资金 100 多万元，节约金属材料 630t，其中巴氏合金 34t。第二汽车厂减震器粉末冶金零件年装车量以 30 万套计，可节约设备 19 台，资金 30 万元。东方红 75 拖拉机以年产 1.5 万台计，采用粉末冶金零件每年节约铜 15t，钢材 40t，设备 33 台，工艺装备 294 种，工装费万余元，减少工人 42 名，生产面积 570m$^2$。生产 1.5 万台红旗 100A 拖拉机，采用粉末冶金零件增加收益近 100 万元。神牛 25 拖拉机采用粉末冶金零件每台节约铜 8kg，成本降低 56 元以上。生产 15 万台东风 12 型手扶拖拉机，采用粉末冶金零件可节约钢材 522t，铜材 308t，降低成本 174 万元。生产 400 万台 S195 柴油机，采用粉末冶金零件可节约铜 200t。沈阳粉末冶金厂至 1983 年已生产热锻齿轮 70 万只，节约 20CrMnTi 钢 450t。

## 4　我国汽车和农机大发展对粉末冶金工业的新要求

我国目前各种类型汽车保有量约200万辆，年产量已达30万辆。汽车工业加速发展是必然趋势，预计1990年产量将翻番，并生产出世界80年代水平的汽车。1983年全国拥有农机总动力达24500多万马力（其中大中型拖拉机106万台，小型拖拉机275万台），农用排灌机械近8000万马力，大中型机引农具130多万台。为适应农村经济蓬勃发展的需求，正在进一步发展各种农业机械。

汽车和农机生产的大发展，对粉末冶金工业提出了新的要求，主要有：

（1）随着主机生产量和保有量迅速增加，要求大幅度增加装配和维修用粉末冶金零件的供应量；

（2）汽车和农机上有大量高强度、高精度、复杂形状结构零件适宜用粉末冶金方法制造，粉末冶金工业必须不断开发这类产品；

（3）随着主机更新换代和技术性能水平的提高，要求粉末冶金零件进一步提高质量。

为满足上述要求，实现与汽车、农机工业同步发展，应在不断开发新产品和提高产品水平的前提下扩大生产规模。必须加强以下三个方面的工作：

（1）目前修配用粉末冶金零件的品种和数量远远超过主机制造，品种比约为3∶1，数量比低于4∶1。应在主机制造中进一步扩大采用粉末冶金零件。主机厂与粉末冶金厂之间的通力合作是重要的环节。粉末冶金厂应掌握主机生产的动向，了解用户需要，选准开发产品对象，并通过各种渠道使主机厂及时了解粉末冶金厂技术发展情况，支持其产品开发工作。必须加强对主机厂的宣传工作，并扎实进行基础研究试验工作，取得性能数据，以赢得主机厂对粉末冶金零件的信任。

（2）目前套类零件应用已渐趋饱和，欲增加在汽车和农机上粉末冶金制品的用量，今后开发的重点应是结构零件，特别是高强度、高精度、复杂形状结构零件。应迅速改变套类零件与结构零件的构成比，完成从以生产套类零件为主向以结构零件为主的过渡。在这方面，善于抓住主机更新换代的时机非常重要。

（3）我国粉末冶金零件在汽车和农机上应用目前数量不多，主要是受结构零件生产上不去的牵制。结构零件的性能、精度和生产效率得不到保证的主要原因是：原料铁粉的质量不高、工艺水平落后、生产效率低。因此，对粉末冶金工业进行技术改造是迫在眉睫的任务，应尽快解决原料粉末、压机和压制工装设备（包括模具和模架）、烧结炉和烧结气氛等关键问题，以最新技术装备粉末冶金厂，在提高水平的前提下扩大生产规模。

# 5　结束语

我国粉末冶金工业已经具有一定规模和水平。中、高强度和耐热、耐磨、耐蚀的铁基材料研究工作很有成效；复杂形状零件的成形技术取得了较大进展；热锻生产已有一定基础；使用性能和使用条件的研究（如 *PV* 值测定）得到重视；不少结构零件已在主机维修中采用。我国粉末冶金工业在进一步开发汽车和农机用粉末冶金零件方面，已经具备一定基础。

为适应汽车和农机工业的大发展，粉末冶金工业必须加强技术改造和产品开发，提高生产技术水平，大力开发结构零件，扩大粉末冶金零件在主机生产中的应用。无疑，汽车和农机用粉末冶金制品的进一步开发应用，必将促进汽车和农机工业的发展，特别是促进粉末冶金工业本身水平的提高，得到双赢的效果。

## 参考文献

[1] 李绍忠．粉末冶金技术，1983，1(5):22~26.
[2] 粉末粉金制品在汽车和农机上应用推广座谈会资料．武汉，1984.
[3] Денсенко Э Т，и др. Поршк. Металл，1982(9):90~97.
[4] Денсенко Э Т，Кулик О П. Поршк. Металл，1983(2):98~105.
[5] 唐华生．粉末冶金技术，1984，2(4):59.

# 把握契机促进我国粉末冶金机械零件生产的发展❶

**编者按** 粉末冶金机械零件是粉末冶金工业的主导产品之一。为了满足市场需求的增长，特别是主机更新换代对配套粉末冶金机械零件所提出的更高要求，必须大力开发高水平的粉末冶金产品。当前，粉末冶金企业为适应新的形势，正致力于技术改造和提高自主开发能力，并已初见成效，从而使我国粉末冶金机械零件生产进入新的阶段。为了适应当前形势，推动我国粉末冶金工业的发展进程，我刊从本期起，在“专题论述”栏目中开展题为“如何发展我国粉末冶金机械零件生产”的专题讨论。我们热切希望广大读者都来关心这个议题，踊跃参加讨论，为促进我国粉末冶金机械零件的发展献计献策。

**摘　要** 我国以引进技术为基础形成汽车生产基地，标志我国汽车工业发展进入新的阶段。实现引进汽车车型上粉末冶金零件国产化，是一项重要而艰巨的任务。粉末冶金工业必须以此为契机，通过加强企业技术改造，提高机械零件的开发能力，促使我国粉末冶金机械零件生产攀升到新的高度，以迎接汽车工业快速发展的挑战。

汽车工业是综合性工业，其生产水平一般可代表生产国的经济技术水平。国务院决定大力发展轿车生产，并将其纳入支柱产业；同时，为了使轿车生产在高起点上发展，国家从工业发达国家引进制造技术，在一汽、二汽、上海各建一个年产30万辆的轿车生产基地，在北京、天津、广州各建一个规模稍小的轿车生产基地。我国用引进技术形成的“三大”、“三小”轿车生产基地，成为我国汽车工业发展进入新阶段的标志。

引进汽车车型粉末冶金零件国产化，是一项艰巨而又必须实现的任务。粉末冶金零件国产化不解决，长期耗用大量外汇进口粉末冶金配套件和维修件，必然阻碍我国汽车工业的发展。因此，实现引进汽车车型粉末冶金零件国产化迫在眉睫。

汽车用粉末冶金零件大多是典型的高水平零件，可以作为粉末冶金机械零件工业生产水平的代表。据1984年报道，西德粉末冶金专家W. J. Huppman列举出不同年代的汽车粉末冶金零件，用于代表当时粉末冶金工业的水平[1]：1955年

---

❶ 本文原载于《粉末冶金技术》，1990，8(4)：194～198。署名：李策、李祖德。收入此书稍作文字加工。

——油泵齿轮，1965年——凸轮轴齿轮，1978年——同步器衬套，1980年——连杆，预计1995年——承载齿轮。美国和日本70年代以来每年举办粉末冶金制品竞赛，对优秀制品授奖，其中获奖最多的是汽车和各种车辆用粉末冶金零件[2]。

为实现引进汽车车型粉末冶金零件的国产化，粉末冶金厂家必须通过技术改造，提高生产技术水平，加强产品自主开发能力。因此，实现引进汽车车型（以及其他引进主机机型）上粉末冶金零件的国产化，必将带动粉末冶金工业全面、大踏步地向前发展。我们必须很好地把握住这个大好时机。

## 1　粉末冶金工业对汽车工业的贡献

汽车工业以高度机械化、自动化、流水线方式组织生产，建设规模要求有一定的经济批量，生产技术要求能以低成本、高效率生产性能可靠的产品，以求得产品在市场上具有竞争能力。

粉末冶金是一种将金属材料制造与零件加工结合起来的特种制造技术。以粉末冶金工艺制取金属材料，设计自由度高，能够根据零件的使用要求设计材料成分，并使材料具有所要求的特殊组织和性能；以粉末冶金工艺制造机械零件能够达到很高的精度，生产常规工艺难以加工成形的复杂形状零件。粉末冶金工业具有更大优势提供高性能、高精度、复杂形状机械零件，满足汽车工业的要求。

粉末冶金工艺具有材料利用率高、节能、工时少、生产率高的优点，可以为汽车工业带来巨大的经济利益。日本丰田汽车4种典型零件采用粉末冶金工艺制造，与切削加工工艺相比，材料利用率由55%提高到92%，能耗降低71%，成本降低21%[3]。西德5种汽车零件的对比结果是：粉末冶金工艺比切削加工工艺节约材料64%，降低能耗50%[4]。第二汽车制造厂采用粉末冶金减震器零件，与切削加工比较，材料利用率提高80%，加工费用节约40%，节省机加工设备19台[5]。

汽车用粉末冶金零件主要分布在发动机、传动机构和底盘中。美国福特公司汽车用粉末冶金零件共118种，日本平均用50种。汽车粉末冶金零件的技术经济效益突出，促使汽车粉末冶金零件用量不断增加。工业发达国家每辆车的平均用量为[5]：美国50年代2kg，60年代前期2.5kg，后期4.8kg，70年代7.7kg，80年代10~15kg；法国雪铁龙GS汽车用6kg，CX汽车用7kg；西德大众汽车用11kg；日本用8kg。汽车用粉末冶金零件数量在粉末冶金零件总量中所占份额很高，美、日、西德、英、法、意等国为60%~75%[6]。同时，由于粉末冶金工业生产技术水平提高（包括材料制造技术、成形技术、烧结技术、后续处理和管理水平等），以及粉末冶金厂家与汽车制造厂合作关系不断加强，促使粉末冶金零件水平由低级向高级发展。现在，粉末冶金零件不再仅限于非关键部位的非关键零件，或形状简单、性能要求不高的套类零件及单功能零件，已经开发出形状复杂零件和高性能、多功能零件。其中，不少是关键部位的关键零件，如连杆、同步器齿环、凸轮轴等，从而为提高汽车性能做出新贡献。

粉末冶金工业与汽车工业关系密切。各国粉末冶金工业发展历史表明，当汽车工业大发展时，粉末冶金工业一片繁荣；而当汽车工业萧条时，粉末冶金工业也停止不前。日本60年代初期和中期，汽车年产量为一二百万辆，到80年代为1100～1200万辆[7]。相应时期的粉末冶金零件年产量从不到1万吨提高到4万吨，翻了两番。粉末冶金工业以高生产率为汽车工业提供优质粉末冶金零件而施惠于汽车工业，同时，其生存和发展又在很大程度上依赖于汽车工业的兴旺和发达。

## 2 我国汽车工业采用粉末冶金零件的情况

我国汽车用粉末冶金零件的研制工作始于50年代末，各个时期有代表性的典型零件是:

50年代——钢板销衬套、铜基衬套；

60年代——气门导管、机油泵转子、机油泵齿轮、双金属铜铅轴瓦、摩擦片；

70年代——曲轴正时齿轮、热锻行星齿轮；

80年代——齿形皮带轮、链轮、进排气门阀座。

一般地讲，我国汽车用粉末冶金零件，用于维修配件早于主机生产配套。汽车生产配套中最早采用的是上海中国纺织机械厂生产的铜基轴承，用于第一汽车制造厂解放牌汽车。第一汽车制造厂正式采用粉末冶金零件为1964年，第二汽车制造厂为1968年。据1986年对10种车型统计，共计采用粉末冶金零件64种165个规格；据49家粉末冶金厂统计，汽车用粉末冶金零件占全部粉末冶金零件产量的31%。

我国汽车用粉末冶金零件的生产水平，虽逐年有所提高，但与工业发达国家相比尚有很大差距:

（1）零件品种少，数量少。我国采用粉末冶金零件较多的车型是EQ245，计34种[8]，不到美国福特公司的1/3。每辆车采用粉末冶金零件数量少，一般每车为3～5kg，约为美国的1/3。

（2）零件精度低，形状简单。我国粉末冶金零件精度一般为ISO 9～10级，只能生产高度方向带一两个台阶、截面一两个孔的零件，而国外可生产高度方向向带四个台阶、截面多个孔的零件。

（3）套类零件居多，结构零件少。我国采用的粉末冶金零件形状简单、性能和精度要求不高的套类零件居多，其产量与结构零件之比为77：23[8]，而日本1987年为11：89。

（4）产品性能较低。我国铁基粉末冶金材料抗拉强度一般为400～600MPa，而国外工业发达国家为600～800MPa。

（5）生产效率低。人均年产量不到日本的1/24。

（6）生产质量不稳定。

造成上述差距的原因是我国粉末冶金生产技术落后。我国粉末冶金成形压机功能少、动作简单、精度差，大多手工操作；模具精度低、寿命短；烧结炉大都由粉末冶金厂家自制，控温不准，烧结工艺制度尚欠规范，保护气氛碳势未加控制。

"六五"期间，我国粉末冶金行业由日本、西德等国引进了粉末冶金机械零件制造技术和部分关键设备，对几个厂进行技术改造，使我国粉末冶金生产水平有明显提高，高强度、高精度、复杂形状零件的开发初见成效。但是，就目前我国粉末冶金工业的整体水平来看，实现引进汽车车型粉末冶金零件国产化的任务，尚有很大的困难。

## 3　实现引进车型粉末冶金零件国产化对粉末冶金工业的要求

实现引进汽车车型粉末冶金零件国产化，对粉末冶金工业提出两方面的要求：

（1）供应高强度、高精度、复杂形状机械结构零件。当前引进车型的粉末冶金零件多数属于高强度、高精度、复杂形状零件。有些具有多个台阶，包括异形台阶、内外台阶；有些在垂直于压制方向的截面上有多个圆孔、异形孔或盲孔；有些精度要求IT7级以上；一般零件要求强度在400MPa以上，高强度零件要求1000MPa以上；许多零件要求后续处理；有些零件要求性能高且易加工。试举奥迪汽车发动机两个零件为例：正时齿轮要求各台阶截面密度均匀，局部渗铜，表面蒸汽处理，齿形精度为相邻两齿间容差±0.12mm，五齿间容差±0.05mrn，形位公差要求内外圆摆差不大于0.05mm，两端面与内孔轴线摆差不大于0.06mm，键槽对内孔的位置偏差不大于0.03mm；转向拉杆上下头控制球头以合金钢材料制成，要求密度7.4g/cm$^3$，表面碳氮共渗后硬度HRA70～80，冲击韧度20～40J/cm$^2$，抗弯强度1000～1200MPa，径向跳动0.03mm，球径差±0.005mrn，具有复杂形状的螺旋油槽。

（2）大幅度增加生产能力。预计我国汽车产量1995年为110万辆，2000年为170万辆，其中分别包括引进轿车车型32万辆和70万辆。预计汽车社会保有量1995年为830万辆，2000年达到1360万辆[1]。每辆车用粉末冶金零件1995年按5kg计，2000年按8kg计，则1995年汽车工业生产需粉末冶金零件5500t，2000年需13600t，加上社会保有量所需维修件，估计共需阶末冶金零件为：1995年22000t，2000年54000t。可是，我国目前粉末冶金机械零件的年产量约为15000t，其中汽车用粉末冶金零件大约5000t，仅为1995年汽车生产和维修所需粉末冶金零件的1/4，2000年的1/10，比差相当悬殊。

## 4　粉末冶金工业如何迎接汽车工业的挑战

如上所述，我国粉末冶金工业无论是生产技术水平还是生产规模，都与汽车工业发展需要极不相符。为迎接汽车工业的挑战，粉末冶金工业的技术改造刻不容缓。必须以精良的工艺设备和先进的生产技术对重点粉末冶金厂和汽车厂内置粉末冶金厂进行改造，形成几个大的粉末冶金生产基地，作为解决引进车型粉末冶金零件国产化的骨干，带动全行业提高生产技术水平。为此，在技术上应采取如下几个措施：

（1）发展粉末冶金零件先进制造技术。

零件制造技术是实现高性能产品设计的基础，是提高产品质量和生产效率及改进劳动条件的关键。制造技术的发展方向是高效、优质、精密和自动化。重点是高强度、高精度、复杂形状零件成形和可控气氛烧结以及后续处理。应通过在引进技术消化吸收基础上提高与自主开发相结合的途径发展零件制造技术，包括：

1）研究并掌握精密模架的设计与制造技术、形状复杂精密模具的设计和制造技术、精整技术，推广硬质合金模具；

2）研究并掌握非常规成形技术，如热锻技术、组合连接技术、等静压技术等；

3）研究并掌握烧结尺寸变化控制技术；

4）研究并掌握表面处理技术；

5）采用微机控制自动化生产技术，包括控制压机动作、烧结温度、烧结舟皿运行、烧结气氛等。

（2）提高粉末冶金材料性能，开发新材料。

粉末冶金材料是制取高性能产品的先决条件。应研究和掌握高纯度、高压缩

[1] 本文发表于1990年，这是当时估计的数量。2000年实际产量达207万辆，实际保有量达1609万辆，对粉末冶金机械零件的需求量大大超过预期。

性铁粉和扩散合金化铁粉、雾化预合金铁粉、母合金粉，以及成分均匀、烧结尺寸收缩稳定的混合粉的制造技术。在此基础上研究并掌握高密度、高强度铁基材料制造技术。现在，武汉钢铁公司和鞍山钢铁公司两大铁粉基地已经形成，我国粉末冶金原料供应情况大为改善。为适应汽车工业发展需要，两大铁粉基地应进一步扩大生产规模，开发不同用途的铁粉牌号，稳定产品质量，为粉末冶金工业大发展提供条件。

(3) 以高水平专用设备武装粉末冶金工业。

当前，发展我国高水平粉末冶金零件和提高生产效率的主要障碍是粉末冶金关键生产设备落后。必须发展关键生产设备，重点在成形和烧结工序。我国有几家粉末冶金厂在“六五”期间引进了先进的专用压机和烧结炉，但行业的整体技术水平未能全面提高。应在消化吸收引进设备的基础上，自行设计和制造先进的技术设备，包括：多功能、高精度、程序控制的全自动压机和精整压机，控温准确、结构先进的全自动连续烧结炉，可控气氛发生器和净化装置，以及后续处理设备。应尽快落实专用设备的定点生产，并用新产品武装粉末冶金行业，提高行业整体技术设备水平。

(4) 加强生产质量管理。

引进车型中的粉末冶金零件大多是关键零件，要求高性能、高精度及质量稳定可靠。因此，生产中除采用先进的设备和工艺以外，还必须加强生产过程的严格管理，特别是加强生产过程中的质量检查，包括对压制件的尺寸、单件重量的反馈控制，烧结收缩率及尺寸一致性的控制，产品和半成品的无损检测。应大力推广微机控制技术。

## 5 结束语

实现引进轿车车型粉末冶金零件国产化，及其他主机包括装载车辆、工程机械、拖拉机、柴油机用高性能、复杂形状零件的开发，为粉末冶金工业提供了一次极好的发展机遇。通过这个目标的实现，不仅使我国粉末冶金工业的生产技术水平，而且使生产规模和管理水平都会有大幅度、全面的提高，从而使我国粉末冶金工业的面貌发生根本转变。我国粉末冶金工业发展初期的生产水平以套类零件为代表，至70年代能够批量生产以机油泵齿轮和机油泵转子为代表的一般结构零件，不久以后，我国粉末冶金工业的生产定会登上以汽车用高水平机械零件为标志的新台阶。

### 参考文献

[1] 粉末冶金技术，1985，3(2):59~60.

[2] 高清德．粉末冶金技术，1986，4(2):125~128.
[3] 杜桂馥，潘晓燕，王力．粉末冶金与汽车．北京市粉末冶金研究所内部资料，北京，1984.
[4] 粉末冶金技术，1984，2(2):71.
[5] 李绍忠．中国机械工程学会粉末冶金专业学会成立二十五周年纪念暨第五届学术会议论文集．南京，1989：76~77.
[6] 高清德．汽车用粉末冶金零件座谈会资料，1989.
[7] Takashi Kimura. Metal Powder Report，1986，41(1):58~60.
[8] 李祖德，常熔桥．机械工程材料，1986，10（1）：1~4.

# 附录1　我国粉末冶金机械零件行业简况❶

北京市粉末冶金研究所受一机部委托，组织三结合八人参观学习调查组，由革委会主任和党总支副书记带队，于1972年10月24日~12月5日，走访了山东（青岛）、浙江（宁波、杭州）、江苏（苏州、常州、南京）、湖北（武汉）、湖南（长沙、株洲）、广东（广州）六省及北京、上海两市。受国家计委委托，于1973年5月4日~6月4日，调查了东北地区。现将两次调查情况汇总如下。

## 1　概　　况

我国粉末冶金机械零件工业1958年兴起，随后得到大力发展，主要表现在：

（1）厂点增加。与1967年相比，南方厂点增加1/3，东北增加2/3。我们走访的厂家超过60家。据估计，全国现有厂点300家以上，其中东北占1/3左右；与1967年统计160家相比，增加将近1倍。走访的31家中在文化大革命后建立的有10家。

（2）职工队伍壮大。据南方23家工厂统计，职工人数由1967年的2900人，增加到1972年的5500人。东北地区增加幅度更大，走访到的36家工厂职工人数共4425人。估计全国现有职工2万~3万人。

（3）设备数量增加，水平提高。据走访的60家单位统计，共有压机466台，比文化大革命前增长1倍以上；其中自动压机26台（大部分在上海市）；吨位700t以上大型压机7台，其中1200t以上压机3台（均在辽宁省沈阳市）。烧结设备不仅数量增加，而且水平提高，南方绝大部分已电炉化，23家70台烧结设备中，电炉占65台，比1967年的28台电炉增加1.3倍。

（4）铁粉生产发展迅速。调查组所到29家1972年生产铁粉7446t，估计全国铁粉产量超过10000t，比1967年5000t增加1倍以上；南方12家1972年生产铁粉5100t，比1967年2044t增加近1.5倍；东北17家1972年生产铁粉2346t。已建隧道窑10座以上，所产铁粉的份额已超过土窑。

（5）零件生产发展迅速。南方23家工厂1972年生产零件品种约3000种，共4644万件，比1967年的1813.3万件增加1.5倍以上；东北31家厂1972年生

❶ 此件为一机部、国家计委委托北京市粉末冶金研究所进行调查的总结报告。原件成文于1973年，由倪明一起草，李策审改。此次登载再经李祖德整理，并据北京市粉末冶金研究所《八省（市）粉末冶金情况调查》（1972年12月25日）补充部分材料；对原件中具有时代特色的字句尽量保留，技术数据未予核对。

产1350万件；估计全国零件产量1亿件上下。传统产品套类零件生产水平普遍提高，零件尺寸精度普遍达到2～3级，不同心度达0.05～0.06mm（小套0.02～0.03mm）；难度较大的气门导管仅上海、常州、北京、营口4个厂就达256万件。近年开发了很多新产品，包括不少异型零件（择部分新产品分类介绍于后）。

（6）对新材料进行了探索。配合新产品研制，在新材料方面进行了探索。铁基材料有：Fe-B-C、Fe-Mn-Mo-C、Fe-W-V-C、Fe-Mo-Ni-C、Fe-Mo-Cu-C 等。加入合金元素的目的是细化晶粒、强化基体、提高韧性和渗透性，以及改善可淬性。合金元素的选择充分考虑了国家资源。由于目前烧结条件较差，许多易氧化合金元素的有利作用尚未得到充分发挥。

## 2　生产工艺技术水平

### 2.1　制粉

近年来，我国铁粉生产发展迅速。文化大革命前我国还原铁粉生产以土窑为主，只有上海粉末冶金厂一座隧道窑。现在，青岛、天津、沈阳、鞍山、阳泉、宁波、武钢、广州、南昌等粉末冶金厂已建成隧道窑，全国已有10座以上。产量高的前6家隧道窑已正常投产，简况如表1所示。据前6家统计，年产量合计达4913t，占全国铁粉产量的50%左右；再计入其他厂家隧道窑产量，产量和在全国总产量中所占份额已在一半以上，超过土窑。

**表1　部分厂家隧道窑简况**

| 粉末冶金厂 | 上海 | 鞍山 | 天津 | 青岛 | 阳泉 | 沈阳 | 合计 |
|---|---|---|---|---|---|---|---|
| 年产量/t | 1500 | 1102 | 902 | 600 | 409 | 400 | 4913 |
| 隧道窑长度/m | 38.5 | 68 | 51 | 40 | 45 | 38.6 | |
| 成本/元·$kg^{-1}$ | 0.7～0.8 | 1.2 | 0.93 | 1 | 0.98 | 1.5～1.6 | |

与土窑相比，隧道窑能连续作业，热效率高，节约燃料，降低成本，提高产量。但目前生产尚存在不少问题，如耐火罐寿命、还原剂质量、燃料质量、生粉（铁鳞）产量等，制约某些厂隧道窑生产不能进入正常，影响产量和成本。与国外先进水平相比，我国隧道窑生产尚有不小差距：我国隧道窑长度短（瑞典隧道窑最长为270m，而我国最长仅68m），自动化程度低，占用人力多，劳动条件差，燃料热能利用率低，耐火罐寿命短。

除隧道窑外，大连、南京、北京、武钢、长沙等厂试用管式炉生产还原铁粉，其工艺是：将生粉与木炭隔层装于铁舟内，连续通过炉管高温带，以煤气为保护气氛。管式炉还原铁粉的优点有：还原时间缩短，海绵铁质松易破碎，铁粉压制性改善，省去外层耐火罐，劳动条件改善。目前产量较低，尚待解决连续推舟和延长炉管寿命的问题。

采用喷雾法生产铁粉仅南京粉末冶金厂一家。其工艺是：将废钢、白口铁、焦炭装入冲天炉内熔炼，以压缩空气雾化。铁水温度1320℃，喷气压力500kPa，铁水漏包出口内径 $\phi$8mm。粉末直接喷入水池中冷却。铁粉中粒度 -100 目占20%。粗颗粒用球磨机破碎。雾化半成品铁粉碳含量高（达3.2%），表面氧含量高。最后进入管式炉，进行脱碳（内部）、还原（外部）和退火。铁粉进入管式炉前将氧碳比控制在1.8%~2.2%范围内，如氧含量不足则添加铁鳞粉。铁粉产品化学成分为 $Fe_{总}$ 98%，C 0.2%；压缩性好，以500MPa压强压制可达密度6.8g/cm$^3$；流动性好，有利于自动压制；松装密度高（3.4g/cm$^3$），对于长件可减小阴模高度。冲天炉熔炼能力2t/h，年产能力400~500t，成本0.6元/kg。由于缺乏原料（废钢、白口铁、焦炭），目前尚未正常生产。

## 2.2　压制

### 2.2.1　压机

压制自动化程度比1967年有明显提高。特别是上海地区，增添了不少台全自动油压机，普遍将冲床改装成全自动压机。冲床改装的机械式全自动压机生产率高，达30~40件/min，班产10000件，1名工人可看几台压机，且劳动强度大大减轻；而1台普通压机需2~3名工人，班产只有几百件至千件。许多粉末冶金厂自制气门导管专用压机，比通用压机投资少，效率高。为生产大型零件，沈阳市已有3台吨位超过1200t的粉末冶金用油压机：沈阳粉末冶金厂（1250t）、沈阳粉末冶金二厂（1200t）、沈阳齿轮厂（1250t）各1台。株洲硬质合金厂转盘式全自动压机效率高，操作安全。能否将这种结构形式的压机应用于机械零件生产，是值得研究的课题。该压机的工作台为一转盘，阴模安装其上。转盘转动带动滑轮-凸轮机构使冲头作上下运动，转盘旋转一周，完成装粉、压制、脱模、推出工件、记数等动作。每分钟压出90件。

### 2.2.2　压模

随着压机效率提高，对压模寿命提出了更高要求。北京、青岛、南京、上海等地自动压机压模和整形模，采用硬质合金和钢结硬质合金材料制作，寿命比工具钢提高几十倍至上百倍。硬质合金采用电加工和磨削加工。模具结构有不少改进：

（1）浮动模。提高效率，改善压件质量，延长模具寿命，减轻劳动强度。浮动模结构是，模具固定在模架上，上、下模板分别带导套和导柱，导柱绕有弹簧以支撑导套，阴模浮动。

（2）机内模。模具固定在通用压机上，利用顶出机构脱模，不用搬动模具，可实现半自动化，提高效率。北京市粉末冶金研究所在100t油压机上采用这种模具压制轮套，班产量达1500~2000件。

（3）形状复杂零件压模。成形带斜齿（或螺旋键）、带内外球面、薄壁、细长、多台等各种形状复杂零件的压模，有关厂已投入使用，积累了不少生产经验。

## 2.3　烧结

烧结方面的进展不甚明显。南方各厂大部分已采用电炉，而东北地区大部分仍采用土窑。电炉以发生炉煤气保护，连续推舟，舟下垫以石墨板。根据工件碳势要求和煤气成分，舟内放入木炭。舟用薄铁板制成。加热元件大部分采用硅碳棒。上海亚洲粉末冶金厂和上海仪表粉末铸件厂（即上海仪表粉末冶金厂）采用上海电工合金厂产含稀土金属的新2号铁铬铝阻丝，阻丝绕成螺旋状，分段置于异型耐火砖内，用夹子连接，更换方便。上海粉末冶金厂和上海亚洲粉末冶金厂保护气氛为放热型转化城市煤气，上海仪表粉末铸件厂为分解氨。与国外先进水平相比，烧结设备差距较大。一是炉型单一，铁舟和石墨垫板寿命短，而国外炉型较全，有传送带式、滚底式、活动横梁式等，不用石墨垫板；二是尚未使用碳势和露点可控的吸热型转化煤气。

不少厂生产中、高强度制品面临烧结气氛问题，极为突出，对于含硅、铝、铬的烧结钢，煤气及普通氢气保护已不能满足要求。不少单位对烧结气氛进行了试验。科学院金属研究所和北京市粉末冶金研究所正试验丙烷裂化和甲醇、乙醇分解转化煤气；机械院上海材料研究所烧结不锈钢制品采用经钯管净化的高纯氢，纯度99.9999%，露点-70℃；北京市粉末冶金研究所采用氢化钛填料，烧结过程中放出原子氢，具有强还原作用；株洲硬质合金厂采用连续真空炉生产钢结硬质合金。这些先进经验，可供生产高要求的铁基制品借鉴。

## 2.4　后续处理

与“文化大革命”前相比，铁基零件热处理件生产量大为增加。热处理有三种方式：

（1）碳含量较高零件，如拖拉机传动齿轮、链条套等，经炉内加热或感应加热后进行油淬或水淬。

（2）低碳纯铁零件，经烧结后进行渗碳淬火。武钢粉末冶金厂生产7315滚动轴承内环和滚柱（密度大于7.3g/cm$^3$），于960℃渗碳后（渗碳层1mm左右）850℃水淬，硬度HRC 55~60。

（3）碳氮共渗。长春汽车厂粉末冶金车间生产汽车后桥滚动轴承外环，压制件密度6.6~6.7g/cm$^3$，烧结后于钟罩炉内进行碳氮共渗：将煤油和氨分别分解，得到一氧化碳和氮，通入炉内，于870℃处理2.5h；氰化层厚0.7~0.8mm，油淬后硬度HRC 50左右。

表面保护方面也有进展。沈阳粉末冶金二厂生产机床分度盘进行镀铬，其工艺是：工件整形用肥皂水润滑，不用机油；电镀前用软化温度80℃和120℃的石蜡松香熔液浸渗，以堵塞表面孔隙；经喷砂处理后进行电镀，电镀液温度55℃和80℃。产品已用于沈阳机床厂主机生产。鞍钢中型厂采用浸硫处理的铁基零件取代树脂轴瓦，在水介质中工作正常。有些厂采用蒸汽处理，以提高产品的抗氧化性和耐磨性。苏州粉末冶金厂将渗锌用于锁芯生产。

## 3　新产品

### 3.1　套类零件和滚动轴承零件

北京天桥粉末冶金一厂试制成功低速大马力柴油机气门导管，此零件长径比大，尺寸为$\phi$30mm×215mm，加入0.3%~1.0%S以改善减摩性能。需要热处理的链条套，已在石家庄煤矿机械厂、北京福绥境粉末冶金厂和沈阳粉末冶金二厂投产。

滚动轴承长期以来属于短线产品。采用粉末冶金铁基材料制造滚动轴承零件成为目前新动向。双环球面轴承和壁厚1mm轴承零件已投入生产。制造工艺有冷压烧结和热锻两种，开始时大多采用冷压烧结。佳木斯粉末冶金厂于1971年试制成功3984、462两种大车轴承零件，寿命达5~6个月。1973年黑龙江省农机局配套会议落实15万套轴承中5万~6万套采用粉末冶金轴承零件，要求佳木斯粉末冶金厂供应1万~2万套。长沙江南粉末冶金厂试制成功203滚动轴承零件，需要量大，已用于打稻机，使用正常。零件成分为Fe-3%Cu-1%C，密度6.5g/cm$^3$，淬火硬度HRC 30~35。武钢粉末冶金车间1972年正式采用热锻工艺生产7315滚动轴承的外环和滚柱，在烧结台车上使用，寿命达半年左右（进口滚动轴承1年）。沈阳粉末冶金厂1973年拟采用热锻工艺生产1万套大车轴承零件，上半年已生产400套以上。营口站前粉末冶金厂今年拟采用热锻工艺生产2000套轴承零件。凤城轴承厂已正式采用热锻工艺生产轴承零件。目前，热锻工艺生产尚处于初级阶段，工件加热未予保护，加工余量大，密度较低，只有7.3g/cm$^3$左右。质量有待提高，成本有待降低。

### 3.2　齿轮

粉末冶金齿轮是体现粉末冶金工艺少无切削优越性的典型零件，现已达投产水平。对齿轮力学性能和精度要求高，成形模具加工难度较大，“文化大革命”前只处于试制阶段。现在正式生产的厂家有：上海粉末冶金厂、杭州粉末冶金研究所、南京粉末冶金厂、青岛粉末冶金厂、沈阳齿轮厂、沈阳黎明机械厂、营口粉末冶金厂等。其中上海粉末冶金厂生产 30 万件以上，杭州粉末冶金研究所生产 10 万件，营口粉末冶金厂生产 4.15 万件，沈阳齿轮厂生产 23 万件，合计近 70 万件；估计全国近 100 万件。

（1）机油泵齿轮。正式生产的齿轮产品中以机油泵齿轮为主，用户普遍反映使用效果良好。材料成分大多为 Fe-Cu-C 系，密度 6.5g/cm$^3$ 左右，抗拉强度 300～350MPa，精度 8 级左右（齿向误差除外）。

（2）中高强度传动齿轮。不少厂家进行了这类齿轮的试制，一些厂家达到投产水平。上海粉末冶金厂和北京市粉末冶金研究所正式投产手电钻和采煤电钻齿轮，鞍山粉末冶金厂试制的 195 柴油机传动齿轮（模数 3），寿命达 2200h，已取代 45 号钢。北京市粉末冶金研究所试制成功拖拉机 3Z215 传动齿轮，装车 300 台以上，运转正常，寿命 2000h 以上，达 6000h。与 45 号钢相比，具有磨合快、点蚀后仍可较长时间工作的优点。工艺是：铁粉经氢气还原退火；材料中加入 0.1% B、0.6% C、0.2% $La_2O_3$。压制件密度 6.7g/cm$^3$，1150℃ 烧结（木炭保护）；冷挤齿面后磨内孔，倒角；中频加热，900℃ 油淬，170～200℃ 回火。成品密度 6.7～6.9g/cm$^3$，硬度 HRC 42～52，冲击韧度 7～10J/cm$^2$，单齿扳断强度 40～55kN。

### 3.3 机油泵转子

机油泵转子也是适合于采用粉末冶金工艺制造的零件，不少厂家已大量投产。上海粉末冶金厂年产 70 万件，青岛粉末冶金厂年产 30 万～50 万件，5 档 9 级规格齐全。材料成分为 Fe-1.5%～2.0% 石墨，密度 6.5g/cm$^3$，硬度 HRC 60～90。1971 年南京粉末冶金厂与上海机床厂合作，试制成功 6 等分摆线转子，转子流量为 25L/min、50L/min、100L/min，取代了机油泵齿轮。

### 3.4 其他结构零件

（1）凿岩机螺旋螺母。这是凿岩机上一种易损件，矿山对其需要量巨大。原件以铜材加工而成，内孔螺旋线以拉刀加工。改用粉末冶金铁基件后，1 万件可节铜 6t，且节省拉刀和加工工时，每件成本由 6 元多降低到不足 1.5 元，降低 3/4 以上。沈阳风动工具厂 1972 年生产 13 万件，大量生产的厂家还有宁波粉末冶金厂。此外，东北不少小厂也在生产。这种易损件工作条件恶劣，对材质要求高。沈阳风动工具厂采用成分为 Fe-Cu-Mo-C 系，密度大于 6.5g/cm$^3$，热处理硬度 HRC 20～45，使用寿命 1500m 进尺，略低于铜螺母 2000m 进尺。

（2）汽轮机隔叶片。南京粉末冶金厂试制成功这种零件。该零件形状复杂，原用不锈钢切削加工而成，成本相当于一块英纳格手表。改用粉末冶金铁基渗铜件成本不到 10 元。渗铜工艺是，将压制件置于铜皮上烧结，以氧化铝粉为填料，温度 1150℃。烧结时铜皮熔化，在毛细管力作用下，铜液渗入多孔铁内。渗铜件密度 7.5 ~ 7.6g/$cm^3$，具有良好的力学性能和抗蒸汽腐蚀性能。

（3）刀杆。采用粉末冶金铁基材料制造刀杆，每年可节省 45 号钢 15 万吨。东北地区有较多厂家生产刀杆，以黎明机械厂最早。初期采用冷压工艺，现在大多采用热锻工艺。旅大市甘井子区粉末冶金厂今年生产 4 种规格 8 万件，车削试验证明刀杆能承受 7mm 吃刀量。鞍钢交运队生产的刀杆，密度 7.0 ~ 7.2g/$cm^3$，成分为 Fe-3% Cu-1% C，抗拉强度 470MPa，冲击韧度 5 ~ 6J/$cm^2$。北京市粉末冶金研究所正在试制机械卡固刀具刀杆。

（4）活顶尖。旅大市甘井子区粉末冶金厂采用热锻工艺生产活顶尖，其中除滚珠和螺钉外，全部为粉末冶金件。材料成分为 Fe-0.7% C，工序为：压制—热锻—退火—切削加工—淬火。产品硬度 HRC 28 ~ 35。1972 年生产 3000 件。1973 年生产任务已列入市计划，生产指标超过 1972 年。

### 3.5　螺纹环规

量具一般用工具钢制造，粉末冶金材料中只有硬质合金已得到应用。北京市粉末冶金研究所以粉末冶金铁基材料研制成功螺纹环规。材料中加入：1.2% C、0.2% B、0.5% Mo、0.2% V、0.2% $La_2O_3$。压制件密度 6.7 ~ 6.8g/$cm^3$，1150℃烧结，880℃盐浴炉加热，水淬。硬度 HRC 53 ~ 57。硬度虽不及 GCr15 轴承钢，但耐磨性好，寿命比 GCr15 轴承钢提高 60% 以上。材料加工性好，工艺重复性好，加工工序由轴承钢切削加工的 19 道减少到 10 道，每套成本降低 2 元多。

### 3.6　多孔元件和喷嘴

上海材料研究所研制成功耐高温、耐腐蚀不锈钢过滤器，用于炼油、化工（过滤尼龙）和航空工业。鞍山粉末冶金厂用等静压工艺研制成功 $\phi$100mm × 1000mm 的大型铁基过滤器。鞍钢耐火材料厂采用多孔铁渗铝研制成功重油喷嘴和燥嘴，用于高温条件，取代不锈钢和耐热钢，成本降低 4/5。

### 3.7　软磁材料（不含铁氧体）

除铁氧体以外，粉末冶金铁基软磁材料目前有三种材料投产：

（1）纯铁导磁体。粉末冶金纯铁导磁体由纯度较高、碳含量较低的铁粉制成，可取代电工纯铁或 10 号钢。粉末纯铁导磁体元件磁筒、极靴、磁极、极掌等在仪表中已大量应用。我国电工纯铁原料较缺，而且这类元件形状一般较复杂，切削加工耗时长，材料利用率低。粉末冶金工艺是生产这种零件的合理工艺，目前上海、北京等地已批量生产。上海仪表粉末铸件厂全年导磁体元件产量450万件，其中粉末纯铁导磁体元件占60%～70%，品种50种以上。工艺是：纯铁粉初压，压件密度5.6～5.8g/cm$^3$；400～450℃预氧化脱碳处理，控制碳含量低于0.04%；分解氨中1100℃烧结；复压，以二硫化钼涂在工件上润滑，控制密度在6.8g/cm$^3$以上；最后在分解氨中860～930℃退火4h。材料磁感应$B_{30}$为13000～14000Gs。

（2）铁钼铜磷合金Fe-1.0%Mo-0.5%Cu-0.5%P。以此材料制成的磁极用于直流发电机和直流电动机，取代D11硅钢片。适用于直流和磁通变化较小的工作条件及短时交流工作条件。压件密度6.9～7.0g/cm$^3$；1150～1300℃氢中烧结，密度7.0～7.3g/cm$^3$。材料磁感应$B_{25}$为13500～14500Gs，矫顽力$H_C$为1.5Os左右，磁导率高于粉末纯铁导磁体。某厂磁极投产已近三年。

（3）铁硅合金Fe-(5.4%～7.2%)Si。所用铁粉要求纯度高，在氢中还原退火；硅以铁合金形式加入。压制压强600～800MPa，压件密度6.2～6.4g/cm$^3$；在氢中1260～1320℃烧结，工件装于舟内，以混有氢化钛的氧化铝粉为填料。这种材料在弱磁场中磁导率很高，$B_{0.5}$为1000～2000Gs；磁饱和高于铁氧体，$B_{25}$为13000～14000Gs；矫顽力$H_C$为0.5～1Os。在小功率电器、电表和电机中交流条件下可长期工作。目前已成功应用于CJ10交流接触器、1D1功率表、MG-21钳形电流表和59L-4电表的整流器等产品上，取代硅钢片铁芯。

# 4　新　工　艺

## 4.1　制粉工艺

### 4.1.1　竖炉法制铁粉

我国从1967年开始研究竖炉制粉，目前建有4座竖炉，分别在沈阳、鞍山、马鞍山和武钢。马鞍山粉末冶金厂起步最早并取得一定进展，曾一度停顿，计划最近重新试验。

武钢粉末冶金车间于1969年建炉，间歇结构。将焦炉煤气转化作还原剂，成分为：37% $H_2$、12% CO、3% $CH_4$、1% $CO_2$、47% $N_2$、少量$O_2$。还原温度850℃，时间6h。料球装于$\phi$300mm×1000mm不锈钢容器中，一次装料400kg，一天可还原4炉，日产1t多。由于煤气量不足，还原温度低，铁粉总铁只达到93%；同时，还存在出料困难的问题。试验未获成功，但该厂欲进行改进，继续试验。

沈阳粉末冶金厂于1970年建炉，1971年1月～1972年7月共进行4次试验。

以水煤气为还原剂，成分为：$H_2$ 45%、CO 27% ~ 30%、$CO_2$ < 11%、$O_2$ < 0.8%。前三次由于设备故障而中断（热煤气阀变形、耐火材料耐热度不够等）；第四次试验获得总铁高于96%的还原铁粉，连续出粉200kg，但由于热风炉倒塌而停止。据沈阳粉末冶金厂的初步结果，竖炉法制粉如获成功，预计具有以下优点：（1）节省燃料，每3t焦炭出粉2.5t，并可回收大量剩余煤气，而还原窑出粉1t需消耗煤5 ~ 6t；（2）易实现机械化和管道化，节约人力物力，就沈阳粉末冶金厂这座炉计，年产1000t铁粉只需45人，比现生产方式节省人力50%以上，且省去料罐；（3）成本大幅度降低，每吨铁粉由现生产方式700 ~ 1000元降到300元。

4.1.2　水冶法制铁粉

科学院金属所研究水冶法制铁粉已一年多，现已试制出合格铁粉。其工艺过程是：将原料废铁屑以盐酸溶解而得氯化亚铁（放出氢气），过滤后得氯化亚铁，干燥除去结晶水而得高纯度氯化亚铁粉末；将其制成块状，放入反应釜中，通入750 ~ 800℃过热氢气进行还原，得到 -320目细铁粉。该所拟建一次生产100kg铁粉的工业性模拟试验装置。冶金部钢铁研究院也准备与上海吴泾化工厂合作试验水冶法。

水冶法制铁粉优点很多：

（1）原料极为丰富。切削加工的材料利用率一般仅15% ~ 60%，其余皆为废铁屑；盐酸资源也很丰富，据金属所介绍，仅辽宁省“三废”中的氯化氢每年有4万吨左右，如用于制造铁粉，可产出几十万吨。

（2）经济性好，原材料消耗少，成本低。生产过程中，铁屑与盐酸反应生成的氢气，可用来还原氯化亚铁，氯化亚铁还原放出氯化氢，通入水中又成盐酸，构成循环系统。实际上氢气可回收90%，氯化氢可回收95%。据该所介绍，小规模生产成本为500 ~ 600元/吨，大规模生产可降到300元/吨，国外目前为250元/吨。

（3）产品质量好。总铁含量达99.2% ~ 99.3%，碳含量小于0.026%，氧含量约为0.1%，酸不溶物含量低；压缩性好，压强600MPa时压件密度可达6.8 $g/cm^3$；轧制性好，带坯密度4$g/cm^3$时即能成形，并有一定的生坯强度（国外主要用于生产轧制钢板）；纯度高，氧含量低，适宜制造高密度精密合金。

（4）劳动条件改善，易实现管道化和自动化，根除目前铁粉生产大量粉尘问题。

（5）原材料为废料铁屑和废气氯化氢，有利于“三废”处理，减少公害。

4.1.3　喷雾法制合金钢粉

上海材料研究所、冶金部钢铁研究院、天津计量站和北京市粉末冶金研究所已开展此项工作。大多采用氮气保护；现有喷雾塔较矮，每次产量仅几公斤到几十公斤；高温粉末落入水中冷却。上海材料所喷制不锈钢粉，供制造过滤器用。高速钢粉要求氧含量低（0.05%以下），目前尚不能达到要求。冶金部钢铁研究院拟建高9m喷雾塔，采用氩气熔炼和喷雾（氩气循环使用），并准备在北京特殊钢厂建中间试验车间，配合热等静压生产高速钢锭。北京市粉末冶金所起步较晚，刚试制出18CrMnTi合金钢粉。

## 4.2 粉末热锻

粉末热锻新工艺引起国内粉末冶金行业的普遍重视，各地因陋就简迅速上马，用粉末热锻工艺生产了滚动轴承零件、刀杆、活顶尖等产品的毛坯，但工艺水平很低。科学院金属所较早进行粉末热锻工艺的试验。初期制造大车轴承零件，协助刘家河凤城轴承厂生产了6万套滚动轴承零件；目前正研制汽车后桥行星齿轮。试验了两种成分：Fe-1.75%Ni-0.45%Mo-0.2%C和Fe-2%Cu-0.45%Mo-0.2%C。工艺过程是：预制坯埋在氧化铝加碳的填料中，以煤气保护进行烧结；以氮气保护加热到950℃，在摩擦压机上锻造；经少量切削加工（孔和飞边）后渗碳淬火。坯件密度达7.65～7.77g/cm$^3$，渗碳淬火前抗拉强度为800～1000MPa，冲击韧度（带缺口试样）为30J/cm$^2$；渗碳淬火后抗拉强度为1350～1450MPa，冲击韧度（无缺口试样）大于30J/cm$^2$。上海粉末冶金厂试制出汽车热锻齿轮，成分为Fe-Ni-Mo-C，密度达7.6～7.7g/cm$^3$，渗碳淬火后硬度HRC 60～62，已进行装车试验。北京市粉末冶金所于1973年开始试验热锻工艺，已试制出130汽车和212吉普车用两种行星锥齿轮，直接出孔，并初步实现无飞边锻造。锻造坯最后进行热处理和球形背面少量磨削，成分与沈阳金属所相同。坯件密度分别为7.77g/cm$^3$（Fe-Ni-Mo-C）和7.6g/cm$^3$（Fe-Cu-Mo-C）。成品单齿扳断强度70～85kN（Fe-Ni-Mo-C），与原设计18CrMnTi钢70～100kN相当。正在进行装车试验。杭州齿轮箱厂粉末冶金所采用热锻工艺制造出手扶拖拉机一挡直齿轮。

目前的工作证明，热锻工艺与冷压烧结工艺相比，提高产品密度和力学性能。Fe-Cu-C材料热锻件可达密度7.7g/cm$^3$，抗拉强度500～630MPa，冲击韧度40～58J/cm$^2$（无缺口试样）；而冷压烧结件冲击韧度通常在10J/cm$^2$以下。Fe-0.7%C材料热锻件可达密度7.75g/cm$^3$，抗拉强度700～800MPa，冲击韧度40～60J/cm$^2$（无缺口试样）。尚待解决的有粉末氧含量（氧化物夹杂）控制、加热方式、保护气氛、模具结构和寿命，以及正式投产的工装设备等问题。

## 4.3 粉末轧制

冶金部钢铁研究院最早采用粉末轧制工艺制取多孔镍带，作为过滤器原材料。1971 年制取纯铁电工钢带，性能达到：铁损 $P_{10/50}$ 为 4W/kg 左右，磁感应 $B_{25}$ 为 15000～16000Gs，电机装机试验合格。目前该院拟与北京特殊钢厂合作，筹建粉末轧制中间试验车间，制取电工钢、轴承钢和不锈钢带材。北京市粉末冶金所于 1970 年开始进行粉末轧制工艺的试验，先后制取含 0.5% Cu、1.5% P、1% Mo 的钢带和含 3%～7% Si 的硅钢片。Fe-Cu-P-Mo 钢带经电机装机试验，达到产品技术标准要求，磁感应 $B_{25}$ 为 14500～15000Gs，铁损 $P_{10/50}$ 为 2.8～3.5 W/kg，矫顽力为 1.3～1.4Os。含 6.5% Si 的硅钢片性能达到：磁感应 $B_{25}$ 为 13500～14000Gs，铁损 $P_{10/50}$ 为 1.27～1.4W/kg（片厚 0.5mm），矫顽力为 0.45Os，最大磁导率为 6700Gs/Os。上海、广州、沈阳、营口、朝阳等地也先后进行过粉末轧制试验。

## 5　对技术发展的几点看法

在毛主席革命路线指引下，我国粉末冶金事业得到迅速发展。目前全国已有厂点三百多家，职工几万名，年产铁粉万吨以上，零件上亿件，我国粉末冶金机械零件工业已具有一定规模，机械化、自动化生产已见苗头。从零件水平上看，已走过圈圈套套阶段，开始生产异形零件，并向中、高强度制品方向发展。新工艺研究正在开展。国家重视粉末冶金事业，基层单位积极性高。在大好形势下，对如何进一步发展我国粉末冶金机械零件生产技术，提出几点粗浅看法。

（1）改进制粉工艺，提高铁粉质量。

目前铁粉生产存在成本高、质量不稳定和劳动条件差三个问题。铁粉生产厂均有改进工艺的迫切要求。稳定铁粉质量的关键措施是稳定原材料质量（包括铁鳞、还原剂木炭或焦炭）和稳定工艺。在可能条件下，应改用煤气或重油加热，以减少窑温波动。提高耐火罐寿命是降低成本重要因素，应研究更合适的耐火材料，应妥善保管（如避免受潮）和正确使用（如避免激冷激热）（注：1 个耐火罐价 4～5 元，装生粉 10kg 左右，出铁粉 7kg 左右。耐火罐寿命 1～4 次，以 3 次计，得粉 20kg。故每公斤铁粉成本中耐火罐占 0.2～0.25 元）。隧道窑无疑比土窑先进，要搞好现有隧道窑生产。目前个别厂隧道窑成本高于土窑，是由于管理不善和某些技术问题尚未解决造成的。新建隧道窑应增加长度，设计中应充分考虑利用冷却阶段余热，降低燃料消耗。

竖炉制粉已建有工业生产规模的试验设备，技术上已经取得进展，出现成功的希望，应当坚持试验下去，进一步稳定质量，降低成本和改善劳动条件。目前国内已有 4 座竖炉，试验投资较大，战线较长。应集中优势兵力先搞好一、两个样板，取得成功后有计划地进行推广。

对水冶法制铁粉应予以高度重视，组织力量在有条件的单位建立试验点。水冶法制铁粉可大幅度降低成本，改善劳动条件，更为重要的是可获得优质铁粉。这种铁粉具有良好的压缩性，适宜制造高强度零件，其高纯度符合制造铁基精密合金和耐热不锈钢的要求。

喷雾法制预合金钢粉可为粉末热锻提供合适的原料，目前，设备条件和保护气氛的问题尚未完全解决，应予以重视。

（2）努力提高压制工序自动化水平。

提高压制工序自动化水平是提高生产率和减轻劳动强度的有效措施。目前我国粉末冶金厂家除上海厂较好外，其他地区压制自动化水平均较低。建议一机部安排专业厂扩大粉末冶金专用压机生产。已有不少厂家自己动手将冲床改装成自动压机，或在万能压机上安装自动化模具，应大力推广这些成功经验。

（3）发展中、高强度铁基材料，开拓材料新领域。

国内铁基制品正处于由普通轴套类零件向中、高强度异形零件发展的过渡阶段。提高材料强度主要通过原材料合金化和提高产品密度两条途径。合金化方面，应发展符合我国国情的合金钢粉末材料。我国资源缺镍、少铬、少铜，国外现成的含镍、铬、铜的合金钢粉末系列不符合我国国情。目前有不少单位对加入钨、钼、钒、锰、硼、磷、硅进行探索，发现均有良好效果。提高产品密度的办法很多，最为有效的是粉末热锻。目前国内粉末热锻生产工艺水平较低，存在密度不高、氧化严重和加工余量大等问题。应采取下列措施予以改进：采用中频加热和保护气氛烧结，控制碳含量和氧含量，采用封闭无飞边锻造以提高锻件密度和减少切削加工，设计合理形状预制坯，选用模具材料以提高寿命等。粉末热锻生产应朝自动化方向发展。

此外，应积极发展目前国内已生产或正在试制的软磁材料、摩擦材料、不锈钢、精密合金、耐热材料和工具材料等粉末冶金新材料，扩大粉末冶金制品的应用领域。

（4）应注意研究试验碳势可控的保护气氛。

先进的烧结炉均应配套专用保护气氛装置。目前国内各粉末冶金厂烧结铁基制品大部分采用木炭或放热式转化煤气保护，碳势不可控。烧结手段落后造成材料组织和性能的要求得不到保证，而使产品质量不稳定，严重影响粉末冶金机械零件生产发展，特别是阻碍中、高强度异形零件的发展。国内生产的热处理配套用碳势可控的吸热式转化煤气发生装置，露点高，原料气来源存在一定问题，不适合作为烧结气氛。研制便于推广的粉末冶金专用碳势可控的保护气氛发生装置是当务之急。

（5）积极编制铁粉和零件产品的质量标准。

铁粉和零件产品原订的质量标准已不适应当前生产发展的需要，大量产品品种还没有统一的质量标准。制订新的质量标准并根据质量标准严格控制产品的质量，已成为提高粉末冶金生产水平的突出问题。应当从我国粉末冶金生产目前水平出发，首先制订铁粉质量标准和铁粉检测标准，制订汽车、农机和机床工业用已大量生产的零件如轴套、油泵齿轮、油泵转子、摩擦片等的技术标准。应当立即着手开展粉末冶金零件材料性能的试验研究，力争在短期内建立我国粉末冶金铁基材料牌号系列。

# 附录2　粉末冶金制品在农业机械上的应用与发展[1]

我国的铁基粉末冶金工业自1958年诞生，就开始了农业机械上应用的工作。1967年以后，在农业机械上使用的粉末冶金制品始终占全国总产量的一半左右。农业机械用制品可分为拖拉机、内燃机和农机农具三大类。在粉末冶金制品生产厂、科研设计单位、大专院校和农机制造厂的共同努力下，采用不同的材料和工艺试验，试制和生产了大量新品种。现将已正式应用和试验研究取得较大进展的有代表性的农机粉末冶金零件的有关情况，以及我们的看法概述如后。部分主要机型上使用粉末冶金零件的概况列于表1。

**表1　粉末冶金零件在部分主要农业机械上的应用情况**（据1977年统计）

| 主机类别 | 机　型 | 已采用零件 | | |
|---|---|---|---|---|
| | | 种数 | 件数 | 重量/kg |
| 拖拉机 | 红旗-100 | 29 | 44 | 底盘13种27件3.82kg |
| | 东方红-75 | 26 | 60 | |
| | 上海-50 | 25 | 47 | 3.87 |
| | 丰收-35 | 28 | 58 | |
| | 东风-28 | 23 | 27 | 4.0 |
| | 东风-12 | 24 | 27 | 2.3 |
| 内燃机 | 工农-12 | 23 | 33 | 2.16 |
| | 4146A | 16 | 17 | |
| | 4140 | 16 | 39 | |
| | 6135 | 31 | 34 | |
| | 495A | 14 | 29 | 2.0 |

[1] 农机部委托调查报告。本文原载于《粉末冶金科技》(杭州粉末冶金研究所内部刊物)，1981(1)：1~14。署名：罗志健、赵士达、洪子华、程文耿。承蒙作者惠允重载。此次登载经李祖德稍作加工。这份文献内容丰富，翔实综合了我国当时农机用粉末冶金零件生产和应用情况，分析了其中的技术问题，提出了切实可行的改进意见。

续表1

| 主机类别 | 机　型 | 已采用零件 | | |
| --- | --- | --- | --- | --- |
| | | 种　数 | 件　数 | 重量/kg |
| 内燃机 | 485 | 15 | 33 | |
| | S195 | 10 | 13 | 0.554 |
| | 190W | 9 | 18 | 0.62 |
| | 175 | 8 | 11 | |
| 农机和农具 | 东风-29 机动插秧机 | 7 | 17 | |
| | 浙-3 机动插秧机 | 9 | 19 | |
| | 丰收-5 手摇喷粉器 | 7 | 9 | |
| | 丰收-10 手摇喷粉器 | 7 | 7 | 0.29 |
| | 1203 割晒机 | 6 | 12 | |
| | 105 割晒机 | 11 | 11 | 0.35 |
| | 185G 割晒机 | 6 | 18 | 0.25 |
| | 321 型弹花机 | 8 | | |
| | TRS-744 打稻机 | 5 | | |

注：主机上采用的粉末冶金零件包括配套用零部件。

在农业机械上应用的粉末冶金制品，主要有减摩零件、结构零件、摩擦材料、多孔过滤材料和磁性材料五大类。下面主要介绍减摩零件、结构零件和摩擦材料的应用情况。过滤材料和磁性材料也有不少应用实例，如柴油机上使用粉末冶金燃油过滤器对提高油泵油嘴偶件寿命颇有成效，农用动力上已广泛采用粉末冶金磁钢，等等，但因限于篇幅，本文不作具体介绍。

## 1　减摩零件

目前粉末冶金制品在农机上的应用以套类减摩零件为主，数量较大。柴油机上的全部衬套和气门导管，以及拖拉机底盘和农机具上的绝大部分衬套，都是以铁基粉末冶金材料制造。

一般工况使用的套类零件，根据不同条件，采用不同密度、压溃强度和金相组织的铁-碳系材料，都有很好的技术经济效果，不但节约大量的金属材料和工时，更重要的是提高了性能，延长使用寿命。如 135 柴油机凸轮轴衬套（*PV* 值 1.725MPa · m/s）经 1000h 台架耐久试验磨损 0.00 ~ 0.01mm，摇臂衬套（*PV* 值 6MPa · m/s）1500h 台架耐久试验磨损 0.00 ~ 0.02mm。S195 柴油机 5 种衬套

5000h 台架耐久试验磨损情况见表 2。

**表 2　S195 柴油机 5 种衬套 5000h 台架试验磨损情况**

| 序　号 | 零件名称 | 磨损量/mm |
|---|---|---|
| 1 | 凸轮轴前衬套 | 0.010 |
| 2 | 凸轮轴后衬套 | 0.022 |
| 3 | 起动轴前衬套 | 0.010 |
| 4 | 起动轴后衬套 | 0.040 |
| 5 | 调速齿轮衬套 | 0.000 |

粉末冶金减摩零件有较多连通的孔隙，具有储油功能，可以在没有油孔、油槽的条件下，通过毛细管作用，将油杯中的油从衬套外表面吸送到各个部位，起到加油润滑的作用。故可取消一般衬套上的油孔、油槽，收到简化结构和节约工时的效果。工农-12 型手扶拖拉机的分离爪座，与离合器轴和分离爪之间动配合，均有相对运动而产生相互摩擦，原用 45 号钢制造需铣平面、钻油孔、车油槽来适应工况，改用粉末冶金材料后取消了这些措施，使用效果很好。

农机上有一部分在特殊工况下工作的衬套，需采用不同的材料和后续处理，以适应比较恶劣的工作条件，列述如下：

（1）通过合金化提高材料的综合性能，适应负载高、润滑条件差和工作温度较高的使用条件。

在负载高、润滑条件差和工作温度较高条件下工作的衬套，要求具备良好的自润滑能力，较高的强度和耐磨性能。常用的 Fe-C 系材料制造衬套主要依靠增加密度来提高强度，增加孔隙度来改善自润滑性能，较难适应上述的工作条件。内燃机连杆小头衬套在这类衬套中具有代表性（该零件工作条件恶劣，国外至今沿用铜合金制造）。实践发现，以 Fe-C 系材料制造的这种衬套在使用中有碎裂和抱活塞销等现象，放大装配间隙和提高密度后耐磨性仍不理想，如 295 柴油机在强制润滑条件下，1000h 台架试验后磨损为 0.02mm。在材料中加入合金元素，通过合金化提高力学性能，而用低密度保证自润滑能力的措施是有效的。例如 190W 柴油机的连杆衬套，销和套相对摆动表面线速度为 0.205m/s，$PV$ 值为 10.9MPa · m/s，采用飞溅润滑。对这样的衬套，采用低密度（6.1g/cm$^3$）保证较高的含油率（≥1.2% 重量比），加入 3% Cu 提高强度（压溃系数≥450MPa），加入 1% $MoS_2$ 改善耐磨性，加入 1% S 改善加工表面粗糙度和抗咬合能力。经过长期装机试验，证明产品性能可满足使用要求。试制期间进行 920h 台架试验对比（装配间隙为 0.01 ~ 0.04mm），铁基粉末冶金套的磨损为 0.005mm，比青铜套低 50% 左右，对偶件活塞销的磨损也小。投产过程中进一步证明，只要装配间隙在图纸要求范围内而且装配清洁就不会发生问题。这种衬套在1E40F两冲程汽油机上与铸造青铜作台架对比试验，汽油机额定功率1.2kW，转速5000r/min，油雾润滑，铁基粉末冶金套与铜套在500h台架试验后各自的磨损量分别为0.003mm和0.169mm，铁基套磨损仅为铜套的1.8%，相应的活塞销磨损也只有铜套的1/4。

用粉末冶金铜基材料代替铸造青铜制造这个零件，在技术上也是可行的；与铸造青铜套比较，磨损量有所降低，可节约铜料1/3，降低成本30%，减少工时60%。某厂制造的6-6-3铜基粉末冶金连杆衬套，密度7.5～8.0g/cm$^3$，硬度不低于HB42，径向压溃强度系数不低于250MPa，已先后使用在1110型、2105型、175型柴油机上，累计生产达400余万件。

（2）采用热处理提高硬度以适应磨料磨损工况。

在有磨料的工作条件下，提高衬套工作表面硬度是改善耐磨性能的关键措施。东方红-75拖拉机的平衡臂小套（即支重轮小轴套）承受负荷较大，压力为148MPa，与轴作相对摆动，工作时有灰砂夹杂其间，原设计采用20号钢渗碳淬火。某厂试验采用Fe-1.2%C-0.4%S粉末冶金材料，一次压烧后进行碳氮共渗淬火，密度不低于6.4g/cm$^3$，压溃系数不低于500MPa，硬度HRC不低于30，经2000h田间使用考验，磨损值与钢套相当。各种农具上有不少在磨料磨损条件下工作的衬套，所以这项试验具有典型意义。

（3）采用低密度材料适应高转速、低负荷并要求自润滑的工况。

降低密度并相应增加含油率，能够保证自润滑性能，延长加油间隔时间。以3WCD手持式超低量电动喷雾器的微电机轴承为例，所用电机转速为6000～7000r/min，直接传动重50g的塑料圆盘喷洒农药，轴径$\phi$2.5mm。原用密度高于7.0g/cm$^3$的铜基粉末冶金含油轴承，寿命在100h以内（100h磨损0.04mm）。有的厂改用微型滚珠轴承，寿命可达500～600h，但轴承成本高，占微电机总成本的一半左右。现用密度6.5g/cm$^3$，含8%～10%Sn、5%Pb、1%Zn的铜基含油轴承，经500h台架试验（转速7800r/min，试验期间加缝纫机油三次），前后轴套的磨损分别为0.03mm和0.02mm，还可继续使用，达到规定要求。这一例证说明，在低负荷情况下可不要求材料的高密度，高转速和自润滑条件则要求高的含油率。因此，采用低密度材料是满足低负荷、高转速和自润滑使用条件的合理方案。

（4）采用粉末冶金衬套取代相应的其他金属衬套，需要注意调整装配间隙。

在一定温度下工作的铁基粉末冶金衬套与轴的装配间隙，对多数情况应根据工作时温升引起的间隙变化作适当调整。否则，当衬套与轴两种材料线膨胀系数相差较大时，间隙会随着温度的升高而减小，结果引起硬摩擦而发热抱轴。粉末冶金材料线膨胀系数的大小与材料成分有直接关系，Fe-C材料衬套在一定温度下工作，如不适当加大间隙就易抱轴。表3列出一种柴油机连杆衬套内径与活塞销外径在不同温度下尺寸变化情况。可以看出，在一定温度范围内工作，间隙最多减小0.02mm，所以将装配间隙扩大0.02mm就可防止抱轴。495柴油机的球墨铸铁凸轮和粉末冶金Fe-C材料衬套在试车中产生抱轴占1%～2%，其原因是在100℃的工作温度下，轴径胀大0.05mm，而衬套内径仅扩大0.035～0.045mm，间隙减小可达0.015mm。将装配间隙增大0.03mm即解决了抱轴问题。

**表3 连杆衬套与活塞销在不同温度下的尺寸变化**

| 零件名称 | 尺寸变化/mm | | |
|---|---|---|---|
| | 90℃ | 120℃ | 160℃ |
| Fe-C粉末冶金连杆套 | +0.023 | +0.034～+0.049 | +0.050～+0.057 |
| 20Cr钢活塞销 | +0.040 | +0.050 | +0.070 |

# 2 结构零件

用粉末冶金方法制造结构零件，在节约材料尤其在节约工时方面的优越性明显。一般结构零件形状比较复杂，并且还承受拉伸、压缩、弯曲、扭转、剪切及与其配合的零件相互摩擦等各种负荷，对材料的力学性能有较高的要求。随着粉末冶金技术的提高，粉末冶金结构零件的生产应用不断增加。十余年来，农机粉末冶金工作者对结构件的试制和试验做了大量工作，来适应结构零件发展的需要，如：通过材料的合金化，采用复压复烧和热锻工艺以及后续处理等方法，使材料的力学性能提高；采用电火花、线切割和成形磨等方法加工复杂的异形零件模具。试制了很多新产品，投产以来经济效益明显，据不完全统计1978年生产机油泵转子320万件，节约钢材3200t、工时45万个，节约资金1400万元。

结构零件应用的范围很广，现将三类量大面广有代表性的结构零件情况综述于后。限于篇幅，其余不再列举。

## 2.1 齿轮

齿轮是机械产品上的重要基础零件，用量大，加工复杂，是体现粉末冶金少、无切削优越性的典型零件。粉末冶金齿轮制造难度高，用量大，在结构零件中占有重要地位，在很大程度上代表粉末冶金结构材料及其应用的水平。对农机产品用中、小模数齿轮已作了大量试验研究工作：其中低强度齿轮对材质无过高要求，早在60年代就已掌握其生产技术，大量产品用于代替不需处理的碳钢、灰铸铁和夹布胶木齿轮；中等强度齿轮的试验研究开始于60年代后期，70年代初研制成功，但到70年代中期才开始生产，逐步代替部分调质碳钢齿轮；高强度齿轮方面，用粉末冶金热锻方法制造中、小马力拖拉机上的18CrMnTi钢齿轮的试验工作已基本获得成功。

（1）低强度齿轮：常用的粉末冶金材料是Fe-2Cu-1C，采用一次压烧工艺制造，代表性零件是手摇喷粉器齿轮和机油泵齿轮。

手摇喷粉器上的齿轮原设计用碳钢和夹布胶木制造。通过静力学性能、工作噪声、传动效率等方面对比试验和台架耐久试验，以及田间使用试验后，1967年开始改用粉末冶金制造，并很快在全国推广。改制后的喷粉器上有一个45°斜齿轮，也于1968年用螺旋压制法制造成功。喷粉器齿轮要求9级精度，一次压烧后齿形不经后续加工便可达到要求。对粉末冶金齿轮性能要求为：密度不低于$6.3g/cm^3$，含油率大于10%，硬度高于HB90。十余年来的实践证明，正常生产的产品均能满足使用要求。

机油泵齿轮的物理力学性能要求为：密度不低于$6.2g/cm^3$，含油率不低于10%，抗拉强度不低于300MPa，珠光体含量不低于50%，渗碳体含量不高于7%。要求8级精度，一般在烧结后对齿部进行冷挤或模具整形达到要求。台架对比试验表明，粉末冶金齿轮的寿命超过钢齿轮。大量使用情况良好，在铁牛-55、东方红-2、135柴油机等主机上都已应用多年。

（2）中等强度齿轮：农机产品上用调质中碳钢制造的中、小模数齿轮，基本上都可以用粉末冶金方法制造。中等强度齿轮的试验工作以195柴油机齿轮为重点，对其他机型上的齿轮也做了一定工作，试验情况见表4。

目前制造这类齿轮的工艺有一次压烧、复压复烧和烧结锻造三种。材料成分也有很大差异，这是由于齿轮承受的负荷不同，以及各单位的原材料、设备条件和生产习惯不同而形成的。对于材料和工艺方法的选择，应在保证使用性能的前提下，做到技术先进、经济合理。

中强度齿轮多用调质中碳钢制造。由表4中可以看到，粉末冶金Fe-C-Cu系材料的曲轴正时齿轮在$6.6 \sim 6.7g/cm^3$和$7.0 \sim 7.1g/cm^3$两种密度情况下都通过1600～1700h的台架耐久试验和使用考验。使用高密度齿轮固然可靠，但其制造工艺比较复杂，经济上也不尽合理；而低密度齿轮虽然通过了初步考验，但是储备系数低，在批量生产中能否保持性能稳定，以及在多种使用情况下能否经受超负荷使用，也需认真对待。综合各地的试验情况，对这类齿轮采用密度在$6.8g/cm^3$以上的Fe-C-Cu系材料并进行中频淬火处理的方案，看来比较合理。对承受负荷低的这类齿轮的技术条件，可以将密度下限降到$6.6g/cm^3$，不要求进行热处理。某厂从1974年以来已用这种材料和工艺生产了10多万件195柴油机平衡轴齿轮，使用情况良好。

**表4　中等强度齿轮材料、工艺及装车（台架）试验情况**

| 序号 | 机型 | 齿轮名称 | 材料成分/% | 工艺情况 | 力学物理性能 | | | | | 试验情况 | | | 备注 |
|---|---|---|---|---|---|---|---|---|---|---|---|---|---|
| | | | | | 密度/g·cm$^{-3}$ | 硬度 | 抗拉强度/MPa | 冲击韧度/J·cm$^{-2}$ | 单齿静弯断负荷/kN | 时间/h | 台数 | 磨损/mm | |
| 1 | S195 | 平衡轴 | Fe-2Cu-0.8C | 一次压烧 | 6.6～6.8 | HB 170 | | | | 5500（使用） | 1 | 0.10 | 已生产使用11万件以上 |
| | | 曲轴正时 | Fe-2Cu-0.8C | 一次压烧 冷挤 中频淬火 | 6.6～6.8 | HRC 32～37 | | | >22 | 1700（使用） | 1 | 0.025 | |
| 2 | S195 | 平衡轴 | Fe-2～3Cu-1～1.1C | 二次压烧 整形 正火 | 6.9～7.0 | HB220～270 | | | >22 | 1500（台架） | 1 | <0.01 | 经过鉴定，已生产两种齿轮1万份共3万件 |
| | | 曲轴正时 | Fe-2～3Cu-1～1.1C | 二次压烧 整形 正火 | 7.0～7.1 | HB220～270 | | | >22 | 1500（台架） | 1 | 0.01 | |
| 3 | S195 | 平衡轴 | Fe-3Cu-1.5C | 一次压烧 冷挤 渗碳淬火 | 6.7 | HRC >25 | >650 | 11～14 | >15 | 1600（台架） | 1 | 0.0077 | 钢轮磨损0.02mm |
| | | 曲轴正时 | Fe-3Cu-1.5C | 一次压烧 冷挤 渗碳淬火 | 6.7 | HRC >25 | >650 | 11～14 | >15 | 1600（台架） | 1 | 0.0063 | |
| 4 | 195 | 平衡轴 | Fe-0.1B-0.15$La_2O_3$-0.8C | 一次压烧 整形 高频淬火 | 6.6～6.8 | HRC 20～35 | >400 | 10～15 | ≥20 | 1200（使用） | 5 | 0.01～0.02 | 经过鉴定 |
| | | 曲轴正时 | Fe-0.1B-0.15$La_2O_3$-0.8C | 一次压烧 整形 高频淬火 | 6.6～6.8 | HRC 20～35 | >400 | 10～15 | ≥20 | 1300（使用） | 2 | 0.01～0.04 | |
| 5 | 165F | 从动起动 | Fe-3Cu-1.5C | 一次压烧 冷挤 渗碳淬火 | 6.8 | HRC >30 | >650 | 11～14 | >13 | 800（台架） | 1 | 0.0067 | |
| | | 曲轴正时 | Fe-3Cu-1.5C | 一次压烧 冷挤 渗碳淬火 | 6.8 | HRC >30 | >650 | 11～14 | >13 | 800（台架） | 1 | 0.0057 | |
| 6 | 工农-11手扶拖拉机 | 中间传动 | Fe-0.1B-0.6$La_2O_3$-0.6C | 一次压烧 冷挤 中频淬火 | 6.9 | HRC 42～52 | | 7～10 | 45～55 | | | | 装车使用2000台 钢轮弯断负荷4.8～5.7t |
| 7 | 165F | 曲轴正时 | Fe-0.5C | 烧结锻造 油冷 回火 | >7.6 | HB 217～255 | 590 | >10 | | 4528（使用） | 1 | 0.018 | 经过鉴定 |

（3）高强度齿轮：这类齿轮是指原用18CrMnTi、20CrMnTi、22CrMnMo等低碳合金结构钢制造并经渗碳淬火处理，承受较重的工作负荷的齿轮，其中具有代

表性的是拖拉机底盘齿轮。这类齿轮对材料的综合性能指标要求较高，用粉末冶金方法制造一般采用烧结锻造工艺。表5列举了几种烧结锻造齿轮的基本数据。在工作中是否断齿是决定烧结锻造齿轮是否有生命力的首要因素，在目前的试验条件下，主要通过齿轮本体的单齿静弯断负荷、弯曲疲劳强度和冲击韧度的数据来衡量齿轮这方面的性能。由表5可以看出，几种不同材料的单齿静弯断负荷均已较稳定达到合金钢的同等水平。图1表示烧结锻造齿轮与20CrMnTi钢齿轮的弯曲疲劳特性，可以看出共还原粉制件的弯曲疲劳强度与钢制件相当。

**表5　几种高强度齿轮的材料、工艺和装车试验情况**

| 序号 | 机型 | 齿轮名称 | 材料成分/% | 工艺情况 | 力学物理性能 | | | | | 钢齿轮 | 试验情况 | | | 备注 |
|---|---|---|---|---|---|---|---|---|---|---|---|---|---|---|
| | | | | | 密度/$g \cdot cm^{-3}$ | 硬度 | 抗拉强度/MPa | 冲击韧度/$J \cdot cm^{-2}$ | 单齿静弯断负荷/kN | 单齿静弯断负荷/kN | 时间/h | 台数 | 磨损/mm | |
| 1 | 工农-10型手扶拖拉机 | 末端传动主动齿轮 | Fe-0.85Cu-0.5Mo-0.35C | 预制坯密度6.0~6.4$g/cm^3$，渗碳油冷，900℃快速淬火 | 7.77~7.84 | 表面HRC 50~62<br>心部HRC 30~40 | | | 80~110 | 80~120 | 2300（田间）<br>1300（台架） | 2 | 0.08~0.11<br>0.095 | |
| 2 | 工农-12型手扶拖拉机 | 倒挡中间齿轮 | Fe-1Cu-0.5Mo-0.25C | 渗碳后直接淬火，剃齿 | >7.73 | 表面HRC 58~64<br>心部HRC 30~48 | >1200（淬火态） | >16 | >19 | | 3200~3840 | 3 | 0.015~0.05 | |
| 3 | 东方红-20拖拉机 | 行星齿轮 | Fe-1.6Mn-0.5Mo-0.1B-0.35C | 渗碳后840℃淬火 | >7.76 | 表面HRC 58~60<br>心部HRC 20~40 | >1000（淬火态） | | 60~80 | 65~71 | 6000 | | 轻微 | |
| 4 | 东方红-22拖拉机 | 行星齿轮 | Fe-2Cu-0.45Mo-0.3C | 固体渗碳，850℃淬火 | 7.75~7.8 | 表面HRC >54<br>心部HRC >30 | 1410（淬火）<br>1670（渗碳淬火） | 30 | 85~97 | 80~100 | 2000 | | | 已用1万件左右，部分齿面有剥落 |
| 5 | 丰收-35拖拉机 | 行星齿轮 | Fe-1.2Cu-0.4Mo-0.3C | | 约7.65 | 表面HRC 50~61 | 650~670（淬火） | 21~22 | 103~139 | 105~178 | 2700 | 4 | | 齿面有剥落 |
| | | | Fe-1.5Mn-0.4Mo-0.3C | | 约7.65 | | 781~886（淬火） | 15~16 | | | 1800 | 2 | | 齿面有点蚀 |
| 6 | 东方红-40拖拉机 | 行星齿轮 | Fe-2Ni-0.5Mo-0.25C | | >7.75 | | 1100~1200（淬火） | 31.8~46 | | | 6000 | | | 齿面光亮 |

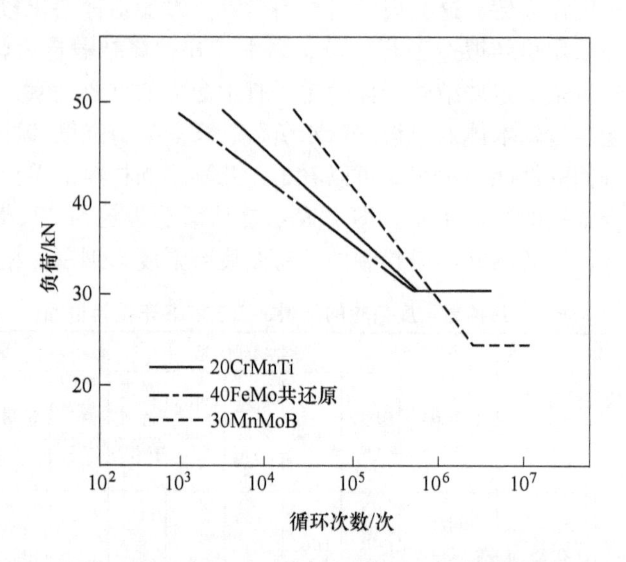


图 1　烧结锻钢和 20CrMnTi 钢齿轮的疲劳特性曲线

在冲击韧性方面，烧结锻造材料的摆锤式一次冲击值远低于熔炼钢，但齿轮工作中实际上承受的是多次较小冲击功，因此，根据小能量多次冲击理论以小能量多冲试验数据作为考核齿轮耐冲击性能比较合理。表 6 示出两种烧结锻造材料与钢制工农-12 手扶拖拉机倒挡中间齿轮的小能量多冲试验结果。

**表 6　烧结锻造和钢制倒挡中间齿轮多冲试验结果**

| 序号 | 冲击能量 /J · cm$^{-2}$ | 折合一个齿上的瞬时作用力/N | 发生断裂时的平均冲击次数/次 | | |
|---|---|---|---|---|---|
| | | | 18CrMnTi 钢 | 共还原粉烧结锻造 | 混合粉烧结锻造 |
| 1 | 110 | 750 | 70730 | >105 | >93900 |
| 2 | 170 | 1080 | 13350 | 27630 | 18750 |
| 3 | 260 | 1760 | 7000 | 2650 | 1500 |

从表 6 中看出：在小能量冲击负荷情况下，烧结锻造齿轮的冲击疲劳性能大大超过钢齿轮；在中等能量冲击时仍处于领先，而在大能量冲击作用下不如钢齿轮。在实际使用条件下一般为中、小负荷，如上述齿轮单齿瞬时作用力的计算值最大为 1070N。综上所述，从表中直接影响齿轮折断破坏的三项基本性能指标来看，烧结锻造齿轮不低于 18CrMnTi 钢齿轮。自从此项研究工作开始以来，经较长时间运转，在 6 种拖拉机上进行装车试验的 7 种齿轮，包括承受冲击为主的经常挂挡的倒挡齿轮，及以承受弯曲疲劳为主的常啮合的末端传动主动齿轮和承受单齿静弯为主的差速器行星齿轮，从未发生过齿轮折断现象。

齿面接触疲劳是考核烧结锻造齿轮能否胜任工作的另一项重要性能指标，表7所列台架对比试验结果表明，烧结锻造齿轮这项性能也不低于18CrMnTi钢齿轮。使用试验中一般也未发现严重的点蚀现象，如东方红-40型拖拉机差速器行星齿轮工作6000h后齿面仍光滑。但是，个别机型上却出现过比较严重的点蚀，这虽然不是普遍现象，但也必须引起重视，找出原因并提出解决措施。

**表7　工农-10型手扶拖拉机末端传动主动齿轮接触疲劳强度台架对比试验**

| 齿轮类型 | 传递功率/kW | 承受扭矩/N·m | 运行时间/h | 循环次数/次 | 公法线磨损量/mm | 齿面情况 |
|---|---|---|---|---|---|---|
| 烧结锻造 | 7 | 68 | 900 | $1.18\times10^2$ | 0.075 | 光滑 |
| | | | 1000 | $1.7\times10^8$ | 0.095 | |
| 18CrMnTi 钢 | 7 | 68 | 900 | $1.18\times10^8$ | 0.065 | 光滑 |

烧结锻造用的铁粉目前主要使用铁钼共还原粉和混合粉，两者的不同点是钼在粉末中的分布状态。金相观察表明混合粉锻造试样中有白亮块存在（X光衍射分析结果指出白亮块是钼的碳化物，晶体结构为$M_6C$型），表示钼在烧结过程中扩散不好，会影响强度指标。共还原粉锻造试样在烧结过程中钼的扩散较好，其作用发挥得比较充分。表8示出这两种粉末的锻造试样力学性能，试样密度7.74～7.77g/cm³，热处理油淬回火，冲击值用梅氏试样测定。由表8看出，共还原粉锻造试样的性能与混合粉锻造试样比较，抗拉强度提高15%～40%，硬度提高的幅度也较大。所以，在当前喷雾钢粉的技术关键未突破之前，采用共还原粉为好，在一些齿轮试样的试验中，也同样反映出这样的趋向。

**表8　共还原粉和混合粉烧结锻造试样的力学性能对比**

| 粉料材质 | 钼的加入形式 | 实际化学成分/% | 力学性能 | | | | |
|---|---|---|---|---|---|---|---|
| | | | $\sigma_b$/MPa | $\delta$/% | $\psi$/% | $a_K$/J·mm$^{-2}$ | HRC |
| 25CuMo | 混合 | Fe-0.36Mo-2.0Cu-0.25C | 800 | 10 | 19 | 24 | 25 |
| | 共还原 | Fe-0.37Mo-2.0Cu-0.25C | 922 | 9.5 | 18.5 | 24 | 30 |
| 35CuMo | 混合 | Fe-0.36Mo-2.0Cu-0.37C | 1010 | 7.5 | 8 | 24 | 29 |
| | 共还原 | Fe-0.37Mo-2.0Cu-0.38C | 1410 | 4 | 7 | 24 | 41 |

综合国内农机用粉末冶金齿轮的生产和试验研究情况，我们对其中若干共性问题提出以下看法：

（1）中高强度齿轮应采用二次还原铁粉制造，以保证原料氧含量低（低于0.3%），压制性好，这对提高和稳定制品的成分与性能十分重要。

（2）齿轮精度很大程度上取决于模具精度。大部分农机齿轮要求8级精度。按目前的生产水平，用节圆夹具定位加工，内孔径向跳动公差可达到7～8级，而齿形误差和公法线长度公差等项只能达到 8 ~ 9 级。因此，为保证大量生产中的齿轮精度，应对其进行冷挤或剃齿的后续加工以提高到 7 ~ 8 级。

（3）对承受不同负荷的齿轮，建议目前采用表 9 所列的材料和工艺。

**表 9　对不同负荷的齿轮推荐的材料和制造工艺**

<table>
<tr><th colspan="2">齿轮类型与<br>负荷情况</th><th>材　料</th><th>成形工艺</th><th>密度<br>/g · cm$^{-3}$</th><th>热处理</th><th>硬度</th><th>齿轮后续<br>加工</th></tr>
<tr><td rowspan="2">低强度</td><td>喷粉器齿轮</td><td>Fe-1C-2Cu</td><td rowspan="2">一次压烧</td><td>>6. 3</td><td>—</td><td>>HB90</td><td>—</td></tr>
<tr><td>机油泵齿轮</td><td>Fe-1C-2Cu</td><td>>6. 2</td><td>—</td><td>>HB70</td><td>冷挤或剃齿</td></tr>
<tr><td rowspan="2">中强度</td><td>一般负荷</td><td>Fe-1. 1 ~ 1. 2C-3Cu</td><td>二次或<br>一次压烧</td><td>>6. 8</td><td>中频淬火</td><td>HRC<br>32 ~ 37</td><td rowspan="2">8 级精度<br>冷挤或剃齿</td></tr>
<tr><td>低负荷</td><td></td><td>一次压烧</td><td>>6. 6</td><td>—</td><td>>HB120</td></tr>
<tr><td colspan="2">高强度</td><td>Fe-Cu-Mo 或<br>Fe-Mn-Mo 系</td><td>烧结锻造</td><td>>7. 75</td><td>渗碳淬火</td><td>HRC<br>58 ~ 64</td><td>8 级精度<br>冷挤或剃齿</td></tr>
</table>

## 2. 2　滚动摩擦零件（滚动轴承环）

这类零件与滚珠（柱）对偶件作相对运动，工作时承受交变应力，并时常伴有较大的冲击负荷，因此要求材料具有足够高的接触疲劳强度和抗磨损性能。国内已采用粉末冶金制品部分取代原来用碳钢或合金钢经热处理制造的这类零件。例如，在中低速度和低负荷下工作的人力和机动脱粒机上用的 203、204 滚动轴承环，650 型力车轴挡，以及柴油机调速器的重要零件滑动盘（推力盘）等，已先后研制成功，有的已批量生产使用。实践证明，采用粉末冶金 Fe-C 系材料复压复烧或烧结锻造工艺使制品达到较高的密度，并随后进行渗碳热处理提高表面硬度，就能满足其特定的使用要求。

用粉末冶金工艺制造 203、204 轴承环较切削加工工艺简单，可省去目前国内中小型轴承厂繁杂的制坯和加工工序，使材料利用率由 20% ~ 40% 提高到 80% 以上。据统计每生产 10 万套 204 滚动轴承环，可节约轴承钢 40t 和大量工时，从而降低成本。烧结锻造轴承环的物理力学性能为：密度大于 7. 6g/cm$^3$，表面渗碳层硬度 HRC 57 ~ 60，材料抗拉强度 650 ~ 800MPa，$a_K$ >44J/mm$^2$（无缺口）。湖南、四川等地已生产几十万套这样的滚动轴承环，广泛使用于脱粒机、机耕船等农业机械上，经过两年以上的使用，反映良好。

应当指出，虽然这种滚动轴承环在性能上并未达到轴承钢轴承环的水平，特别是寿命试验台上的强化对比试验结果有很大差距，但是，我们认为在上述特定的间歇作业和低速低负荷工作条件下，使用粉末冶金环的滚动轴承完全能够满足使用要求，而轴承钢性能上的优越性并未得到充分发挥。从我国农业机械化实际情况出发，采用粉末冶金环具有一定价值。

650 型力车轴挡原用 15 号钢制造并经渗碳淬火，出于同样的目的和考虑，经过不断努力，已用粉末冶金工艺初步试制成功该零件并投入批量生产。采用 Fe-C 系材料经两次压烧，制品密度达 7.2g/cm³ 以上，热处理后表面硬度 HRC 55～60。零件在专用台架上进行寿命对比试验，强化条件下（径向载荷 3500N，转速 130～150r/min）的试验结果如表 10 所示，表明两种材料制造的轴挡性能相当。

**表 10　粉末冶金和钢制力车轴挡台架对比试验情况**

| 材　料 | 试验件数 | 达到 150 万转件数 | 达到 300 万转件数 | 平均转数/万转 |
|---|---|---|---|---|
| 15 号钢 | 8 | 4 | 2 | 167.3 |
| 粉末冶金 | 7 | 4 | 2 | 166.7 |

滑动盘是 190W 柴油机调速器重要零件，形如饭碗，最大外径 78mm，厚度 3mm，是典型的薄壁异形件。原用钢材加工，材料利用率不到 10%；后改用钢板冲压也需 8 道工序，且废品率高达 30%。这类形状的零件用常规粉末冶金工艺也很难成形，而用 $\phi$68mm × $\phi$31mm × 14mm 的预制坯经一次正反热挤压便可顺利成形，零件密度 7.5g/cm³，热处理后硬度 HRC 50 左右，样品经 2900h 台架使用试验，磨损正常。采用上述工艺制造此零件，单件节约工时 35min、钢材 0.5kg，降低成本 50%。这是用压力加工方法成功解决成形困难的一个典型例子。

## 2.3　油泵零件

柴油机油泵零件大部分是 100g 以下的小零件，一般对材料的强度要求不高，但要求有较高的耐磨性。原用零件大部分采用合金钢制造。粉末冶金材料能够通过合金化和热处理等措施调整性能，为在油泵零件生产中获得广泛应用提供有利条件。

### 2.3.1　油泵偶件

油泵偶件包括油泵上的柱塞和出油阀两对精密偶件。原设计采用淬火轴承钢制造。柱塞偶件工作时由柱塞送出压力为 1250N 或 1750N 的柴油。柱塞套和油阀座要求有良好的密封性、耐磨性和滑动性，因此用粉末冶金材料制造时，宜采用在密度较高的铁基材料中加入 $MoS_2$ 的方案。硫具有封闭孔隙的作用，保证材料有较好的密封性和滑动性；同时，在材料中不均匀性分布的钼形成含钼的硬质点（X 光衍射分析结果指出硬质点为 $M_6C$ 型化合物），其显微硬度达到 HV1300～1700，高于淬火轴承钢（HV1000～1150）。因此这种材料具有比淬火轴承钢更好的耐磨性。采用成分为 Fe + 1.5$MoS_2$ + 0.5Mn 的混合粉，压制后进行烧结渗碳（采用加入石墨的混合粉，烧结制品的切削性能不好）使碳含量在 0.9% 以上，可得到密度不低于 6.7g/cm³ 和淬火硬度不低于 HRC 40 的制品。目前小批量试制的3000副柱塞偶件正在农村使用，并进行几十台份定点使用试验，情况良好，寿命不低于轴承钢。出油阀偶件经5760h和4735h使用后仍可继续工作。制造这两种零件的粉末冶金材料已经通过农机部鉴定。现在正对这两种零件进行稳定生产质量的工艺研究。

2.3.2 要求耐磨并承受冲击的其他零件

这类零件的材料一般都以Fe-C-Cu系材料为基础，根据工况再添加其他合金元素；采用一次压烧工艺；为提高耐磨性能，大部分零件进行淬火处理。

（1）推杆体（滚轮体）：主要承受压力载荷并要求耐磨的单缸A型泵推杆体，原用20Cr钢渗碳淬火或40Cr钢精铸制造，现在不少厂改用Fe-1.5Cu-1.3C系粉末冶金材料制造，并已生产使用多年，最高年产量达80万件左右，累计生产近400万件。产品的物理力学性能为：密度6.4g/$cm^3$，硬度HB60～120；组织中珠光体40%以上。使用情况良好，寿命超过40Cr钢精铸件。拆检已使用8000h和10000h的两件，其外圆磨损0.00～0.04mm。销孔磨损：3台0.02～0.03mm，1台0.12mm。两件具有铁素体组织的单缸A型泵推杆体经水蒸气处理后，耐磨性能进一步提高，使用4220h和2580h后，外圆磨损仅0.005～0.01mm。系列泵的推杆体工作中承受750～1000次/min的小冲击，对材料有更高的要求，必须进行淬火。要求：零件密度不低于6.7g/$cm^3$；淬火前硬度不低于HB90，珠光体50%以上，游离渗碳体5%以上（不允许有网状渗碳体）；淬火后硬度HRC 35～45，金相组织为马氏体+残余奥氏体。这种推杆体在车、船和电站的Ⅱ号泵中进行了大量使用试验，多数已通过2000～3000h的考核，最高达5353h，表明结构可靠，耐磨性与铬钢精铸相当或略高。运转情况良好，仍在使用中。

（2）弹簧下座及其他零件：弹簧下座承受弹簧压力和小冲击，原用45号钢。粉末冶金材料成分Fe-1.5C-0.5Mn-3Cu，制品密度不低于6.4g/$cm^3$，淬火硬度HRC 29～34。滚轮内圈承受相当大的压力，原用轴承钢。粉末冶金材料用Fe-1.5C-0.5Mn-3Cu，制品密度不低于6.6g/$cm^3$，淬火硬度HRC 40～44，装车20余台进行长时间使用考验，情况正常，其中2台分别达5760h和4344h。油泵上还有其他一些粉末冶金结构零件如传动斜盘、调节齿轮等也都取得了较好进展，尤其是分配式油泵的飞锤、花键套等都已正式生产多年，取得了良好的技术经济效果。

# 3 摩擦材料

我国于60年代初期在农业机械上开始应用粉末冶金摩擦材料，最近有了很大发展，应用已比较广泛，在国防和民用机械各部门如民航飞机、重型矿山汽车、拖拉机、船舰、大吨位冲床及某些机床上，已采用国产的粉末冶金摩擦片。

粉末冶金摩擦材料具有热稳定性好、耐磨、抗腐蚀、摩擦系数较稳定，以及离合可靠、制动平稳、寿命长等一系列优点，技术经济效益突出。

目前在船用齿轮箱中的湿式离合器铜基粉末冶金摩擦片产品已形成系列，其工作压力从945kPa到4400kPa，传递扭矩从150.2J到14320J。在集材-80型、红旗-160型拖拉机等重负荷条件下工作的离合器片也都已正式采用粉末冶金摩擦材料。

## 3.1　材料和工艺

粉末冶金摩擦材料由金属粉末和非金属粉末经压制烧结而成。粉末冶金摩擦材料的组元按其作用的不同，通常分为3类。

（1）基本组元：铜基材料的基体为铜，加入锡或锌与铜形成固溶体，以提高其物理力学性能；铁基材料的基体为铁。

（2）润滑组元：加入石墨和铅作为固体润滑剂，石墨可防止摩擦面的咬合并减少磨损，铅在高温下可以在摩擦表面形成一层薄膜，防止黏结、咬合和磨伤。

（3）摩擦组元：常用石棉、二氧化硅，主要作用是提高材料的摩擦系数，石棉还可以提高抗温能力。

各组元对摩擦材料各项性能的综合作用十分复杂，应通过试验确定配方。常用的配方见表11。

表11　国内常用的部分农机粉末冶金摩擦材料配方

| 代号 | 组分/% | | | | | | | | 用途 |
|---|---|---|---|---|---|---|---|---|---|
| | Cu | Sn | Pb | Fe | 石墨 | $SiO_2$ | $Al_2O_3$ | $MoS_2$ | |
| 63-6 | 69 | 8 | 8 | 6 | 6 | 3 | — | — | 铜基，湿式离合器片 |
| 65-8 | 64.3 | 7.2 | 7.9 | 7.9 | 7.9 | 4.8 | — | — | 铜基，干式离合器片 |
| 76-3 | 75 | 3 | 5 | 7 | 6 | 4 | — | — | 铜基，拖拉机湿式制动片 |
| 68-4 | 10 | — | 8 | 73 | 6 | — | 3 | — | 铁基，干式离合器片 |
| 28-11 | 5 | — | 10 | 69 | 11 | 1 | — | 4 | 铁基，制动片 |

为了保证摩擦片具有足够的强度，将其制成带钢芯板（常用65Mn钢板）的双金属结构形式，粉末冶金层厚度一般为1～2mm。钢芯板需经热处理。与铜基材料组合的芯板镀上厚度为10～15μm的铜层和3～5μm的锡层；与铁基材料组合的芯板表面应仔细酸洗处理，保证清洁。

## 3.2　粉末冶金摩擦材料的性能

国内生产的粉末冶金摩擦材料的性能如表12所示。

表 12　国内生产的粉末冶金摩擦材料的性能

| 项　目 | 铜　基 | 铁　基 |
| --- | --- | --- |
| 密度/$g \cdot cm^{-3}$ | 5.5 ~ 6.5 | 4.5 ~ 6.0 |
| 硬度 HB | 15 ~ 65 | 20 ~ 100 |
| 抗拉强度/MPa | 20 ~ 70 | 30 ~ 100 |
| 抗压强度/MPa | 100 ~ 400 | 60 ~ 350 |
| 干摩擦系数 | $f_{静}$ = 0.25 ~ 0.4<br>$f_{动}$ = 0.25 ~ 0.35 | $f_{静}$ = 0.35 ~ 0.5 |
| 湿摩擦系数 | $f_{静}$ = 0.1 ~ 0.14<br>$f_{动}$ = 0.04 ~ 0.08 | $f_{静}$ = 0.08 ~ 0.16 |
| 工作比压/MPa | 湿式：1.0 ~ 4.4<br>干式：0.2 ~ 3.0 | 约 5.0 |

粉末冶金摩擦材料与石棉摩擦材料相比，有以下特点：

（1）较高的热稳定性。在较高的载荷和恶劣的工作条件下（主要是因摩擦热引起温度升高），也不会产生石棉摩擦材料常有的烧焦、脱落、断裂、黏着等不正常现象而造成的失效（主要是因摩擦热引起的温度升高）。如集材-80 拖拉机主离合器片、红旗-160 推土机主离合器片与转向离合器片，传递扭矩大，经常在高温、超负荷条件下工作，石棉摩擦片因热稳定性低，其寿命仅 300 ~ 500h；而铜基粉末冶金摩擦片使用到 5000h 也没有发生这种情况，可提高寿命 5 ~ 8 倍。

（2）较高的耐磨性能。在船用齿轮箱中，铜基粉末冶金摩擦片的寿命比球墨铸铁摩擦片高 5 倍。68-4 铁基粉末冶金离合器片应用于 ZF-30 齿轮箱，经 247680 次离合，磨损 1.635mm，计算寿命可达 60 万次以上；红旗-160 推土机铜基粉末冶金主离合器片经过 1613h 负荷试验，单面磨损 0.07mm，转向离合器片单面磨损 0.015mm，有的主机已使用 5000h 还在继续使用。650 型和 510 型水田拖拉机的湿式铜基粉末冶金制动片经 2000h 使用，双面磨损仅 0.102mm 和 0.114mm，而在此期间干式铜丝石棉制动片往往要更换 1 ~ 2 次，并且因不断磨损而要经常调整配合间隙。

（3）能承受较高的比压。粉末冶金摩擦材料能承受 3 ~ 4MPa 以上的比压。对于干摩擦场合，随着压力增加摩擦系数开始下降，而后趋于平稳；对于湿摩擦场合，随着压力增加摩擦系数先略有下降然后略有上升，但基本上保持平稳（见图 2）。所以，对采用液压离合或制动的新型拖拉机，可以大大减少摩擦片面积，从而缩小离合或制动部件的径向尺寸，使主机结构紧凑。650 型和 510 型水田拖拉机设计中，采用 3 对湿式铜基粉末冶金制动片，制动器体积减少很多。

（4）有较稳定的摩擦系数。工作时摩擦表面瞬间产生高温，摩擦系数也随之下降。但是，粉末冶金材料的摩擦系数随温度升高而下降的趋势比任何有机材料都平稳，如铁基材料在1000℃时为0.26，铜基材料在500℃时为0.25。而石棉树脂材料，虽然常温时的摩擦系数比铜基粉末冶金材料高，达0.4～0.45，但随温度升高而明显衰减，到300℃就不能正常工作了。

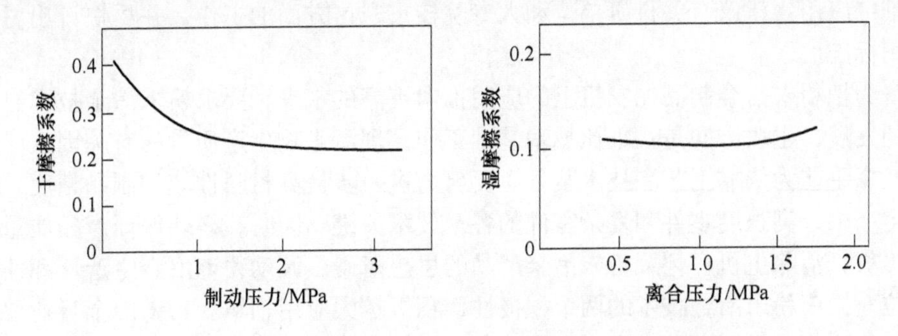


图2　工作压力对粉末冶金摩擦材料摩擦系数的影响

# 4　几点看法

在农业机械上应用粉末冶金制品的实践，给了我们很多启示。下面提出几点不成熟的看法，提供大家参考。

（1）粉末冶金制品可以根据零件的不同工况，选用不同的材料和工艺制造，并进行不同的后续处理，以满足特定的性能要求，有效提高零件的使用寿命，取得良好的技术经济效益。本报告列举的减摩零件、摩擦片和绝大部分结构零件延长使用寿命的事实，充分说明了这一点。影响粉末冶金产品质量的因素很多，某个环节控制不严就会走向反面，造成质量事故，以前的教训至今对粉末冶金工业的发展仍有现实意义。因此，必须将质量问题提到最重要的位置，生产操作应严格按工艺规程，应不断提高生产技术水平和管理水平，稳定并提高产品质量。

（2）粉末冶金材料与传统的金属材料相比，有其自身的特点。在考虑用粉末冶金制品代替已在使用的金属零件时，应该从零件的工作条件出发，以实际需要的性能指标来衡量粉末冶金制品能否胜任，而不是仅以全面对比两种材料的各项性能指标作为取舍的依据。由于结构设计和其他方面的原因，零件通常并不需要发挥其所用材料的全部性能，全面要求既无必要也不合理。例如粉末冶金材料冲击韧性值低是其弱点，然而烧结锻造齿轮小能量多冲试验的耐冲击性能数据却优于或至少不低于18CrMnTi齿轮钢，而这种冲击负荷更接近齿轮的实际工况，这样，就不必一味追求 $a_k$ 值达到18CrMnTi钢的水平。此外，对粉末冶金材料的硬度、金相组织、热处理条件以及尺寸公差等也都不应照搬原用零件的技术条件规定，而应按照粉末冶金材料的特点和使用工况具体条件来确定。

（3）国内在发展零件品种和研究新工艺的同时，做了不少提高材料性能的工作，并取得了很好的成绩，积累了不少经验。但是这方面的技术基础工作至今没有系统开展，拿不出完整的数据提供给设计人员作为选用粉末冶金材料的依据，这样，每种新产品就必须通过试制和使用试验，工作量大，周期长，严重影响推广应用。建议有关科研单位和大专院校重视这方面的工作，并尽快订出材料通用标准。

为把粉末冶金制品在农机上的应用推向更高的水平，要求粉末冶金技术有相应的发展，主攻方向是：狠抓技术基础工作，理清影响生产质量的有关因素，变生产靠手艺为依靠工艺和技术装备。要努力进一步提高材料性能和制品精度，解决生产中、高强度零件和复杂零件的各个技术关键。同时，必须保证产品质量稳定可靠，消除主机厂怀疑粉末冶金产品的思想障碍，调动粉末冶金生产厂和使用单位对推广粉末冶金技术的两个积极性，积极扩大应用领域。粉末冶金行业要做到在稳定中前进，在前进中提高，这样，粉末冶金制品在农机上的应用必将出现一个崭新的局面。

# 附录3　1984~1990年机械系统粉末冶金行业工作[1]

机械系统粉末冶金行业工作始于1978年。根据机械部机械基础件工业局指示，1984年5月28日~6月1日在山西大同召开全国行业工作会议，恢复一度中止的大区活动，调整和健全六大区行业组织，将行业产品质量评比安排在大区进行。此后，采取全国性活动和地区性活动相结合的方式，将行业工作推向新阶段，在当好政府助手、增进行业内部团结、扩大健全行业网络、促进行业技术进步和新产品开发等方面，做出了积极贡献。1984年至1990年上半年的粉末冶金行业工作，可归纳为以下10个方面。

## 1　接受机电部任务，编制行业发展规划

接受机电部机械基础产品司（前机械部机械基础件工业局、机械委通用零部件工业局）和科技司的任务，6年内共编制起草的发展规划、计划和纲要主要有15项：

（1）粉末冶金行业“七五”科技发展规划，1984年7月；
（2）粉末冶金行业“七五”发展规划，1984年8月；
（3）粉末冶金“七五”工艺及装备发展规划，1986年；
（4）机械工业2000年产品振兴目标研究（粉末冶金部分），1987年；
（5）机械工业2000年发展规划大纲（粉末冶金部分），1987年；
（6）粉末冶金中长期科技发展要点，1989年；
（7）“八五”国家科技攻关计划预选项目建议书，1989年；
（8）粉末冶金制品行业“八五”期间振兴纲要，1989年；
（9）汽车工业引进产品国产化难点与粉末冶金工业配套发展规划，1989年；
（10）粉末冶金“八五”科技发展规划，1990年；
（11）粉末冶金行业主导产品工艺技术与装备发展报告，1990年；
（12）国家重点企业技术开发项目立项建议书，1990年；
（13）机械工业材料科技成果重点推广项目申请书（粉末冶金部分），

---

[1] 本文为1990年7月机械系统粉末冶金行业都江堰会议用工作总结。编写（以姓氏笔画为序）：王金泉、孔昭明、尹功明、孙安泰、李祖德、陈桂泉、陈振英、陈联珊、钱根华、曹宝星。执笔：李祖德。

1990 年；

（14）机械基础产品行业 1990 ~ 1995 年重点技术进步及成果推广计划（粉末冶金部分）（泰山计划），1990 年；

（15）机械工业技术发展基金要点，1990 年。

就以上第（6）、（8）、（14）项简介如下。

### 1.1　粉末冶金中长期科技发展要点

1987 年 10 月党的十三大建议国务院制定《中长期科学技术发展纲领》。国家科委提出编制重点行业和领域的《中长期科学技术发展纲要》的要求，作为“纲领”的配套文件。机电部 1988 年 7 月决定对部所属各行业具有战略性的重点专题编制《中长期科学技术发展要点》，作为“纲要”的配套文件。“纲要”和“要点”是规定相当长时期内科学技术发展的指导性文件。粉末冶金是要求编制“要点”的 61 个行业之一。行业归口所接受科技司和机械基础产品司的任务，六易其稿，完成任务。《粉末冶金中长期科技发展要点》拟定了中长期发展战略、政策和措施，2000 年和 2020 年的目标、重点任务和关键技术，提出了政策和措施。

### 1.2　粉末冶金制品行业“八五”期间振兴纲要

编写任务由机械基础产品司下达，归口所负责起草初稿。制订“纲要”的目的是：通过“纲要”的实施，缩短与国外先进水平的差距，满足机电工业发展和机电产品发展的要求。“纲要”提出了振兴粉末冶金制品工业的指导思想，对振兴标志、目标、任务、工作要点、产品发展政策、技术装备政策等都作了明确规定，是“八五”期间的行动纲领，是振兴粉末冶金工业的指导性文件。

### 1.3　机械基础产品行业 1990 ~ 1995 年重点技术进步及成果推广计划（粉末冶金部分）

1989 年 7 月 28 日机械基础产品司在京召开会议，布置编写任务。1989 年 11 月 27 ~ 29 日，产品司在京召开行业技术归口单位会议，对制订《机械基础产品行业 1990 ~ 1995 年重点技术进步及成果推广计划》即所谓“泰山计划”作出具体安排。

“泰山计划”粉末冶金项目总体负责单位为北京市粉末冶金研究所。按产品司的要求，该所积极进行组织工作和编制工作。根据各单位提出的计划任务书，通过协调和归纳，提出了粉末冶金行业的项目：“引进轿车用粉末冶金结构件国产化”。项目分 5 个子项，包括材料、制造技术、专用设备和应用技术等方面。根据“落实一批，确定一批”的原则，产品司于 1990 年 5 月 9 日发文，下达第一批子项目：引进轿车用粉末冶金零件的开发及推广，共7个分项，分别由7个单位负责。

“泰山计划”粉末冶金项目是根据引进轿车用粉末冶金结构件国产化的迫切性和这些零件技术水平的代表性及其需要量而提出的，反映了行业生产和技术发展中存在的紧迫问题和亟须解决的关键。本项目的实施，带动了行业的技术进步，促使生产厂以高水平零件提供给主机，扩大粉末冶金零件的应用，提高粉末冶金的声誉，为振兴行业做出重要贡献。

## 2　接受国家计委任务，组织节材调查和审查节材项目

节材调查的任务1986年6月下达。调查工作由钢铁研究总院与北京市粉末冶金研究所联合进行。当年调查组分三路走访了东北、华北、中南、华东、西南五个大区的企业，于1986年11月写出调查报告。报告综合了我国粉末冶金工业现状，分析了节约钢材的效果和前景，上报计委。1987年，组织编写了两篇文章，随同调查报告编入《节约钢材报告汇编》，1987年11月由冶金部组织出版。

为扩大粉末冶金工业的社会节约效果，国家计委组织了节约项目实施工作。机械系统方面，受机械委委托，于1986年11月21~22日在北京组织审查沈阳粉末冶金厂、南京粉末冶金厂和武汉粉末冶金厂的节材措施项目。12月组织审查长春粉末冶金厂节材措施项目。1987年参加江苏、吉林、辽宁、湖北等地的地方审查。1987年8月19日参加计委在北京召开的厅局长节约钢材经验交流会，并提供了书面材料。

这项工作历时一年半，节材调查和争取粉末冶金项目这两方面的任务均圆满完成。通过节材项目的实施，项目承担单位的技术进步见到明显效果，取得了国家计委的信任，为粉末冶金行业在“八五”期间继续提出项目申请奠定了基础。武汉粉末冶金厂通过“扩建铁基结构零件节材措施项目”和“七五”技术改造项目的实施，不但生产条件有明显改善，而且使该厂在此基础上建立信誉，得以向国家能源投资公司继续申请“金属基镶嵌型固体自润滑轴承节能节材示范项目”。该项目于1990年4月3日在北京召开的专家评审会上通过。申请并审查通过的“八五”期间实施节材示范项目的厂家还有一汽散热器厂和宁波粉末冶金厂。

## 3　制订《粉末冶金行业国家级企业等级标准》和16项产品质量分等标准

1984年大同会议对当时开展行业评比的三项产品的分等规定作了修改，制

订了质量检查评比办法和产品质量分等暂行规定。大同会议修改稿对零件增加了密度差和硬度差，对铁粉增加了压坯回弹率和烧结尺寸变化率波动范围，但规定考核方式仍以项次合格率为主。机械部机质字第152号文件指出，项次合格率不能真正反映产品的内在质量和使用性能。根据机械部指示，行业进一步组织产品质量分等修订工作，并扩大了受检产品范围。自1985年3月至1986年初，在各大区行业组织积极协助下，共召开八次会议讨论审查了20种产品的质量分等规定、检测评定办法及《采用国际标准检收细则（试行草案）》的草案，其中有4项于1985年定稿上报。

1987年4月22～25日国家机械委召开工作会议，布置制订国家级企业等级标准的任务，将产品质量分等规定上升为分等标准，列为企业等级标准的配套文件。此后，这项工作由标准和行业两个部门联合进行。1987年4月、6月、8月召开了三次会议，对企业等级标准和16项产品质量分等标准进行审查和修订，随后上报。1988年6月25日由机械委通用零部件局复批为局批企标。这16项分等规定所属的产品是：粉末冶金用还原铁粉、雾化6-6-3青铜粉、粉末冶金铁基含油轴承、粉末冶金6-6-3铜基含油轴承、粉末冶金气门导管、内燃机机油泵粉末冶金转子、内燃机机油泵粉末冶金齿轮、A型单体喷油泵粉末冶金挺柱体、汽车减震器粉末冶金零件、电力机车受电弓粉末冶金滑板、浮动油封粉末热锻密封环、粉末热锻行星齿轮、中型载重汽车铁基粉末冶金制动摩擦片、装载机铜基湿式粉末冶金摩擦片、锻压机床离合器铜基干式粉末冶金摩擦片、金属基镶嵌型固体自润滑轴承（衬）。

自大同会议始，经过多次修订，分等标准比原用分等规定有很大进步，所提出的指标及相应数值更为合理：

（1）调整和增加了技术指标，如：气门导管增加密度差为关键项目，并提出进行使用性能和台架试验的要求；铜基含油轴承以含油率和内径精度为关键项目，而将压溃强度系数改为主要项目。

（2）指标数值均有提高，反映出行业产品质量提高。

（3）采用评分和项次合格率相结合的考核方法，在一定程度上消除了单纯采用项次合格率的缺欠。

以上这些分等规定覆盖了行业大部分主要产品，为行业评比提供依据，有力促进了行业产品质量的提高。

企业上等级标准已经实施，1989年有两个企业被评为国家二级企业。

## 4 审查和推荐优质产品

行业组织和归口所受部委托对申报产品承担审查和推荐任务，进行了抽样、检查和评审工作，严格把关，剔除不合条件的产品，将符合条件的产品上报。自1982年起至1988年，机械部共有14个厂家、11种产品、21个品种荣获部优产品称号，1个厂家、1个产品获国优产品称号。1987年以后，审查和推荐工作由粉末冶金制品质量监督检测中心与行业组织共同进行。1988年以后，由质量监督检测中心承担。

1982年有3个厂家的2种产品、6个品种获部优产品称号：

上海粉末冶金厂　　还原铁粉（HFI-24）
上海粉末冶金厂　　气门导管（CA10、6135）
南京粉末冶金厂　　气门导管（S195、NJ130）
宁波粉末冶金厂　　气门导管（X195、NJ130）

1985年有7个厂家的5种产品、10个品种获部优产品称号：

阳泉粉末冶金厂　　还原铁粉（HFI-24）
武汉粉末冶金厂　　气门导管（EQ140、NJ130）
北京粉末冶金一厂　　气门导管（BJ212）
益阳粉末冶金总厂　　机油泵齿轮（BJ130、6135）
沈阳粉末冶金厂　　粉末锻造行星齿轮（SY132、BJ212）
厦门粉末冶金制品厂　　铜基摩擦片（Zl40/50）
杭州齿轮箱厂　　铜基摩擦片（ZF40、ZF120）

1987~1988年有5个厂家的5种产品、6个品种获部优产品称号：

龙岩粉末冶金厂　　雾化6-6-3青铜粉
武汉粉末冶金厂　　金属基镶嵌型固体自润滑轴承
北京摩擦材料厂　　安24飞机制动盘摩擦副盘
晋江粉末冶金制品厂　　刹车带（CA10）
黄石摩擦材料厂　　湿式铜基摩擦片（ZL430、别拉斯54）

1988年武汉粉末冶金厂XQZ63金属基镶嵌型固体自润滑轴承获国优产品称号（银质奖），是粉末冶金行业第一次获此殊荣。

## 5　发起和组织优秀产品评选活动

1985年全国大区组长工作会议（4月16~18日，昆明）决定，开展行业优秀产品评选活动。同年8月5~9日在青岛召开的全国大区组长扩大会议制定了“优秀产品评选活动暂行办法”和“粉末冶金行业优秀产品评选申请表”。会后，向通用零部件局呈上“关于开展优秀产品评选活动的报告”，得到局里的大力支持，于1986年4月21日批复。由各大区行业组对区内申报产品进行审查，上报至全国大区组长工作会议讨论决定。1986年全国大区组长工作会议（6月18~

21日，黄县）进行第一次评选，有5项产品获优秀奖，7项产品获开发奖。会议上还修订了评选办法。1987年全国大区组长工作会议（5月22～26日，北京）评选出5项优秀奖，4项开发奖，并再一次修订评选办法。1988年全国大区组长工作会议（9月9～13日，莱阳）评选出4项优秀奖，3项开发奖。1990年行业组织与中国机械通用零部件工业协会粉末冶金分会、中国机械工程学会粉末冶金专业学会联合召开第四次优秀产品评选会议（7月7～10日，都江堰），评选出5项优秀奖，6项开发奖。

评选活动的目的是：向行业内外展示我国粉末冶金机械零件产品的先进水平，扩大粉末冶金的影响；在行业内树立学习目标和鼓励技术人员勇于开发的积极性，促进产品技术水平提高。这项活动一开始就得到上级部门的支持和行业内的拥护。机械部通用零部件局总工程师、中国机械工程学会粉末冶金专业学会副理事长周开礼高级工程师在《粉末冶金技术》期刊1986年第3期上，发表了题为《评选优秀，促进粉末冶金制品上质量、上品种、上水平》的文章，指明了这项活动的深远意义和重要价值。连续四次的评选活动进行很顺利，取得了成功。评优活动影响逐渐扩大，得到厂家欢迎和承认，在行业内树立起权威，对行业产品水平提高和高级产品的开发，起到积极推动作用，尤其是对促进引进主机粉末冶金零件国产化做出贡献。

## 6　开展技术交流

六年中组织了四次技术交流会议。交流活动针对行业中生产和开发应用的关键问题，经过认真筹备和周密组织，取得很好效果。

（1）粉末冶金制品在汽车农机上推广应用座谈会。会议由通用基础件局、中汽公司、农机局联合举办，于1984年10月15～20日在武汉召开，由行业归口所筹备和组织。有133个单位162名代表参加，其中有很多用户单位。

1）会议交流了生产和使用情况，总结了经验。杭州粉末冶金研究所、机械部第五研究设计院、洛阳拖拉机研究所宣读了对28个粉末冶金厂和32个农机主机厂的调查报告，提供了农机用粉末冶金制品的生产和使用情况。

2）研究了新形势下如何满足汽车、农机发展对粉末冶金行业要求的问题，讨论了引进车型和新车型所需高强度、复杂形状结构零件的开发工作。

3）举办了展览会，共展出约600种2000件展品。

4）放映了专为这次会议拍摄的录像片《粉末冶金制品在汽车和拖拉机上应用》。

会议收获很大。通过交流，既使主机厂加深了对粉末冶金技术和我国粉末冶金机械零件工业生产现状及水平的了解，也使粉末冶金厂家更清楚地认识到主机行业生产和发展对粉末冶金工业的要求。粉末冶金厂与主机厂之间的联系得以增强，为粉末冶金新产品，特别是高强度、复杂形状结构零件的开发创造了良好条件。

（2）粉末冶金压制技术座谈会。会议由行业和中国机械工程学会粉末冶金专业学会联合举办，于1985年11月23～27日在韶关召开，有65个单位91名代表参加。各大区行业组在组织论文方面做了不少工作。会议交流了模具、模架结构设计和加工技术，压制工艺以及压机改造等方面的实践经验，供广大厂家推广应用；宁波粉末冶金厂、上海粉末冶金厂、南京粉末冶金厂和北京粉末冶金二厂介绍了引进技术，到会厂家深受启发；还讨论了引进设备的消化吸收问题。这次会议为将引进技术转化为全行业共同财富提供了舞台，对于促进我国粉末冶金行业压制技术水平提高，推动复杂形状零件发展起到积极作用。

（3）摩擦材料技术交流座谈会。会议由杭州粉末冶金研究所组织，于1985年12月10～16日在杭州召开，也是第二次全国性摩擦材料技术交流会议。35个单位58名代表参加会议。论文内容涉及生产、检测、应用和新材料开发，以及国内外情况等方面，对促进我国粉末冶金摩擦材料水平的提高和产品扩大应用起到重要作用。会议期间代表们参观了杭州粉末冶金研究所引进喷撒法制造摩擦材料生产线，加深了对国外先进技术的了解。

（4）钢结硬质合金扩大应用经验交流会。会议由行业与机械部科技情报所联合举办，于1986年12月6～8日在厦门召开。35个单位44名代表参加会议。会议交流了钢结合金的研究、生产和应用成果。钢结合金是一种优秀的工具材料，属于粉末冶金产品，而粉末冶金行业的模具又是其生产关键之一，但是这种材料在行业内部却推广不够。这次会议旨在加强钢结合金生产厂家与粉末冶金行业的联系，促进在行业内推广钢结合金模具。会议达到了预期目的。

## 7　录制和译制粉末冶金录像片

1984年录制宣传粉末冶金的录像片1部、译制1部，1986年译制2部，共4部。

《粉末冶金制品在汽车拖拉机上应用》录像片在基础件局领导下，由全行业通力合作完成，是我国第一部粉末冶金录像片。该片由北京市粉末冶金研究所、上海材料研究所、杭州粉末冶金研究所和机械部情报研究所编剧，北京市粉末冶金研究所监制，情报所录制。1984年3月开始编剧，7～8月摄像，9月编辑完成，共用时7个月。此片收集的素材取自10个粉末冶金厂、所，10个汽车和农机厂和5个其他厂。主要内容为：粉末冶金工艺过程，粉末冶金制品在载重汽车、轿车和大、中、小型拖拉机上的应用，经济效益以及今后展望，等等，基本上反映了我国汽车和拖拉机用粉末冶金零件生产和使用情况。内容精练，画面生动，解说简明，音响良好。已发行10多部，在技术会议、教学等场合和对用户放映，对宣传普及粉末冶金知识和推广应用粉末冶金制品，起到很好作用。

1984年组织译制了西德曼内斯曼录像片1部，1986年组织译制了美国金属协会录像片2部，这些录像片对了解国外粉末冶金工业现状和学习粉末冶金生产知识，都是很好的参考材料。

## 8 积极开展大区活动

自1984年恢复全国六大区行业组织以来，各大区除完成全国行业统一布置的工作任务以外，还结合本地区具体情况，积极开展了多方面活动。

（1）行业产品质量检查评比。自1984年开始，行业产品质量检查评比活动由全国统一组织下放到大区，扩大了受检厂家，增加了产品品种。华东区1985年与1984年相比，行检产品由3种（还原铁粉、气门导管、油泵齿轮）增加到4种（增加摩擦材料），受检单位由18家增加到27家，受检产品由29个增加到37个，一等品由23个增加到28个。华北区1991年与1984年相比，受检单位由4家增加到23家，一等品率由60%上升到68%。中南区受检单位由2家增加到30多家。华东区针对企业管理较薄弱和经济效益差的问题，布置成员厂制订"抓管理，上等级，全面提高企业素质"的规划，并为成员厂解决了许多实际问题。

（2）技术培训。华东区与中南工业大学合办二年制粉末冶金大专班，1986年与合肥工业大学合办三年制粉末冶金大专班；还举办工艺、模具设计、物理性能检测、化学分析等专题学习班。华北区1987年在北京举办两期模具设计和一期烧结技术培训班，还举办了铁粉生产、满负荷工作法、现代管理等培训班，并与北京科技大学合办粉末冶金大专班。西北区举办了烧结技术培训班。

（3）技术交流。华东区1986年召开工作会议的同时，进行技术交流。内容包括国外情况、质量控制、技术改造和标准化等。1986年12月组织与合肥工业大学大专班毕业生进行技术座谈。中南区1987年工作会议上，介绍了益阳粉末冶金总厂加强技术管理、提高产品质量的经验。西南区1985年与四川机械工程学会粉末冶金专业委员会联合召开技术交流会。华北区与机械委第五设计院、北京市粉末冶金研究所合作，编辑出版了《粉末冶金译文集》。

（4）业务协作与咨询服务。华北区与西北区十分重视区内企业业务协作。华北区1986年成立"粉末冶金行业华北地区供销服务处"。西北区开展本地区企业的协作联营，制定《西北地区粉末冶金厂联合经营章程》，编辑《西北地区粉末冶金行业成员厂家产品目录》，促进了本地区的发展。华北、华东、中南等大区开展了技术咨询服务。华北区1985年成立咨询服务组，中南区1987年9月组织新洲粉末冶金厂的技术咨询，收效很好。

(5) 基本情况调查。各大区按照全国行业的统一布置，进行了基本情况的调查。西北区派人去青海、新疆调查，不但摸清了以前不甚了解的情况，还为许多处于边远地区消息闭塞的厂家打开了与外界接触的大门。

各大区除支持全国行业工作以外，还开展了本地区多种形式的活动，有力促进了本地区的发展，使行业产品质量普遍提高。许多厂家拓宽了视野，认清了形势，找到了差距，从而在加强技术管理、完善检测手段和提高人员素质等方面狠下功夫。湖北新洲、黄陂，湖南岳阳等粉末冶金厂增强了质量意识，逐步配齐了检测手段。新疆钢铁公司粉末冶金厂深感大区活动加强了成员厂之间的联系对本厂生产发展带来好处。全国各地粉末冶金小厂很多，这些厂家的生产条件质量保证手段不完备，而其产品优劣却影响全行业的声誉。大区活动对这些厂起到引导、扶持作用，弥补了单靠全国行业组织工作的不足。

## 9 编写《当代中国机械工业》粉末冶金部分

机械部根据《当代中国》丛书编辑出版计划，决定编辑出版《当代中国机械工业》和《当代中国农机工业》两卷书。通用基础件局根据机械部要求，于1983年8月2日以（83）础办字73号文下达编写“通用基础件工业”部分的任务。9月10~13日，橡胶密封件、机械密封件、粉末冶金制品的编写组在青岛开会，讨论编写细纲，拟定进度，进行分工。“粉末冶金制品”列为第六章。会后即按计划和细纲着手先期工作。1984年5月5日，通用基础件局发出（84）础总字48号文，决定在原订编写细纲的基础上，先编写行业史。行业组织按史稿编写大纲要求，在1984年大同会议上布置调查任务。会后，收到企业简史33份，表格53份，即着手编写行业史。按照基础件局1984年8月3日发出的（84）础总字75号文，基础件行业编写组于8月24日~9月8日在大连集中，对史稿进行整理，粉末冶金行业完成“粉末冶金行业史”初稿和“粉末冶金工业大事记”初稿。按照基础件局1985年2月14日发出的（85）础便字56号文和1985年3月1日发出的（85）础办便字57号文安排，基础件行业编写组于3月20~27日在绩溪集中，将“通用基础件行业史”初稿修改定稿。“行业史”粉末冶金部分着重叙述了我国粉末冶金行业自50年代兴起至“六五”期间艰苦卓绝的创业史，收录了生产、科研、教学、出版和学术活动的史料，总结了经验和教训，还介绍了80年代初期的现状。

## 10 编辑出版《中国粉末冶金链条弹簧密封件工业总览》

1987 年基础件局下达编辑出版《中国粉末冶金链条弹簧密封件工业总览》的任务，在北京召开会议作出安排。会后即进行征稿、审稿和编辑。“总览”于 1988 年 3 月出版，全书共约 20 万字，收录了 215 个厂家和研究单位，其中粉末冶金 69 家。机械委主任邹家华、国家经委副主任林宗棠为本书题词，通用机械局局长练元坚写序。本书是我国第一部粉末冶金工业总览，起到传递行业信息和促进行业内外协作的作用，并为政府部门制订规划提供依据和参考。

1987 年 4 月，编辑出版了《国外粉末冶金厂家简介》。全书约 20 万字，共收录美、日、德、苏、英、瑞典等 18 个国家 207 个厂家，介绍了国外粉末冶金厂家的基本情况及发展动向。为对外开展技术交流及经济合作，赶超世界先进水平，提供了线索和参考材料。

机械系统粉末冶金行业工作自 1973 年开始，至 1990 年共历时 18 年。1984 年恢复大区活动后 7 年的工作，是建立在前 11 年基础上的，并且，在新的形势下增加了新的活动内容和形式，为企业做了不少实事。7 年来行业工作所取得的成绩和经验，可以归纳为以下 4 个方面：

（1）适应国家政府机构改革和经济体制改革形势，贯彻上级精神，传达和执行政府政策，协助政府对行业进行宏观指导，起到政府助手的作用和沟通上下、加强横向联系的桥梁作用。

（2）通过一系列工作和措施，增强行业的质量意识，提高对科技进步的认识，促进了行业生产技术水平的提高和产品质量的改善。

（3）通过一系列工作和措施，加强行业与用户的联系和了解，促进了新产品特别是高水平结构零件的开发及其市场的扩大。

（4）全国活动与大区活动相结合，行业组织形成完整的网络，全国步调一致，各区活动各具特色，相得益彰。这种组织形式和活动方式增强了行业凝聚力，促进了各地区的发展，具有很强的生命力。

# 附录4　粉末冶金机械零件及粉末冶金专用设备部分优秀新产品简介[1]

## 粉末冶金机械零件部分优秀新产品简介

### 三菱汽车发动机正时带轮、油泵带轮

奖项及等级：2001年度中国机协机械通用零部件优秀新产品奖　特等奖

获奖单位：东睦新材料集团股份有限公司

颁奖部门：中国机械通用零部件工业协会

主要开发人员：曹红斌、毛增光、屠怀平

主要技术性能指标：密度6.7～7.1g/cm$^3$，硬度HV10≥70，抗拉强度≥345MPa，伸长率≥0.5%，冲击韧度≥2.0J/cm$^2$，同轴度0.05～0.58mm。

创新内容及主要特征：这组零件尺寸大（外径53.3～144.16mm）、壁薄、台阶薄、精度高。通过优化模具结构、工艺参数及工艺流程，克服成形困难，达到高精度要求；通过水蒸气处理，提高密度及表面硬度。

### 碎纸切刀

奖项及等级：2001年度中国机协机械通用零部件优秀新产品奖　特等奖

获奖单位：扬州保来得工业有限公司

颁奖部门：中国机械通用零部件工业协会

主要开发人员：叶桂斌、秦刚、徐继平、官劲松、刘文雄

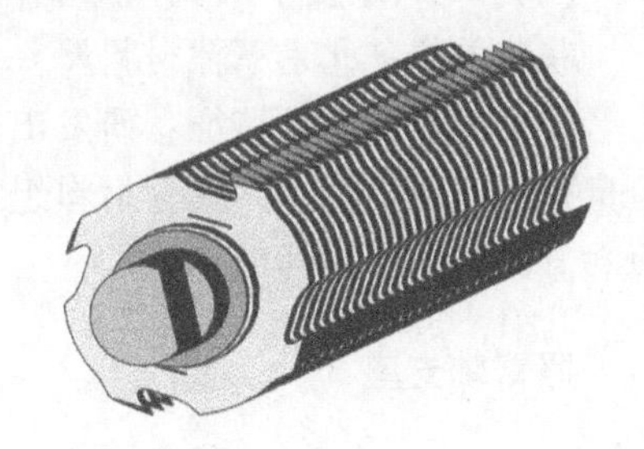

图1　碎纸切刀

主要技术性能指标：密度6.8～7.2g/cm$^3$，硬度HRC≥26，抗拉强度≥760MPa，冲击功≥9J，伸长率≤0.5%。

创新内容及主要特征：以水雾化铁粉为基粉，加入合金粉末，采取烧结硬化工艺使产品达到高硬度、高强度和高耐磨性要求。改进送粉装置和充填装粉结

[1] 中国机械通用零部件工业协会粉末冶金专业协会供稿。

构，保证四个刀尖的密度达到要求。

### 高效能喷撒摩擦材料 99-13 摩擦片

奖项及等级：2001 年度中国机协机械通用零部件优秀新产品奖　优秀奖

获奖单位：杭州粉末冶金研究所

颁奖部门：中国机械通用零部件工业协会

主要开发人员：黄月初等

主要技术性能指标：动摩擦系数 0.08 ~ 0.10，静摩擦系数 0.12 ~ 0.14，许用比压 5MPa，能量载荷许用值 $C_m \geqslant 41000$，磨损率 $\leqslant 5.8 \times 10^{-9} cm^3/J$。

创新内容及主要特征：材料以铜锌合金为基体，适量锡为强化元素，并加入具有一定粒度的矿物硬质点和固体润滑剂；采用喷撒工艺制造；产品动、静摩擦系数高、稳定，且彼此接近，能量载荷许用值高。

图 2　99-13 摩擦片

### 苏-30 飞机 KT156Д210 刹车装置刹车副

奖项及等级：

(1) 2002 年度中国机协机械通用零部件优秀新产品奖　特等奖

颁奖部门：中国机械通用零部件工业协会

(2) 2003 年度中国机械工业科学技术奖　二等奖

获奖单位：北京摩擦材料厂

创新内容及主要特征：研发出粉末冶金铁基摩擦材料 BM－218G，通过多元少量合金元素的作用，改善材料组织均匀性，提高材料性能。平均力矩、制动距离和制动时间三项性能均优。

### 摇臂轴支座

奖项及等级：2003 年度中国机械工业科学技术奖　三等奖

获奖单位：东风汽车有限公司粉末冶金厂

创新内容及主要特征：本产品密度高、长径比大，具有多个平行带台阶细长孔。在国产普通压机上，采用精度高、刚性好、特殊结构的模具和模架，对锥孔补充装粉，实现全自动成形。

### 割草机变速箱系列齿轮

奖项及等级：2004 年度中国机协粉末冶金行业优秀新产品奖　特等奖

获奖单位：上海汽车股份有限公司粉末冶金厂

颁奖部门：中国机械通用零部件工业协会

主要开发人员：谢维仁、宗华辉、张志勇、蒋叶琴、丁彬、张学安

主要技术性能指标：密度≥6.9g/cm$^3$，齿部表观硬度 HRC 34～38，其他区域表观硬度 HRC 34～45，颗粒硬度 HRC 53～60，溃齿力 19.5kN。

创新内容及主要特征：齿轮系列包括直齿轮、锥伞齿轮和链论，形状复杂，硬度和强度要求高。通过优化模具设计和优选阴模材料，保证零件顺利成形，达到精度要求；通过热处理达到力学性能要求。

图 3　割草机变速箱系列齿轮

**凸轮轴皮带轮**

奖项及等级：2007 年度中国机协粉末冶金行业技术创新优秀产品奖　特等奖

获奖单位：东睦新材料集团股份有限公司、宁波明州东睦粉末冶金有限公司

颁奖部门：中国机械通用零部件工业协会

主要开发人员：王劲松、潘中晨、邵骏、胡建斌、胡琪伟、姚建华

主要技术性能指标：密度 6.4～6.8g/cm$^3$，抗拉强度≥340MPa，硬度HRB≥45，中心孔内径公差≤0.03mm，小外径垂直度≤0.03mm，槽对称度≤0.05mm，齿顶圆垂直度≤0.08mm。

创新内容及主要特征：本产品为大型复杂形状零件。在 CNC 压机上，以上 3 下 4 完全可控模冲和补偿装粉结构及大行程粉末移动方法压制成形；烧结后进行切削加工除去工艺结构。

**D16/D20 汽车变速器齿毂系列**

奖项及等级：2007 年度中国机协粉末冶金行业技术创新优秀新产品奖　特等奖

获奖单位：上海汽车股份有限公司粉末冶金厂

颁奖部门：中国机械通用零部件工业协会

主要开发人员：谢维仁、张志勇、蒋叶琴、吴增强

主要技术性能指标：密度≥6.9 g/cm³，硬度 HRB 210～300，一二挡外齿 M 值 $87.843^{+0.066}$ mm，一二挡内齿 M 值 $30.717^{+0.04}$ mm，厚度 $13_{-0.05}$ mm，垂直度≤0.03mm。

图 4　D16/D20 汽车变速器齿毂系列

创新内容及主要特征：本产品系列包括 5 种零件，密度和硬度要求高，形状复杂，是汽车变速系统关键零件。通过合理设计模具结构和精确参数，并优选阴模材料，保证零件成形。

**汽车新型燃油泵转子**

奖项及等级：2007 年度中国机协粉末冶金行业技术创新优秀产品奖　特等奖

获奖单位：海安鹰球集团有限公司

颁奖部门：中国机械通用零部件工业协会

主要开发人员：申承秀、王春官、盛德稳

主要技术性能指标：密度≥7.0g/cm³，热处理态硬度≥HRC 25。

创新内容及主要特征：本产品用于燃油泵，由 5 件组成。采用铁镍钼合金粉末，以温压成形保证高密度。采用高精度模架和控制系统，保证产品精度。热处理态硬度高，可达 HRC 35～48；产品体积小，耐磨性高，可提高燃油泵流量，降低噪声和能耗。

图 5　汽车新型燃油泵转子

**风电联轴器摩擦片**

奖项及等级：2008 年度中国机协粉末冶金行业技术创新优秀产品奖　特等奖

获奖单位：黄石赛福摩擦材料有限公司

颁奖部门：中国机械通用零部件工业协会

主要开发人员：谭清平、王三全、王利民、汪洪山、赵刚、周菊英、林浩盛、童光玉

主要技术性能指标：动摩擦系数0.41～0.50，静摩擦系数≥0.48，磨损率≤$0.1\times10^{-7}cm^3/J$。

创新内容及主要特征：采用高性能摩擦材料配方，实现摩擦层与不锈钢芯板的有效粘结；建立摩擦系数、磨耗量与使用寿命间的协调关系。本产品为国产第一台风力发电机配套。

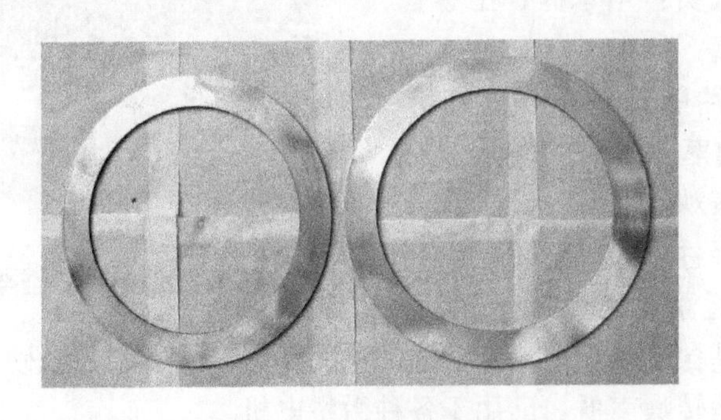

图6　风电联轴器摩擦片

**曲轴带轮总成**

奖项及等级：2008年度中国机协粉末冶金行业技术创新优秀产品奖　特等奖

获奖单位：重庆华孚工业股份有限公司

颁奖部门：中国机械通用零部件工业协会

主要开发人员：王平、彭永、吴仁江、焦宣才、马沛、易召

主要技术性能指标：键槽位置度≤0.153mm，端面垂直度≤0.05mm，外齿同轴度≤0.08mm，外齿直线度≤0.05mm，内孔精度$\phi38^{+0.06}_{+0.02}$mm。

图7　曲轴带轮总成

创新内容及主要特征：零件形状复杂，内孔花键未贯穿，齿形两端均有挡板。将零件分解成两体，带齿分体用上2下2特殊结构模具在CNC压机上成形，通过整形保证精度；带齿分体与车加工法兰盘焊接而成最终零件；蒸汽处理后，两分体间压脱力超过1000N。

### 稀土铜包铁合金含油轴承

奖项及等级：2008年度中国机协粉末冶金行业技术创新优秀产品奖　特等奖

获奖单位：海安鹰球集团有限公司

颁奖部门：中国机械通用零部件工业协会

主要开发人员：申承秀、王春官、杨立新、朱生富

主要技术性能指标：密度6.0～6.4g/cm³，含油率≥19%，横向压溃强度≥250MPa，表观硬度HRB 30～60。

图8　稀土铜包铁合金含油轴承

创新内容及主要特征：在镀铜粉末中加入稀土元素；材料属于无铅系列，兼具有铁基含油轴承和铜基含油轴承的优点；强度和表观硬度高，耐磨性和耐腐蚀性好，运转噪声低。已用于各种微特电机。

### 组合齿轮

奖项及等级：2009年度中国机协粉末冶金行业技术创新优秀产品奖　特等奖

获奖单位：东睦新材料集团股份有限公司

颁奖部门：中国机械通用零部件工业协会

主要开发人员：钟达、包崇玺、龚晓林、张军、毛增光

主要技术性能指标：密度≥7.0g/cm³，热处理态硬度≥HRC 45，压溃强度≥850MPa，齿部端面跳动≤0.08mm，外齿公法线公差±0.025mm。

图9　组合齿轮

创新内容及主要特征：本产品由3件齿轮组成，两端齿轮大，中间小。粉末加有特殊润滑剂，在加热阴模中成形3件齿轮，以达到高密度要求；采用组合烧结技术将3件齿轮分体装配成一体。

### 自动变速箱烧结焊支架

奖项及等级：2009年度中国机协粉末冶金行业技术创新优秀产品奖　特等奖

获奖单位：扬州保来得科技实业有限公司

颁奖部门：中国机械通用零部件工业协会

主要开发人员：官劲松、胡云峰、张学群、吴奇明、徐同

主要技术性能指标：密度 6.9 ~ 7.2g/cm³，硬度≥HRB 80，径向扭力矩≥6100N·m，轴向分开力≥590N，焊接面平面度≤0.08mm。

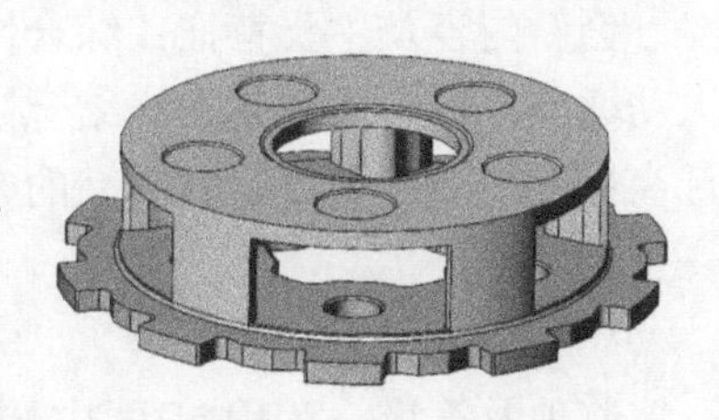

图 10　自动变速箱烧结焊支架

创新内容及主要特征：本产品由两个复杂形状的分体即圆形底盘和带有支撑的圆形顶盖构成，具有中空结构。采用烧结焊工艺制造。研发了焊料，解决了分体位置选择、分体形状设计、成形、烧结焊工艺、焊料形状及用量等问题。

**C50 三号齿毂**

奖项及等级：2009 年度中国机协粉末冶金行业技术创新优秀产品奖　特等奖

获奖单位：重庆华孚工业股份有限公司

颁奖部门：中国机械通用零部件工业协会

主要开发人员：彭永、雷相兵、严明俊、杨斌、杨光灿、易召

主要技术性能指标：内花键齿侧圆度≤0.03mm，锥度≤0.05mm，外齿键齿侧圆度≤0.03mm，锥度≤0.06mm；端面硬度 HV10（2N）600 ~ 850。

图 11　C50 三号齿毂

创新内容及主要特征：本产品形状复杂。在 CNC 压机上采用上 3 下 4 结构模具成形；精确设计粉末填充量及位移量，解决多模冲成形及压坯脱模问题；通过合理烧结措施，有效防止薄壁变形。

**激光烧结-热挤压制造进、排气门阀座**

奖项及等级：2009 年度中国机协粉末冶金行业技术创新优秀产品奖　特等奖

获奖单位：兴城粉末冶金有限公司

颁奖部门：中国机械通用零部件工业协会

主要开发人员：韩盛君（兴城粉末冶金有限公司）、胡建东（吉林大学）、郭作兴（吉林大学）

主要技术性能指标：密度≥7.3g/cm³，硬度 HRC 38 ~ 48，压溃强度≥810MPa，线膨胀系数 $1.26\times10^{-6}$/K，热导率≥37.5W/(m·K)。

创新内容及主要特征：综合性能好，能承受强烈冲击载荷，磨损小，已用于大功率柴油机。采用激光烧结-热挤压工艺制造。这项工艺是我国自主研发的生产高性能粉末冶金材料和制品的先进技术，产品性能优于常规复压复烧工艺。

**曲轴正时齿轮**

奖项及等级：2010 年度中国机械通用零部件工业协会优秀新产品奖　特等奖

获奖单位：东睦新材料集团股份有限公司

颁奖部门：中国机械通用零部件工业协会

主要开发人员：龚晓林、包崇玺

主要技术性能指标：齿部密度≥7. 2g/cm$^3$，距齿廓表面 1mm 内硬度 HV0. 1 650 ~ 800，距齿廓表面 0. 3mm 深度内珠光体和贝氏体含量≤10%。

创新内容及主要特征：采用温压成形，保证压坯密度高于 7. 25g/cm$^3$，提高生产稳定性；控制热处理参数，保证齿部表面高硬度与心部高韧性相结合。

**EPSILON 转向管柱系列零件**

奖项及等级：2010 年度中国机械通用零部件工业协会优秀新产品奖　特等奖

获奖单位：上海汽车粉末冶金有限公司

颁奖部门：中国机械通用零部件工业协会

主要开发人员：全文浩、彭景光、袁方成、蒋叶琴、张志勇

主要技术性能指标：密度≥6. 8g/cm$^3$，热处理态硬度 HV 590 ~ 650，表面粗糙度 $R_a$≤1. 2μm。

创新内容及主要特征：为管柱关键零件，共 5 件。采用全整形，解决轴向架变形；采用上 2 下 3 模具结构，成形驱动销板；与用户商定修改移动架结构，解决其成形困难；粉末冶金件装配精度高，性能可靠，成本低。

**汽车 ABS 速度检知盘**

奖项及等级：2010 年度中国机械通用零部件工业协会优秀新产品奖　特等奖

获奖单位：扬州保来得工业有限公司

颁奖部门：中国机械通用零部件工业协会

主要开发人员：官劲松、胡云峰、王玉林、张学勤等

主要技术性能指标：密度≥6. 8g/cm$^3$，硬度 HV10≥60，抗拉强度≥150MPa，单位面积附着量≥160mg/dm$^2$，密着性 3. 5 级以上，盐雾试验 480h 以上。

创新内容及主要特征：优选材料并优化模具设计，满足产品大尺寸外圆成形和端面面齿高精度要求；独创粉末冶金达克罗工艺，满足产品高耐锈蚀性、端面面齿高耐磨性的要求。

## 粉末冶金专用设备部分优秀新产品简介

### C35500-1 干粉压机

奖项及等级：2002 年度国家级新产品奖

获奖单位：南京东部精密机械有限公司

主要开发人员：许云灿、李时英、徐建华等

主要技术性能指标：最大压制力 4900N，最大脱模力 3940N，凹模最大返回力 310N，上模冲行程 200mm，上模冲调整量 220mm，装粉高度 185mm，压制行程 95mm，脱模行程 90mm，顶压行程 18mm，可调冲程次数 6～30 次/min，空气压力 0.6MPa，空气消耗量 580L/min，主电机功率 15kW。

创新内容及主要特征：一种机、电、液一体化的新型机械式全自动压机，可编程序控制；具有气压、油压、超压、欠压等保护功能；采用强制双向浮动拉下压制的曲柄连杆机构，辅以气压装置，实现模具动作和工艺参数精确自动调整。

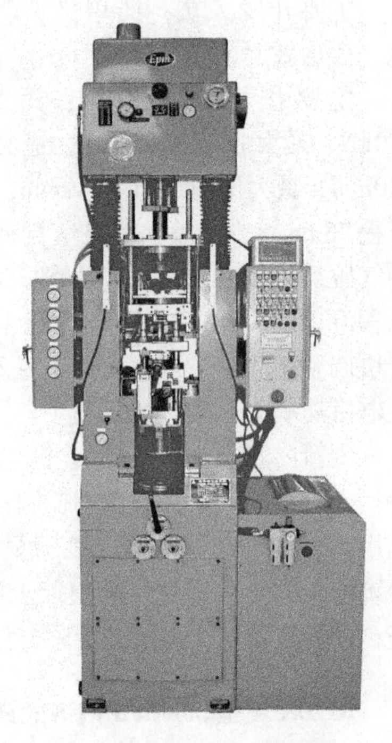

图 12　C35500－1 干粉压机

### SFED24-6WRBO 网带烧结炉

奖项及等级：2004 年度中国机协机械通用零部件优秀新产品奖　特等奖

获奖单位：南京玉川工业炉有限公司

颁奖部门：中国机械通用零部件工业协会

主要开发人员：张宏才、李之翔、曾繁利等

创新内容及主要特征：可实现快速脱蜡；对燃气、保护气氛、冷却水压力、流量和温度，采用可编程序全自动控制；设有安全智能化保护系统。

**FY40 型粉末成形机**

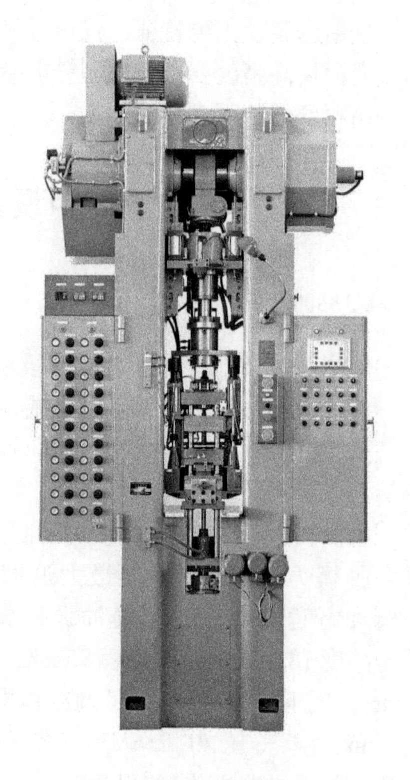

图 13　FY40 型粉末成形机

奖项及等级：2004 年度中国机械工业科学技术奖　二等奖

获奖单位：宁波汇众粉末机械制造有限公司

颁奖部门：中国机械工业联合会、中国机械工程学会

主要开发人员：严培义、严培和、罗栋、穆惠敏、余名东

主要技术性能指标：最大压制力 400kN，最大脱模力 240kN，最大装粉高度 110mm，最大压制力行程 40mm，最大脱模行程 75mm，少充填、多充填行程 3mm，上冲气压复位行程 95mm，最终压力（后压）行程 0.5 ~ 10mm，上滑块行程 160mm，上滑块调整量 80mm，冲程数 8 ~ 22 次/min，主电机功率 7.5kW。

创新内容及主要特征：机电一体化设计，人机对话，计算机自动控制；可储存和调用 64 个产品工艺数据，实时显示压力变化曲线；上 2 下 3 模架，能成形具有台阶结构的复杂零件；阴模能上下有控运动，避免特殊形状压制件产生成形缺陷；计算机设定压力上、下限，保证压制品密度和高度一致性。

**RHD-3A 型 3000t/a 钢带式铁粉二次还原炉**

奖项及等级：2005 年度中国机协粉末冶金行业优秀新产品奖　特等奖

获奖单位：宁波东方加热设备有限公司

颁奖部门：中国机械通用零部件工业协会

主要开发人员：丁传毅、王益华、王晓峰

主要技术性能指标：使用温度 1050℃，钢带宽度 1000mm，产量 3000t/a，功率 375kW，耗电量 180kW · h/t，耗气量（分解氨，标态）<$90m^3/h$。

创新内容及主要特征：在吸收引进国外粉末冶金网带加热炉先进技术的基础上，根据国内铁粉生产工艺具体要求，首创钢带传送大型还原炉。使用可靠，产能高，产品质量高，保温性好，能耗低，性价比好，可替代进口设备。

**FS79Z 系列干粉自动成形机及模架**

奖项及等级：2010 年度中国机协粉末冶金行业优秀新产品奖　优秀奖

获奖单位：南通富士液压机床有限公司

颁奖部门：中国机械通用零部件工业协会

主要开发人员：许桂生、许建勋、孙忠武、洪飞、仇桂云

主要技术性能指标：压制力 400～12500kN，模架形式上 1 下 1、上 1 下 2、上 2 下 1、上 2 下 2、上 2 下 2.5、上 2 下 3、上 3 下 3.5，装料高度 60～280mm，工作频率 3～16 次/min，零件重量一致性 ±0.5%，零件高度一致性 ±0.02mm，电机功率 7.5～37kW 适配。

创新内容及主要特征：综合液压传动、气压传动和机械定位多项功能；下缸微调，无级控制装粉高度；液压移粉装置确保上、下台阶高度差大的压坯密度均匀、无断痕；浮动板微调机构对各浮动模冲成形位置进行微调。

**超细粉体材料专用无舟皿带式炉**

奖项及等级：2010 年度中国机协粉末冶金行业优秀新产品奖　优秀奖

获奖单位：湖南顶立科技有限公司

颁奖部门：中国机械通用零部件工业协会

主要开发人员：戴煜、羊建高、谭兴龙、邓军旺、胡祥龙、刘红、周强、刘宴

主要技术性能指标：横截面温度偏差≤±5℃，运行速度 10～50mm/min。

创新内容及主要特征：采用全波纹管炉膛，寿命比常用炉膛高 2～3 倍；保温性好，能耗低，节能 10%～25%；设有快冷装置，保证特殊产品性能要求；温度均匀，适宜处理对炉温均匀性要求严格的超细粉、纳米粉等特殊粉末；采用 PCL 控制，自动化程度高。

# 第五章　缅怀前贤

MIANHUAI QIANXIAN

# 刘鼎同志的高尚品德和卓越贡献永远留在我们心中[1]

航空工业部顾问、第六届全国政协常务委员、中国机械工程学会荣誉理事长、中国机械工程学会粉末冶金学会荣誉理事长刘鼎同志，因病于 1986 年 7 月 25 日 9 时在北京逝世，终年 83 岁。

刘鼎同志 1903 年 12 月 15 日出生于四川省南溪县。1923 年加入中国社会主义青年团。1924 年赴德国勤工俭学，经孙炳文、朱德同志介绍，转为中国共产党党员，是最早在国外学习科学技术的共产党员之一。

早在第二次国内革命战争时期和抗日战争时期，刘鼎同志就参与和领导我军的兵器制造工作。刘鼎同志是我国军事工业的创业者和主要奠基人，他竭尽毕生精力，从事我国军事工业的创业和国防工业的建设，建立了不可磨灭的功勋，在军事工业界和机械工业界享有崇高威望。

刘鼎同志也是我国粉末冶金事业最早、最积极的倡导者和组织者，他为我国粉末冶金工业的兴起和发展做出了重大贡献。

50 年代初期，刘鼎同志组织和支持我国粉末冶金制品包括硬质合金、钨钼丝、触头材料等的科研和生产。在他的倡导和支持下，召开了 1957 年全国第一次粉末冶金工作会议（会上提出研制铁基含油轴承等重大课题）和 1958 年第一机械工业部全国含油轴承推广会议。

1978 年，刘鼎同志不顾年事已高，担任中国机械工程学会粉末冶金学会理事长。他号召粉末冶金战线上的广大工程技术人员，把粉末冶金技术提高到更高一级水平；他鼓励大家为开创粉末冶金在国民经济建设中的新局面献计献策。鉴于刘鼎同志在我国工业界的威望和对粉末冶金事业的卓越贡献，1982 年 1 月中国机械工程学会粉末冶金学会第三届理事会推选他为荣誉理事长。

刘鼎同志积极支持我国第一份公开发行的粉末冶金专业技术刊物《粉末冶金技术》的创刊。他多次听取有关创刊情况的汇报并作出明确指示，亲自参加了 1982 年 2 月《粉末冶金技术》编委会成立会议。刘鼎同志满怀热情题写刊头，发表发刊词。他在发刊词中所强调的面向粉末冶金生产和应用的方针，成为办刊工作的准绳。

---

[1] 本文原载于《粉末冶金技术》，1986，4（4）：封底。由编辑部起草。

刘鼎同志与我们长辞了，全国粉末冶金工作者与全国人民一样，为失去刘鼎同志这样一位六十多年如一日，呕心沥血、任劳任怨为党工作的老同志，为失去一位德高望重、积极扶持粉末冶金事业的老首长而深感悲痛。我们要继承他的未竟事业，为振兴祖国，振兴粉末冶金事业，加倍努力，不断进取！

刘鼎同志的高尚品德和卓越贡献将永远留在我们心中。

［注］ 刘鼎同志的生平介绍见《人民日报》1986 年 9 月 3 日第四版。

## 附录

# 《粉末冶金技术》发刊词[1]

经过全国广大粉末冶金工作者的努力，我国粉末冶金专业第一份公开发行的技术刊物《粉末冶金技术》创刊了，这是我国粉末冶金界的一件大事。

粉末冶金是将材料制造与金属成形结合起来的一门新技术，在 20 世纪获得了迅速发展。它能制造常规冶金方法所不能制造的特殊金属材料，它把金属材料的发展提到一个新的高度，是现代革新冶金工艺、设备，提高金属材料质量和利用率的有效手段；它又是一种精密、高效、优质、低耗、节能的加工工艺，适宜大批量生产某些用一般工艺难以成形和难以加工的零件。粉末冶金产品从普通到高级，以其优异的组织性能和显著的技术经济效果而广泛应用于机械、冶金、化工、电子、仪表、交通运输、采凿钻探、轻纺、日用等工业部门，并且在航空、航天、原子能等尖端科学技术领域中起到相当重要的作用，日益显示出它的优越性。

《粉末冶金技术》是中国机械工程学会粉末冶金学会与中国金属学会粉末冶金学术委员会合办的刊物。它是学会用以促进我国粉末冶金技术发展的重要工具。我们的刊物要面向基层、面向群众，要“从群众中来，到群众中去”，坚决依靠战斗在粉末冶金生产、应用和科研第一线的广大工程技术人员和工人，充分反映他们的意愿和要求，认真总结他们的发明创造和经验，集中他们的智慧，再通过刊物传播到群众中去。这样，我们的刊物就能对科研和生产起到指导作用；同时，也能为用户当好“顾问”，帮助他们正确选择和使用粉末冶金制品。我希望我们的刊物真正成为从事粉末冶金生产、应用、科研和教学的科技人员、设计人员、师生、管理人员和工人的良师益友，而为广大读者所喜爱。

我国粉末冶金事业基本上是解放后发展起来的。经过大约三十年的努力，

---

[1] 本文原载于《粉末冶金技术》，1982，1（1）：1 ~2。

现在已粗具规模，达到了一定的水平。《粉末冶金技术》是在我国粉末冶金事业发展中诞生的，它必然随着我国粉末冶金事业的进一步发展而不断成长壮大。三十年前，我在《机械工人》发刊词中说过，《机械工人》是为工人同志办的杂志，它将协助机械工人同志们学习机械知识，在伟大的工业化工作中发挥带头前进的革命作用，并祝《机械工人》前程远大。现在，我以同样的心情，预祝《粉末冶金技术》为发展我国粉末冶金事业做出贡献，在四化建设中发挥积极的作用。

祝《粉末冶金技术》前程远大！

中国机械工程学会　荣誉理事长
中国机械工程学会粉末冶金学会　理事长

刘鼎 1982，VI，4.

［注］　刘鼎同志参加了1982年2月在北京北纬饭店召开的《粉末冶金技术》编委会成立会议，对刊物性质和办刊方针作出明确指示，指出刊物要当好生产厂的“总工程师”，用户的“顾问”。刘鼎同志的指示与中国机械工程学会秘书长许绍高的意见高度一致，许绍高秘书长指示刊物要以中间（生产技术和应用技术）为主，照顾两头（理论文章和普及文章）。《粉末冶金技术》编辑部根据两位首长的意见起草了《发刊词》，提出了编辑方针的原则。《发刊词》经主编会议讨论，黄培云院长审阅，刘鼎同志修改定稿后署名发表。经主编会议讨论，确定编辑方针为：介绍科技成果，交流实践经验，宣传应用技术，普及基础知识，反映内外动态，发掘培养人才。

# 缅怀章简家同志对我国粉末冶金事业的贡献[1]

机械工业部技术司高级工程师、中国机械工程学会粉末冶金学会理事、中国金属学会粉末冶金学术委员会委员、《粉末冶金技术》编委会委员章简家同志，因病于1983年1月25日18时在北京逝世，终年64岁。

章简家同志出生于浙江省临安县，是我国老一辈的粉末冶金专家。他为我国粉末冶金事业的发展贡献了毕生精力。建国初期，他在牡丹江北方工具厂从事硬质合金的试制和生产。1958年，在一机部参与组织有关生产厂和科研单位进行粉末冶金轴承研制、生产和推广。60年代中期，参与组织硬质合金整体小刀具的研制和生产。特别值得指出的是，60年代初，章简家同志为奠定我国机械系统粉末冶金工业基础做出了重大贡献。当时国家处于困难时期，粉末冶金事业的发展也陷入低谷，面对严重的局面，章简家同志激流勇进，积极扶植一批专业生产厂和研究单位上马，促进我国机械系统粉末冶金生产和科研骨干队伍形成。

章简家同志是中国机械工程学会粉末冶金学会的发起者和组织者之一。1962年初，经他与几位专家和学者共同筹备，成立了中国机械工程学会粉末冶金学会筹委会，并先后被推选担任理事、常务理事、副秘书长等职务。长期以来，他热爱粉末冶金事业，热爱学会，为学会做了大量工作。他善于依靠全国各行各业的粉末冶金工作者，发挥他们的力量，去解决科研、生产和应用中的许多重大问题。

章简家同志也是《粉末冶金技术》的发起者之一。1980年6月，他带病参加了丹东扩大理事会议，经过他和与会者的共同努力，会议作出创办粉末冶金专业刊物的决议；并经他提议，将刊物定名为“粉末冶金技术”。1982年，中国机械工程学会粉末冶金学会和中国金属学会粉末冶金学术委员会聘请章简家同志为《粉末冶金技术》第一届编委会的委员。

章简家同志患病期间，对粉末冶金事业的关心仍丝毫不减，经常接待各地来访同志，详细询问情况，积极提出有益的建议；对关系到粉末冶金发展的重要会议，他总是不辞辛苦，抱病前往。1982年底，正值中国机械工程学会粉末冶金学会成立二十周年暨第四届全国粉末冶金学术年会召开之际，他病重住

---

[1] 本文原载于《粉末冶金技术》,1983,1(4):封底。由编辑部起草。

院，还要求参加会议，并一再表示病愈出院后要为粉末冶金事业继续贡献自己的余年。

章简家同志强烈的事业心，忘我的工作热情，给人们留下了深刻的印象。他为我国粉末冶金事业做出了积极的贡献，赢得了我国粉末冶金界人士的尊敬。他的逝世，使我们失去了一位热心于粉末冶金事业的好干部，失去了一位经验丰富的老专家和学会工作者。

我们沉痛哀悼章简家同志。

# 悼念积极支持我国粉末冶金事业的老干部安性存同志[1]

中国机械工程学会粉末冶金学会名誉理事长安性存同志于 1983 年 10 月 29 日，在北京因病逝世，享年 75 岁。

安性存同志 1908 年生于河北省遵化县。她在第二次国内革命战争时期就开始了革命活动。1930 年参加反帝大同盟，1937 年加入中国共产党，在半个多世纪的岁月中，她为革命事业贡献了自己的毕生精力。

1938 年，在抗日战争的烽火中，安性存同志参加了著名的冀东大暴动。抗日战争期间，曾任河北省蓟县、平西、宛平妇救会主任，宛平县教育科长，平郊前委妇联主任，冀察区党委党校总务科长，冀东区妇联筹委会主任等职。在解放战争时期安性存同志长期从事经济工作，曾任冀东行署十四专区贸易总店经理兼区妇委书记，河北省通县专区供销合作总社主任兼省妇联委员。建国以后曾任中华全国手工业合作总社推销局副局长，第二轻工业部美术局副局长，第二轻工业部供销局副局长，中国轻工学会副秘书长等职。

安性存同志在中华全国手工业合作总社和第二轻工业部工作期间，积极支持我国粉末冶金事业，1966 年被推选为中国机械工程学会粉末冶金学会第一届理事会副理事长。在十年动乱中，安性存同志受到林彪、“四人帮”反革命集团的迫害，身心受到严重摧残和折磨，但仍为我国粉末冶金事业的发展操心费神。当时学会活动被迫停止，安性存同志的家便成了全国粉末冶金工作者的“联络站”和“招待所”。她不惜拿出自己的工资开展活动。1978 年她为恢复学会活动作了大量组织工作。1979 年被推选为中国机械工程学会粉末冶金学会第二届理事会副理事长。在此期间她不顾年事已高，经常乘坐公共汽车或步行，为协商和处理具体事务而奔劳。1980 年 6 月，安性存同志带病主持丹东扩大理事会议，这次会议作出了创办《粉末冶金技术》刊物的决定。1982 年 2 月在《粉末冶金技术》编辑委员会第一次会议上，安性存同志作了热情洋溢的讲话，鼓励大家克服困难，齐心协力办好刊物。在 1982 年中国机械工程学会粉末冶金学会成立二十周年暨第四届全国粉末冶金学术年会上，她被推选为名誉理事长。安性存同志对党无限忠诚，对革命事业勤勤恳恳，兢兢业业。她艰苦朴素，平易近人，密切联系

---

[1] 本文原载于《粉末冶金技术》，1984，2（1）：封底。由编辑部起草。

群众，爱护知识分子，她把晚年贡献给我国包括粉末冶金在内的科学技术事业，深深赢得全国广大粉末冶金工作者的拥护和爱戴。她的逝世使我国失去了一位积极支持和热爱粉末冶金事业的老干部。

安性存同志和我们永别了，让我们继承她的事业，为我国粉末冶金事业的发展而奋斗。

安息吧，安性存同志！

# 悼念我国粉末冶金事业先驱仇同高级工程师[1]

中国机械工程学会粉末冶金分会荣誉理事、《粉末冶金技术》期刊顾问、江苏省机械工程学会粉末冶金分会荣誉理事长仇同高级工程师，因病于1994年9月7日10时10分在南京逝世，终年81岁。

仇同先生1913年生于南京，1936年毕业于金陵大学化工系。抗日战争期间从事兵工生产。1949年在上海利培化工厂从事稀有金属冶炼工作。1950年应东北招聘团之聘至辽宁，任锦州合成厂钴接触剂原料处理车间主任。1951年调至大连钢厂，历任车间副主任、中心试验室主任等职，直到1976年退休。

仇同先生一生勤勤恳恳，兢兢业业，有强烈的责任心和使命感，戮力为国家和民族的繁荣昌盛奋斗而矢志不渝。早在抗日战争期间，他为我国作为钨资源大国却要进口钨制品的局面所激愤，乃毅然改行从事钨粉试制，于1941年参与建成由钨砂提取钨酸制成钨粉的生产线，为坩埚熔炼高速钢提供原料。1949年，为寻找我国稀缺金属钴的资源，不辞辛苦奔赴江西钴矿作实地考察。为发展我国硬质合金工业，自1952年起致力于大连钢厂硬质合金车间建设。在极其艰难的条件下，以自力更生精神，与人合作完成重工业部下达的硬质合金车间技术改造的三项任务，率先在国内试制成功钨钛鈷合金并于1954年投产。文化大革命中虽身心遭受极大摧残，但初衷不改，精神未减。1979年回原籍南京居住，为江苏省粉末冶金行业发展而奔走于大江南北，悉心为企业作技术指导；并时刻关心全国粉末冶金事业发展动向，为之献计献策，提出很多有见地的建议。已是耄耋之年，仍积极主动发挥余热，直到生命最后一息。仇同先生为开创和发展我国粉末冶金事业付出了毕生心血，不愧为我国粉末冶金事业的先驱。

仇同先生也是我国粉末冶金学会发起人之一，为创建和发展学会做出贡献。1962年，任中国机械工程学会粉末冶金学会筹委会副主任委员；之后，历任学会常务理事、荣誉理事等职务。1982年《粉末冶金技术》期刊创刊，历任编委会副主编和顾问，并曾在编辑部指导工作。仇同先生还先后被推选为江苏省机械工程学会粉末冶金分会理事长和荣誉理事长。

仇同先生胸怀坦荡，澹泊明志，勤于钻研，乐于助人，堪称科技人员的楷

[1] 本文原载于《粉末冶金技术》，1994，12（4）：封底。由编辑部起草。

模，为后辈所敬仰。人们将永远怀念这位可敬可亲的老前辈。

［注］　仇同先生去世后，江苏机械工程学会粉末冶金分会与中国机械工程学会粉末冶金专业学会即着手筹划为先生建墓立碑，由王金泉、张宏才操办，李祖德撰拟碑文，南京粉末冶金专用设备厂出资。碑文如下：

仇同（1913～1994年），高级工程师，生、卒于南京。1936年毕业于金陵大学化工系。1937～1976年先后在兵工署燃料试验所、上海交通银行、利培化工厂、锦州合成厂和大连钢厂任职。1940年起从事粉末冶金科技工作，是我国粉末冶金事业的先驱，粉末冶金学会发起人之一。为弘扬先生开创和发展我国粉末冶金事业的卓著功绩，铭文记之，以昭后世。

中国机械工程学会粉末冶金专业学会
江苏机械工程学会粉末冶金分会
1994年9月11日

# 怀念积极倡导发展我国粉末冶金工业的蔡叔厚同志[1]

蔡叔厚同志曾任上海市第一机电工业局副局长，上海市科学技术协会委员，上海市人民代表大会一至五届代表，上海市民主建国会常委，中国机械工程学会粉末冶金学会筹委会及第一、二届理事会副理事长，上海市机械工程学会副理事长等职务。在十年浩劫中，蔡叔厚同志遭受林彪、“四人帮”反动路线的迫害，不幸于1971年5月6日在北京逝世，终年73岁。1979年得以平反昭雪。

蔡叔厚同志1898年2月25日生于浙江省诸暨县。早年毕业于浙江工业学校，后留学日本，攻读电机工程，在机电学科方面造诣很深。1925年回国后致力于发展实业，先后创办绍敦电机公司和中国电工企业公司，任经理兼总工程师，是我国第一个霓虹灯制造者。抗日战争期间，在重庆创办工矿建设公司。抗战胜利后，在上海创办华孚实业公司和华丰铁工厂。

蔡叔厚同志1927年加入中国共产党，早在北伐战争时期就从事革命工作。抗日战争和解放战争期间，蔡叔厚同志在经营工商业的同时，从事地下活动，为人民做了很多有益工作。

新中国成立初期，蔡叔厚同志历任上海市公用局副局长、上海市建设规划局副局长和上海市第一机电工业局副局长。1960年，他开始主抓上海市的粉末冶金工业。在发动机气门导管和汽车弹簧销钢板衬套等铁基粉末冶金零件研发工作中，他教导工作人员对待科学要有实事求是态度；他组织工作人员深入实际，在上海市公交公司10辆巨龙型公共汽车上取得第一手使用试验数据，并组织技术鉴定。该项目被国家经委新技术推广局列为1963年双项新技术推广项目，对开创我国发展铁基粉末冶金零件的新局面起到积极作用。

蔡叔厚同志十分重视学习国外先进技术和经验。1964年，他设法购进瑞典Höganäs铁粉手册，在筹建上海粉末冶金厂中，为工艺设计、模具设计、制定产品技术标准等技术工作提供参考和依据，并为全国粉末冶金机械零件厂提供了一份重要参考书。

1964年至1966年期间，蔡叔厚同志在上海市积极开展推广少切削、无切削

---

[1] 本文原载于《中国机械工程学会粉末冶金专业学会成立二十五周年纪念暨第五届学术会议论文集》，1987，南京：493。由上海电工合金厂宋文圭、上海粉末冶金厂徐联华供稿，《粉末冶金技术》编辑部修改。

新工艺和新技术，扩大硬质合金应用范围、实现工具硬质合金化等项活动。1964年，根据上海市生产技术局、上海市工业生产委员会的规划，筹建上海粉末冶金厂和上海硬质合金厂。蔡叔厚同志积极组织、协调建厂中的各项具体工作，从铺设煤气管道、电力供给、道路拓宽的设计和施工，到专用压机的设计制造、隧道窑和烧结炉的设计和试生产，他都亲自过问。他强调自力更生，提倡勤俭办企业，尽量少花外汇。在两厂筹建期间，他虽年过花甲，仍不顾严寒酷暑，每逢星期四就清早步行下厂，参加劳动，并为现场解决不少难题。

蔡叔厚同志热爱党，热爱祖国，热爱社会主义，兢兢业业从事机电工业数十年，对工作认真负责，一丝不苟，为发展我国粉末冶金事业做出重要贡献。通过他的努力，为摸索中国式发展粉末冶金工业的道路，积累了宝贵的经验。蔡叔厚同志生活勤俭朴素，以身作则，平易近人，特别关心年青一代粉末冶金工作者的成长。我们缅怀蔡叔厚同志，对这位和蔼可亲老人的音容笑貌仍记忆犹新，对他的谆谆教导牢记在心，终身不忘。我们要坚决继承他的遗志，努力为发展我国粉末冶金事业而奋斗。

# 缅怀孙立同志对我国硬质合金事业的贡献[1]

孙立同志系湖南桃源县人，生于1920年，1942年入中山大学学习物理。大学期间，积极参加和领导学生运动。1946年毕业前夕，被迫离校。同年10月加入中国共产党，至粤桂湘边区中共五岭地委工作。湖南解放后，历任桂东县人民政府秘书科长，资兴县人民政府副县长、县长、中共资兴县委副书记、书记。1954年6月调株洲硬质合金厂工作，先后任计划科长、生产技术科长、副总工程师、副厂长兼总工程师等职务。1962年，当选为中国机械工程学会粉末冶金学会筹委会委员。1964年5月突然病逝，终年44岁。

1958年开工投产的株洲硬质合金厂，其规模在世界硬质合金厂中名列前茅。当时苏联提供的生产技术是一套崭新的技术。作为生产副厂长兼总工程师，孙立同志为消化吸收这套生产技术，付出了艰辛和劳累，卓有成效地完成了大量组织管理工作。他根据苏联提供的生产工艺制度、技术条件，结合到苏联实习学到的知识，组织编写了一整套适合中国具体情况的详细的工艺规程。这套基础文件后来扩散到全国并一直沿用至今。根据当时国防军工的需要，他领导建立了我国第一个钽铌冶炼车间，为我国发展钽铌冶金事业打下了良好基础。

孙立同志有着严格的科学态度，积极改进不合理的规章。株洲硬质合金厂开工第一年便对苏联工艺规定作了两项重大改进：一是将湿法冶炼中的除硅工序与除磷除砷工序合并成一道工序；二是降低硬质合金原料碳化钨的总碳含量，使刀具切削试验耐用度系数几乎提高1倍。孙立同志面对苏联工艺的权威性，坚持以客观事实为根据，排除各种困难和障碍，实现了既定目标，并得到苏联专家的肯定。60年代国民经济调整时期，孙立同志为贯彻国营工业企业“七十条”，协助厂长做了大量工作，组织制订各项管理规章制度累计百万字以上。通过这些规章制度的贯彻执行，提高了全厂的管理水平。

孙立同志对新事物高度敏锐，他积极组织试制YG6X、YW1和YW2等新牌号硬质合金，有效扩大了苏联原设计牌号系列的应用范围。新牌号硬质合金很快推广应用，在国家经济困难时期，顶替了国家亟需的某些进口合金牌号，节约了外汇。

---

[1] 本文原载于《中国机械工程学会粉末冶金专业学会成立二十五周年纪念暨第五届学术会议论文集》，1987，南京：495。由株洲硬质合金厂张荆门供稿，《粉末冶金技术》编辑部修改。

孙立同志有明确的为用户服务的思想。他支持成立了技术推广科这个专为用户服务的机构。他建立了技术情报科，搜集、编译、整理国内外有关科技情报资料，倡议出版发行内部刊物《硬质合金》和《硬质合金实用技术经验交流》，及时报道研究成果，推广先进经验，指导用户正确使用。这些工作和活动使株洲硬质合金厂成为全国技术情报服务中心。

孙立同志特别注意技术人员的培训，组织多种方式，提高技术人员的理论知识水平和解决生产实际问题的能力。他本人虚心好学，孜孜不倦。1955 年在苏联学习期间，尽管配备了翻译，但他仍刻苦学习俄语。1964 年，我国组团参加国际粉末冶金会议，冶金部决定由他带队，为提高交流能力，他日以继夜学习英语，每天 11 小时。不幸就在临行前夕，突发心脏病逝世。在他心脏停止跳动的时刻，手里仍然拿着英语书。

孙立同志的一生是光辉战斗的一生，他对工作勤勤恳恳，兢兢业业。无论多么忙碌，他总是事必躬亲，深入实际，一丝不苟；他廉洁奉公，以身作则，从不占公家的便宜；他诚恳待人，和蔼可亲，从不摆架子。孙立同志英年早逝，是我厂也是我国粉末冶金事业的重大损失。孙立同志的思想品德和工作生活作风是我们的楷模，他的形象深刻印在我们心中。缅怀前辈的业绩，会更加激励我们继续奋斗。

# 纪念我国粉末冶金界的老前辈刘国钰先生[❶]

刘国钰先生1917年10月1日生于四川省井研县，1942年毕业于重庆大学矿冶系，留校任助教。1950年5月，应东北人民政府西南招聘团之聘北上长春，在东北科学研究所任助理研究员。次年调往东北科学研究所大连分所。1952年调至中国科学院金属研究所，历任车间主任、研究室主任、副总工程师等职。1987年9月5日病逝，终年70岁。

刘国钰先生从事冶金和粉末冶金研究，凡三十余年，鞠躬尽瘁，做出了重大贡献。他是我国硬质合金最早的开拓者之一。1952年，由他担任大连分所方面的负责人，与大连钢厂仇同先生等人组成工作组，合作研制硬质合金。经过两年多的攻关，提高了钨钴合金的质量，而且在国内首先试制成功钨钛钴合金并投入生产，满足了建国初期工业生产的急需。中国科学院东北分院对刘国钰先生的出色工作作出表彰。

1954年，刘国钰先生任中国科学院金属研究所冶化车间主任，他艰苦创业，建立了高频真空炉，成功冶炼出耐热合金钢。1958年起，任研究室主任，先后研制出铁、镍、钴、钼、钛、铌等纯金属粉料。1965年，承担16Mn钢中稀土元素作用机理的研究工作，与鞍钢合作在生产中应用取得良好效果。十年动乱中受到冲击，1971年在政策尚未完全落实的情况下，提出盐酸水冶法制备纯铁粉的技术方案，并亲自参与实践，在完成试验室探索后于1974年进行工业模拟试验，制出合格铁粉，1981年通过鉴定。

刘国钰先生是沈阳市人民政协委员。作为九三学社早期成员，他一贯积极参加学社各项活动。刘国钰先生热心于学术活动，曾担任中国金属学会粉末冶金学术委员会委员、《粉末冶金技术》期刊编委、辽宁省粉末冶金学组副组长、辽宁省粉末冶金学会名誉理事长等职。

刘国钰先生对工作认真负责，任劳任怨；为人朴实厚道，诚恳爽直，待人宽，责己严。十年动乱中身心受到严重摧残，几度死而复生，但他胸怀旷达，不计个人恩怨。刘国钰先生的高尚品德和在我国粉末冶金事业中的建树，都值得我们敬仰和缅怀。

---

❶ 本文原载于《中国机械工程学会粉末冶金专业学会成立二十五周年纪念暨第五届学术会议论文集》，1987，南京：497。由中国科学院金属研究所王崇琳、谭丙煜供稿，《粉末冶金技术》编辑部修改。

# 悼念我国粉末冶金学科奠基人黄培云院士

中国共产党优秀党员、中国工程院资深院士、国家一级教授、中南大学学术顾问、原中南矿冶学院副院长、原湖南省科协主席黄培云院士，因病于2012年2月6日在长沙逝世，享年95岁。

黄培云院士1917年8月生于福建省福州市。1934年以优异的成绩考入清华大学化学系。大学期间，他关心国事，积极参加爱国救亡运动。1935年在北京参加了学生抗日救亡运动。1937年抗日战争全面爆发，清华大学与北京大学、南开大学先迁至长沙组成长沙临时大学，随后迁至昆明改称西南联合大学。1938年2月，他参加由闻一多等著名教授率领的步行团并担任第五分队队长，从长沙出发，历时两个多月，风雨兼程，到达昆明。1938年9月毕业后留校任金属研究所助教。1941年考取第五届庚款留美研究生，同年赴麻省理工学院深造，1945年毕业获科学博士学位。1946年底，偕同夫人回国。1947年春，受聘于武汉大学任矿冶系系主任。1949年4月，参加党的外围组织新民主主义教育协会。1958年3月，加入中国共产党。1982年，当选为中共十二大代表。1983年任湖南省科协主席。1994年，当选为中国工程院首批院士。

黄培云院士是国际著名的金属材料和粉末冶金专家和教育家，是我国有色金属高等教育开拓者和粉末冶金学科奠基人。先后任中南矿冶学院副院长、中国科学院矿冶研究所副所长、中南工业大学学术委员会主任委员和中南大学学术顾问。20世纪50年代，他参加中南矿冶学院筹建工作，并领导创办我国第一个粉末冶金专业，于1956年为我国输送了第一批硬质合金专业毕业生。60年代初期，他招收并指导我国第一批粉末冶金专业研究生；80年代，培养出我国第一批粉末冶金专业博士。经他培养的硕士生和博士生有30余名。他主编的《粉末冶金原理》是我国粉末冶金专业经典教材，1986年获部级优秀教材一等奖，1987年获国家教委全国高等学校优秀教材奖。1960年他创办的新材料研究室是我国第一个粉末冶金研究机构。1979年，中南矿冶学院成立粉末冶金研究所，他兼任所长。在长达半个世纪的科研生涯中，黄培云院士领导研制成功用于核能、航天、航空、电子等领域的多种粉末冶金新材料，并在粉末冶金基础理论研究方面取得突出成就。

多年来，黄培云院士及其同事和学生共完成国家重点科研项目近300项，其中获省部级以上奖励近40项，获国家级重大奖励7项，为我国原子弹、导弹、人造卫星、雷达等国防尖端武器提供多种关键材料。60 年代初期，新材料研究室承担黄培云院士领导和参加的国家重大科研项目“浓缩铀分离膜研究”，获 1985 年国家发明奖一等奖。黄培云院士创立“烧结过程综合作用理论”，得到国内外学者广泛承认。60 年代中期到 80 年代初，黄培云院士提出“双对数粉末压制理论”，被湖南省科技厅列入 1989 年十大科技成果，并得到国际粉末冶金界高度评价，称之为“黄氏粉末压制理论”。他是国际上最先采用流变学理论研究粉末压制过程的学者之一，所提出的“粉末体应变推迟”、“应力松弛”、“粉末变形弛豫”及“粉末非线性流动模型”等一系列新概念和新理论，对粉末冶金学科理论发展有着巨大影响。80 年代中期以来，黄培云院士领导了合金设计和相图计算的研究工作，提出了非规则熔液活度系数计算模型和用二元系参数计算三元系参数的模型与方法，以及多级快速凝固制取非晶、准晶和微晶金属粉末的方法与理论。他主持的项目“快速凝固粉末及其材料的制备原理和技术的研究”获 1990 年国家教委科学技术进步二等奖。他作为主要研究人员的项目“无机相图测定及计算的研究”获 1991 年国家自然科学三等奖。

作为中国工程院院士，黄培云院士一直热心支持工程院的各项活动。多次参加化工、冶金及材料学部的学术年会，积极建言献策。他不顾年事已高，亲临鞍钢、郑铝等企业现场，参与“院士行”咨询活动。2002 年，黄培云院士荣获中国工程院第四届光华科技奖。

黄培云院士先后担任中国金属学会和中国有色金属学会的理事、常务理事和副理事长，中国金属学会粉末冶金学术委员会主任委员，中国有色金属学会粉末冶金暨金属陶瓷学术委员会主任委员，中国机械工程学会粉末冶金学会副理事长等职务，为繁荣我国粉末冶金学术活动做出了重大贡献。

黄培云院士毕生执著追求科学真理，历尽艰辛而矢志不渝，是我国粉末冶金事业的开拓者和奠基人，是我国材料学科和粉末冶金学科的一代宗师。他从教一生，传道授业解惑，为国家培养了大批人才，可谓桃李满天下。黄培云院士学识渊博，学风谨严，待人诚恳宽厚，和蔼可亲，深受学界同仁及晚辈敬仰和爱戴。

黄培云院士永远活在我们心中，鼓励我们为我国粉末冶金事业发展继续奋斗！

中南大学粉末冶金研究院　赵慕岳

2014 年 8 月

# 缅怀申城三老[1]

2013年，上海三位粉末冶金界老前辈仲文治、金大康和谢行伟相继于1月、2月、11月驾鹤西去，一年里，我们痛失三位敬爱的良师益友。三位老先生是我国粉末冶金事业的开创者和奠基人，他们对我国粉末冶金事业的兴起和发展做出了不可磨灭的贡献。

申城三老是上海粉末冶金事业的开创者，也是我国粉末冶金事业的开创者。他们把毕生献给国家，为创建和发展我国粉末冶金事业呕心沥血，他们的功绩将永载史册。他们是德高望重的长者，深受学界和业界同仁与晚辈的仰慕和爱戴。

仲老1916年3月生于浙江省嘉兴市，1936年毕业于上海交通大学化学系。1947年进入资源委员会材料供应事务所试验室工作。仲老于50年代初参与上海材料研究所筹建，是上海材料研究所奠基人之一。他爱岗敬业，尽职尽责，1955年被评为“上海市劳动模范”，1956年荣获“全国机械工业先进生产者”称号，出席全国机械工业先进生产者大会，光荣受到毛主席、党和国家领导人的接见。1957年该所成立粉末冶金研究室，仲老历任负责人、副主任、主任，直至1986年4月退休。1957年负责“还原铁粉和电解铁粉制造”的研究课题，及“粉末冶金检验方法与技术条件”的制订。1958年，他参加了全国含油轴承大会。60年代初，从当时我国铁粉生产技术实际出发，为解决粉末冶金机械零件生产“缺粮”问题，积极进行“铁鳞-木炭分层装罐还原制造铁粉”产业化和推广应用。1962年一机部审查通过他主持提出的《粉末冶金技术标准试行检验方法及技术条件（草案）》，是我国粉末冶金机械零件工业第一份标准。他负责的“石油、矿山三牙轮齿轮钻头用粗晶粒硬质合金材料研究”获全国和上海市科技大会奖。他主编了《粉末冶金译丛》，主持翻译了《模具手册》。他领导的粉末冶金研究室和他本人的研究成果，是对我国粉末冶金技术发展的重大贡献。

金老于1926年7月生于北京市，原籍江苏省苏州市。1943年考入上海大同大学化工系。1945年加入中国共产党，进行地下活动。1953年调入中国科学院上海冶金研究所，在研究工作中历任研究实习员、助理研究员、副研究员、研究员，党政工作中历任研究室副主任、副书记、研究所党委书记等职。1954年从事“特种电阻丝”研制，出色完成中央军委紧急援朝任务。60年代，作为主要

[1] 本文原载于《粉末冶金技术》，2014，32（6）：472～473。

负责人之一，在短期内合作研究成功“甲种分离膜”，为我国第一颗原子弹研制成功做出重要贡献，项目荣获1984年国家发明一等奖和1985年国家科技进步特等奖。70年代初，在中央军委紧急援越项目“铝合金防弹衣研制与生产”中，担任上海会战组技术副组长，项目获1978年全国科学大会奖和中国科学院重大科技成就奖。1973年，负责完成“高可靠性集成电路用封装材料和工艺”的研究，项目于1980年分别获中国科学院和上海市重大科技成果二等奖。1987年离休后参加“静电复印用载体”、“高精度薄膜用合金粉”、“吸波隐身材料用粉”和“汽车空调器用低熔点防爆合金”等项目的研究工作。金老一生为创建和发展我国粉末冶金科研和工业卓有建树。1959年被授予“上海市青年红色突击手”、“上海市青年社会主义建设积极分子”及“全国青年建设积极分子”称号；1977年被评为“上海市先进科技工作者”；1982年被评为“上海市劳动模范”。1993年被评为“上海市老有所为精英”和“中国科学院老有所为先进个人者”。曾当选为中国共产党上海市第二、三届党代会代表和中国共产党第十二届代表大会代表。

谢老1927年8月生于浙江省绍兴市，1950年毕业于浙江之江大学（现浙江大学）机械系。工作伊始，谢老就投身于我国粉末冶金机械零件工业的创建，是开发铜基含油轴承、铜基过滤器、铜基摩擦片、雾化青铜粉和雾化球形青铜粉、雾化铁粉、钟罩式加压烧结炉，及压机自动化技术的先行者。1952年，他与朱建霞在上海中国纺织机械厂用青铜锉屑制造出的铜基含油轴承，是我国第一件粉末冶金机械零件。1953年，研制成功雾化青铜粉并用这种粉末制成含油轴承。1955年，研制成功雾化球形青铜粉并用这种粉末制成过滤器。1956年，设计制造出钟罩式加压烧结炉，研制成功粉末冶金铜基干式摩擦片。1957年，研制成功还原铁粉、雾化铁粉和铁基含油轴承。1958年，参加了全国含油轴承大会。1959年开始，将多台冲床式压机实现自动化，极大地提高了生产效率，并在全国推广，为加速和扩大粉末冶金零件应用提供条件。所提出的粉末冶金含油轴承标准和指导性文件，1963年由纺织工业部颁布，是我国第一份粉末冶金机械零件产品标准。谢老爱厂敬业，踏实肯干，积极创新，1962年被评为“上海市劳动模范”，1965年被评为“上海市先进工作者”。1966年毅然响应国家号召，支援内地建设，赴湖南常德纺织机械厂工作，筹建该厂粉末冶金车间，为发展我国中部地区粉末冶金事业做出贡献。

三位老前辈都积极关心和参与全国粉末冶金学术活动。1962年，中国机械工程学会粉末冶金学会筹备委员会成立，仲老任副秘书长，谢老任委员。1966年粉末冶金学会成立，在历届理事会中，仲老当选为第一、二、三届副秘书长和第四届荣誉理事，谢老当选为第一、二、三届副秘书长和第四届理事，金老当选为第一、二、三届理事和第四届副理事长。1982年，我国第一份公开发行的粉末冶金刊物《粉末冶金技术》创刊，三位元老担任编委。《粉末冶金技术》上以金老论文为开篇发起的“如何提高我国还原铁粉质量”的专题讨论，为我国铁粉业澄清了认识，总结出提高产品质量的可行方案，直接为发展铁粉生产贡献正能量。1959 年由三老创建的上海市机械工程学会粉末冶金学组，是我国第一个粉末冶金学术组织，为发展上海市和全国粉末冶金事业做出重要贡献。50 年代，他们通过学组为上海粉末冶金厂和上海硬质合金厂拟定建厂方案提出了重要建议。2004 年，上海粉末冶金学协会隆重举办“仲文治先生九十华诞和金大康先生、谢行伟先生八十华诞”庆典，上海市政协领导和学会、协会领导，以及全国粉末冶金界知名人士到会祝贺并致辞，表达了对三位前辈的深厚感情。

我们与申城三老相处岁月逾越半个世纪，在学术活动和业务活动中，多次得到他们宝贵的教诲，深感三老堪为我辈楷模。他们以丰富的学识、深厚的功底，引领我国粉末冶金科技人员提高业务水平。他们襟怀坦荡，作风正派，积极进取，谦虚和蔼，诚恳热情。我们永远怀念他们，怀念三老兢兢业业的敬业精神，儒雅不俗的修养，以及澹泊明志、为而不恃、从不居功自诩的高风亮节。我们深感：

三老相邀乘鹤去，音容笑貌亦如兹；
释疑何处询益友？解难无门问良师。

中国机械工程学会粉末冶金专业学会 原第四届理事会
理事长　黄勇庆　　副理事长　李　策
秘书长　李祖德　　副秘书长　吴菊清
2014 年 8 月

# 悼念我国粉末冶金教学事业开创者徐润泽教授

我国粉末冶金教学事业开创者之一、我国粉末冶金学界资深学者、中南大学徐润泽教授于 2015 年 5 月 11 日在长沙因病与世长辞，终年 87 岁。

徐润泽教授于 1928 年 11 月生于湖南临澧。1950 年考入国立湖南大学矿冶工程系；1952 年 11 月随全国高等学校院系调整转入中南矿冶学院。1953 年 8 月以优异成绩毕业于中南矿冶学院有色金属专业，留校任教终生。1956 年 9 月～1957 年 8 月，徐润泽教授受学校委派至上海外国语学院进修俄语，学成返校担任苏联专家翻译。1962 年 1 月～1979 年 12 月，任特种冶金系粉末冶金专业课主讲教师。1962 年 4 月晋升讲师，并担任粉末冶金教研室副主任。1980 年 1 月～1981 年 12 月任特种材料系粉末冶金教研室主任，1980 年 12 月晋升副教授。1982 年 1 月，在中南矿冶学院粉末冶金研究所（现中南大学粉末冶金研究院）任职。他在 1983～1985 年三年间，创造了课堂教学 2823 学时的记录，年均裸课时 941 学时。1985 年晋升教授。由于徐润泽教授在粉末冶金专业教学中不可替代的作用，学校将其退休延迟至 1991 年 9 月。徐润泽教授将其一生献给讲坛，学校和广大师生充分肯定徐润泽教授的辛勤劳动，1962 年、1974 年、1985 年学校授予他“先进教育工作者”光荣称号，1982 年、1984 年学校为他颁发“教学优秀奖”。

徐润泽教授为粉末冶金界奉献了大量专著，为社会留下珍贵的财富。他是编著我国粉末冶金经典教材《粉末冶金原理》（1982 年版）的主要参与者，主编和编译了《粉末冶金》、《粉末冶金基础》、《铁基粉末冶金材料及其热处理》、《粉末冶金结构材料学》、《粉末冶金电炉设计》、《现代摩擦材料》以及《汉英德法俄日粉末冶金词典》等专著、译著和工具书。徐润泽教授承担了多项科研项目，发表论文二十余篇，广泛涉及粉末冶金材料组成、性能机理、工艺条件等方面的深入研究，以及粉末冶金学科和技术动态评论。由他牵头的国家攻关项目“硬质合金小能量多次冲击性能及其断裂机理的研究”，得到国家有关部门的奖励。徐润泽教授曾担任中国机械工程学会粉末冶金专业学会理事、湖南省机械工程学会粉末冶金学会理事长及《粉末冶金技术》编委和副主编，为发展我国粉末冶金学术事业做出贡献。

徐润泽教授在政治上追求进步，为人表率。早在建国前便投身于新中国解放事业，于 1949 年 4 月加入中共外围地下组织“中华民族解放先锋队”。1951 年加入中国新民主主义青年团。1953 年留校任教时担任学生团支部书记和政治辅导员。1986 年 1 月，已 58 岁的徐润泽教授光荣加入中国共产党。1991 年、1998 年、2011 年，学校党委授予他“优秀共产党员”光荣称号。徐润泽教授曾当选为湖南省政协第四、五、六届委员。

徐润泽教授对发展我国粉末冶金事业做出重大贡献。桃李满门，弟子莘莘悉教诲；著作等身，文章累累精雕琢。他的门生如今已构成我国粉末冶金领域研发、生产和教学的栋梁，遍布相关部门和行业。他的著作是粉末冶金科技人员必备书籍，成为粉末冶金基础知识宝库中的重要典藏。

徐润泽教授品德高尚，终生呕心沥血，默默奉献，从不懈怠，更无名利私念，是我们的楷模。作则以身孚众望，当轴处要不骄浮；流年似水无声去，有口皆碑大业留。斯人已去，功绩犹存。安息吧！徐润泽教授，我们永远怀念您。

中南大学粉末冶金研究院　　赵慕岳
中国机械通用零部件工业协会
粉末冶金分会专家委员会　　李祖德
2015 年 8 月

［注］ 徐润泽教授 2014 年 7 月 1 日为本书起草了序言，不料本书未及出版，他却驾鹤西去，这篇序言竟成其绝笔。

# 第六章　书　评

SHU　PING

# 一本内容丰富而又实用的专著——介绍《钢结硬质合金》❶

大凡粉末冶金方面的书籍在国内总是先有译本，然后才有我们自己的编著问世。但是，这种惯例近年来已被逐渐打破。这固然是我国粉末冶金事业发展的结果，但也与出版界的有关同志善于审时度势分不开。这里所介绍的由株洲硬质合金厂编著、冶金工业出版社新近出版的《钢结硬质合金》一书，便是其中一例。本书是在没有任何国外“范本”的情况下撰写的。作者对国内同时并存的碳化钛基和碳化钨基两大钢结硬质合金系列作了全面的总结，基本上将我国二十年来在钢结硬质合金研究、生产和应用所取得的成果汇于一集。以此作为本书的第一个特点，我想是恰当的。

本书共十章。第一章介绍了钢结硬质合金的特点，并综述了国内外概况。第二、三章简要叙述了钢结硬质合金生产原理、工艺、操作和设备。钢结硬质合金的生产与硬质合金基本相似，但本书有关内容未与同一作者厂编著的《硬质合金的生产》一书相重复。第四章分类介绍了钢结硬质合金的成分、组织和性能，并提供了大量有价值的图表。第五章根据金属学原理阐述了钢结硬质合金的热处理特性，总结了具体的工艺操作，并简要介绍了作者对于渗硼处理的研究结果。第六~八章介绍了钢结硬质合金毛坯锻造、切削加工、电加工、冷变形加工、超声波加工以及各种组合连接。这三章几乎全部是实践工作的总结。第九章介绍了钢结硬质合金的应用，所列举的大量实例充分说明了钢结硬质合金在工具、模具、量具、卡具、耐磨机器零件等方面应用的优越性。第十章简要报道了颇有价值的钢结硬质合金表面涂覆技术。书后附录列出了国外钢结硬质合金牌号，便于读者查阅。总之，本书内容丰富而实用，无论是生产者还是用户，都能从书中查到所需要的资料，得到有益的启示。这方面，可以说是本书的第二个特点。

至于第三个特点，则在于本书的内容突出了关于加工技术和应用技术的章节，其篇幅约占全书的54%。这样做符合用户显著多于生产者，而且大多数用户对钢结硬质合金还不甚了解的客观现实。当前，发展钢结硬质合金的关键就是要在推广应用中不断打开新局面，而本书在篇幅比例上的安排，正好说明作者和编辑抓住了问题的症结所在。

---

❶ 本文原载于《粉末冶金技术》，1983，1(3)：63。署名：李祖德。

而且，这些关于加工技术和应用技术的经验总结，竟出自生产者之笔，这不能不说是本书的第四个特点。这个特点与其说现于书中，毋宁说隐于书后。作者都是多年从事钢结硬质合金材料研究和生产的中年科技人员，从本书对钢结硬质合金的金属学和粉末冶金学问题的论述水平看，他们确是这方面的行家里手。以此为基础，他们深入到加工和应用实际，与用户密切合作，与同行广泛交流。正是这样，才得以搜集到大量实践经验汇入书中。无疑，这是难能可贵的。

末了，说几句题外的话。钢结硬质合金是介于硬质合金与工具钢之间的一种中间材料，在一定程度上它兼具两者优点。然而，正因为它夹在两大材料系列之间，结果造成它既要与硬质合金竞争，又要与工具钢包括新型的冶炼钢和粉末冶金工具钢竞争的格局。因此，为了与这种局势相适应，钢结硬质合金必须在质量、成本、工艺控制、加工技术、应用技术等方面不断取得突破。以烧结为例，由于钢基体所占比例很高，而烧结又是在大量钢基体呈液相的情况下进行的，因此这一工序很难控制，以致严重影响到烧结成品率和烧结品质量。只有解决了诸如此类的重要问题，才能使钢结硬质合金具有强大的竞争能力而跻于优良工程材料之列。

作为本书的热心读者，我通读了全书，受益匪浅。我为我国有了全面论述钢结硬质合金的专著而感到欣慰。这样一本内容丰富而又实用的好书，值得向有关工程技术人员和工人推荐。

# 良工博采，意在开发
# ——《粉末冶金机械零件》简介[1]

韩风麟高级工程师编著的《粉末冶金机械零件》即将出版。这部80万字的专著，主要是为粉末冶金机械零件用户的工程设计人员编写的。国内外粉末冶金专著已经不少，而且新著陆续不断出现，但是关于粉末冶金机械零件设计的专著，似乎还没有见到。苏联 И. М. Федорченко 所著《Композиционные спеченные антифрикционные материалы》一书（1980年），详细介绍了各种减摩材料的组成、工艺及原理，唯独缺少零件设计方面的内容；同一作者的另一专著《Современные фрикционные материалы》（1975年）也是如此。所以，本书的出版正好弥补了这方面的不足；而且，使粉末冶金早期专著（例如 R. Keifer 和 W. Hotop 的专著《Sintereisen und Sinterstahl》，1948年）问世以来的粉末冶金著作（硬质合金除外）面向用户迈出了可贵的一步。

本书介绍了三类粉末冶金机械零件的材料、设计原理、使用及有关理论，还介绍了粉末冶金制品的生产过程及其在机械制造工业中的作用，内容详细全面。第一篇介绍了粉末冶金机械零件的生产过程，主要涉猎许多实际有用的资料，而不同于一般教科书。第二~四篇是本书的主体，分别介绍了结构零件、减摩零件和摩擦零件的设计原理、材料及使用特性，为设计人员提供了所需资料，起到了“手册”的作用。在有关材料的章节中，不但介绍了成分、性能和组织等方面的特点，还收集了国内外许多材料标准。在关于设计的章节中，则以典型零件为例，介绍了设计原理、零件的合理形状结构、使用条件以及对材料的要求。作者对有关理论的介绍不落俗套，没有重复教科书和某些专著的内容，而是采用“横向联合”的方式，从零件设计和使用的实际需要出发，编入了与其紧密相关的内容，例如润滑理论之于减摩材料，摩擦磨损理论之于摩擦零件。书中列入宣传粉末冶金机械零件在机械制造中应用效益的内容是非常必要的，因为目前不但在用户方面，而且在生产、科研及领导部门的工程技术人员和干部中，对粉末冶金毕竟还缺乏了解。在这里，我们不想评论本书关于我国粉末冶金历史的叙述，因为这不是本书的主要内容。

对于粉末冶金生产厂家的工程技术人员，本书也是一本很好的参考材料，因

[1] 本文原载于《粉末冶金技术》，1987，5(4)：233。署名：李祖德、王振常。

为除了粉末冶金机械零件材料和制造工艺知识外，关于零件的设计原理和使用可靠性知识对他们也是必须具备的。本书为粉末冶金专业的学生架起了课本知识与生产实践之间的桥梁，可帮助他们尽快地熟悉生产实际。本书还可以作为高等学校机械制造、汽车制造、农机制造等专业粉末冶金课程的教学参考书，学生掌握了书中的知识，将有利于他们毕业后在工作部门优先选用粉末冶金工艺制造的机械零件。

我国粉末冶金工业自50年代兴起，历尽艰难曲折，至今已形成体系。粉末冶金机械零件是粉末冶金制品中的一大家族，现在正处于巩固提高和进一步开发应用的阶段。去年美国粉末冶金专家代表团访华时，其成员 D. A. Gustafson 说道：粉末冶金生产人员必须与用户的设计人员密切合作，才能促进粉末冶金零件的开发。看来，D. A. Gustafson 道出了世界粉末冶金工业的共性问题。本书作者抓住这一关键，把握粉末冶金机械零件开发进程的节拍，自60年代起，孜孜不倦，披阅群书凡二十载，终成大著。我们相信，本书出版后所收到的效益，定不负良工之苦心。

我们希望本书再版时能增补国内资料，并对全文进行一次“精加工”，以使本书锦上添花，更臻完善。过些年后，我国粉末冶金机械零件的开发与应用必定取得长足的进步，那时的资料便不会匮乏了。

# 中国机械工程学会粉末冶金专业学会推荐《粉末冶金工艺学》为粉末冶金工艺培训教材[1]

为提高粉末冶金行业职工技术素质，促进我国粉末冶金工业水平提高，中国机械工程学会粉末冶金专业学会第四届委员会决定将技工培训和在职工程技术人员继续教育列为本会一项重要工作。选择和编写一本适用的教材是培训工作成功的先决条件。中国机械工程学会粉末冶金专业学会决定推荐《粉末冶金工艺学》为教材，并已在本学会主办的培训班中试用。本书由北京钢铁学院和合肥工业大学的刘传习、周作平、解子章和陈希圣等副教授主编，由韩凤麟高级工程师主审，约60万字。这部教科书属于机械工业部统编机械工人培训教材系列，根据机械工业部《工人技术等级标准》和教学大纲编写，对粉末冶金工人专业知识水平和实际操作水平的提高将起到有益作用。

本教材紧密结合我国目前生产实践，系统而详尽地介绍了粉末冶金基本生产工艺，包括基本原理、工艺过程、生产设备结构、操作方法及产品检验等内容。

本书共五篇。第一篇介绍了金属粉末的制取，较全面地概括了各种金属粉末的制取方法，重点介绍了在我国普遍采用的固体碳还原法生产铁粉的工艺，以及另一种重要的金属粉末的制取工艺雾化法。第二～四篇内容包括从金属粉末到制品的粉末冶金制品生产全过程，分别论述了成形、烧结和烧结后处理的基本原理、生产工艺和设备结构。在成形篇，作者着重介绍了粉末冶金生产中的主要成形工艺，特别是钢压模设计的基本知识，列举了不少压制模图例，可使读者得到模具设计的初步训练。对粉末压坯的烧结这个十分复杂的过程，作者将深奥的烧结理论溶于形象、生动的比喻之中，使读者易于理解。对于烧结后处理，作者用较多的篇幅介绍了制品的精整和热处理。本书的最后一篇是粉末冶金材料和制品，具体讲述了广泛应用的、典型的粉末冶金制品，如含油轴承及铁、铜基零件的性能、使用情况及优越性。这些知识对产品开发和加深对粉末冶金工艺的理解是非常必要的。同时，本篇将前几篇介绍的成形、烧结、后处理工艺知识与具体零件生产相结合，有利于读者提高解决实际问题的能力。

---

[1] 本文原载于《粉末冶金技术》，1988，6(2)：127。署名：中国机械工程学会粉末冶金专业学会秘书处，由李祖德撰写。

本书注意介绍国内外的粉末冶金新技术，同时又力图适应工人学习的特点，没有纳入过多的数学推导及高深的理论，内容丰富而系统，无论是对于初、中级工人，还是技师或初级技术人员都是自学粉末冶金的好教材。同时还可供需要了解粉末冶金生产的工程技术人员、设计人员、管理人员和在校师生参考。

中共十三大报告中指出："从根本上说，科技的发展，经济的振兴，乃至整个社会的进步，都取决于劳动素质的提高和大量合格人才的培养。""必须下极大的力量，通过各种途径，加强对劳动者的职业教育和在职继续教育，努力建设起一支素质优良、纪律严明的劳动大军。"据统计，我国粉末冶金行业中工人人数占职工总数的90%以上，是发展粉末冶金工业的重要力量。近年来，我国粉末冶金工艺水平不断提高，生产设备和装置的技术改进取得巨大进展，适应这种形势，用现代专业文化知识武装技术工人，对粉末冶金工业发展必将做出重大贡献。

# 相图分析在研发粉末冶金材料中的重要作用——《相图理论及其应用》有关章节学习笔记[❶]

**摘　要**　评论了王崇琳著《相图理论及其应用》一书中“相图在粉末冶金中的应用”章节；根据本书提出的概念和方法，结合本文作者科研生产实践经验和科技文献资料，指出相图分析可为制定粉末冶金材料、制品研发方案和生产技术方案提供依据。

早就知道王崇琳先生在中国科学院金属研究所讲授相图学，并且高等教育出版社拟将其教材出版。翘首有年，终于在其大作《相图理论及其应用》出版(2008 年）后不久，有幸获得作者惠赠。笔者细读了有关章节，首先感到的是，本书特点鲜明。第一，本书并不只是将素材拼凑起来的汇总，作者没有照搬别人成果的习惯，他不拾人牙慧，而是在占有大量素材的基础上，经过本人的消化、加工、再创造，而织造出全书的构架和内容。从相图应用者的角度看，本书第二个特点是，“相图应用”占全书很大篇幅，近 1/3。这么重的份额当然会受到材料研发者和生产者的欢迎。其实，本书这一特点正是作者本人工作风格的反映：他既热衷于钻研理论，又极为重视应用实践；他在本职工作中完成了多项材料和制品的研发，同时还参与和深入生产活动，协助企业解决生产中的技术问题。

本书第 8. 3 节“相图在粉末冶金中的应用”，以相图为依据，详细分析了烧结过程机理，凸显出相图对研发粉末冶金材料和指导生产的重要性。笔者重点研读了这一节，获取了不少知识，明确了一些重要的概念。现将读书心得整理出来，与读者共享。这篇读书心得的主要内容是指笔者从本书直接得到的知识以及受到的启发，应用本书提出的概念和方法，联系科技文献中有关论述及笔者生产科研实践所得的体会；此外，还收入了本书作者应用相图解决生产问题的两个实例。

## 1　将烧结方式按相图分类，廓清研发思路

在粉末冶金生产和科研实践中，已有多种烧结方式得到应用。R. M. German[1]

---

❶　本文原载于《粉末冶金技术》，2011，29（6）：463～467。署名：李祖德。此次重载作了少量补充。

用相图解释了不同的烧结方式，举出了许多实例。崇琳先生熟知相图，在粉末冶金科研和生产方面拥有丰富的工作经历。以此为基础并参考 R. M. German 的论著，经深入钻研不同烧结方式间的内在联系，及其与相图之间的关系，找出了溶解度这个共性特点；并以此为切入点，即根据基体组元与添加组元之间相互溶解度的差异，将固相烧结和液相烧结各自归纳为四种方法或方式（第 326、337 页）。为简明起见，笔者改为表格（表 1）表示。笔者认为，肿胀是烧结过程中出现的一种现象，因而未将其归入烧结方法（方式）之中。

**表 1　烧结方法（方式）按基体组元与添加组元之间相互溶解度差异分类**

| 烧结方式 | | 基体组元在添加组元中的溶解度 | 添加组元在基体组元中的溶解度 | 举　例 |
|---|---|---|---|---|
| 固相烧结 | 均匀化烧结 | 较高 | 较高 | W-Mo，Ni-Cu |
| | 活化烧结 | 高 | 低 | W-Ni，Mo-Ni |
| | 烧结时形成复合材料 | 低 | 低 | $Al_2O_3$-Fe |
| 液相烧结 | 充分致密化液相烧结（或持续液相烧结） | 高（在液相中） | 低 | WC-Co，Fe-B |
| | 瞬时液相烧结 | 较低（在液相中） | 高 | Cu-Sn，Fe-Cu |
| | 有限致密化液相烧结 | 低（在液相中） | 低 | W-Cu |

本书第 8.3 节“相图在粉末冶金中的应用”应用相图对各种烧结方式进行分析，理出了明晰的图线，廓清了思路，从而为研发和生产粉末冶金材料制订技术方案提供依据。笔者依据本章节的内容，将相图理论对于粉末冶金材料研发的重要性，归纳出三个方面：

（1）相图是设计材料成分的依据；

（2）相图是制订烧结工艺方案的依据；

（3）相图是控制产品组织结构的依据。

以上三个方面是相互关联的。一方面，相应于不同的材料组成，有不同的烧结方式与之合理匹配；另一方面，可以根据材料在烧结过程中的行为或烧结产物的组织，来设计材料的成分或对材料成分做出调整。

中国的材料研究工作者以成分、组织结构、制备、性质和使用性能五个要素构成六面体，将理论、材料设计与工艺设计置于六面体中心，制约位于顶角的五个要素[2]。借助此模型，可说明相图理论对于粉末冶金材料研发的重要性。显然，相图理论应位于六面体中心。

## 2　根据相图制订烧结方案和控制产品组织

根据烧结过程中组元本身的相变、组元之间形成新相和组元相互溶解度的差异，可以选择不同的烧结方案，以获得所设计的组织结构和性能。这方面，书中列出了一些示例。

## 2.1 难熔金属

难熔金属烧结温度高，设法降低其烧结温度以减少能耗和降低生产成本，是生产者特别注重的问题。固态活化烧结是制备难熔金属及其合金经常采用的方案。本书用一小节讨论了活化烧结，指出难熔金属钨与不同金属组成的烧结系在1400℃烧结，由于钨在添加组元中溶解度的差异而有不同的致密化效果（图8.3.25）。钨在钯和镍中溶解度较高，故W-Pd系（图8.3.27，原子分数为21.5%）和W-Ni系（图8.3.26，原子分数为17.5%）致密化效果，优于钨在添加组元中溶解度较低的W-Co系（图8.3.29，原子分数为16.0%左右）和W-Fe系（图8.3.28，原子分数为8%左右）；W-Cu系烧结虽然是在液相存在条件下进行的，但由于钨在铜中溶解度极低（图8.3.6），故其致密化效果不及以上各系。

钨基重合金烧结是充分致密化液相烧结的典型例子之一。书中指出，W-Fe-Ni系重合金一般于1400～1450℃氢中烧结。由W-Fe-Ni系相图1465℃等温截面（图8.3.40）可见，钨在Fe-Ni基液相中溶解度（原子分数）高达15%左右，十分有利于液相烧结。可借助相图优化合金成分来使合金得到最佳组织：W-Fe-Ni系合金中Ni：Fe比例常取7：3，由相图（图8.3.41和图8.3.42）可知，此成分使W-Fe-Ni合金组织处于不含脆性相μ-($Fe_7W_6$)的相区。

## 2.2 铁基材料

瞬时液相烧结可以有效促进合金元素扩散和均匀化，在生产中采用较多，是值得推荐的烧结方案。本书指明了实现这种烧结方案的条件，列举了能实现瞬时液相烧结的合金系。烧结钢生产中采用瞬时液相烧结的例子很多，如Fe-Cu-C、Fe-Mn-C、Fe-Si-C、Fe-P-C、Fe-Mn-Si-C系等。A. N. Klein等人[3]采用母合金配制Fe-3.2Mn-1.4Si-0.4C合金，以1080℃/60min烧结后，抗拉强度极限为920MPa；他指出适当提高烧结温度可进一步发挥瞬时液相烧结的有利作用，1250℃/60min烧结后，其抗拉强度极限提高到1000MPa。

Fe-Cu系1096℃以上存在固液两相区，靠Fe轴一侧为γ-Fe固相区（图8.3.3），适宜进行瞬时液相烧结。本书作者指出，Fe-Cu系进行瞬时液相烧结时会发生肿胀，影响制品尺寸精度，对此，可以利用Fe-C系烧结时发生收缩的现象，在Fe-Cu系中加入适量石墨粉来控制烧结尺寸变化（第327页）。

往复运动机构中，在杆件外圆装配有对其起限定和导向作用的管状零件。这类零件大都采用高碳含量的Fe-Cu-C系烧结材料制造，要求在珠光体基体中分布有碳化物$Fe_3C$和石墨。生产中发现，若在1120℃附近烧结，因接近共晶线，往往在组织中出现网状渗碳体而使产品变脆。本书作者曾应用瞬时液相烧结法，协助某企业解决此问题。其措施是加入 Cu-P-Sn 铜基合金粉末，例如 Cu-5.9P-4.1Sn三元合金粉。差热分析测定该合金固相线温度为681～710℃，液相线温度为951～975℃。在高于添加剂液相线的温度如1050℃烧结可实现瞬时液相烧结，促使碳和合金元素在铁基体中扩散均匀，得到无网状渗碳体的显微组织。

铁原子在α-Fe（体心立方晶格）中的自扩散系数比在γ-Fe（面心立方晶格）中高100倍左右，因而α-Fe相区烧结或α-Fe+γ-Fe两相区烧结是铁基材料常选用的烧结方案。对这种方案，可以选择加入扩大α-Fe相区的元素钼、硅和磷。磷具有扩大α-Fe相区和封闭γ-Fe相区的作用；在烧结温度可形成液相共晶，加速烧结过程；使α-Fe固溶强化；以及促进材料基体中孔隙球化。磷在α-Fe中最高溶解度（质量分数）为2.5%（1050℃），室温下大于1%。Fe-P二元合金系中，磷加入量（质量分数）为0.3%～0.6%，烧结温度下处于两相区；超过0.6%时γ-Fe相区封闭。但是，本书未举出α-Fe相区烧结和α-Fe+γ-Fe两相区烧结方式，其原因可能是作者按溶解度将烧结方式分类，而这种方式主要依据是自扩散活性的差异，两者有别。

## 2.3　粉末高速钢

粉末高速钢应采用超固相线烧结。通过超固相线烧结制造的粉末高速钢可以达到全致密，并且其基体中的粒状碳化物分布均匀。适宜超固相线烧结的还有：镍基高温合金、粉末不锈钢和青铜等预合金粉末。作者指出，当烧结温度选择在液固两相区时，粉末颗粒表面和颗粒内部晶粒界面均出现液相，其体积分数可达30%，成为获得全致密化效果的主要条件（第334页）。值得重视的是，作者指出在粉末高速钢烧结时，既要使材料达到致密，又要避免晶界出现网状渗碳体，必须将烧结温度控制在狭窄的范围内，如3～5℃，即存在一个可获得最佳烧结效果的“烧结窗口”（第337页）。这是制取粉末高速钢的工艺难点之一。本书作者曾协助某企业采用超固相线烧结法研发一种耐磨零件。他注意到碳含量每提高0.1%，固相线温度下降10℃，于是通过控制碳加入量来确定烧结温度范围，使生产得以稳定进行。本书作者采用固相线附近加压的措施也是可行的方案，在温度1200～1230℃和压强4.5MPa条件下，可得到相对密度99.85%、碳化物粒度仅3～7μm的制品[4]。不过，这种情况下其烧结过程并不是典型的超固相线烧结。

## 2.4　硬质合金

硬质合金烧结是充分致密化液相烧结又一个典型例子。WC-Co赝二元系中，于共晶温度碳化钨在液相中溶解度为14%，而钴在碳化钨中几乎不溶解，特别适合于充分致密化液相烧结。本书作者指出：硬质合金在1400～1450℃液相烧结后的相对密度可达99.5%以上（第352页）。这里笔者补充一句：细颗粒高钴合金由于烧结活性高，可以在更低的温度进行烧结；而粗颗粒低钴合金的烧结温度更高。笔者还借此机会修正自己在1965年出版的《硬质合金工具制造》中的一个失误：对WC-Co合金烧结过程液相量的估算是不严格的，换算液相体积含量时其密度不该用钴的固态密度。

本书单辟一小节详细讨论了W-C-Co三元系相图。作者介绍了W-C-Co系相图研究的沿革，并对含混问题作出澄清。E. J. Sandford和E. M. Trent于1947年首先提出的WC-Co赝二元系相图，共晶温度标为1320℃（第353页）。据笔者所知，R. Kieffer发表于1951年的文章[5]将WC-Co赝二元系相图中的共晶温度标为1280℃；В. И. Третъяков于1962年出版的专著[6]中，共晶温度标为约1340℃。笔者认为，将WC-Co赝二元系相图上共晶温度线处理成一条水平线，用于分析和控制硬质合金相组织是不够的。实际上，共晶温度附近存在有L+WC+γ固溶体三相区，而不是一条水平线。虽然不少人曾经涉及这一点，但一直未引起重视。可喜的是本书作者在书中明确指出："三相区不是一条水平线，而是一个包络区"（第357页），澄清并强调了这个问题。我们对此进行了简短的讨论，本书作者进一步说明：W-C-Co三元系中，存在转晶和共晶平衡，从图8.3.56和图8.3.57可见，转晶温度约为1325℃，共晶温度约为1280℃。

实践证明，这个包络区对硬质合金产品相组织控制具有重要价值。本书作者通过分析W-C-Co系含6% Co（质量分数，下同）和10% Co合金的垂直截面（图8.3.56和图8.3.57），指出含WC-6% Co和WC-10% Co合金，其碳含量应分别控制在5.68%～5.77%和5.38%～5.56%范围内，以保证合金获得WC+γ两相组织（γ相为溶有钨和碳的钴基固溶体）。利用相图控制碳含量以使WC-Co合金最终产品获得所要求的WC+γ两相组织，可以作为相图应用的一个成功范例。遗憾的是，这并不为从事硬质合金生产和研发的科技人员所尽知❶。

在此顺便说几句题外话。本书作者在本小节末尾报道了纳米级WC-Co赝二元系相图（第362页）。由图看出，粉末粒度为1800nm时，共晶成分的相平衡温度为1310℃，而粒度为30nm时降低至1140℃，相差170℃。本书作者指出："此结果是否可信，尚待证实。"笔者以为，如果结果是肯定的，那就意味着：

❶ 硬质合金的组织可借助合金成分和相关相图来判断。从事硬质合金研发和生产的人员应熟知的硬质合金相图主要有三个：（1）W-C-Co三元系状态平衡图在合金凝固温度的等温截面图，借助此图可知WC-Co合金正常组织γ+WC相区的位置和宽度，以及相邻相区的组成，有利于对不同钴含量合金制订正确的工艺措施；（2）WC-Co赝二元系状态平衡图，借助此图可解释合金烧结过程中碳化钨与钴之间的相互作用，以及一定烧结温度下液相成分和数量的变化；（3）W-C-Co三元系状态平衡图通过碳角的垂直截面，借助此图可解释不同成分合金烧结过程中的相变和烧结后的相组织，以通过控制碳含量确保合金得到所要求的组织。

当组元粒度细化到一定程度时，粒度将成为相图中的一维。想必本书作者也有这个意思。

## 3　应用相图必须注意粉末体的特点

作者指出：相图表示热力学平衡状态下的相关系，尽管实际情况偏离了平衡状态，但只有应用平衡状态相图知识，才能找到制取非平衡状态材料的途径，并预测其变化（第 267 页）。笔者要补充的是，粉末体在烧结过程中和烧结后的组织大多偏离平衡状态，借助相图进行分析时，应注意到粉末体本身的特点。

对于烧结钢，特别是用元素混合法制造的烧结钢，应注意其与熔炼钢的差异。文献［7］指出，完全预合金化粉的颗粒，已基本达到均匀合金化，所制造的烧结钢，其成分均匀性和组织与熔炼钢几乎没有差别；而元素混合法和部分预合金化粉法制造烧结钢，合金元素在铁颗粒中扩散极慢，甚至 1150℃ 烧结 100h 也达不到完全均匀，其组织构成偏离熔炼钢。

亚共析成分熔炼钢中不会出现网状渗碳体，如 Fe-0.6% C 熔炼钢在常温下处于亚共析相区，组织全部为珠光体；只有过共析成分的钢在慢冷时才形成网状渗碳体。然而，对于用元素混合法制造的亚共析成分的烧结钢，虽然碳含量与相应的熔炼钢相同，却有可能由于碳未充分扩散和均匀化，而出现游离网状渗碳体。

原材料粉末中的石墨粒度将影响渗碳体的形态；采用细粒度石墨和提高烧结温度有利于系统趋向平衡态，是减少游离渗碳体或网状渗碳体的可行途径。北京市粉末冶金研究所对烧结钢中碳化物形态及分布进行了分析研究，结果表明：（1）采用粒度小于 355μm 的石墨粉时，烧结钢中的游离渗碳体大都沿颗粒边界和晶粒边界呈网状分布，而采用粒度小于 74μm 的石墨粉，碳的均匀化程度即可提高，使游离渗碳体量减少，珠光体量增加；（2）提高烧结温度同样可以得到较好的效果，900℃烧结的组织为游离渗碳体量和少量珠光体，1100℃烧结时游离渗碳体量明显减少，珠光体量增加；（3）加入铜并在出现液相的情况下进行烧结，可改善碳的扩散和均匀化，有利于获得游离渗碳体极少的均匀珠光体组织。某企业一种铁基产品有时出现抗拉强度极限偏低而硬度偏高的情况，达不到要求指标。金相分析表明，组织中有大量渗碳体且部分呈网状分布，珠光体量很少。分析其原因是烧结温度偏低，未能使碳充分扩散。提高烧结温度或延长保温时间即得以解决。

文献［8］研究了烧结温度和保温时间对铁基材料组织中珠光体数量的影响，指出：一组试样保温时间为 2h，900℃烧结后无珠光体，1000℃烧结后珠光体量为 40% ~50%，1100℃烧结后为 70% ~80%；另一组试样烧结温度为 1100℃，保温时间分别为 0.5h、1h、2h，珠光体量分别为 10% ~20%、40% ~

50%和90%。显然，这种现象与碳在铁中的溶解量和扩散充分程度有关。

混合法制取烧结钢时，所添加的合金元素也有类似行为。北京市粉末冶金研究所采用混合法制取含钼烧结钢时发现，固相烧结情况下钼很难扩散均匀，在富钼区会形成碳化物。文献［9］研究了用混合法制取烧结钢时不同粒度镍粉均匀化程度的差别，指出：对于粒度为37μm、8μm和1.5μm的镍粉，经1120℃/30min烧结后，分别有25%、60%和90%发生扩散；1120℃/60min烧结后，分别有40%、80%和100%发生扩散。

上述例子说明采用元素混合法制造烧结钢时，为获得要求的组织和性能，所制订的烧结工艺必须保证添加元素扩散均匀，使材料系统尽量接近平衡态。但是，对烧结钢组织大多偏离平衡状态的特点，不能绝对论其利弊。用混合法制取含钼烧结钢，在富钼区会形成碳化物，这就提供了一种可能：即加入较少量的钼，以获得含有高硬度碳化物相（$(Fe,Mo)_6C$ 和 $(Fe,Mo)_{23}C_6$ 的组织。

熔炼W-Co-C合金与烧结WC-Co合金的组织状态截然不同。据WC-Co赝二元系相图，自液相区冷却时，应形成WC + γ共晶；然而，在烧结硬质合金中却不存在这种共晶，只有铸造硬质合金中才会出现。WC-Co硬质合金液相烧结过程中，一部分碳化钨颗粒溶入液相，而大部分并未完全溶解，仍保持为固相，整个系统未达到平衡状态。冷却至固相线（如上所述，实际上是包络区）以下时，从液相析出碳化钨并全部沉积在未溶解的碳化钨晶粒上。而制备铸造硬质合金过程经过完全熔融状态，因此有共晶产物。另外，硬质合金生产中有时见到同一件产品中既含有游离石墨又含有脱碳相的现象，说明产品组织偏离平衡状态，应采取适当的工艺措施予以避免。然而不利因素往往可以转化为有利因素，梯度硬质合金就是有意利用偏离平衡状态而开发的适合特定使用条件的高端产品。

## 4　结 束 语

当今粉末冶金企业都高度重视开发高端产品。20世纪中后期以来，世界粉末冶金机械零件工业取得明显发展，主要归功于对高应力条件下使用的高强度粉末冶金机械零件的开发。R. Haynes[7]指出，提高烧结钢强度的途径有三：通过压制和烧结增加产品的密度；通过合金化强化金属基体；通过热处理强化金属基体。其中第二、三项措施必须借助于相图。粉末冶金工艺的特殊性在于将材料制备和制品生产结合在同一过程中，因而所有粉末冶金科技人员，无论是从事研发还是生产，都应该重视对相图的学习和应用。崇琳先生这一专著问世应时，系统而详细地讲解粉末冶金所涉及的相图学理论知识，介绍了应用实例，提供了大量资料，其中很多是新近发表的研究成果。这种适用的好书，案头是不可或缺的。

## 参 考 文 献

[1] German R M. Sintering Theory and Practice[M]. John Wiley and Sons INC, 1996: 209 ~ 217, 225 ~ 233, 388 ~ 393, 387 ~ 402.

[2] 杨瑞成，等．材料科学与材料世界[M]. 北京：化学工业出版社，2006：40 ~ 43.

[3] Klein A N, Oberacker R, Thümmer R. Development of new high strength sintered steels containing silicon and manganese[J]. MPR, June, 1984: 335 ~ 338.

[4] 王崇琳，等．高速钢粉末低压热压的研究[J]. 粉末冶金工业，2005，15(1)：1 ~ 6.

[5] Kieffer R. The Physics of Powder Metallurgy[M]. 1951: 278 ~ 291.

[6] Третъяков В И. Металлокерамические Твёрдые плавы [M]. Москва: Металлургиздат, 1962: 43, 55 ~ 84.

[7] Haynes R. Development of Sintered low Alloy Steels[J]. Powder Metallurgy, 1989, 39(2): 140 ~ 146.

[8] 申承秀．对铁基粉末冶金制品珠光体的探讨[C]//2005 全国粉末冶金学术及技术应用会议论文集．莱芜，2005：151 ~ 154.

[9] Thomas F S，等．镍粉颗粒尺寸对粉末冶金钢性能的影响[C]//2005 全国粉末冶金学术及技术应用会议论文集．莱芜，2005：182 ~ 185.

# 附　录

FU　LU

# 附录一　粉末冶金论文写作知识

## 粉末冶金论著中术语和用词辨析二十一题[1]

我是粉末冶金书刊的一名热心读者。每每读到优秀的文章，不禁拍案叫好；但也为美玉中的瑕疵而惋惜。有些作者，或在行文走笔之中，用词过于随意；或对舶来品未及消化，便生搬硬套过来改造自己的母语；或偏好使用古汉语虚词而又不得要领，弄得别别扭扭；或对术语定义不清，使用不当，等等。这些都会使整篇文章减色，要是有人从旁提醒一下，兴许会有好处。于是，收集了一些问题，归纳为21个题目，不揣冒昧将自己的看法拿了出来供大家参考，是对是错，把握不大。对者敬请纳之，而错者则弃之。全文承蒙钢铁研究总院张晋远教授和王鸿海教授审阅修改，谨表谢忱。

（1）成形与成型；
（2）速度与速率；
（3）溶解与扩散；
（4）熔点与熔化温度；
（5）金属陶瓷与金属陶制；
（6）参数、变量、因素与条件；
（7）炭与碳；
（8）循环定义——连权威出版物都容易犯的错误；
（9）只“感兴趣”而不管其“价值”——引进而不消化；
（10）“function”引起的误区；
（11）“和”与“and”；
（12）“众所周知”和“大家知道”；
（13）戏剧性和千姿百态——小议科技论文的文体；
（14）无机物的“有机结合”是怎样的结合；
（15）“其”须用其当；

[1] 本文原载于《粉末冶金技术》，2015，33(5)：388～392；2015，33(6)：474～477；2016，34(1)：73～78；2016，34(2)：149～152。收入本书略有修改。

（16）诸如、例如、譬如、包括和涉及；
（17）赘词和赘字；
（18）表达不清；
（19）数据表达模糊；
（20）一种和1种——汉字数字和阿拉伯数字的用法；
（21）检查数学方程是否正确的简易方法。

# 1 成形与成型

不少作者使用粉末冶金专业术语不甚注意，往往未弄清其定义而错位，试举成形与成型、孔隙与孔隙度为例。

## 1.1 成形与成型

成形与成型有区别，但不少粉末冶金工作者（包括科技人员和企业家）对两者分不清楚，应该用“成形”的场合而用为“成型”，如：压机生产厂的说明书用“成型压机”，粉末冶金厂车间标牌用“成型车间”。“成形”涉及物体包括粉末体的物理形状的变化，在英文文献中用“forming”或“shaping”，这两个动名词分别源于“form”和“shape”（形状）。国内外标准对“成形”的定义见本文第8题。而“成型”在英文文献中为“moulding”；汉字“型”意为“模型”、“类型”和“型号”，相应在英文中为“mould”、“type”和“type”（或“model”）。

将粉末体制成具有预定形状和强度的坯体的操作或工序应当称为“成形”，而不是“成型”。粉末冶金与切削加工、铸造、锻造工艺一样，同属于金属成形工艺，粉末冶金的“成形”与切削加工、铸造、锻造工艺的“成形”具有同一性。从这个角度讲，也说明对所指工艺称为“成形”合理。

但是，可以将压制成形用阴模的内腔称为“型腔”，这或许是借用铸造行业用的术语，见下例：

粉浆浇注……使粉浆物料在石膏模内形成其外形与模具**型腔**表面相应的坯件。

至于陶瓷业将制坯叫做“成型”，早已约定俗成，而且隔了行，咱们就不要越俎代庖了。

## 1.2 孔隙与孔隙度

“孔隙”指物体包括粉末体、粉末颗粒和烧结体内部的孔洞，无量纲；而“孔隙度”是孔隙体积与含孔隙物体总体积之比，以“%”表示，是所含孔隙多少的量度，只有数学意义。有些作者对两者不加区分，举例如下：

例 1　润滑剂充满了可利用的**孔隙度**。

（改为：润滑剂将可利用的**孔隙充满**。）

例 2　注射成形零件烧结后，其残留**孔隙度**很低，和是互不连通的。

（改为：注射成形零件烧结后，其残留**孔隙度**很低，**孔隙**互不连通。）

例 3　成形坯的**孔隙大和孔隙度大**，而相对的吸附物粒径越小，就越有利于毛细作用将液态黏结剂排除。

（改为：成形坯的**孔隙越大，孔隙度越高**，而被吸附物的粒径越小，就越有利于毛细作用将液态黏结剂排除。）

孔隙度只是个百分数，不是实际存在的空间，例 1 中润滑剂充满孔隙度，例 2 中孔隙度互不连通，显然都是荒谬的。例 3 中孔隙尺寸和孔隙度均用“大”表示，不妥，应有区别；前者应该用大小，后者应该用高低。对此三句的改正已列入括号内。分不清楚“孔隙”与“孔隙度”可能是受了英文文献的影响，在英文文献中常有对“pore”与“porosity”不加区分的情况。例 2 中的“和”用错，拟在后面第 11 题专文讨论。

## 2　速度与速率

物理学中，速度和速率是两个不同的概念，在英文文献中速度以“speed”表示，而速率以“rate”表示，但有不少作者常将这两个术语混淆。速度是表示运动物体位置变化和方向变化的物理量，是一矢量（向量），其方向是位移的方向（直线运动）或沿运动轨道的切线方向（曲线运动）；而速率是一个标量，只表示运动物体位置随时间变化的数值大小，或某些过程进行的快慢（如冷凝速率、晶体生长速率），不具有方向。下面两例中的“速度”应改为“速率”。

例 1　观察组织时发现，针状组织在侵蚀剂中的**腐蚀速度**显然高于马氏体，但比屈氏体低。

例 2　连续**冷却的速度**较慢，碳有足够的时间由 $\alpha/\gamma$ 相变前沿界面向 $\gamma$ 相以**较快的速度**进行扩散……

笔者以为，在科技文献中严谨的做法是将这两者区别开来，表示矢量用“速度”，表示标量用“速率”。粉末冶金文献中“速度”出现在涉及运动学的场合，例如压机和压制装置运动部件的移动速度、烧结炉中舟皿的推进速度、雾化制粉过程中粉末颗粒的运动速度、气体流动速度，等等。“速率”出现的几率也较多，如：升温速率、降温速率、加热速率、冷却速率、溶解速率、扩散速率、渗碳速率，等等。表示分子或原子扩散的快慢用“速率”，而对单个分子或原子的运动则用“速度”，举例如下：

分子**扩散速率**可用费克第一定律表示，即 $J = -DdC/dx$，式中 $J$ 为迁移的物质量。

再如第 10 题例 F 使用“scan rate”也是严谨的。

但是，在将术语“速度”借用到不涉及运动学的某些场合，且早已约定俗成者，只得任之，例如“化学反应速度”。以下两例内容不涉及特定物理量，可以用“速度”：

例 3　运用计算机辅助设计可以减少设计劳动量，提高设计**速度**和设计质量。

例 4　这种方法明显提高了试验分析的**速度**和准确度。

至于“国民经济发展速度”，不属自然科学范畴，不能用物理学概念来界定。

## 3　溶解与扩散

有一篇文章在讨论硬质合金烧结时写到：

随着温度的升高，碳化钨越来越多地溶于液相钴中并发生扩散，**碳化钨的扩散**很慢……

这位作者对于扩散的提法是不正确的。碳化钨溶解到钴中，并不是整体晶胞一个一个地溶解，而是晶格结点上的钨原子和碳原子分别溶于液相钴中，碳化钨晶格随之解体，在液相中不再存在碳化钨晶胞；在液相钴中钨和碳的扩散是其各自的原子行为，而不是碳化钨分子，上句中“碳化钨的扩散”应改为“碳和钨的扩散”。

扩散是由于微粒的热运动而产生的物质迁移现象。有些场合扩散是以分子形式进行的，例如氮（$N_2$）、氧（$O_2$）、氨（$NH_3$）和二氧化碳（$CO_2$）在空气中的扩散；而另一些场合则是以原子形式进行的，例如原子氮（N）、碳和合金元素在铁中的扩散。这是应该弄清楚的。

## 4　熔点和熔化温度

熔点和熔化温度是表示物质熔化过程特征的两个物理学术语，两者定义有别，属性不完全相同。熔点是单质晶体的属性：单质晶体物质在一定压强下加热到一定温度熔解成液体，这个温度便是该晶体的熔点，在熔点固液并存，如冰在 1 个标准大气压力下的熔点为 0℃。而具有无序结构的非晶体物质，例如橡胶、火漆、石蜡、塑料等，随温度升高逐渐软化，最后成为液体，无“点”可言。

但有些作者往往疏忽，例如一位作者列表介绍润滑剂：

| lubricant | melting point/℃ |
| --- | --- |
| paraffin | 40 ~ 60 |
| acrawax | 140 ~ 143 |

这位作者清楚有机物 paraffin 和 acrawax 在一温度范围内逐渐熔化，数据列的是范围，却笔误标成了"point"。如改为"melting temperature"就好了。

金属具有晶体结构，其熔点是一定的，如铅为 327℃，铜为 1083℃，铁为 1535℃，钨为 3410℃。多相合金虽然由具有晶体结构的相所组成，但大多并无固定熔点。例如含 71% Ni（质量分数）的 Cu-Ni 合金，在固相线 1340℃以下全部为固相，在此温度开始熔化，上升至液相线 1380℃全部转变为液相，其熔化温度范围为 1340 ~ 1380℃，在此区间固液并存。又如含 2% C（质量分数）的 Fe-C 合金（亚共晶生铁），固液开始转变温度为 1130℃，全部转变成液相的温度为 1410℃。只有由单一的共晶或金属化合物组成的情况下，合金才具有一定的熔点，如 Fe-C 合金中含 4.3% C（质量分数）的莱氏体共晶，其熔点为 1130℃。

有些作者对金属的熔点与熔化温度不加区分，例如：

The master alloy has a melting point well below the sintering temperature of iron powder.

上例摘自外刊，所指母合金的固相线温度为 1110℃，液相线温度为 1210℃，不是在一个温度点熔化，应该用"melting temperature"。看来洋人也会有疏漏。

有一位作者对金属的熔化温度用得恰当：

黄铜的**熔化温度范围**从 90% Cu-10% Zn 合金的 1045℃到 70% Cu-30% Zn 合金的 960℃，随着锌含量增加，**熔化温度**降低。

## 5　金属陶瓷与金属陶制

"金属陶瓷"与"金属陶制"是两个内涵各不相同，但又易混淆的术语。笔者在 20 世纪 60 年代，就未曾将两者区分清楚。如将俄文"металлокерамические материалы"译成"金属陶瓷材料"，将"металлокерамические изделия"译成"金属陶瓷制品"，还有由此派生出的"金属陶瓷硬质合金"、"金属陶瓷摩擦材料"、"金属陶瓷减摩材料"、"金属陶瓷多孔材料"、"金属陶瓷含油轴承"及"金属陶瓷高温合金"等一连串相关术语，后来才知道不妥。这是因为："металлокерамический"一词的本义是"金属陶制（的）"，而且译成"金属陶瓷"，还容易与由陶瓷相和金属相构成的当时也称为"金属陶瓷"的合成材料相混淆。

俄文"металлокерамический"的名词原形是"металлокерамика"，源于德国文献。由此回溯到 1943 年出版的 R. Kieffer 和 W. Hotop 所著《Pulvermetallurgie und Sinterwerkstoffe》一书的有关阐述：F. Skaupy 根据用金属粉末通过压制和烧结制成金属零件的方法与陶瓷生产相似，造出“Metallokeramik”（金属陶制术）这个词，作为前者的定义。但“powder metallurgy”（粉末冶金）的概念更为广泛，英语国家只使用这个术语，已逐渐取代“Metallokeramik”。

俄文文献只是在 20 世纪 60 年代以前使用“металлокерамический”这一术语，例如 1962 年出版的 В. И. Третьяков 著的《Металлокерамические твердые сплавы》及 В. С. Раковский 著的《Основы порошкового металловедения》书中，而以后这一术语就不再用了，如 1971 年出版的 Г. С. Креймер 著的《Прочность твердых сплавов》。或者改用“烧结”，如 1980 年出版的 И. М. Федорченко 著的《Композиционные спеченные антифрикционные материалы》。至于中文粉末冶金文献，除译自俄文文献的译文以外，倒也未见到在用粉末冶金工艺制造的材料和制品前面冠以“金属陶瓷”的做法。

最后，将这两个术语再作一次区分：俄文“металлокерамика”和德文“Metallokeramik”，意为“金属陶制（的）”，与中文“粉末冶金”等同；“金属陶瓷”指的是金属相与陶瓷相构成的复合材料，在英文、德文和俄文文献中，分别以“cermet”、“Kermet”和“кермет”表示。

## 6　参数、变量、因素和条件

参数，即参变量，英文为“parameter”，在工程中是表明现象、设备或工作过程中某种重要因素的量，如汽轮机中蒸汽的压力、温度，电路中的电阻、电感和电容。粉末冶金术语中的“参数”用法举例如下：

例 1　压坯的烧结**参数**有：烧结温度、烧结温度下的保温时间、升温速率和冷却速率等。

例 2　零件的几何**参数**包括：尺寸、几何形状、角度、锥度、公差、表面粗糙度等。

在数学问题和物理问题叙述中使用的“变量”或“变数”，英文为“variable”。变量又分为自变量（independent variable）和因变量（dependent variable）。在粉末冶金论著中，一般不会将“参数”用错。然而，用错“变量”的却屡见不鲜，举例如下：

例 3　水蒸气处理主要**变量**为温度、时间和水蒸气压力。

例 4　通过改变粉末**变量**（粒度分布、颗粒形状）、压制**变量**（润滑剂类型和数量、模具结构、压制压力）、烧结**变量**（烧结温度、保温时间、烧结气氛），以及后续处理**变量**等，可以改变孔隙结构。

例 5　一些影响松装密度的**变量**如下：材料密度、颗粒形状、颗粒密度（孔隙度）、平均粒度、粒度分布、颗粒形状分布、比表面面积、氧化物膜、添加剂（如润滑剂）和颗粒周围的介质。

例 6　部分原因是许多磨损过程固有的复杂性，而且，金属基复合材料显微组织**变量**（如增强剂含量、尺寸、取向、界面强度等）的相互作用，使问题更加复杂。

例 3 中，“变量”应改为“参数”，温度、时间和水蒸气压力均属于工艺参数。例 4 和例 5 所列的“变量”中，至少颗粒形状、润滑剂类型、模具结构、氧化物膜和颗粒周围介质是很难量化或无法量化的。例 4 中应将“粉末变量”、“压制变量”、“烧结变量”、“后续处理变量”分别改为“粉末性能”（或“粉末牌号”）、“压制条件”、“烧结条件”、“后续处理条件”。例 5 中，可将“变量”改为“因素”。例 6 溯源，来自英文文献：

This is due in part to the inherent complexity of many wear processes, but the problem is compounded by an interplay with microstructure variables in the MMC, such as reinforcement content, size, orientation, interface strength, etc. （MMC：metal matrix composite）

笔者认为，将“microstructure variables”译成“显微组织变量”不妥，显微组织不能完全量化，不具备数学意义上“量”的属性。此句不如改为“影响组织的各种因素”。其实，“因素”也有“可变的”含义。

看来，“变量”用的不对，或许是受了“variable”的影响，但又未弄准原义。“variable”这个字原本是形容词，含义为“可变的（东西）”，在英文文献中常用，译成中文时不一定译成“变量”，还可译成“因数”或“条件”，视具体情况而定。

## 7　炭与碳

炭是一种材料，英文为“charcoal”或“char”；碳是一种元素，英文为“carbon”。这两个字有别，但使用时经常弄混，包括笔者在内，未完全分清这两个字的区别。笔者猜想，“炭”字是土生的，而“碳”字则是引进然后经消化造出来的，即由“carbon”国产化的。老英汉字典上将“carbon”译为“炭”，将“carbonic acid”译为“炭酸”。据说，“碳”字最早出现在 1930 年出版的《王云五大字典》中。日本当用汉字只有“炭”字而无“碳”字，不像中国人楞造出个“碳”字来给自己找麻烦。他们将“煤”称为“石炭”；而对中国人用“碳”处皆用“炭”，如炭化物、渗炭等；只是在强调元素属性时加上一个“素”字，如炭素钢、炭素纤维、炭素管抵抗炉等。

如何区分这两个汉字的用法？有名人浅释为：“纯者为碳，不纯者为炭”。此语言简意赅，很有道理。盖纯者，元素也；不纯者，材料也。据此，凡涉及元素及其派生词、衍生词的和涉及化合物及其派生词、衍生词的，用“碳”；以碳元素为主要成分制取的材料，用“炭”，例如：涉及“元素”的有碳酸（carbonic acid）、碳素钢（carbon steel）、渗碳（carburization、carburize）、二氧化碳（carbon dioxide）、碳化物（carbide）等；涉及“材料”的有木炭（charcoal）、骨炭（animal charcoal、bone char）、炭笔（charcoal penciel）、炭火（charcoal fire）、煤炭（coal）、炭窑（charcoal kiln）、焦炭（coke）等。

但并非都是这么简单，如“炭黑”和“碳黑”，“炭电极”和“碳电极”，“活性炭”和“活性碳”，均有用者。英文也是如此：“charcoal electrode”和“carbon electrode”，“absorbent charcoal”和“absorbent carbon”均用。问题远不只此，“炭纤维”和“碳纤维”又来了。用“炭”者言，“炭纤维”是一种外形为纤维状的材料，其碳含量为92% ~95%，并非纯碳；而用“碳”者言，这种纤维基本成分是“碳”，具有独特的乱层石墨结构，且英文中用“carbon fiber”。孰对孰错，笔者哑然。

解惑这类问题的最好办法是查看标准。笔者以为，涉及“元素”用“碳”，涉及“材料”用“炭”，可为通则；已约定俗成者，可沿用；不易区分者，以标准为准。从国家标准 GB 8718—2008《炭素材料术语 The terms of carbon materials》中查到用“炭”的术语有：炭黑（carbon black）、炭素材料（carbon material）、炭电极（carbon electrode）、炭棒（carbon rode）、活性炭（activated carbon）、炭分子筛（carbon molecular sieve）、炭纤维（carbon fiber）、炭布（carbon cloth）、炭毡（carbon felt）等，上面有争议的术语也包括在内。

## 8　循环定义——连权威出版物都容易犯的错误

对一个术语下定义，定义项不得包含被定义项，即在定义文字中不得再一次出现该术语，或间接包含被定义项，否则就犯循环定义或同语反复的逻辑错误。试举几例：

例 1　**成形**是将粉末**成形**为有用的制品。

例 2　**粘接**是用黏结剂把零件**粘接**在一起。

例 3　**热等静压制**是用气体作流体，于高温和高压下，用**等静压制**成形的一项技术。

例 4　**粉末冶金**是制取金属粉末及将金属粉末（或金属粉末与非金属粉末）混合料经过成形和烧结来制造**粉末冶金**材料或**粉末冶金**制品的技术。

例 1 用“成形”来定义“成形”，例 2 用“粘接”来定义“粘接”，例 4 用两个“粉末冶金”来定义“粉末冶金”，均存在无限次循环的问题。如果对定义文字中的“成形”、“粘接”和“粉末冶金”再下定义，“成形”、“粘接”和“粉末冶金”一词会在后面的定义文字中无限次循环出现。循环定义或同语反复的逻辑错误就在于此。例1和例2应改成：

例1′　成形是将粉末体**压实**并使压坯具有或接近最终制品形状的工艺过程。（准确的定义应按有关标准。“粉末”改为“粉末体”较宜，中文无法像英文那样在“powder”后面加“s”构成复数。成形工序制得的是“压坯”，而例1错为“制品”。）

例2′　粘接是用黏结剂把零件**连接**成一体。

例3定义文字“等静压制”间接包含被定义项，用来定义“热等静压制”也是不妥的，除非紧接的前文已有对“等静压制”的定义。例4定义文字中两个黑体字的“粉末冶金”是画蛇添足，删去后便是一个完整准确的定义。

此类错误往往在不经意中产生，甚至权威出版物也偶尔留下瑕疵，例如某权威辞书对“连杆”下的定义是：

连杆是连杆机构中，两端与相邻运动构件成铰接的构件。

为避免此类错误，应在定义文字中使用另外的词。国内外有关标准在这方面无疑是规范的，值得叫好，例如：

例5　混合——两种或两种以上不同成分粉末充分均匀**掺和**。（用定义文字“**掺和**”定义“混合”。）

Mixing——The thorough intermingling of powders of two or more different compositions.（用定义文字“thorough intermingling”定义“mixing”。）

例6　成形——将粉末**制成**具有预定形状和尺寸的物体的工艺。（用定义文字“**制成**”定义“成形”。）

Forming——A process in which a powders is transformed into a coherent mass of required shape.（用定义文字“transformed”定义“forming”。）

Forming——A general term for any operation by which a powders is transformed into an object of prescribed shape and dimension.（用定义文字“transformed”定义“forming”。）

## 9　只“感兴趣”而不管其“价值”——引进而不消化

有些作者在行文中常夹带生硬的外国话，读起来很别扭，例如：

例1　在研究耐蚀粉末冶金材料时，对下列活化技术特别**感兴趣**。

在相应的英文文献中，找到了这句话的出处：

Of interest in the study of corrosion resistant P/M materials are the following polarization techniques.

无独有偶，发现一本专著也受到“of interest”的影响：

例2　**有趣的是**，由部分预合金粉SE和AE制造密度7.0～7.1g/cm$^3$的烧结零件时，于1120℃烧结60min，尺寸变化为0%。

这里将“of interest”词组译成“感兴趣”或“有趣”不妥，“of interest”在此句中的本意是“有价值的”、“有意义的”或“重要的”。显然，作者未将外国话整明白。这两句应分别改成：

下列活化技术对研究耐蚀粉末冶金材料是**有价值的**（或“**很重要的**”）。

由部分预合金粉SE和AE制造密度为7.0～7.1g/cm$^3$的烧结零件时，于1120℃烧结60min，尺寸变化为0%，这对制造精密机械零件是**很有价值的**（或“**很重要的**”）。

粉末冶金论著中，此类现象并不少见。例如将“play an important role in…”和“play the role of”中的“role”，不分场合一概译为“角色”，而不顾这个字还有“作用”和“任务”的含义。

下面再举两个例子，一是“喂料”，一是“近净形”和“净形”。

金属粉末注射成形技术界现在普遍采用“喂料”一词，笔者不以为然。这个词在英文中是“feedstock”，意为“（供给的、加进的、喂入的）原料”。汉语中“喂料”多指动作或过程，不宜用其命名送入注射成形机的物料。2009年中南大学出版社出版的徐润泽、曲选辉编《英俄汉综合粉末冶金词汇》将此词译为“喂入料”，较妥。一字之差，便进入“物料”之列，摈弃了“动作”和“过程”的含义。有专家建议用“注射料”，也妥。

“近净形”和“净形”用“净”字不妥。“形状”之“净”者何也？令人费解。有一篇文章写到：

粉末冶金属于少、无切削加工工艺，粉末压制成形可接近零件**最终形状**，材料利用率高，能耗少。

如果写成“粉末压制成形可接近零件**净形状**”，像什么话？

“近净形”和“净形”译自“near net shape”和“net shape”。“near net shape”和“net shape”指的是制品“接近最终形状”和“最终形状”。而且，相邻的铸锻业用的也是“近终形”和“终形”，粉末冶金业借过来多好，何必另起炉灶。“net”意为“净的”、“基本的”和“最后的”，应视场合定其译意。“net weight”可译为“净重”，“net word”可译为“净功”；但“net result”和“net price”则分别译为“最终结果”和“实价”较宜，不能只认“净”字而译成

“净结果”和“净价”。

对于外来术语的翻译，笔者再啰嗦几句。笔者尤其钦佩精于推敲的先辈。明代科学家徐光启与来华意大利人利玛窦，创译出一套适合我国国情的数学术语，表达准确，像点、线、曲线、平面、直径、锐角、钝角，等等，一直沿用至今。似乎现代人在这方面过于随意，或商业气息太甚。“laser”曾音译为“莱塞”，倒也说得过去；但 CD（Compact Disc）唱片刚上市时，商家为哗众取宠将其标为“镭射唱片”，乍一看吓一跳，跟放射性搅在一起了，其实跟镭和放射性不沾边。多亏钱学森先生提议用“激光”，才获得一个准确的术语。

## 10　“function”引起的误区

有些作者撰写论文时，滥用“函数”这个术语，弄得不中不洋，不伦不类。举例如下：

例 1　烧结 316L 的力学性能**作为**烧结温度和密度的**函数**（图题）。

例 2　粉末冶金工具钢的耐磨性**是**其热处理显微组织中一次碳化物数量和类型**的函数**。

例 3　粉末冶金材料的力学性能**是**材料密度与显微组织**的函数**。

例 4　材料的浸渗效果**是**树脂性能、孔隙结构和浸渗时间**的函数**。

例 5　零件的颜色可能由浅灰色变到暗黑色，**其**一般**是**温度和氧的分压**的函数**。

中文科技文献图题绝无例 1 这种标法。例 2 ~ 4 在汉语语法上倒说得通，但在科学技术上讲不通。例 5 则在这两方面均讲不通（例中的“其”字多余，笔者另在第 15 题中讨论）。

先看看“函数”是什么意思：函数表示因变量（$Y$）随变量（$X$）而变化的数学关系。如果变量 $X$ 取某个特定的值，因变量 $Y$ 依确定的关系取相应的值，则称 $Y$ 是 $X$ 的函数。这就是说，函数表示的显然是量与量之间的数学关系。上面例 2 中的碳化物类型、例 3 中的显微组织、例 4 中的孔隙结构、例 5 中的零件颜色，都是无法或难以量化的，怎么能够构成数学关系呢？按中文习惯，例 1（图题）可改为“……与……的关系”，例 2 ~ 5 可改为“取决于”或“与……有关”：

例 1′　烧结 316L 的力学性能**与**烧结温度和密度的**关系**（图题）。

例 2′　粉末冶金工具钢的耐磨性**取决于**其热处理显微组织中一次碳化物数量和类型。

例 3′　粉末冶金材料的力学性能**取决于**材料的密度与显微组织。

例 4′　材料的浸渗效果**取决于**树脂性能、孔隙结构和浸渗时间。

例 5′　零件的颜色可能由浅灰色变到暗黑色，一般**与**温度和氧的分压**有关**。

之所以出现这种谬误，未弄清“函数”的含义是原因之一；其二，是不看具体情况，将英文文献中的“function”硬译过来，一概祭出“函数”这个法宝，蹩脚地与国际“接轨”。

“function”一词在英文科技文献中使用的频率很高。举例如下：

例 A　Mean free path is a function of particle size and volume fraction of hard particles given by $\lambda = 4(1 - V_v)/S_v$.

译文：平均自由路程是硬质颗粒的粒度和体积分数的**函数**，如式 $\lambda = 4(1 - V_v)/S_v$ 所示。

例 B　In Fig. 6, properties for FN-0205 and FL-4205 are plotted as a function of density.

译文：图6绘出了FN-0205和FL-4205的性能与密度之间的（**函数**）**关系**曲线。

例 C　Mechanical properties of iron-base alloys as a function of sintered density.（图题）

译文：铁基合金的力学性能与烧结态密度的（**函数**）**关系**。

例 D　This article briefly reviews P/M processes for higher-density parts followed by a compilation of mechanical property data as a function of density and processing.

译文：本文简要评述了高密度粉末冶金零件的生产工艺，汇集了其力学性能数据，并讨论了力学性能与密度和工艺参数之间的（**函数**）**关系**。

例 E　In many cases, wear resistance is primarily a function of hardness not of toughness, especially for metal alloys which have sufficient fracture toughness.

译文：在许多情况下，耐磨性主要**取决于**硬度，而不是韧性，特别是对于断裂韧性足够高的金属合金更是如此。

例 F　It should be noted that the pitting potential as measured in a potentiodynamic polarization experiment is a function of scan rate.

译文：应当注意到，电位动力学极化曲线试验测得的点蚀电位，**与**扫描速率**有关**。

例 G　Fe-ferrosilicon (Fe-2% Si) compacts present slight expansion as a function of time at constant temperature.

译文：当温度一定时，**随**时间的**延长**，Fe-硅铁(Fe-2% Si)压坯只产生很小的膨胀。

英汉字典中“function”作为名词的含义是：机能、功能、作用、操作、函数（在数学中）和随他物变化而变化的事物，等等；作为动词为操作、运行、起……作用等。英汉字典对含“function”词组的释义是：

a function of　　……的函数，随……而变化（的东西）

function as　　起……的作用

serve the function of　　起……的作用，有……的功用

译成中文时，其取意要根据具体情况来定。上面所举例 A ~ D 四个例句，均可择"函数"的含义，为符合中文习惯，例 B ~ D 在"关系"前可省去"函数"二字。例 C 似乎可以看成例 1 的原形，先有外国人的例 C，然后有了"国产化"的例 1。其实，英美文献对于曲线图的表示也并非一味只认"function"，例如，还用"dependence of……on"、"effect of……on"、"against"、"versus"或"vs"等词或词组。例 E 和例 F 中"a function of"译成"取决于……"或"与……有关"较妥，若将例 E 译成"耐磨性主要是硬度的函数，而不是韧性的函数"，像什么话？例 F、例 G 中也不宜直译成"函数"。

以上诸如这种以词不达意的译文来混淆自己母语的做法，应当杜绝。下面再举两例，可充分说明"function"解释不仅限于"函数"。一本 1945 年出版的英汉字典在"function"条目列有一例句为：

The legs of some crustaceans function as gills.

译文：甲壳类动物之足有作鳃用者。

这本字典出版较早，因而译文半文半白。译成白话文则是"某些甲壳类动物的腿具有鳃的功能"或"某些甲壳类动物的腿可以当鳃用"。

一本 2000 年出版的新英汉字典，其"function"条目例句有：

The sofa can also function as a beg.

译文：沙发也可当床用。

如若按某些死认"函数"者将此两句分别译成"某些甲壳类动物的腿是鳃的函数"和"沙发是床的函数"，岂不贻笑大方？

## 11　"和"与"and"

"and"是什么意思？连英文初学者都知道——"和"，这还是个问题吗？然而，不少作者撰写中文论文时，由于滥用"和"字而弄得文理不通，却是与不懂"and"，及"and"与"和"间存在异同有牵连的，试举几例：

例 1　粉末高速钢的烧结温度**和**时间，比最佳奥氏体化热处理时的温度要高**和**时间要长。（改为：粉末高速钢的烧结温度比最佳奥氏体化热处理时的温度要高，时间要长。）

例 2　注射成形零件烧结后，其残留孔隙度很低，**和**是互不连通的。（改为：注射成形零件烧结后，其残留孔隙度很低，**孔隙**互不连通。）

例 3　粉末锻造使粉末冶金机械零件达到全致密**和**获得高性能，因而增加了粉末冶金机械零件的品种**和**扩大了应用领域。（改为：粉末锻造使粉末冶金机

械零件达到全致密并获得高性能，因而增加了粉末冶金机械零件的品种，扩大了应用领域。）

例 4　箭头 A 表示未还原的氧化物颗粒，和箭头 B 表示残留的孔隙。（改为：箭头 A 表示未还原的氧化物颗粒，而箭头 B 表示残留的孔隙。）

例 5　*F* 表示液静压应力分力对多孔体屈服起始的影响程度，和其是相对密度的函数。（改为：*F* 表示液静压应力分力对多孔体屈服起始的影响程度，是相对密度的函数。）

例 6　1 号合金的极限拉伸强度为 720MPa 和伸长率为 4%，2 号合金的极限拉伸强度为 850MPa 和伸长率为 3%。（改为：1 号合金和 2 号合金的极限拉伸强度分别为 720MPa 和 850MPa，伸长率分别为 4% 和 3%。）

例 7　将混合料注射成长 110mm × 12mm × 4mm 的抗拉试样，和标距部分为 40mm。（改为：将混合料注射成 110mm × 12mm × 4mm 的抗拉试样，标距为 40mm。）

例 8　预烧结需要在生产过程中增加一道工序，和提高生产成本。（改为：预烧结需要在生产过程中多设一道工序，会增加生产成本。）

以上诸例中的“和”均属赘字，可省去（例 5 中的“其”用法不当，在第 15 题中另文讨论），修改后的句子已置入括号内。附带指出：例 2 中“孔隙度”与“孔隙”不能等同（已在第 2 题中指出）。

显然，以上例句都是病句。无论是前清时的私塾，还是现时的小学，都没有教过例句中“和”字的这种用法。笔者试将以上例句的文法结构与英文对照，来寻找病源。窃以为“和”字这种怪异用法是受了英文的影响，尚未弄清“and”与“和”的区别，便生搬硬套“and”的功能。请注意：

（1）“and”可以连接句子，而“和”不能；

（2）“and”的含义很广，不只是“和”，要根据具体情况而定。

根据具体情况，英文句中“and”有时译成“和”，有时译成“并”，有时译成别的恰当的字，有时还可不译，切勿只认“和”字这一招。例如，药瓶盖上标的“PUSH DOWN & TURN”字样，译成“按下和旋转”并不错，但不如“按下并旋转”好些，而译成“按下然后旋转”最好。同样，下例中的“and”译成“然后”较当：

The unit receives torque from a worm gear on the electric drive motor through the helical gear, and transmits the force to a stationary rack through the smaller diameter spur gear.

译文：部件从电机蜗轮经螺旋齿轮获得扭矩，然后将力经小直径正齿轮传给齿条。

此处将“and”译成“然后”，既忠实于原意，又将扭矩的获得与传递的先后次序表达得一清二楚。试将“然后”改成“和”，看看像不像中国话。

汉语的“和”字是连词，只用于连接词语（如例 1 中前半句中的“烧结温度和时间”），而不具有连接句子的功能（“以及”可以连接句子），请特别注意这点。一个简单的判断方法是：“和”字前面不能有“，”号。

“和”、“与”、“跟”、“同”、“及”、“以及”都是连词，但彼此功能却有区别。对此有兴趣的作者可参阅有关汉语文法书。

## 12 “众所周知”和“大家知道”

不少科技论文作者每每在句子开头，顺手写上“众所周知”和“大家知道”，而“众所周知”更为多见。举例如下：

例1 **众所周知**，铁粉是粉末冶金制品的主要原料。

例2 **众所周知**，在金属基复合材料制备过程中，金属熔体所含合金元素对增强相与金属熔体界面之间的润湿性有很大影响。

例3 **众所周知**，同样条件下的环缝喷嘴比环孔喷嘴更容易获得细粉。

例4 **众所周知**，一些生成热为正的材料系，在液相和固相状态都不互溶。

例5 **大家知道**，血液中红细胞大小为200～300nm，细菌长度为200～600nm，病毒大小一般为几十纳米，因此，纳米微粒的大小比红细胞和细菌小得多，与病毒相当。

其实，以上各例所述并不是众所周知、家喻户晓的。不知粉末冶金为何物的百姓怎么会有例1的知识？粉末冶金科技人员对粉末冶金技术各分支领域，全面谙熟者很少，不搞复合材料的未必知道例2，不搞雾化制粉的未必知道例3，没学过热力学的见到例4如堕烟海，掌握例5中的医学知识的只有专业人员。笔者以为，“众所周知”和“大家知道”完全可以省去。读者不妨读一读试试，没有这四个字，不仅文句精炼，还少了迂腐气。

笔者发现，喜欢以“众所周知”起句的作者似乎具有年龄段的特征，建国前上大学的作者用的较少。由此推测，这是否是受了俄文文献的影响。20世纪50年代至60年代初大学外语课程主要是俄语，而且科技文献又多来自苏联。俄文科技文献中经常用“Всем извество，что…”或“Это всем извество”起句，当时普遍使用的陈昌浩编1953年版《俄华词典》对此解为“众所周知”和“大家知道”，于是这个在政论文章中好用的“众所周知”和“大家知道”便在科技文章中流传开来。德文科技文献中，有时也以“Es is bekannt”起句，但阅读德文文献的科技人员较少，影响面没有俄文文献大。70年代以后，科技文献大量来自英文，似乎英国人少有这种习惯，不然，“众所周知”会更加泛滥。

## 13 戏剧性和千姿百态——小议科技论文的文体

文体通常分政论文体、应用文体、艺术文体和科技文体几种。“文体”一词在英文中为“style”，“style”还有“风格”、“式样”等含义。科技文体强调记述性和适用性，遣词用句在“style”上有其自身的特点。科技论文不同于文学作品，不是诗歌、小说或神话，其基本特点是要求概念的清晰性和表达的简明性，使用严谨、明晰、准确和简洁的文字，不能口语化，也不追求语言的艺术化，忌用赋有文采的辞藻。但有悖于此者大有人在，请看以下各例：

例1　粉末的形状**千姿百态，应有尽有**。

例2　黏结相的成分**千变万化**。

例3　粉末冶金是**最变化多端**的金属加工方法之一。

例4　对于4600合金，当工艺由网带炉烧结改为高温真空烧结时，所有性能均**戏剧性**增加。

例5　清洗零件以除去**任何**油污或润滑剂，这些**东西**可能会在切削加工、精整或最终操作过程中被吸入孔隙中。

例6　制造密度**高一点**的零件，应采用**高一点**的压力。烧结温度**高一点**，合金的性能也将**高一点**。

例7　为防止装料后包套变形，包套壁应适当加厚**一些**。

例8　如果在烧结过程中固相**不怎么**溶于液相，最终将会形成刚性骨架组织。

例9　记录$\tau$后，取下一个重块。**过一会儿**再记录$\tau$，取下一个重块，直到取下所有重块。

例10　关于压机的数据可以从制造商**那儿**得到。

例11　随着温度**徐徐**升高……

例12　还原温度升高使粉末体收缩更**厉害**，孔隙消失和变小更**凶**，使……

例13　原料粉末的活性不佳会使烧结工艺**不过关**。

上例中的“千姿百态，应有尽有”、“千变万化”、“最变化多端”、“戏剧性”、“这些东西”、“高一点”、“一些”、“不怎么”、“过一会儿”、“那儿”、“徐徐”、“厉害”、“凶”、“不过关”均不是科技论文规范用语，有的是不准确的口语，在科技论文中决不能采用。京腔儿化音“过一会儿”、“那儿”居然出现科技论文中，令人诧异。

笔者揣度，例3中“最变化多端”和例4中“戏剧性增加”似乎来自英文文献：

Powder metallurgy is one of the most diverse approaches to metal working.

…… a dramatic increase in each of the properties was evident.

例3和例4的失误在于，对“most diverse”和“a dramatic increase”的本意未弄明白，还是犯了第9题中所指出的那种毛病——引进而不消化。“dramatic”还有“惊人的”、“引人注目的”、“奇迹般的”的含义，此处译成“显著增加”，才符合科技文体。

例5中"任何"套用英文文献的"any"，大可不必，此句可改成：

应清洗除去零件上的油污或润滑剂，以免在切削加工、精整或最终的操作过程中被吸附到孔隙中。

或：

零件上的油污或润滑剂有可能在切削加工、精整或最终的操作过程中被吸入孔隙，应予清洗除去。

笔者不欲对其他例句作出修改，请有兴趣的读者去琢磨。

诸如本题所列不符合科技文体要求的种种弊病，在本文其他议题中还会提到。

## 14　无机物的"有机结合"是怎样的结合

在粉末冶金著述中，偶尔见到"有机结合"的提法，例如：

例1　喷射成形的特点在于，把金属的雾化过程与成形过程**有机结合**在一起，实现大尺寸快速冷凝材料的一次成形。

例2　粉末锻造是将常规粉末冶金工艺和精密锻造**有机结合**的少、无**切屑**金属加工方法。

例3　金刚石表面金属化并不是简单地在金刚石表面镀覆一层金属衣膜，而是使镀层与金刚石表面之间实现**有机结合**。

例4　采用机械定位系统与液压缸结构**有机结合**，组成一套完整的液压缸可调式行程刚性定位系统。

在自然科学范畴，所谓"有机"是与"无机"相对应的。以上四例涉及的是无机材料制备技术和机械工程技术，丝毫不涉及有机化合物或生物现象，其中提出的两过程之间、两工艺之间、两无机物及两机构之间的"有机结合"是怎样的结合呢？无人能解。正确的表达是，将例1、例2、例4中的"有机"删去，例3中的"有机结合"改为"冶金结合"。顺便指出，例2中"少、无切屑(xie)"应为"少、无切削(xue)"。

有一位作者对界面结合性质的提法很清楚，举出供参考：

涂层与金属基体之间主要是**机械结合**，采用热等静压烧结可实现**冶金结合**。

对于其他文体，"有机结合"是可以用的。例如某报纸中一篇文章这样写道：

陈省身的划时代工作将微分几何与拓扑学**有机地结合**起来，为整体微分几何奠定了基础。

这篇文章属于报告文学，不是科技论文，用“有机地结合”是允许的。

## 15　“其”须用其当

古汉语虚词“其”可作代词、副词、连词和助词用。作代词相当于“那个”、“这个”、“他（它）”、“他（它）们”、“他（它）的”、“他（它）们的”等。现代汉语中很少使用“其”作副词、连词和助词，而在现代科技论文中只用“其”作代词。

科技论文中有些句子，如果“其”用得恰到好处，会为文章增色。例如：

例 1　惰性气体雾化粉末的氧含量比空气雾化粉末低，**这**部分原因是由于**这**些粉末的比表面积较小。

例 2　零件有的部分的密度可能高于或低于技术标准。

例 1 的后半句“这”出现两次，例 2 中“的”字连用。对以上两例如用“其”改写，就好得多了：

例 1′　惰性气体雾化粉末的氧含量比空气雾化粉末低，**其**部分原因是这些粉末的比表面积较小。

例 2′　零件有的部分**其**密度可能高于或低于技术标准。

科技论文中，用“其”表示领属关系即“他（它）的”、“他（它）们的”的用法较易掌握，如上例。请注意：表示领属关系大多置于名词或数词之前，如经修改的例 1′中的“其部分原因”，例 2′中的“其密度”。

有些作者偏爱“其”，但往往用得不当，其原因是不解“其”意。试举几例，这些例句都不通：

例 3　液态铜在紧密接触的铁粉颗粒之间流动，**其**然后在接触点处溶入铁中。

例 4　在压坯脱模时产生横向裂纹，**其**是因弹性应力释放使生坯尺寸涨大所致。

例 5　以金属粉末为主要原料，用粉末冶金法制作的烧结体，**其**本来就是多孔质的……

例 6　试验了两种粉末冶金材料，**其**相当于美国 MPIF 标准的 FC-0208-S 和 FN-0208-S。

例 7　试验表明，对于选择间断切削用合适合金刀具，与连续切削相比，**其**需要刚性较高的刀具材料。

例 8　这类合金可进行烧结硬化，**其**是在由烧结带到冷却带期间会形成高含量的马氏体。

例 9　铁粉与石墨粉混合后，可以通过烧结达到完全均匀化，**其**是由石墨在烧结过程中固溶到 γ-Fe 中之所致。

例 10　雾化冷却速率较低时会形成硼化铬颗粒，**其**对熔融时的润湿性没有大的影响。

例 11　压坯中的碳在烧结时发生氧化**和其**以 CO 或 $CO_2$ 形式排出。

以上诸例中“其”字均不符合规则，纯属多余，可删去。例 8 和例 9 中，作者想用“其”带起的分句分别说明“烧结硬化”和“完全均匀化”的原因，但这种用法是错误的，不如改成“是由于”：

例 8′　这类合金可进行烧结硬化，**是由于**在从烧结区到冷却区期间会形成大量马氏体。

例 9′　铁粉与石墨粉混合后，可以通过烧结达到完全均匀化，**这是由于**石墨在烧结过程中会固溶到 γ-Fe 中。

对于例 10，将“其”改作介词“但”的宾语，即在“其”字前加个“但”字就通了：

例 10′　雾化冷却速率较低时会形成硼化铬颗粒，但**其**对熔融时的润湿性没有多大影响。

例 11 只需将“和其”改为“并”即可。顺便指出，例 11 中的“和”字是不当的，笔者已在第 11 题中讨论过。

笔者不是文字专业工作者，更深层次的知识也不甚清楚，下面只拣出与科技文章文体有关的内容作简单说明。一般容易错的是以“其”代“那个”、“这个”、“他（它）”、“他（它）们”的用法。这种用法在古汉语中主要是有三种情况：以“其”作主语构成主谓短语或分句，作为整个句子的主语（见例 12）；作兼语，既作前面动词或介词的宾语，同时又作后面动词的主语（见例 13、例 14）。请看古人如何用“其”：

例 12　**其**为政也，善因祸而为福，转败而为功。

（主谓短语“其为政也”是全句的主语，“其”表示“他”，是主谓短语的主语）

例 13　鸟，吾知**其**能飞；鱼，吾知**其**能游；兽，吾知**其**能走。

（“其”放在动词“知”之后作宾语，又是“飞”、“游”、“走”的主语）

例 14　吴人多谓梅子为曹公，以**其**望梅止渴也。

（放在介词“以”之后作宾语，又是“望梅止渴”的主语）

类似例 12 的文体不会在现代科技文章中出现，与现代文体有关系的是例 13 和例 14。请注意，在副句中以“其”代“那个”、“这个”、“他（它）”、“他（它）们”，只能作前面动词或介词的宾语，不能作主语。有一个简单的判误方法：用“其”表示领属关系即“他（它）的”、“他（它）们的”，“其”可放在句首；而表示“那个”、“这个”、“他（它）”、“他（它）们”，不能放在句首，如：

例 15　惰性气体雾化粉末的氧含量比空气雾化粉末低，**其**部分原因是这些粉末的比表面积较小。（领属）

例 16　用快速冷却粉末生产的涂层，**其**最终硼含量可能比用慢速冷却粉末生产的涂层低 0.2%。（领属）

例 17　润滑剂降低生坯密度，是因为可利用的孔隙被**其**充满的缘故。（非领属）

文言虚字“其”字的偏爱者应将其整明白后再用。笔者揣测，有些句中用“其”不当，或许是将“其”当成英文中的关系代词“that”的缘故。从上面以“其”为头带起的句子，是否可以看出英文定语从句的影子。

## 16　诸如、例如、譬如、包括和涉及

“诸如”和“例如”是举例用语，都放在所举例子的前面，不同的是：“诸如”一般表示不止一个例子，有“诸如此类”的意思；而“例如”后面可以只有一个例子。“诸如”的用法举例如下：

例 1　虽然我国铁粉压缩性不稳定，烧结尺寸变化难以控制，但是很多厂采取**诸如**严格控制初压工序和整形工序，或精整后穿芯轴磨外圆等措施，提高了同轴度和外径尺寸精度。

例 2　金刚石具有无与伦比的高硬度，早就被用来加工**诸如**陶瓷和珠宝等硬质材料。

例 3　在我国推广应用含油轴承初期，用户对这种用粉末制造出来的新产品怀有疑虑，如何正确使用也不得要领，以致使用效果不好而对粉末冶金产品失去信心，甚至对含油轴承有**诸如**“烂泥轴承”和“豆腐渣轴承”的贬称。

例 4　水溶性硫酸亚铁资源丰富，价格便宜，似乎是合适的铁源，但硫酸亚铁与其他盐**类之间**的反应性太强，会产生**诸如变臭**、变色以及在烘烤或烹调加工中产生化学反应**之类**的问题，只用于食品短期储存。

例 5　精密铸造对于可熔炼成熔体和可浇铸的金属材料，是一种较好的成形工艺，但是，对于**诸如**难熔金属、硬质合金、重合金、金属陶瓷**之类具有高熔化温度的材料**，却无能为力。

不少作者偏爱“诸如”，以为“诸如”比“例如”更雅些。其实，视不同场合改用“例如”、“包括”、“涉及”，或者删去，会更妥帖些。举例如下。修改意见已分别在括号内示出。

例 6　在**诸如**运输、装入料仓和装入模腔等过程中，也可能产生粉末偏析。

（“**诸如**”可删去，改为：在运输、装入料仓和装入模腔等工序过程中，也可能产生粉末偏析。）

例 7　填充的金属粉末因用途而异，可能是纯金属粉末，**诸如**铜粉、镍粉、银粉、铝粉和铁粉，或者是合金粉，**诸如**不锈钢粉。

（改为“**例如**”或“**如**”：填充的金属粉末因用途而异，可以是纯金属粉末，**例如**铜粉、镍粉、银粉、铝粉和铁粉，或者是合金粉，**例如**不锈钢粉。）

例 8　粉末冶金零件生产的质量控制**包括**一些生产过程的因素，**诸如**粉末性能、压机调整、模具设计，以及烧结炉工况等。

（“质量控制**包括**一些生产过程的因素”不通，可将“**包括**”改为“**涉及**”；此处“**诸如**”并非用于举例，且所举“因素”已有确定范围，可改为“**包括**”：粉末冶金零件生产的质量控制**涉及**一些生产过程的因素，**包括**粉末性能、压机调整、模具设计，以及烧结炉工况等。）

例 9　一般刚性模具系统的缺点是，不能成形零件上的**诸如**横向孔或螺纹**之类**与压制方向垂直的结构。

（“**诸如**”可删去，改为：一般刚性模具系统的缺点是，不能成形零件上的横向孔或螺纹**这类**与压制方向垂直的结构。）

例 10　金属粉末的爆炸特性取决于许多因数，**诸如**材料成分、粒度、颗粒形状和表面积等。

（“**诸如**”改为“**包括**”：金属粉末的爆炸特性取决于许多因数，**包括**材料成分、粒度、颗粒形状和表面积等。）

“譬如”即“比如”为举例时的发端语，有打比方的意思，在科技论文中不常用。下例中的“譬如”可用，但改为“例如”或删去更好。

例 11　形状不规则颗粒的比表面大，即表面能大，对烧结致密化有利。**譬如**，气雾化不锈钢粉颗粒形状近似球形，比颗粒形状不规则的水雾化不锈钢粉致密化速率低。

# 17　赘词和赘字

科技论文要求行文简明、流畅，忌用赘词和赘字。不少作者行文啰嗦，有的还夹杂些口头语，举例如下。不少例句中除赘词和赘字外，还有其他不符合第13题所述科技论文文体要求的词句。

## 17.1　多余的字、词和句

例 1　在压制工艺过程中，压坯的尺寸、重量、密度分布等特征量是**不断**波动的，引起压坯质量波动的因素有系统性因素，还有偶然性因素。
（“不断”可删去）

例 2 **经大量观察**，钼及其合金的再结晶晶粒形态有两种。
（“**经大量观察**”可删去）

例 3 **经过研究**，一直到 80 年代，人们认为最合适的 Ni/Fe 比为 1/3 ~ 1/4。
（“**经过研究**”可删去，改为：一直到 80 年代，人们认为 Ni/Fe 比为 1/3 ~ 1/4最为合适。）

例 4 后来，发展了冷壁热等静压，**这样一来**使工作温度和压力大大提高。
（“**这样一来**”可删去）

例 5 **随着**挤压截面的减少，挤压物料中心部位的流动速度**随之**增加。
（“**随着**”、“**随之**”同在一句，“**随之**”可删去）

例 6 金属纤维多孔材料常用直径为 0.02mm、0.05mm，长 0.8 ~ 2.5mm 的细金属丝为原料，**它们是由**金属长丝切断**得到的**。
（“**它们是**”可删去。改为：金属纤维多孔材料常用直径为 $\phi$0.02mm 和 $\phi$0.05mm、长 0.8 ~ 2.5mm 的细金属丝为原料，**由**金属长丝切断而成。）

例 7 **虽然说起来简单，但**粉末的成形是一个复杂的问题。
（“**虽然说起来简单，但**”可删去）

例 8 辊底炉的优点是装料量比网带炉大，**该**炉的烧结温度一般为 1150℃。
（改为：辊底炉的烧结温度一般为 1150℃，**其**优点是装料量比网带炉大。）

例 9 孔隙的形状**千姿百态**，以**三维立体**的形式相互贯通。
（删去非科技文体用语“**千姿百态**”，“**三维**”与“**立体**”重复，留其一。改为：孔隙具有各种形状，以**三维**形式相互贯通。）

对以上各例，已提出修改意见，分别示于括号内。

## 17.2 多余的“就……而言”、“对……而言”

当强调介绍某方面的内容时，可以用“就……而言”或“对……而言”，例如：

例 10 气门导管的质量一般说来逐年有所提高，这主要是各生产厂家重视产品质量的结果。**就**几何尺寸的形位公差**而言**，各厂做了不少改进工作。

例 11 总的说来，本刊十年所刊登的内容，**就**研究的深度和广度**而言**，后期高于前期。

但有些情况是不必要的，如以下三例：

例 12 **就**密封材料而言，**除了**一般要求具有耐工作介质腐蚀，压缩复原性好，材料致密，不渗漏，温度适应性广，摩擦系数小，耐腐蚀性好**以外**，还要求具有一定的**机械**强度和硬度，加工制造方便**和**价格低廉。

（删去“**就……而言，除了……以外**”，改为：密封材料一般要求具有耐工作介质腐蚀，压缩复原性好，材料致密，不渗漏，温度适应性广，摩擦系数小，耐腐蚀性好，还要求具有一定的**力学**强度和硬度，加工制造方便，价格低廉。）

例 13　**就**技术**而言**，粉末冶金材料的力学性能，零件的尺寸精度以及两者的稳定性三个方面可以表征零件的质量水平。

（删去“**就技术而言**”，改为：可以用材料的力学性能、零件的尺寸精度及两者的稳定性这三个方面表征粉末冶金零件的质量水平。）

例 14　**对** 93W-Ni-Fe 合金系列**而言**，**其**延伸率可达 20% 以上……

（删去“**对……而言，其**”，改为：93W-Ni-Fe 合金系列的延伸率可达 20% 以上……）

## 17.3　多余的“如果”、“因为”、“由于”、“鉴于”

有因果关系的句子，可使用“如果……则”。但有不少作者在行文中，不注意文句的简明，多余加上“如果”、“由于”、“因为”、“鉴于”，举例如下。对各例提出的修改意见分别示于括号内。例 15 和例 16 是否受了英文句中常用“if”影响，不明。

例 15　**如果**用切削加工方法制造整体双齿轮零件，**则**应留出切削加工和清除切屑的安全槽。

（“**如果…则**”可删去）

例 16　**如果**累积百分数**代表**包括某一粒度在内的小于该粒度的颗粒百分含量，**则**称为负累积分布曲线；**如果**累积百分数**代表**包括某一粒度在内的大于该粒度的颗粒百分含量，**则**称为正累积分布曲线。

（“**如果**”、“**代表**”、“**则**”可删去，改为：分布曲线累积百分数包括某一粒度在内的小于该粒度的颗粒百分含量，称为负累积分布曲线；累积百分数包括某一粒度在内的大于该粒度的颗粒百分含量，称为正累积分布曲线。）

例 17　**由于**润滑剂的存在，对测定是有干扰的。

（“**由于**”可删去，改为：润滑剂的存在对测定有干扰。）

例 18　**由于**热等静压是在高温高压下工作的，**所以**容易爆炸。

（“**由于**”、“**所以**”可删去，改为：热等静压在高温高压下工作，存在爆炸危险。）

例 19　**因为** ASP 钢完全无偏析，**所以**尺寸变化**上**相差小。**因此**可较精确地预计淬火时**发生**的尺寸变化。

（“**因为**”、“**所以**”、“**因此**”可删去，改为：ASP 钢完全无偏析，尺寸变化相差小，可较精确地预**测其**淬火时的尺寸变化。）

例 20　**鉴于**流速直接影响压制的质量与生产率，**因此**，**流速**是粉末混合料制备中的一个重要参数。

（“**鉴于**”、“**因此**”可删去，改为：流速直接影响压制的质量与生产率，是粉末混合料制备中的一个重要参数。）

## 17.4　多余的“任何”

英文中常用“any”，不少作者总爱照搬洋人的习惯，举例如下：

例 21　混合时间的**任何**延长，通常都会导致偏离**混合的某种验收标准**，产生正的或负的偏差。

（“**任何**”可删去，改成：混合时间**过于**延长，通常都会导致偏离**混合料验收标准的某些指标**，产生正的或负的偏差。）

例 22　改变载流气体氮中的甲醇和甲烷的加入量，对**任何**一种合金的抗弯强度都没有产生**任何**显著影响。

（“**任何**”可删去，改成：改变载流气体氮中甲醇和甲烷的加入量，对几种合金的抗弯强度都没有明显影响。）

例 23　铜熔液不润湿石墨，**因此**，若在熔渗过程中有**任何**未溶解的石墨存在，便会阻碍熔渗进行。

（“**因此**”、“**任何**”可删去，改成：铜熔液不润湿石墨，熔渗过程中如有石墨存在，会阻碍熔渗进行。）

汉语用“任何”时定有所指，不该用的地方硬加上去，读起来总是不对劲。对以上各例，已提出修改意见，分别示于括号内。顺便指出，英文中的“any”大多是不必译出的，例如第 20 题例 1 第 2 句中的“any operation”。

## 17.5　多余的“指”和“是指”

欲进一步明确所述内容，或在分别介绍两种以上事物时单拣其中一种作介绍，为了强调彼此区别，可加用“指”字，如：

例 24　炼铁鼓风炉通称高炉，鼓风炉则一般**指**熔炼有色金属的竖炉。

例 25　50 年代以来发展起来的新牌号和新材料有碳化钛基硬质合金、钢结硬质合金、亚微细合金、碳化铬硬质合金，等等。**所谓**亚微细合金（日本称为超微粒合金）**是指**其碳化物晶粒大小为 0.2 ~ 1μm，大多数晶粒小于 0.5μm 的合金。将这种粒度的颗粒称为亚微细颗粒（submicron particle），以与称为超微细颗粒（suppermicron particle，0.01 ~ 0.1μm）的颗粒相区别。

例 26　根据使用工况要求，将齿轮按强度分成高、中、低三档。其中高强度齿轮**是指**用低碳钢制造并经渗碳淬火处理，承受较重工作负荷的齿轮。

但很多场合“指”字是不必用的。下例介绍金属粉末轧制，上下文均无上述情况，其中的“指”字可删：

例 27　金属粉末轧制**是指**将金属粉末通过一系列轧制过程生产连续带材的一种技术。

# 18　表达不清

读科技文章就怕文字表达不清。对表达不清的句子不易弄明白甚至产生误解，举例如下。

## 18.1　关系混乱和自相矛盾

例 1　马氏体是碳溶解于 α 铁中的过饱和固溶体，集中有多种强化机制的作用，强度、硬度、磁饱和强度很高，是钢最有效、最经济的强化手段。

例 2　碳含量 4.3% 的液相同时结晶出碳含量 2.11% 的奥氏体和渗碳体所组成的共晶混合物。

例 3　动刚度**与**激振频率对系统的固有频率之比**和**系统的阻尼特性**有关**。

例 4　随游离碳含量增加，压坯密度明显下降，这一方面是由于炭黑粉末的密度很低，另一方面是由于**炭黑粉末的压制性较差**所致。但游离碳含量增加时，压坯的分层压力可得到提高，估计是**炭黑的润滑作用**的结果。

从例 1 可以分解出两个句子：“马氏体集中有多种强化机制的作用”和“马氏体是钢最有效、最经济的强化手段”，例 2 可以简化成“碳含量 4.3% 的液相同时结晶出……共晶混合物”，显然都是不通的。例 3 中“与”、“和”、“有关”连用，弄得几个参数的关系不请。此三例可作出如下改动：

例 1′　马氏体是碳溶解于 α 铁中的过饱和固溶体，**受到**多种强化机制的作用，强度、硬度、磁饱和强度很高。**获得马氏体**是钢最有效、最经济的强化手段。

例 2′　碳含量 4.3% 的液相同时结晶出渗碳体和碳含量 2.11% 的奥氏体，由两者组成共晶混合物。

例 3′　动刚度**取决于**激振频率对系统的固有频率之比**和**系统的阻尼特性。

例 4 中，“炭黑粉末的压制性较差”与“炭黑的润滑作用”相矛盾，炭黑不具有润滑性，与石墨不同。因对全句看不明白，无法提出修改意见。

## 18.2　主语和表语不具有同一性

例 5　**机械合金化**是 20 世纪 60 年代末发展起来的一种制取合金粉末的**高能球磨技术**。

例 6　**化学添加剂**是最成功的活化烧结的方法。

例 7　**碳化钛是**过渡金属碳化物中一种具有面心立方晶格的**间隙相**。

例 8　**碳化钨是**过渡金属碳化物中一种具有简单六方晶格的**间隙相**。

以上四例中，主语和表语不具有同一性，均不能用“是”将两者等同起来：“高能球磨”是获取“机械合金化”粉末的工艺手段；“添加剂”属于材料，不属于“方法”；碳化钛和碳化钨是一种化合物，一种材料，而间隙相指的是晶体结构。此四句应分别改为：

例 5′　**机械合金化**是 20 世纪 60 年代末发展起来的采用**高能球磨技术**制取合金粉末的一种**新技术**。

例 6′　**加入化学添加剂**是最成功的活化烧结方法。

例 7′　**碳化钛**是过渡金属钛的碳化物，**具有间隙相型**面心立方晶格。

例 8′　**碳化钨**是过渡金属钨的碳化物，**具有间隙相型**简单六方晶格。

例 1 中“马氏体是钢最有效、最经济的强化手段”犯有同样的错误。

## 18.3　用词不当，概念含糊或表达不清

例 9　超真空状态可能需要在分析之前**整夜**抽空。

（“整夜”和下例中“一个晚上”无定量观念，是多长，多少小时？为什么白天不能进行？）

例 10　将试样固化**一个晚上**。或在 50℃加速固化 1.5 ~ 2.0h。

例 11　材料状态与以前的加载历程有关，**其**影响屈服面的形状和大小。

（“其”有两处不当：一是不明“其”是指“材料状态”还是“加载历程”，因不明全句何意，无法提出修改意见；二是用“其”表示“那个”、“这个”、“他（它）”、“他（它）们”时，不能放在句首，请参考第 15 题“其”字的用法。）

例 12　当圆柱体压坯横放时，圆形会变成**有些椭圆**。

（“有些椭圆”是什么样的图形？）

例 13　软化的玻璃是传递压力和**温度**的介质。

（“温度”应改为“热量”，“温度”与“热量”不等同。）

例 14　氮化铁是 N 以间隙**原子的身份**填入到**铁的原子结构**中的一种**填入式化合物**。

（“N”是什么？什么叫“原子的**身份**”？“铁的原子”中还能让另一个原子填入吗？什么叫“填入式化合物”？可改成：氮化铁是**氮**以间隙**原子的形式**填入**铁的晶格**中形成的一种**间隙式化合物**。）

例 15　在混合料中添加微量 $Cr_3C_2$ **元素**，以阻止 WC 晶粒长大。

（用“元素”不对，碳化铬是化合物，不是元素；另外，笔者不主张在

行文中用化学元素符号表示某物质，如“$Cr_3C_2$”、“WC”及例 14 中的“N”，可以附加化学符号置于括号内。可改成：添加微量碳化铬($Cr_3C_2$)，以阻止碳化钨晶粒长大。)

例 16　和塑料模压与金属铸造工业不同，粉末冶金生产**可轻易**变更批次的材料牌号。

(“可轻易”用词不当，可改为“容易”或“很方便”。)

例 17　合金元素在钢结合金中的主要作用不是**表现在金属学方面**，而是**在粉末冶金学方面**。

(“金属学方面”和“粉末冶金学方面”泛泛而指，不具体；不如直接指出是在“相组织形成方面”和“润湿性方面”。)

例 18　1 号合金钢的硬度在 HRC 65 以上，比 2 号合金钢**高几度**。

(“高几度”的说法错误，硬度 HRC 不用“度”表示，可改为“高几个单位”。)

例 19　钢结合金**兼具有**钢和普通硬质合金各自的优点。

(提法稍嫌绝对。应改为：钢结合金**在一定程度上兼具有**钢和普通硬质合金两者的优点。)

例 20　热复压与热锻的主要区别，是热锻时发生金属流动，而热复压时，**仅只产生致密化，而不发生金属流动**。

(“**热复压时，仅只产生致密化，而不发生金属流动**”的认识是错误的，应改为：热复压与热锻的主要区别，是热锻时发生金属流动，而热复压时，**金属粉末只有少量移动**。)

例 21　晶界扩散一般总是伴随着体积扩散出现，而且对烧结过程起**催化作用**。

(“扩散”不属化学反应，用“催化”不妥。应改为“促进作用”。)

例 22　氢气适用于烧结大部分有色金属，但通常它使铁基材料脱碳和使含铬的合金**氧化**。

(氢气不是使铁基材料脱碳和使含铬的合金氧化的罪魁；应改为：氢气适用于烧结大部分有色金属，但**氢气氛中氧化性杂质**通常**会**使铁基材料脱碳，使含铬的合金**氧化**。)

例 23　**真空实际上就是没有气体**。必须注意，在真空条件下，不得使炉内压力低于烧结合金中组分的蒸汽压，以免烧结合金组分贫化。

(将真空解释为“实际上就是没有气体”属于概念不清。前面说“没有气体”，而后面又有“炉内压力”，前后矛盾。此句不欲修改，读者要弄清真空的概念，请查有关书籍。)

## 18.4　定语的位置不当

例 24　在**白色**渗碳体基体上均匀分布大量黑块状的珠光体。

（易误解为“**白色**渗碳体”。改成：在渗碳体**白色**基体上均匀分布大量黑色的块状珠光体。）

例 25　**粉末热锻**汽车、拖拉机行星齿轮

（易误解为“**粉末热锻**汽车、拖拉机”。改成：汽车、拖拉机用**粉末热锻**行星齿轮）

例 26　**粉末冶金**仪器仪表和照相机零件

（易误解为“**粉末冶金**仪器仪表和照相机”。改成：仪器仪表和照相机用**粉末冶金**零件）

例 27　**粉末冶金**摩托车离合器从动齿轮

（易误解为“**粉末冶金**摩托车”。改成：摩托车离合器用**粉末冶金**从动齿轮）

例 28　近年来，**重约 0.2g** 的微型马达用轴承的需要量增多……

（易误解为“**重约 0.2g** 的微型马达”。改成：近年来，微型马达用**重约 0.2g** 的轴承需要量增多……）

以上各例已分别在括号内作了说明和修改。

### 18.5　逻辑推理缺少根据

例 29　早在 6000 ~ 4000 年前，已具备在陶窑中还原氧化铜与氧化锡的混合物的物质条件，但不可能用冶炼法制出红铜。因此，作者提出了一种**设想**，认为，这一时期的红铜或青铜器物可能是按照下述方法制造的。……这实际上是粉末冶金的雏形。……**由上述不难看出**，红铜、青铜、铁及铂都是先制成粉状，再用粉末冶金法制成各种器具的。

作者提出了“一种设想”，然后进行推理“由上述不难看出”，得出“红铜、青铜……都是先制成粉状，再用粉末冶金法制成各种器具的”的结论。这种以“设想”为前提进行推理不合逻辑。“设想”是允许的，甚至是应该提倡的，但不能以未经考古证明的“设想”为前提来得出肯定的结论。

## 19　数据表达模糊

有些作者在提出数据时，不给出准确的限定语。这点小疏忽往往产生歧义，让读者弄不明白。举例如下。

### 19.1　“约”、“高于”、“小于”与“ ~ ”连用

常用“约”、“高于”、“小于”与“ ~ ”表示不精确的概数，但“约”、“高

于"、"小于"与"~"连用纯属多此一举。符号"~"已经示出范围，不必再赘加上"约"或"大约"了，举例如下：

例1　经研磨和分级的粉末，其松装密度**约**1~4g/cm³。

（去掉"**约**"，改为：经研磨和分级的粉末，其松装密度为1~4g/cm³。）

例2　这些工具钢含有**约**14%~24% Cr，**约**3%~5% V，**约**1%~3% Mo，**约**2%~8% C。

（去掉"**约**"，改为：这些工具钢含有14%~24% Cr，3%~5% V，1%~3% Mo，2%~8% C。）

例3　硬质合金氢气烧结的温度，**一般大约**1400~1500℃。

（去掉"**大约**"，改为：硬质合金**在氢气气氛中**烧结的温度一般为1400~1500℃。）

例4　当碳含量**高于**0.15%~0.20%时，会有害于制品的性能，并使制品容易变形。

例5　镦粗时锻坯的高度与直径之比 *H/D* 不应**超过**2.5~3。

对例1~3的修改示于括号内。例4中"高于0.15%~0.20%"让人无所是从，如果碳含量等于0.18%，即高于0.15%而低于0.20%时，怎么办？例5也是如此。对此两例，笔者难以提出修改意见。

## 19.2　"超过……以上（左右）"、"小于……以下（左右）"

用"超过"就不要赘加"以上"或"左右"，用"小于"就不要赘加"以下"或"左右"，举例如下，修改意见如括号内所示。

例6　其节银效果**超过**30%**以上**。

（改为：其节银效果**超过**30%。或：其节银效果**在**30%**以上**。）

例7　CPM高速钢中的大多数碳化物晶粒尺寸都**小于**3μm**左右**。

（去掉"**左右**"。）

## 19.3　"约……和以上（以下）"

例8　快速凝固工艺冷却速率的范围通常是**约**$10^4$℃/s**和以上**。

（改为：快速凝固工艺冷却速率的范围通常**在**$10^4$℃/s**以上**。）

上例的错误与前面诸例相同；而且，其中的"和"字用错了，这是生搬英文中"and"的用法，前面第11题已经提到，此处不再赘及。

## 19.4　"成比例"

例9　合金中的氮含量与烧结气氛中氮气的正压力的平方根**成比例**。

例中“**成比例**”不准确，是成正比还是成反比?

### 19.5　“增加”和“减少（下降）”

表示数的增减应注意：

（1）“增加到××倍”与“增加了××倍”有区别，前者包括基数，后者不包括；

（2）倍数只在增加的情况采用，下降或减少的数量用百分数表示，“下降（或减少）××倍”是错误的；

（3）增加的倍数在1倍以内宜用百分数表示。

例10　1989年全国铁粉产量为27600吨，至1998年达到63500吨，十年间增加了2.3倍。
（改为：“十年间增加了1.3倍”。）

例11　进行二氧化碳气体焊接时，奥氏体焊缝所含的氢，较之同样条件下埋弧焊减少1.5～2倍。
（是“减少到”还是“减少了”? 不明。“1.5～2倍”应改为百分数）

## 20　一种和1种——汉字数字和阿拉伯数字的用法

不少人爱用阿拉伯数字，不论什么情况都用1、2、3、4、5……，笔者不以为然。阿拉伯数字和汉字数字如何规范使用，有国家标准GB/T 15835—2011《出版物上数字用法的规定》可循，作者和编辑都应熟知其中内容。对于标准规定的汉字数字和阿拉伯数字的用法，当然应遵照执行；对于标准未作规定的，也应按照标准提出的“得体原则”，合理选用。

阿拉伯数字书写系统多用于数值的精确表达和运算；而不属于此类的其他数字，用汉字数字较好。汉字数字书写系统对非精确数值表达的包容度更高，有些情况用汉字数字表达，其语体更为庄重典雅。

笔者以为，凡“一门”、“一种”、“一个”、“一次”与英文不定冠词“a”、“an”相应的数字，不属于具有运算功能的精确数值（往往删去也念得通），应该用“一”而不用“1”，举例如下。

例1　Forming——A process in which a powders is transformed into a coherent mass of required shape.

Forming——A general term for any operation by which a powders is transformed into an object of prescribed shape and dimension.

译文：成形——将粉末制成具有预定形状和尺寸的物体的工艺。

（英文不定冠词“a”相应的“一种”不必译出。）

例 2　18 世纪末开始复兴并在 20 世纪得到蓬勃发展的粉末冶金技术，是**一门**制备金属材料和复合材料及其制品的先进技术。

例 3　粉末冶金成为生产金属机械零件的**一种**先进工艺。

例 4　硬质合金是**一种**先进工具材料，将金属切削效率提高几十倍，使金属切削、钻探采掘以及其他某些加工业发生革命性变化。

例 5　电触头和磁性材料是粉末冶金在 20 世纪 30 ~ 40 年代形成的又**一**产业分支领域。

例 6　粉末冶金技术于 20 世纪 20 年代进入金刚石工具制造业，逐步取代机械卡固法和青铜浇铸嵌镶法而占据主导地位，是金刚石工具制造技术的**一次**革命。20 世纪中后期，以粉末冶金法用人造金刚石制造金刚石-金属工具，是粉末冶金技术对金刚石工具**再一次**推动。

查阅《编辑学报》找到了共鸣。该刊 1990 年第 2 卷第 4 期 230 页提出：与量词组成数量词组起定语功能，作泛指而无计数意义时，用“一”而不用阿拉伯数字“1”；还建议在以下情况用“一”而不用“1”：名词前，形容词前，指示代词“每”、“某”后，表示“相同”意义的动词“同”之后，等等。

某些表达次序而不具备精确表达和运算功能的数字，也应该用汉字，如第一次技术革命、第二次技术革命、第三次技术革命、第四次技术革命、牛顿第一定律、牛顿第二定律、牛顿第三定律、第二次世界大战、第二次国内革命战争、第二方面军、第三世界、第三产业、两个方面、三个方面，等等。对“牛顿第一定律”，英文原版书的表示是“Newton's first law of motion”或“First Newtonian law”，而不用“Law No. 1”或“1st law”。这样，笔者以为，凡与英文 first、second、third 和 fourth 相应的数字，汉字也应该用“第一”、“第二”、“第三”和“第四”。

“二”和“两”的使用有时也易混乱，作者和编辑可参阅有关资料，在此不欲赘及。

## 21　检查数学方程是否正确的简易方法

常发现有作者由实验数据归纳出错误的方程，作者本以为亮出数学方程可以提升论文的档次，但事与愿违，适得其反。这里介绍一个检查数学方程是否正确的简易方法，属以下两种情况的数学方程是错误的：

（1）将相关的边界条件代入方程式中，出现矛盾；

（2）等号两边的量纲不一致，或相加减的量其量纲不一致。

现举一例说明。某作者列出一个表示压制过程的方程：

$$P = b[S/(hS_0 - S)]^n$$

式中，$P$ 为压力；$b$ 为无量纲常数；$S$ 为压机行程；$h$ 为 $S=0$ 时的压坯高度。

检查量纲即可发现：等号左边为压力 $P$，而等号右边无压力的量纲，无法相等；$hS_0$ 和 $S$ 的量纲不同，前为长度 2 次方，后为长度，不能相减。据此即可判定此式错误，无须再检查其他。

# 粉末冶金实验数据图示法错误举例

## 1　问题的提出

实验数据及其分析是科技论文的核心，全文的议论、推理和结论均以此为据，表达必须准确合理。论文中通常采用表格、曲线图和数学方程三种方式处理实验数据。现时发行的粉末冶金书刊中，用图示法表达和处理数据，偶尔存在如下所列几种差错：

（1）无图号和图题，坐标轴不标明名称、符号或量纲；

（2）以处理方式作为横坐标轴分度；

（3）以实验数据值为横坐标轴分度；

（4）坐标分度间隔不当或不成比例；

（5）数据点少而勉强作曲线；

（6）坐标原点取值不当而造成曲线布置不当。

这些作法（不只是上面所列）不符合正确表达实验数据的要求，降低论文的水平，应该引起作者的重视。本文举出图示中的一些错误，供大家鉴戒。

## 2　绘制曲线图的基本知识

绘制曲线图应掌握的基本知识，至少包括如下几项：

（1）坐标系中横轴表示自变量（数），纵轴表示因（参）变量（数）。

（2）横、纵坐标分度必须恰当，尽可能使所得曲线的斜率近于1，以便于读取数据点的读数。分度过粗或过细都会使曲线形状失真，歪曲实验结果。

（3）分度间隔数值应与实验数据的误差即精确度相符，分度点标示数值的尾数不应超过实验数据的误差（精确度）。

（4）以1、2、4、5为分度间隔，方便合理，如：

1、2、3、4…　　（间隔为1）

0.1、0.2、0.3、0.4…　　（间隔为0.1）

0.01、0.02、0.03、0.04…　　（间隔为0.01）

10、20、30、40…　　（间隔为10）

2、4、6、8、10…　　（间隔为2）

5、10、15、20…　　（间隔为5）

以图1为例：

图 1a 横坐标分度为 10，纵坐标密度分度为 0.02，纵坐标球直径分度为0.05；

图 1b 横坐标分度为 10，纵坐标压溃力分度为 10，纵坐标压缩率分度为0.02。

应避免3、6、7、9 为间隔的分度，如2、11、20、29、38…分度（间隔为9）。

（5）坐标范围以图形占满全幅为宜，曲线上、下、左、右应尽量不留多余空白。原点位置不一定取0，可用低于实验数据最低值的整数；终点可用高于实验数据最高值的整数。举例如图 1 ~ 图 4 所示。

（6）只有在数据点足够多且呈连续变化时，才可由数据点绘制曲线。曲线应光滑连续，其轨迹应在相应的误差范围内通过各点；不一定通过最外两点，且不宜超出最外两点。

（7）数据点不是足够多时，宜将各点连成折线，如图 1 ~ 图 4 所示；或舍弃图形，改用表格表示。

（8）将全部数据点分成适当大小的几组，则每一组内，位于曲线两边点的数目应大致相等。

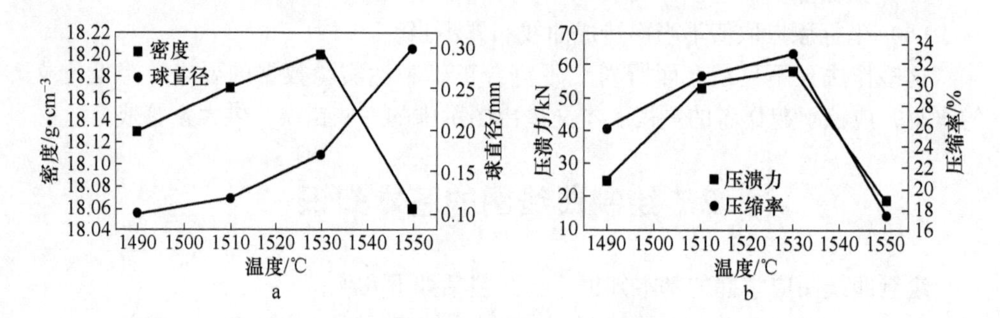


图 1　烧结温度对烧结坯状态的影响

a—密度和球直径；b—压缩性能

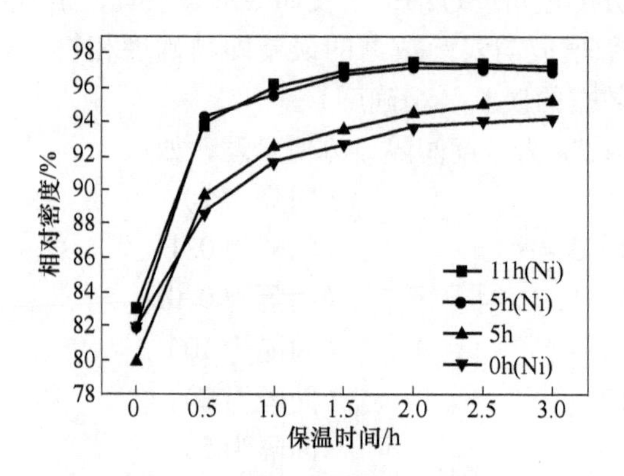


图 2　保温时间对相对密度的影响

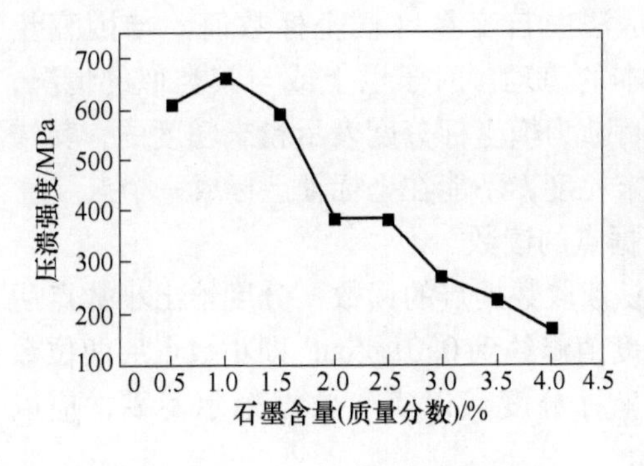


图3　石墨含量对压溃强度的影响

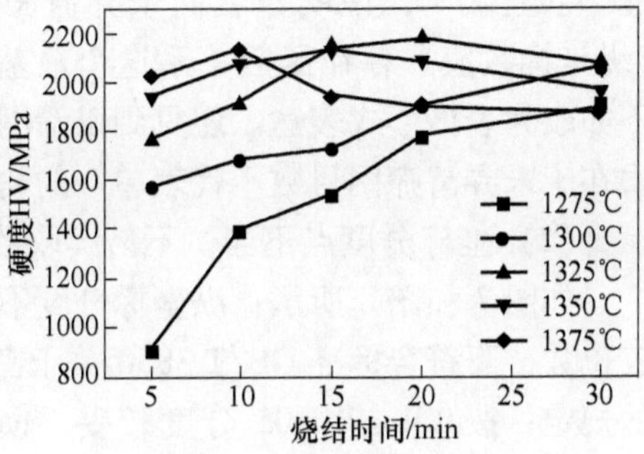

图4　烧结时间对显微硬度的影响

# 3　图示法错误举例

（1）以处理方式作为横坐标分度。

图5以淬火后冷却方式为横坐标分度，图6以实验位置为横坐标分度，都是错误的。冷却方式和实验位置不是连续变化的量，不能作为函数曲线图上的自变量坐标（这就导致作者的第二个错误：横坐标无量纲）。虽然“淬火后冷却速率”能构成数学上的“量”，但将“冷却方式”转化为“冷却速率”谈何容易。图5这种作法在产品质量控制分析和生产经济分析中见到过，但那绝不是函数曲线图。图6试验位置1、2、3…只是位置的标记，硬度与位置标记之间不存在函数关系，决不能作曲线（作者如将试验位置变换成距离，或许有可能）。而且曲线呈波浪形具有明显的随意性，其“规律”无法解释。

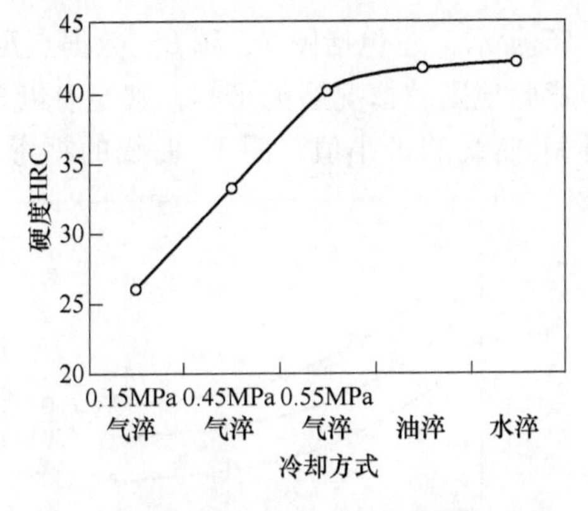


图5　不同冷却方式对淬火硬度的影响

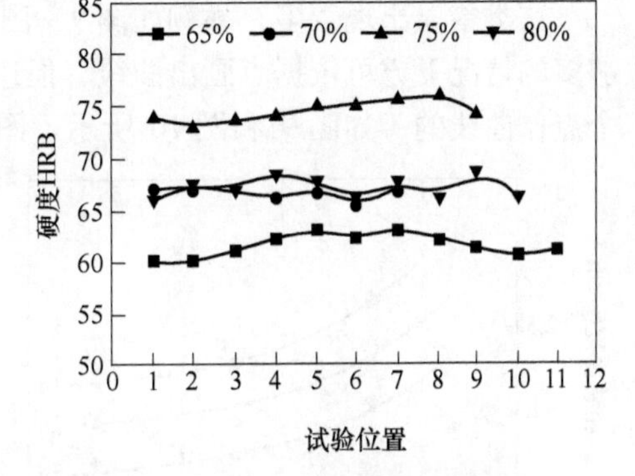


图6　浇注方向硬度变化规律

坐标系中横轴表示自变量，纵轴表示因变量；所得曲线表示两者的函数关系，曲线可以转换为方程，反之亦然。而图5和图6的曲线绝对不能转换为方程。以上两例，说明作者尚未弄懂图示法中自变量（横坐标数值）与因变量（纵坐标数值）存在函数关系这个最基本的道理。对于以上或与其类似的情况，不如改为表格形式表达。还见到以筛网目数为横坐标分度表示粉末粒度的，其错误在于未弄清筛网目数不代表单一的粉末粒度，不能在坐标轴上标成一个点。

（2）坐标分度点不当，不易读取数据点的读数。

如图 7 和图 8 所示：纵坐标分度不易读取数据点的读数；分度给出小数点后三位数，不符合标准 GB/T 3850 关于密度值修约到 0.01g/cm$^3$ 即小数点后两位数的规定；按 0.1 或 0.05 分度较妥。横坐标分度点以实验数据标示不妥，应以 1200、1250、1300、1350、1400 标示。

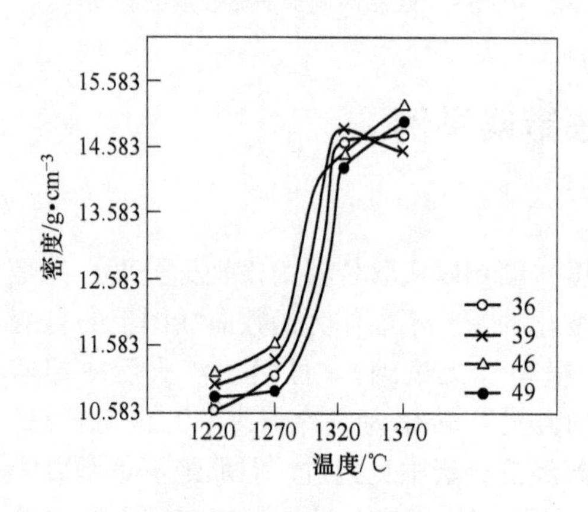


图 7　预烧温度对低钴粗晶 WC-Co 合金压坯密度的影响

图 8　预烧温度对低钴粗晶 WC-Co 合金烧结坯密度的影响（烧结温度 1430℃）

（3）数据点少而随意作曲线。

这类错误出现较多，举例如图 9～图 16 所示，还包括图 7、图 8。数据点足够多的情况下方可依据点画出曲线，但违背此规则的情况屡见不鲜，甚至有以 3 个点作曲线的，如图 9 和图 10 所示。图 11 曲线的极小值，图 12 曲线的拐弯，

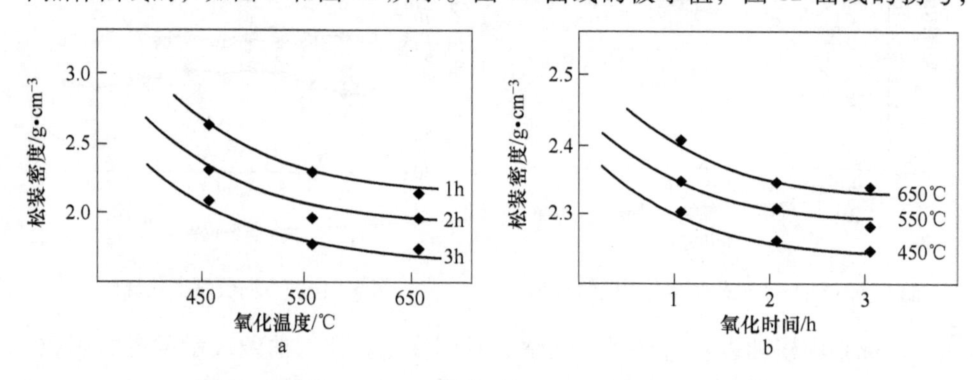


图 9　氧化温度（a）和氧化时间（b）对松装密度的影响

均无相应点为依据；图 13 相应 0Hz、50Hz 曲线和图 14 相应 20℃、40℃的曲线，图 15 两条曲线，以及图 16 曲线，其曲率有正、负号变化，不知作者对这种做法作何解释。

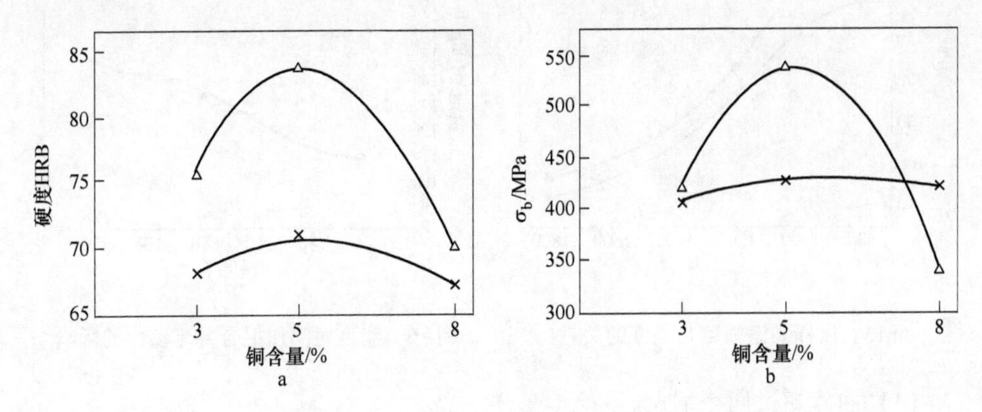


图 10　铜含量对合金硬度（a）和抗拉强度（b）的影响

×—Fe-0.5P-Cu；△—Fe-0.7P-Cu

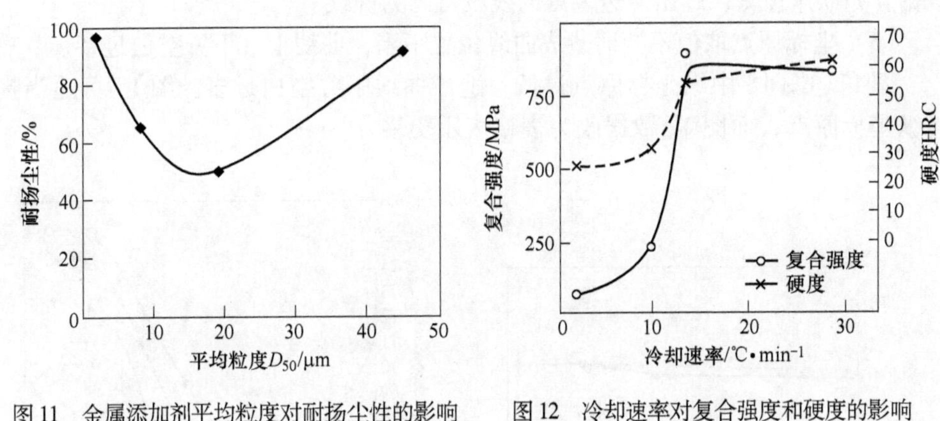


图 11　金属添加剂平均粒度对耐扬尘性的影响

图 12　冷却速率对复合强度和硬度的影响

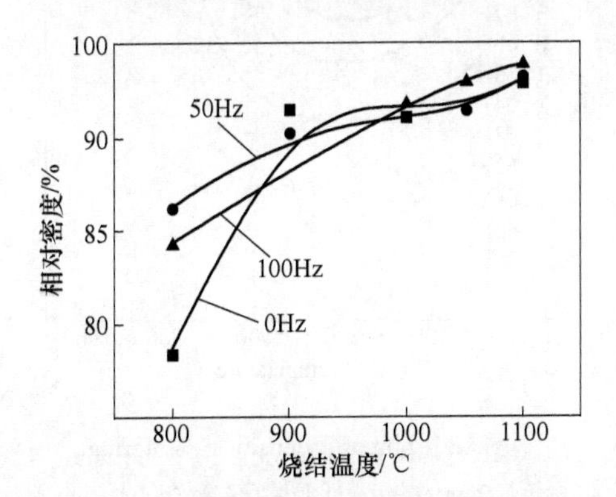


图 13　脉冲频率对烧结体相对密度的影响

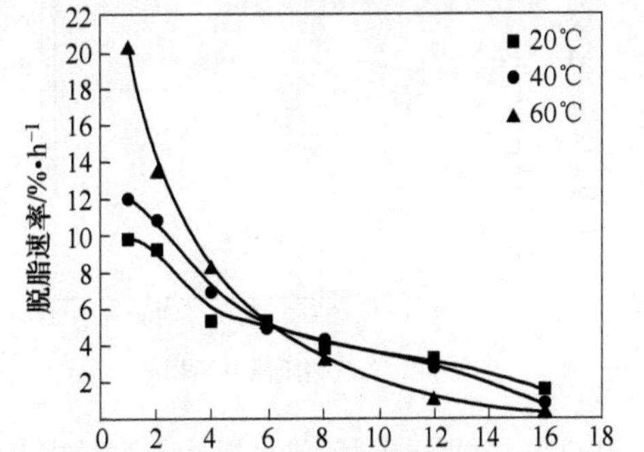


图 14　温度对脱脂速率的影响

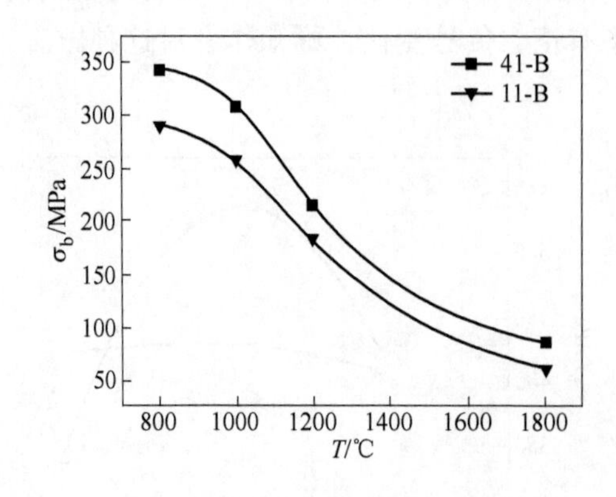


图 15　试样高温强度与温度的关系

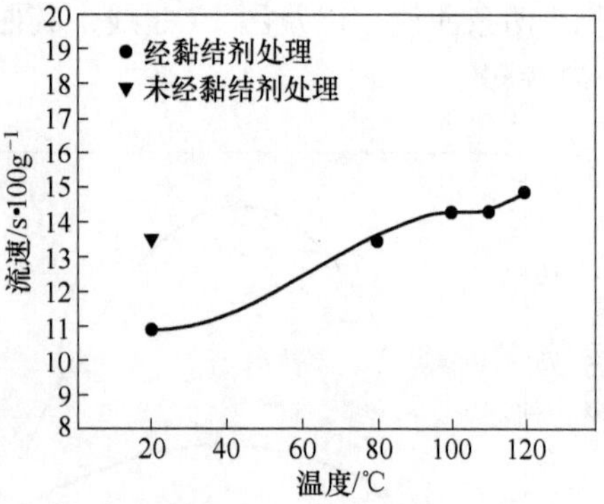

图 16　温度对温压混合料流动性的影响

（4）曲线超过两个端点。

图 9 中将曲线延伸超出两边端点是错误的，两个端点外没有数据作为曲线的依据。如欲作预测，超出两边端点的线段可画为虚线。

（5）坐标原点取值不当而造成曲线位置不当，曲线上、下方空白过多。

图 17、图 18 中纵坐标原点过低，造成曲线下方空白过多。图 18 可适当提高纵坐标原点，而图 17 数据改为表格表示更妥。

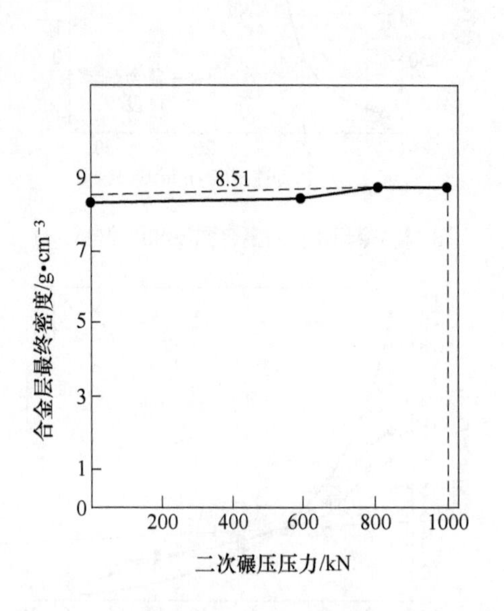


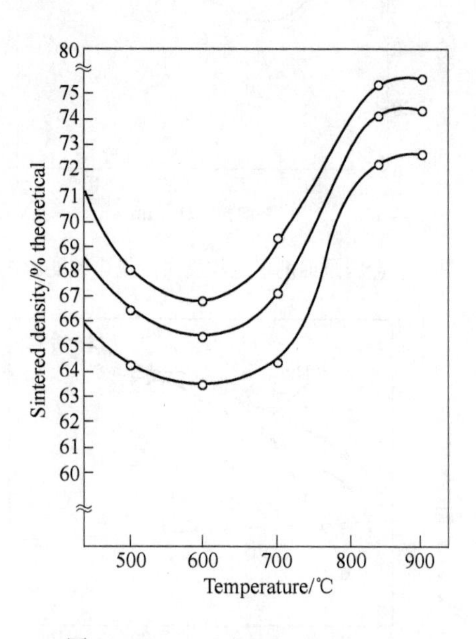


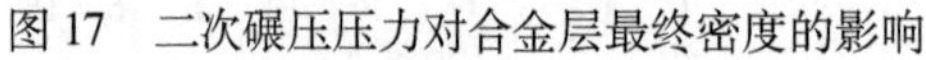
图 17　二次碾压压力对合金层最终密度的影响

图 18　Sintered density vs sintering temperature of Pd-25% Ag pelets

## 致　谢

本文承蒙钢铁研究总院张晋远教授和王鸿海教授审阅修改，谨表谢忱。

## 参 考 文 献

[1] 冯师颜．误差理论与实验数据处理[M]．北京：科学出版社，1964.
[2] 肖明耀．实验误差估计与数据处理[M]．北京：科学出版社，1981.
[3] 谭炳煜．怎样撰写科学论文[M]．北京：辽宁人民出版社，1982.

# 粉末冶金材料性能数据的有效位数❶

**摘　要**　粉末冶金论文中，存在对数据的有效数字缺乏认识或处理不当的情况。本文扼要介绍有效数字的基本知识，列出有关标准对金属粉末和粉末冶金材料性能数据有效数字的规定，并举例加以说明。

## 1　问题的提出

科技论文的核心是对科研成果的论述和分析，而其基础是实验数据。科技论文本身所具有的一个特点，就是用数据语言说话。对数据的基本要求是真实可靠和表达准确。而只有正确处理所获得的实验数据，才能做到这一点，否则，就会影响对实验结果的判断，甚至造成误判。实验数据必须符合有效数字的有关规则，科学技术实践和生产活动已证明按有效数字规则正确处理实验数据的重要性。但是，在粉末冶金论文中，对有效数字缺乏认识或处理不当的情况经常见到，试举三例如下（表1～表3），当然，所举例子并不一定是最典型的。

**表1　烧结温度对××硬质合金性能的影响**

| 烧结温度/℃ | 密度/g·cm$^{-3}$ | 硬度 HRA | 横向断裂强度/MPa |
|---|---|---|---|
| 1440 | 12.89 | 83.9 | 1746.1 |
| 1460 | 13.32 | 85.9 | 1764.2 |
| 1480 | 13.36 | 84.5 | 1754.6 |

**表2　××粉末的流动性**

| 牌　号 | 流动性/s·(50g)$^{-1}$ | 松装密度/g·cm$^{-3}$ |
|---|---|---|
| A | 13.13 | 4.606 |
| B | 13.39 | 4.394 |
| C | 15.12 | 4.238 |

❶　本文原载于《粉末冶金工业》，2006，16(4)：42～45。署名：李祖德。此次重载作了少量修改。

表3　烧结冷锻 FeCuNiB 系合金密度对力学性能的影响

| 密度/g·cm$^{-3}$ | 硬度 HRB | 抗拉强度/N·mm$^{-2}$ | 冲击韧度/J·cm$^{-2}$ | 伸长率/% |
|---|---|---|---|---|
| 7.1 | 54 | 362.85 | 42.17 | 9.5 |
| 7.3 | 62 | 392.27 | 53.94 | 11.5 |
| 7.6 | 72 | 411.88 | 71.59 | 14.0 |

表1中，密度和硬度数据的位数是正确的；而横向断裂强度数据不符合有效数字规则，因此导致错误的判断：1480℃烧结试样的强度比1440℃烧结试样高8.5MPa。但是，按GB/T 5139规定进行修约的结果，1480℃和1440℃烧结试样的强度均为1750MPa，彼此无高低之分（修约规则见后文）。实际上，硬质合金横向断裂强度值分散度较大，按数据值的个位数比较，一般是无意义的，即使是十位数有时也难免干扰因素的影响，而对小数点后数字进行比较就有些荒唐了。

表2中，流动性和松装密度数据的表示都是错误的。按GB/T 1482规定，流动性数据应修约到0.5s/50g；按GB/T 1479、GB/T 5060和GB/T 5061，松装密度数据均应修约到0.01g/cm$^3$。这样，A、B、C的流动性分别为13.0s/50g、13.5s/50g和15.0s/50g（按“0.5单位修约”规则进行修约，见后文）；松装密度分别为4.61g/cm$^3$、4.39g/cm$^3$和4.24g/cm$^3$（修约规则见后文）。

表3中，密度、抗拉强度和冲击韧度数据的表示是错误的。据GB/T 3850规定，密度值修约到0.01g/cm$^3$，如果表3中密度值小数点后第二位数有效数字为0，则应分别表示为7.10g/cm$^3$、7.30g/cm$^3$和7.60g/cm$^3$。据GB/T 7964规定，抗拉强度值在100～500N/mm$^2$时修约到5N/mm$^2$，按“0.5单位修约”规则进行修约，分别为365N/mm$^2$、390N/mm$^2$和410N/mm$^2$。冲击韧度值按GB/T 9096—2002规定修约到三位有效数字，则分别为42.2J/cm$^2$、53.9J/cm$^2$和71.6J/cm$^2$。

从规范科技文献中粉末冶金材料性能数据处理的角度出发，笔者编写了这篇短文，扼要介绍有效数字的基本知识，列出有关标准对金属粉末和粉末冶金材料性能数据的修约规定，供作者和编辑参考。

## 2　有关标准对性能数据有效数字的规定

无论是国家标准还是国际标准，对数据有效数字均有规定，科研人员和工程技术人员都应参照执行。《粉末冶金技术》1990年第3期曾刊登姜振春的短文，对金属粉末和粉末冶金材料性能数据的有效数字进行了简明的解释，并列举了有关标准的相应要求。本文在此基础上做了一些补充，重新整理了有关标准对有效数字的规定，列于表4。

**表 4　金属粉末和粉末冶金材料性能数据修约位数规定**

<table>
<tr><th>序号</th><th>性　能</th><th>标准号</th><th>测试次数或试样数</th><th colspan="2">平均值修约位数或允许误差</th></tr>
<tr><td rowspan="5">1</td><td rowspan="5">金属粉末中可被氢还原氧</td><td rowspan="5">GB/T 4164—2002</td><td rowspan="5">2 次以上</td><td>氧含量/%</td><td>允许误差/%</td></tr>
<tr><td>≤0.2</td><td>0.01</td></tr>
<tr><td>>0.2～0.5</td><td>0.02</td></tr>
<tr><td>>0.5～1.0</td><td>0.05</td></tr>
<tr><td>>1.0</td><td>0.1</td></tr>
<tr><td rowspan="5">2</td><td rowspan="5">金属粉末氢中质量损失</td><td rowspan="5">GB/T 5158—1999</td><td rowspan="5">2</td><td>氢损/%</td><td>精确到/%</td></tr>
<tr><td>≤0.2</td><td>0.01</td></tr>
<tr><td>>0.2～0.5</td><td>0.02</td></tr>
<tr><td>>0.5～1.0</td><td>0.05</td></tr>
<tr><td>>1.0</td><td>0.1</td></tr>
<tr><td>3</td><td>金属粉末松装密度(漏斗法)</td><td>GB/T 1479—1984</td><td>3</td><td colspan="2">修约到 0.01g/cm$^3$</td></tr>
<tr><td>4</td><td>金属粉末松装密度(斯科特法)</td><td>GB/T 5060—1985</td><td>3</td><td colspan="2">修约到 0.01g/cm$^3$</td></tr>
<tr><td>5</td><td>金属粉末松装密度(振动漏斗法)</td><td>GB/T 5061—1998</td><td>3</td><td colspan="2">修约到 0.01g/cm$^3$</td></tr>
<tr><td>6</td><td>金属粉末振实密度</td><td>GB/T 5162—1985</td><td>3</td><td colspan="2">≤4g/cm$^3$ 时,修到约 0.1g/cm$^3$<br>>4g/cm$^3$ 时,修约到 0.2g/cm$^3$</td></tr>
<tr><td>7</td><td>金属粉末有效密度</td><td>GB/T 5161—1985</td><td></td><td colspan="2">小数点后两位</td></tr>
<tr><td>8</td><td>金属粉末粒度组成</td><td>GB/T 1480—1995</td><td>2</td><td colspan="2">精确到 0.1%</td></tr>
<tr><td>9</td><td>金属粉末压缩性</td><td>GB/T 1481—1998</td><td>3</td><td colspan="2">精确到 0.01g/cm$^3$</td></tr>
<tr><td>10</td><td>金属粉末流动性</td><td>GB/T 1482—1984</td><td>3</td><td colspan="2">精确到 0.5s/50g</td></tr>
<tr><td>11</td><td>金属粉末拉托拉值</td><td>GB/T 11105—1989</td><td>5</td><td colspan="2">按偶数修约规则修约到小数点后一位</td></tr>
<tr><td>12</td><td>金属粉末压坯强度(矩形压坯横向断裂)</td><td>GB/T 5160—2002</td><td>5</td><td colspan="2">≤10N/mm$^2$ 时,精确到 0.2N/mm$^2$<br>>10N/mm$^2$ 时,精确到 0.5N/mm$^2$</td></tr>
<tr><td>13</td><td>金属粉末压坯强度(圆柱形压坯压缩)</td><td>GB/T 11106—1989</td><td>3</td><td colspan="2">按偶数修约规则修约到两位有效数字</td></tr>
<tr><td>14</td><td>金属粉末与成形和烧结有联系的尺寸变化</td><td>GB/T 5159—1985</td><td>3</td><td colspan="2">修约到 0.01%</td></tr>
<tr><td>15</td><td>致密烧结金属材料密度</td><td>GB/T 3850—1983</td><td>1</td><td colspan="2">修约到 0.01g/cm$^3$</td></tr>
</table>

续表4

| 序号 | 性　能 | 标准号 | 测试次数或试样数 | 平均值修约位数或允许误差 |
|---|---|---|---|---|
| 16 | 烧结金属摩擦材料密度 | GB/T 1042—2002 | | 修约到 0.01g/cm$^3$ |
| 17 | 可渗性烧结金属材料密度 | GB/T 5163—1987 | | 修约到 0.01g/cm$^3$ |
| 18 | 可渗性烧结金属材料开孔率 | GB/T 5164—1987 | | 修约到小数点后一位 |
| 19 | 可渗性烧结金属材料含油率 | GB/T 5165—1985 | | 准确到小数点后一位 |
| 20 | 可渗性烧结金属材料孔径 | GB/T 5249—1985 | 3 | 精确到 5% |
| 21 | 可渗性烧结金属材料流体渗透性 | GB/T 5250—1993 | | 修约到个位数 |
| 22 | 烧结金属衬套径向压溃强度 | GB/T 6804—2002 | | 相对准确度 ±5% |
| 23 | 烧结金属材料室温拉伸性能 | GB/T 7964—1987 | 3 | $\sigma_s,\sigma_r,\sigma_b$/MPa<br>≤100 时,修约到 1<br>>100 ~ 500 时,修约到 5<br>>500 时,修约到 10<br>$\delta,\psi$/%<br>≤10 时,修约到 0.1<br>>10 ~ 50 时,修约到 0.5<br>>50 时,修约到 1 |
| 24 | 烧结金属摩擦材料抗拉强度 | GB/T 10423—2002 | 3 | $\sigma_b$/MPa<br><100 时,精确到 1<br>>100 时,精确到 5<br>>500 时,精确到 10 |
| 25 | 烧结金属材料横向断裂强度 | GB/T 5319—2002 | 不少于 5 | 精确到 10MPa |
| 26 | 烧结金属材料室温压缩性能 | GB/T 6525—1986 | 5 | 修约到三位有效数字 |
| 27 | 烧结金属摩擦材料抗压强度 | GB/T 10424—2002 | 3 | 精确到 10MPa |
| 28 | 烧结金属材料冲击韧度 | GB/T 9096—2002 | | 修约到三位有效数字 |
| 29 | 烧结金属材料弹性模量 | GB/T 5166—1998 | | 修约到 $5\times10^3$ MPa |

# 3　有效数字基本知识

## 3.1　有效数字只保留一位可疑数字

科技实践和生产活动中，任何量的测量均会有误差（观测值与真值之差为误差，观测值与平均值之差为偏差，习惯上对两者不加区别）。合理记录测量数据的原则是根据误差大小，决定取几位有效数字，而且，只保留一位不准确数字即可疑数字。例如，用1/10精度的卡尺量一物体长度，得109.2mm，保留四位有效数字就足够了，第四位2为可疑数字，是估计出来的，不准确的。这种精度的卡尺量不到小数点后第二位数，即第五位数。又如洛氏硬度计分度为0.5个单位，十分位上数值是估计出来的，如62.1HRC和90.2HRA，不可能读到小数点后的两位。这里，109.2mm有四位有效数字，62.1和90.2有三位有效数字，均只保留一位可疑数字。根据实测数据按相关式计算得出的数据，也保留有确定的有效位数。有些作者对此缺乏认识，以为对计算出来的数据值，其小数点后的位数取得越多越精确，其实不然。无论是直接测量数据，还是计算出来的数据，有效位数后面的数字是没有任何意义的，不必保留。

### 3.2 有效数字修约规则

（1）数字修约的一般规则：四舍六入，五前奇进偶舍。

1）拟舍弃数字的最左一位数字小于5时，舍去；

2）拟舍弃数字的最左一位数字大于5，或是5而其后的数字并非全部为0时，则进1；

3）偶数修约规则：拟舍弃数字的最左一位数字为5，而其后无数字或皆为0时，若所保留的末位数字为奇数则进1，为偶数则舍去。

［例］金属粉末的松装密度3.525g/cm$^3$修约到0.01g/cm$^3$，得3.52g/cm$^3$；

3.515g/cm$^3$修约到0.01g/cm$^3$，也得3.52g/cm$^3$。

烧结金属材料抗拉强度85.5N/mm$^2$修约到1N/mm$^2$，得86N/mm$^2$；

745.1N/mm$^2$修约到10N/mm$^2$，得750N/mm$^2$。

烧结金属材料冲击韧度3.875J/cm$^2$修约到三位数，得3.88J/cm$^2$；

21.348J/cm$^2$修约到三位数，得21.3J/cm$^2$。

烧结金属材料伸长率7.150%修约到0.1%，得7.2%；

5.751%修约到0.1%，得5.8%。

烧结金属材料横向断裂强度

1746.1N/mm$^2$修约到10N/mm$^2$，得1750N/mm$^2$；

1754.6N/mm$^2$修约到10N/mm$^2$，也得1750N/mm$^2$。

上例中“烧结金属材料横向断裂强度”取自表1。请注意：1754.6拟舍弃数字的最左一位数字4小于5，故4.6均应舍弃。如果以1754.6→1755→1760连续修约的错误方式进行修约，则会得到错误的数据。

（2）0.5单位修约和0.2单位修约。

1）0.5单位修约：将拟修约数值乘以2，按指定数位依数字修约的一般规则

（四舍六入，五前奇进偶舍）修约，所得数字再除以2。举例如表5所示。

**表5　金属粉末流动性数据修约**（修约到0.5s/50g）

| 拟修约数值（A） | 乘以2（2A） | 2A修约值（修约间隔为1） | A修约值（修约间隔为0.5） |
| --- | --- | --- | --- |
| 28.02 | 56.04 | 56 | 28.0 |
| 28.74 | 57.48 | 57 | 28.5 |

2）0.2单位修约：将拟修约数值乘以5，按指定数位依数字修约的一般规则（四舍六入，五前奇进偶舍）修约，所得数字再除以5。举例如表6所示。

**表6　金属粉末振实密度数据修约**（修约到$0.2g/cm^3$）

| 拟修约数值（A） | 乘以5（5A） | 5A修约值（修约间隔为1） | A修约值（修约间隔为0.2） |
| --- | --- | --- | --- |
| 8.3 | 41.5 | 42 | 8.4 |
| 9.3 | 46.5 | 46 | 9.2 |

## 3.3　有效数字运算规则

性能数据大多以相关计算式求得，式中各量测定数据的有效位数决定最后得数的有效位数。另外，在不同计量单位系统的换算中，数据的有效位数也按运算规则转移。有效数字运算有如下规则：

（1）加减运算。得数的有效数字自左起到参加运算数字的第一个可疑数字为止。如：

$$13.65 + 0.0082 + 1.632 = 15.2902 \rightarrow 15.29$$

其位数应与小数点后位数最少的13.65相同，只能保留小数点后两位，为15.29。将得数表示为15.2902是错误的。

（2）乘除运算。最后得数的有效数字位数，不超过参加运算的、有效数字位数最小的数字。

（3）常数π、e等的数值及乘子如$2^{1/2}$、1/3等，其有效数字位数无限制，视需要而定。

［例］计量单位换算

高密度烧结不锈钢Utimet 04.304的极限抗拉强度为86ksi，0.2%屈服强度为36ksi，换算成法定计量单位。

按关系式1ksi = 6.895MPa进行换算。抗拉强度和屈服强度按ksi的有效位数值只有两位，故换算系数取4位已足够。

$$86 \times 6.895 = 592.970$$

$$36 \times 6.895 = 248.220$$

将得数完全保留，直接取为 592.97MPa 和 248.22MPa，或者 593MPa 和 248MPa，都是错误的，必须按有效数字运算规则取位。换算前的有效位数为两位，因此，换算后的有效位数也应只有两位。正确的程序是：

$$86\text{ksi} \rightarrow 592.97\text{MPa} \rightarrow 59 \times 10\text{MPa}$$

$$36\text{ksi} \rightarrow 248.22\text{MPa} \rightarrow 25 \times 10\text{MPa}$$

## 4 结束语

为了提高科技著作的水平，保证其严肃性，论文作者和书刊编辑都应该具备按有效数字规则正确处理数据的能力。建议读者进一步参阅论述误差理论和实验数据处理的有关书籍，练好从事科技工作的这一基本功。

## 致　谢

本文撰写过程中，得到北京市粉末冶金研究所徐行高级工程师和钢铁研究总院张晋远教授的帮助，特此致谢。

### 参 考 文 献

[1] 冯师颜．误差理论与实验数据处理[M]．北京：科学出版社，1964.

[2] 肖明耀．实验误差估计与数据处理[M]．北京：科学出版社，1981.

[3] 姜振春．金属粉末和粉末冶金材料性能数据的有效数字[J]．粉末冶金技术，1990，8(3)：187～188.

[4] GB 8170—1987 数据修约规则[S].

[5] 国际单位制推行委员会办公室．常用单位换算表[M]．北京：计量出版社，1980.

# 附录二　1955～2013年我国（大陆）出版的部分粉末冶金专业书籍

| 序号 | 书　名 | 编著者 | 译　者 | 出版者 | 出版年月 |
| --- | --- | --- | --- | --- | --- |
| 1 | 粉末冶金普通教程 | [苏]B. A. 鲍洛克等 | 韩凤麟 | 机械工业出版社 | 1955年11月 |
| 2 | 含油轴承 | 第一机械工业部<br>新技术推广所 | | 机械工业出版社 | 1958年9月 |
| 3 | 粉末冶金专集<br>烧结铁粉零件 | 第一机械工业部<br>新技术推广所 | | 机械工业出版社 | 1958年9月 |
| 4 | 土法生产含油轴承经验 | 胡祖训 | | 机械工业出版社 | 1962年 |
| 5 | 粉末冶金基本知识 | [苏]楚克尔曼 | 福敏 | 中国工业出版社 | 1962年10月 |
| 6 | 粉末金属学 | [苏]M. Ю. 巴利新 | 韩凤麟 | 机械工业出版社 | 1962年12月 |
| 7 | 粉末冶金 | [德]艾贞科尔勃 | 韩凤麟译自俄文 | 中国工业出版社 | 1963年1月 |
| 8 | 粉末冶金报告文集 | [苏]И. Н. 弗兰采维奇 | 夏文英、彭瑞武等 | 科学出版社 | 1963年7月 |
| 9 | 硬质合金 | [德]基费尔·施华茨柯普弗 | 王少刚等译自俄文 | 中国工业出版社 | 1963年9月 |
| 10 | 粉末金属学基础 | [苏]B. C. 拉科夫斯基 | 李祖德、王振常等 | 国防工业出版社 | 1963年9月 |
| 11 | 中国机械工程学会<br>1962年全国粉末冶金<br>学术会议论文集 | 中国机械工程学会<br>粉末冶金学会筹备委员会 | | 中国工业出版社 | 1964年10月 |
| 12 | 金属陶瓷 | [美]J. R. 丁格尔波夫等 | 施今 | 上海科学技术<br>出版社 | 1964年11月 |
| 13 | 硬质合金工具制造 | 黄勇庆、李祖德等 | | 国防工业出版社 | 1965年10月 |
| 14 | 硬质合金使用 | 株洲硬质合金厂 | | 冶金工业出版社 | 1973年11月 |
| 15 | 国外粉末冶金<br>汽车零件 | | 北京天桥粉末<br>冶金机床配件厂<br>一机部情报所 | 机械工业出版社 | 1974年1月 |
| 16 | 粉末冶金 | 北京市粉末冶金研究所 | | 机械工业出版社 | 1974年2月 |
| 17 | 粉末冶金原理 | [苏]N. M. 费多尔钦科等 | 北京钢铁学院<br>粉末冶金教研室 | 冶金工业出版社 | 1974年5月 |
| 18 | 硬质合金生产 | 张荆门、陆远明等 | | 冶金工业出版社 | 1974年6月 |
| 19 | 粉末冶金基础 | 中南矿冶学院粉末冶金教研室 | | 冶金工业出版社 | 1974年12月 |
| 20 | 国外硬质合金 | 陆远明、张超凡等 | | 冶金工业出版社 | 1976年12月 |

续表

| 序号 | 书　名 | 编著者 | 译　者 | 出版者 | 出版年月 |
| --- | --- | --- | --- | --- | --- |
| 21 | 粉末冶金摩擦材料 | 北京市粉末冶金研究所 | | 机械工业出版社 | 1977 年 1 月 |
| 22 | 粉末冶金学 | [日]松山芳治等 | 周安生等 | 科学出版社 | 1978 年 4 月 |
| 23 | 粉末冶金模具设计手册 | 《粉末冶金模具设计手册》编写组 | | 机械工业出版社 | 1978 年 8 月 |
| 24 | 粉末冶金多孔材料（上册） | 西北有色金属研究院 | | 冶金工业出版社 | 1978 年 11 月 |
| 25 | 粉末冶金多孔材料（下册） | 西北有色金属研究院 | | 冶金工业出版社 | 1979 年 4 月 |
| 26 | 国外粉末冶金标准手册 | 瑞典金属标准中心 | 倪明一等 | 科学技术文献出版社重庆分社 | 1980 年 5 月 |
| 27 | 农机用粉末冶金制品 | 王朝泉 | | 冶金工业出版社 | 1980 年 8 月 |
| 28 | 粉末热锻 | 姜振春 | | 冶金工业出版社 | 1981 年 3 月 |
| 29 | 钢铁粉末生产 | 韩凤麟、葛昌纯 | | 冶金工业出版社 | 1981 年 5 月 |
| 30 | 精密合金及粉末冶金材料 | 马莒生 | | 机械工业出版社 | 1982 年 1 月 |
| 31 | 粉末颗粒和孔隙的测量 | 胡荣泽等 | | 冶金工业出版社 | 1982 年 2 月 |
| 32 | 高性能粉末冶金译文集 | [美]A. 劳莱、艾伦等 | 李月珠、周水生 | 国防工业出版社 | 1982 年 2 月 |
| 33 | 粉末冶金工艺新技术及其分析 | [美]H. A. 库恩、A. 劳利 | 任崇信 | 冶金工业出版社 | 1982 年 3 月 |
| 34 | 工程烧结材料 | [苏]B. C. 拉科夫斯基 | 杨凤环等 | 冶金工业出版社 | 1982 年 4 月 |
| 35 | 粉末冶金设备手册 | [美]金属粉末工业联合会 | 北京市粉末冶金研究所 | 福建科学技术出版社 | 1982 年 4 月 |
| 36 | 粉末冶金模具设计 | 姚德超 | | 冶金工业出版社 | 1982 年 5 月 |
| 37 | 硬质材料工具技术进展 | [美]R. 科曼多瑞 | 刘德文、李月珠等 | 冶金工业出版社 | 1982 年 6 月 |
| 38 | 粉末冶金手册 | [美]H. H. 豪斯纳 | 李祖德、李孔兴等 | 冶金工业出版社 | 1982 年 8 月 |
| 39 | 钢结硬质合金 | 萧玉麟等 | | 冶金工业出版社 | 1982 年 8 月 |

续表

| 序号 | 书　名 | 编著者 | 译　者 | 出版者 | 出版年月 |
| --- | --- | --- | --- | --- | --- |
| 40 | 粉末冶金原理 | 黄培云 | | 冶金工业出版社 | 1982 年 11 月 |
| 41 | 现代摩擦材料 | [苏]N. M. 费多尔钦科等 | 徐润泽等 | 冶金工业出版社 | 1983 年 5 月 |
| 42 | 热等静压 | 杨勋烈等 | | 冶金工业出版社 | 1983 年 5 月 |
| 43 | 汉英德法俄日粉末冶金词典 | 徐润泽等 | | 冶金工业出版社 | 1983 年 12 月 |
| 44 | 金属粉末轧制 | 郭栋、周志德 | | 冶金工业出版社 | 1984 年 7 月 |
| 45 | 粉末冶金过程热力学分析 | 廖为鑫、解子章 | | 冶金工业出版社 | 1984 年 11 月 |
| 46 | 第四届全国金属粉末学术会议论文集 | 金属粉末学组论文集编辑组 | | 苏联科学与技术杂志社 | 1985 年 5 月 |
| 47 | 雾化法生产金属粉末 | [美]J. K. 贝多普 | 胡云秀、曹勇家 | 冶金工业出版社 | 1985 年 5 月 |
| 48 | 小批量生产硬质合金 | [苏]N. M. 牟哈 | 周安生 | 机械工业出版社 | |
| 49 | 硬质合金使用手册 | 陈献庭 | | 冶金工业出版社 | 1986 年 6 月 |
| 50 | 粉末冶金工艺学 | 刘传习、周作平等 | | 科学普及出版社 | 1987 年 9 月 |
| 51 | 粉末冶金机械零件 | 韩凤麟 | | 机械工业出版社 | 1987 年 12 月 |
| 52 | 奇妙的粉末冶金 | 杜桂馥 | | 冶金工业出版社 | 1988 年 1 月 |
| 53 | 硬质合金生产原理 | 王国栋 | | 冶金工业出版社 | 1988 年 2 月 |
| 54 | 粉末冶金原理和应用 | [美]F. V. 莱内尔 | 殷声、赖和怡 | 冶金工业出版社 | 1989 年 11 月 |
| 55 | 粉末冶金材料 | 曾德麟 | | 冶金工业出版社 | 1989 年 11 月 |
| 56 | 硬质合金工具的破损及其断裂韧性 | 美国金属学会 | 马卫建、何仁春、李沐山 | 冶金工业出版社 | 1989 年 12 月 |
| 57 | 硬质合金的强度和寿命 | [苏]M. Г. 洛沙克 | 黄鹤翥 | 冶金工业出版社 | 1990 年 6 月 |
| 58 | 金属粉末技术进展（会议论文集） | 《金属粉末技术进展》编委会 | | 冶金工业出版社 | 1990 年 2 月 |
| 59 | 粉末冶金实验技术 | 姚德超 | | 冶金工业出版社 | 1990 年 5 月 |
| 60 | 粉末冶金电炉及设计 | 徐润泽 | | 中南工业大学出版社 | 1990 年 11 月 |
| 61 | 等静压技术 | 马福康 | | 冶金工业出版社 | 1992 年 3 月 |
| 62 | 粉末冶金新技术——电火花烧结 | 高一平 | | 冶金工业出版社 | 1992 年 12 月 |

续表

| 序号 | 书　名 | 编著者 | 译　者 | 出版者 | 出版年月 |
|---|---|---|---|---|---|
| 63 | 粉末冶金 ABC | 杜桂馥、张振起 | | 冶金工业出版社 | 1993 年 8 月 |
| 64 | 金属手册(粉末冶金) | 美国金属学会 | 韩凤麟等 | 机械工业出版社 | 1994 年 6 月 |
| 65 | 1994 年全国粉末冶金学术会议论文集 | 黄伯云、黄建忠 | | 地质出版社 | 1994 年 10 月 |
| 66 | 粉末冶金基础理论与新技术 | 黄培云、金展鹏、陈振华 | | 中南工业大学出版社 | 1995 年 12 月 |
| 67 | 粉末冶金电阻炉设计 | 张丽英、吴成义 | | 学苑出版社 | 1995 年 |
| 68 | 自蔓延高温合成技术和材料 | 殷声 | | 机械工业出版社 | 1996 年 |
| 69 | 粉末冶金零件实用手册 | 韩凤麟 | | 兵器工业出版社 | 1996 年 1 月 |
| 70 | 等静压技术进展 | 王声宏、陈宏霞、唐安清 | | 冶金工业出版社 | 1996 年 11 月 |
| 71 | 超硬材料与工具 | 郭志猛、宋月清等 | | 冶金工业出版社 | 1996 年 12 月 |
| 72 | 粉末冶金模具设计 | 吴成义、张丽英 | | 学苑出版社 | 1997 年 |
| 73 | 粉末冶金学 | 王盘鑫 | | 冶金工业出版社 | 1997 年 5 月 |
| 74 | 粉末冶金设备实用手册 | 韩凤麟 | | 冶金工业出版社 | 1997 年 6 月 |
| 75 | 1997 年中国粉末冶金学术会议论文集 | 中国机械工程学会粉末冶金学会 | | 机械工业出版社 | 1997 年 9 月 |
| 76 | 粉末冶金结构材料学 | 徐润泽 | | 中南工业大学出版社 | 1998 年 12 月 |
| 77 | 钛铝基金属间化合物 | 黄伯云等 | | 中南工业大学出版社 | 1998 年 |
| 78 | 粉末烧结理论 | 果世驹 | | 冶金工业出版社 | 1998 年 3 月 |
| 79 | 粉末冶金模具实用手册 | 韩凤麟 | | 冶金工业出版社 | 1998 年 |
| 80 | 燃烧合成 | 殷声 | | 冶金工业出版社 | 1999 年 |
| 81 | 粉末冶金标准手册 | 黄伯云 | | 中南大学出版社 | 2000 年 |
| 82 | 粉末注射成形流变学 | 梁叔全、黄伯云 | | 中南大学出版社 | 2000 年 |
| 83 | 粉末注射成形 | [美]R. M. German | 曲选辉等 | 中南大学出版社 | 2001 年 9 月 |
| 84 | 粉体材料科学与工程实验技术原理及应用 | 廖寄乔 | | 中南大学出版社 | 2001 年 |

续表

| 序号 | 书 名 | 编著者 | 译 者 | 出版者 | 出版年月 |
| --- | --- | --- | --- | --- | --- |
| 85 | 纳米时代——现实与梦想 | 尹邦跃 | | 中国轻工业出版社 | 2001 年 |
| 86 | 粉末冶金模具设计手册(第二版) | 印红羽、张华诚 | | 机械工业出版社 | 2002 年 |
| 87 | 2003 年全国粉末冶金学术会议论文集 | 黄伯云、贺跃辉 | | 中南大学出版社 | 2003 年 8 月 |
| 88 | 烧结金属含油轴承 | 韩凤麟、贾成厂 | | 化学工业出版社 | 2004 年 6 月 |
| 89 | 陶瓷基复合材料导轮 | 贾成厂 | | 冶金工业出版社 | 2004 年 9 月 |
| 90 | 纳米材料技术 | 周瑞发、韩雅芳、陈祥宝 | | 国防工业出版社 | 2003 年 7 月 |
| 91 | 粉末冶金实用工艺学 | 张华诚 | | 冶金工业出版社 | 2004 年 9 月 |
| 92 | 粉末冶金基础教程 | 韩凤麟 | | 华南理工大学出版社 | 2005 年 7 月 |
| 93 | 粉末冶金机械零件实用技术 | 周作平、申小平 | | 化学工业出版社 | 2006 年 1 月 |
| 94 | 中国材料工程大典粉末冶金材料工程 | 韩凤麟、马福康、曹勇家 | | 化学工业出版社 | 2006 年 1 月 |
| 95 | 中国模具工程大典粉末冶金零件模具设计 | | | 电子工业出版社 | 2007 年 5 月 |
| 96 | 现代粉末冶金技术 | 陈振华 | | 化学工业出版社 | 2007 年 9 月 |
| 97 | 相图理论及其应用 | 王崇琳 | | 高等教育出版社 | 2008 年 6 月 |
| 98 | 英俄汉综合粉末冶金词汇 | 徐润泽、曲选辉 | | 中南大学出版社 | 2009 年 9 月 |
| 99 | 铜及铜合金粉末与制品 | 汪礼敏、王林山 | | 中南大学出版社 | 2010 年 12 月 |
| 100 | 粉末冶金手册(上、下册) | 韩凤麟、张荆门等 | | 冶金工业出版社 | 2012 年 5 月 |
| 101 | 粉末冶金原理与工艺 | 曲选辉 | | 冶金工业出版社 | 2013 年 5 月 |